21世纪高等教育工程管理系列规划教材

# 工程招投标与合同管理

## 第3版

主　编　刘黎虹

副主编　金国辉　刘广杰

参　编　王　芳　文小龙　赵秋红
　　　　董　晶　张　巍　刘晓旭

主　审　陈起俊

机 械 工 业 出 版 社

本书从合同法律基础和工程招标投标的基本知识入手，使读者能较全面地学习合同法律基础及工程招标投标与合同管理的基本理论。全书共分十章，主要内容包括：建设工程合同法律基础、建设工程招标投标、建设工程勘察设计招标与投标实务、建设工程监理招标与投标实务、建设工程施工招标与投标实务、工程合同主要内容、工程合同管理、工程索赔管理、工程合同的争议管理、国际工程招标投标与合同条件。

本书的编写坚持理论联系实际，通过案例介绍强化理论知识的学习，同时融入了国家注册执业资格考试的相关内容，有很强的实用性和可读性。

本书主要作为高等教育工程管理及土木工程相关专业本科教材，也可供从事工程招标投标与合同管理的相关从业人员学习参考。

## 图书在版编目（CIP）数据

工程招投标与合同管理/刘黎虹主编. —3 版. —北京：机械工业出版社，2014. 12（2018.11重印）
21 世纪高等教育工程管理系列规划教材
ISBN 978-7-111-48640-4

Ⅰ.①工⋯　Ⅱ.①刘⋯　Ⅲ.①建筑工程 – 招标 – 高等学校 – 教材②建筑工程 – 投标 – 高等学校 – 教材③建筑工程 – 经济合同 – 管理 – 高等学校 – 教材　Ⅳ.①TU723

中国版本图书馆 CIP 数据核字（2014）第 272902 号

机械工业出版社（北京市百万庄大街22 号　邮政编码100037）
策划编辑：冷　彬　责任编辑：冷　彬　林　静
版式设计：霍永明　责任校对：郝　红
封面设计：张　静　责任印制：李　昂
三河市宏达印刷有限公司印刷
2018 年11 月第 3 版第 6 次印刷
184mm×260mm · 20.75 印张 · 502 千字
标准书号：ISBN 978-7-111-48640-4
定价：45.00 元

# 序

　　随着 21 世纪我国建设进程的加快，特别是经济的全球化大发展和我国加入 WTO 以来，国家工程建设领域对从事项目决策和全过程管理的复合型高级管理人才的需求逐渐扩大，而这种扩大又主要体现在对应用型人才的需求上，这使得高校工程管理专业人才的教育培养面临新的挑战与机遇。

　　工程管理专业是教育部将原本科专业目录中的建筑管理工程、国际工程管理、投资与工程造价管理、房地产经营管理（部分）等专业进行整合后，设置的一个具有较强综合性和较大专业覆盖面的新专业。应该说，该专业的建设与发展还需要不断的改革与完善。

　　为了更有利于推动工程管理专业教育的发展及专业人才的培养，机械工业出版社组织编写了一套该专业的系列教材。鉴于该学科的综合性、交叉性以及近年来工程管理理论与实践知识的快速发展，本套教材本着"概念准确、基础扎实、突出应用、淡化过程"的编写原则，力求做到既能够符合现阶段该专业教学大纲、专业方向设置及课程结构体系改革的基本要求，又可满足目前我国工程管理专业培养应用型人才目标的需要。

　　本套教材是在总结以往教学经验的基础上编写的，主要注重突出以下几个特点：

　　（1）专业的融合性　工程管理专业是个多学科的复合型专业，根据国家提出的"宽口径、厚基础"的高等教育办学思想，本套教材按照该专业指导委员会制定的四个平台课程的结构体系方案，即土木工程技术平台课程及管理学、经济学和法律专业平台课程来规划配套。编写时注意不同的平台课程之间的交叉、融合，不仅有利于形成全面完整的教学体系，同时可以满足不同类型、不同专业背景的院校开办工程管理专业的教学需要。

　　（2）知识的系统性、完整性　因为工程管理专业人才可能会在国内外工程建设、房地产、投资与金融等领域从事相关管理工作，也可能是在政府、教学和科研单位从事教学、科研和管理工作的复合型高级工程管理人才，所以本套教材所包含的知识点较全面地覆盖了不同行业工作实践中需要掌握的各方面知识，同时在组织和设计上也考虑了与相邻学科有关课程的关联与衔接。

（3）内容的实用性　教材编写遵循教学规律，避免大量理论问题的分析和讨论，提高可操作性和工程实践性，特别是紧密结合了工程建设领域实行的工程项目管理注册制的内容，与执业人员注册资格培训的要求相吻合，并通过具体的案例分析和独立的案例练习，使学生能够在建筑施工管理、工程项目评价、项目招标投标、工程监理、工程建设法规等专业领域获得系统、深入的专业知识和基本训练。

（4）教材的创新性与时效性　本套教材及时地反映工程管理理论与实践知识的更新，将本学科最新的技术、标准和规范纳入教学内容，同时在法规、相关政策等方面与最新的国家法律法规保持一致。

我们相信，本套系列教材的出版将对工程管理专业教育的发展及高素质的复合型工程管理人才的培养起到积极的作用，同时也为高等院校专业的教育资源和机械工业出版社专业教材出版平台的深入结合，实现相互促进、共同发展的良性循环而奠定基础。

# 第3版前言

　　随着建筑市场秩序的不断规范，法律法规的日渐完善与成熟，加强建设工程全过程的合同管理工作越来越重要，且意义重大。

　　因此，本书在第2版的基础上，对近年来最新颁布的《中华人民共和国招标投标法实施条例》《建筑工程工程量清单计价规范》（GB 50500—2013），《建设工程监理合同（示范文本）》（GF—2012—0202）和《建设工程施工合同（示范文本）》（GF—2013—0201）进行了介绍，及时、全面地反映了招标投标及合同管理领域的国际惯例和国内新变化。

　　本书立足国情、接轨国际，注重实务性、可操作性和理论的系统性，反映学科的新进展；力求体现以理论知识为基础，重在实践能力、动手能力的培养的编写宗旨。通过典型案例解析让读者掌握相关知识和技能。

　　本书由刘黎虹担任主编。具体的编写分工如下：长春工程学院王芳编写第一章；长春工程学院刘黎虹编写第二、五、九章；内蒙古科技大学金国辉编写第三、四章；长春工程学院刘广杰、张巍共同编写第六章；湖南城市学院文小龙编写第七章；吉林建筑大学城建学院刘晓旭、董晶及长春建筑学院赵秋红共同编写第八、十章。

　　本书在编写过程中参阅并检索了有关专家的教材，在此向参考文献的作者表示诚挚的谢意。

　　由于编者水平有限，书中难免存在不足和疏漏，恳请读者批评指正。

编　者

# 第 2 版前言

本书在介绍建设工程招标投标基本理论及我国《招标投标法》内容的基础上,着重阐述了建设工程勘察设计、监理、国内工程施工招标投标方式、方法和基本内容;在介绍合同法律基础知识的基础上,着重阐述了建设工程勘察设计、监理、施工、物资采购等合同管理的内容和方法。此外,还介绍了国际工程招标投标与合同条件及建设工程施工索赔方面的内容。本书以最新的建设工程法律、法规、标准、规范为依据,结合工程招标投标与合同管理的实际操作程序和实务组织教材内容。

本书第 1 版自 2008 年出版以来,受到全国众多院校师生的关注以及广大读者的支持、认可与厚爱。

此次修订是在第 1 版的基础上结合读者的使用反馈意见及行业动态进行的,修订的内容主要包括:

(1) 增加了总承包合同的相关内容。

(2) 增加了招标投标及合同管理的典型案例,便于学生对这方面知识的理解与运用。

(3) 根据国务院新颁布的《招标投标法实施条例》(2012 年 2 月 1 日起施行),充实了招标投标的内容,体现了招标投标理论的完整性。

(4) 对书中某些用词和提法进行修改,使之更加严谨、规范。

随着我国建设工程领域法律法规的不断完善,本书的相关内容将随之调整和更新。

本书列举大量的案例,特别注重招标投标与合同管理在建设工程中的运用,注重理论知识与工程实践的结合,体现了较强的理论性、实用性和可操作性。

本书由刘黎虹担任主编。具体的编写分工如下:长春工程学院刘黎虹编写第一、二章;内蒙古科技大学金国辉编写第三、四、五、八章;长春工程学院刘广杰编写第六章,长春工程学院张巍编写第九章;湖南城市学院文小龙编写第七章;吉林建筑工程学院董晶编写第十章。

本书特邀山东建筑大学陈起俊教授担任主审。

本书在编写过程中,参考了相关资料和论著,并吸收了其中一些研究成果,在此谨向所有文献作者致谢。

由于编者学识水平有限,加上时间仓促,书中难免存在疏漏和不足之处,恳请读者批评指正。

编　者

# 目　录

# 建设工程合同法律基础 第一章

 **本章概要**

　　通过本章的学习使学生系统掌握我国合同法的基本概念、合同分类、合同订立程序、缔约和履约规则、合同履行的担保、合同变更解除程序、违约责任的承担方式，为学习后面的工程合同打下良好理论基础。为了使学生形成一个完整的知识体系，加入了工程保险内容。

　　任何一项工程建设，其行为主体涉及许多方面。人们只有通过签订各类合同，将参加工程建设合同的各方有机结合起来，并使参加各方的权利与义务得到法律上的保证和确认，才能保证当事人的合法权益。合同管理是现代化项目管理的核心，完备的合同体系是合同管理的形式基础。在市场经济中，财产的流转主要依靠合同。特别是建设工程，项目标的大、履行时间长、涉及主体多，依靠合同来规范和确定彼此的权利义务关系就显得尤为重要。任何一个建设项目的实施，都是通过签订一系列的承包合同来实现的。通过对承包内容、范围、价款、工期和质量标准等合同条款的制定和履行，业主和承包商可以在合同环境下调控建设项目的运行状态。通过对合同管理目标责任的分解，可以规范项目管理机构的内部职能，紧密围绕合同条款开展项目管理工作。因此，无论是对承包商的管理，还是项目业主本身的内部管理，合同始终是建设项目管理的核心。

## 第一节　合同法基本原理

### 一、合同法概述

#### （一）合同概述

**1. 合同的概念**

　　合同，又称契约，是指平等主体的自然人、法人、其他组织之间设立、变更、终止民事权利义务关系的协议。

**2. 合同的特征**

　　合同类型很多，但所有合同均具有以下共同的法律特征：

　　（1）合同是一种民事法律行为　民事法律行为是民事主体实施的能够引起民事权利和

民事义务的产生、变更或终止的合法行为。合同作为民事法律行为，在本质上属于合法行为，这就是说，只有在合同当事人所作出的意思表示是合法的、符合法律要求的情况下，合同才具有法律约束力，并应受到国家法律的保护。而如果当事人作出了违法的意思表示，即使达成协议，也不能产生合同的效力。

（2）合同是双方或者多方的民事法律行为　法律行为有双方法律行为和单方法律行为之分。仅有一方当事人的意思表示，法律行为即可成立的，是单方法律行为，如立遗嘱。当事人双方或者多方意思表示一致，法律行为才可以成立的，属于双方或者多方的法律行为。合同的主体必须是两个或者两个以上，否则，当事人进行的意思表示就失去了对象，达不到预期的法律后果。仅有一方当事人的合同是不存在的，也没有任何法律意义。

同时，合同是当事人双方或者多方意思表示一致的行为。所谓意思表示一致，是指一方作出订立合同提议的意思表示，其他当事人作出完全同意对方提出的建议的意思表示。合同行为是在两方以上当事人之间进行的法律行为，因此必须要有两方以上的当事人的意思表示。但仅仅只是两方以上当事人的意思表示，并不一定能成立合同，还要求各方当事人的意思表示相同，形成合意，合同才能成立。

（3）合同以产生、变更或终止民事权利义务关系为目的　当事人订立合同都有一定的目的和宗旨，订立合同都要产生、变更、终止民事权利义务关系。所谓产生民事权利义务关系，是指当事人订立合同旨在形成某种法律关系（如买卖关系、租赁关系），从而具体地享受民事权利，承担民事义务。所谓变更民事权利义务关系，是指当事人通过订立合同使原有的合同关系在内容上发生变化。所谓终止民事权利义务关系，是指当事人通过订立合同，旨在消灭原法律关系。无论当事人订立合同旨在达到何种目的，只要当事人达成的协议依法成立并生效，就会对当事人产生法律约束力，当事人也必须依照合同规定享有权利和履行义务。

（4）合同当事人的法律地位平等　合同是当事人在平等自愿的基础上订立的，在合同履行过程中，当事人的法律地位仍然是平等的。一方当事人不得把自己的意志强加给对方。合同当事人无论是公民还是法人或其他经济组织，也不论其经济实力是雄厚还是薄弱，以及是否存在行政上的隶属关系，作为合同当事人，在订立和履行合同时，他们的法律地位都是平等的。当事人之间的合同订立应当以自愿协商，各方当事人充分表达自己的真实意思为基础。合同当事人在合同订立时，任何一方不得把自己的意志强加给对方。

### （二）合同法律关系

**1. 合同法律关系的概念**

法律关系是一定的社会关系在相应的法律规范的调整下形成的权利义务关系。法律关系的实质是法律关系主体之间存在的特定权利义务关系。合同法律关系是一种重要的法律关系。

合同法律关系是指由合同法律规范所调整的、在民事流转过程中所产生的权利义务关系。合同法律关系包括合同法律关系主体、合同法律关系客体、合同法律关系内容三个要素。这三要素构成了合同法律关系，缺少其中任何一个要素都不能构成合同法律关系，改变其中的任何一个要素就改变了原来设定的法律关系。

**2. 合同法律关系主体**

（1）合同法律关系主体的民事权利能力和民事行为能力　作为合同当事人的自然人、法人和其他组织应当具有相应的主体资格——民事权利能力和民事行为能力。

民事权利能力是指民事主体参加具体的民事法律关系，享有具体的民事权利，承担具体的民事义务的前提条件。

民事行为能力是指民事主体以自己的行为参与民事法律关系，从而取得享受权利和承担民事义务的资格。民事行为能力与民事权利能力不同，民事权利能力是指法律规定民事主体是否享有民事权利和承担民事义务的资格，而民事行为能力则是指民事主体通过自己的行为去取得民事权利和承担民事义务的资格。民事主体必须有民事权利能力才可能有行为能力，但有民事权利能力却不一定有行为能力，每个民事主体也不一定都有相同的民事行为能力。自然人的民事行为能力的差别，取决于人们的认识和判决能力。按照人的智力发育的不同、年龄阶段和精神是否正常，自然人的行为能力分为有行为能力、限制行为能力和无行为能力。

（2）合同法律关系主体的范围　合同法律关系主体包括自然人、法人和其他组织。

1）自然人。自然人是指基于出生而成为民事法律关系主体的有生命的人。自然人既包括公民，也包括外国人和无国籍人，他们都可以作为合同法律关系的主体。法律赋予民事法律关系主体享受权利和承担义务的资格。具有权利能力的人，才有资格作为民事法律关系的主体。权利能力是民事主体参加具体的民事法律关系，享受具体的民事权利，承担具体的民事义务的前提。自然人的权利能力始于出生，止于死亡。死亡包括自然死亡和法定死亡（宣告死亡）。

2）法人。法人是具有民事权利能力和民事行为能力，依法享有民事权利和承担义务的组织。法人应当具备以下条件：①依法成立；②有必要的财产或者经费是法人进行民事活动的物质基础，它要求法人的财产或者经费必须与法人的经营范围或者设立目的相适应，否则不能被批准设立或者核准登记；③有自己的名称、组织机构和场所；④能够独立承担民事责任，法人必须能够以自己的财产或者经费承担在民事活动中的债务，在民事活动中给其他主体造成损失时能够承担赔偿责任。

法人可以分为企业法人和非企业法人两大类，非企业法人包括行政法人、事业法人、社团法人。企业法人依法经工商行政管理机关核准登记后取得法人资格。企业法人分立、合并或者有其他重要事项变更，应当向登记机关办理登记并公告。企业法人分立、合并，它的权利和义务由变更后的法人享有和承担。有独立经费的机关从成立之日起，具有法人资格。具有法人条件的事业单位、社会团体，依法不需要办理法人登记的，从成立之日起，具有法人资格；依法需要办理法人登记的，经核准登记，取得法人资格。

法人的权利能力与自然人的权利能力有所不同。就多数法人讲，它一成立即具备权利能力。需要经过核准履行登记手续的法人，在登记后才享有权利能力。法人消灭时，其权利能力同时终止。法人的权利能力的内容，以设立法人时所遵循的法律、命令、章程中确定的目的和任务为根据。各种不同的法人不可能有相同的权利能力。

3）其他组织。其他组织是指依法成立，但不具备法人资格，而能以自己的名义参与民事活动的经济实体或者法人的分支机构等其他社会组织。主要包括：法人的分支机构、不具备法人资格的联营体、合伙企业、个人独资企业等。这些组织应当是合法成立、有一定的组织机构和财产，但又不具备法人资格的组织。

4）委托代理人订立合同。法律规定，当事人在订立合同时，由于主观或客观的原因，不能由法人的法定代表人、其他组织的负责人亲自签订时，可以依法委托代理人订立合同。代理人代理授权人、委托人签订合同时，应向第三人出示授权人签发的授权委托书，并在授权委托书写明的授权范围内订立合同。

**3. 合同法律关系的客体**

合同法律关系客体，是指参加合同法律关系的主体享有的权利和承担的义务所共同指向的对象。合同法律关系客体主要包括物、行为、智力成果。

1）物。法律意义上的物是指可为人们控制并具有经济价值的生产资料和消费资料，可以分为动产和不动产、流通物与限制流通物、特定物与种类物等。如建筑材料、建筑设备、建筑物等都可能成为合同法律关系的客体。货币作为一般等价物也是法律意义上的物，可以作为合同法律关系的客体，如借款合同等。

2）行为。法律意义上的行为是指人的有意识的活动。在合同法律关系中，行为多表现为完成一定的工作，如勘察设计、施工安装等。

3）智力成果。智力成果是通过人的智力活动所创造出的精神成果，包括知识产权、技术秘密及在特定情况下的公知技术。如专利权、工程设计、计算机软件等。

**4. 合同法律关系的内容**

合同法律关系的内容是指合同约定和法律规定的权利和义务。合同法律关系的内容是合同的具体要求，决定了合同法律关系的性质，它是连接主体的纽带。

1）权利。权利是指合同法律关系主体在法定范围内，按照合同的约定有权按照自己的意志作出某种行为。权利主体也可要求义务主体作出一定的行为或不作出一定的行为，以实现自己的有关权利。当权利受到侵害时，有权得到法律保护。

2）义务。义务是指合同法律关系主体必须按法律规定或合同约定承担应负的责任。义务和权利是相互对应的，相应主体应自觉履行相对应的义务。否则，义务人应承担相应的法律责任。

**（三）代理关系**

**1. 代理的概念和特征**

代理是代理人在代理权限内，以被代理人的名义实施的、其民事责任由被代理人承担的法律行为。代理具有以下特征：

（1）代理人必须在代理权限范围内实施代理行为　无论代理权的产生是基于何种法律事实，代理人都不得擅自变更或扩大代理权限，代理人超越代理权限的行为不属于代理行为，被代理人对此不承担责任。在代理关系中，委托代理中的代理人应根据被代理人的授权范围进行代理，法定代理和指定代理中的代理人也应在法律规定或指定的权限范围内实施代理行为。

（2）代理人以被代理人的名义实施代理行为　代理人只有以被代理人的名义实施代理行为，才能为被代理人取得权利和设定义务。如果代理人是以自己的名义为法律行为，这种行为是代理人自己的行为而非代理行为。这种行为所设定的权利与义务只能由代理人自己承担。

（3）代理人在被代理人的授权范围内独立地表现自己的意思　在被代理人的授权范围内，代理人以自己的意思去积极地为实现被代理人的利益和意愿进行具有法律意义的活动。它具体表现为代理人有权自行解决他如何向第三人作出意思表示，或者是否接受第三人的意思表示。

（4）被代理人对代理行为承担民事责任　代理是代理人以被代理人的名义实施的法律行为，所以在代理关系中所设定的权利义务，当然应当直接归属被代理人享受和承担。被代理人对代理人的代理行为应承担的责任，既包括对代理人在执行代理任务时的合法行为承担民事责任，也包括对代理人不当代理行为承担民事责任。

**2. 代理的种类**

以代理权产生的依据不同，可将代理分为委托代理、法定代理和指定代理。

（1）委托代理　委托代理是基于被代理人对代理人的委托授权行为而产生的代理。委托代理关系的产生，需要在代理人与被代理人之间存在基础法律关系，如委托合同关系、合伙合同关系、工作隶属关系等，但只有在被代理人对代理人进行授权后，这种委托代理关系才真正建立。授予代理权的形式可以用书面形式，也可以用口头形式。如果法律法规规定应当采用书面形式的，则应当采用书面形式。

在委托代理中，被代理人所作出的授权行为属于单方的法律行为，仅凭被代理人一方的意思表示，即可以发生授权的法律效力。被代理人有权随时撤销其授权委托。代理人也有权随时辞去所受委托。但代理人辞去委托时，不能给被代理人和善意第三人造成损失，否则应负赔偿责任。

代理人代理被代理人签订合同时，应向第三人出示被代理人签发的授权委托书，并在授权委托书写明的授权范围内订立合同。

在建设工程中涉及的代理主要是委托代理，如总监理工程师作为监理单位的代理人、项目经理是施工企业的代理人。总监理工程师、项目经理作为代理人应当在授权范围内行使代理权。工程招标代理机构是接受被代理人的委托、为被代理人办理招标事宜的社会组织。

（2）法定代理　法定代理是指根据法律的直接规定而产生的代理。法定代理主要是为维护无行为能力或限制行为能力人的利益而设立的代理方式。未成年人的父母是其法定代理人。

（3）指定代理　指定代理是根据人民法院和有关单位的指定而产生的代理。指定代理只在没有委托代理人和法定代理人的情况下适用。

**3. 无权代理**

无权代理是指行为人没有代理权而以他人名义进行民事、经济活动。无权代理包括以下几种情况：

1）没有代理权而为代理行为。

2）超越代理权限为代理行为。

3）代理权终止为代理行为。

对于无权代理行为，被代理人可以根据无权代理行为的后果对自己有利或不利的原则，行使"追认权"或"拒绝权"。行使追认权后，将无权代理行为转化为合法的代理行为。

**（四）合同的分类**

**1. 双务合同和单务合同**

依双方当事人是否互负义务，合同可分为双务合同和单务合同。

双务合同是当事人双方互负义务的合同，当事人双方相互承担对待给付义务。双务合同是合同的主要形态，合同法中规定的合同多数是双务合同，如买卖合同、租赁合同。单务合同是指只有一方当事人承担义务的合同，只有一方当事人承担给付义务，如赠与合同。

**2. 有偿合同和无偿合同**

根据当事人取得权利有无代价（对价），可以将合同区分为有偿合同和无偿合同。

有偿合同是指当事人一方享有合同规定的权益，需向对方当事人偿付相应代价的合同。有偿合同是商品交换最典型的法律形式，实践中常见的买卖、租赁、运输、承揽等合同都是有偿合同。

无偿合同是指一方当事人向对方给予某种利益，对方取得该利益时不与支付任何代价的合同。实践中主要有赠与合同、无偿借用合同、无偿保管合同等。在无偿合同中，一方当事人不支付对价，但也要承担义务，如无偿借用他人物品，借用人负有正当使用和按期返还的义务。

**3. 要式合同和不要式合同**

以合同的成立是否需采取一定的形式为要件，合同可分为要式合同和不要式合同。

所谓要式合同是指法律规定具备特定的形式才能成立或者有效的合同。法律不要求采取特定形式的合同叫做不要式合同。合同除法律有特别规定以外，均为不要式合同。

**4. 有名合同和无名合同**

根据法律是否赋予特定名称并设有规范，合同可分为有名合同和无名合同。

有名合同，又称为典型合同，是指法律对某类合同赋予名称并为其设定具体规范的合同。我国《合同法》规定的十五类合同就是有名合同。无名合同，又称为非典型合同，是指法律尚未确立一定的名称和具体规则的合同。无名合同应直接适用《合同法》总则，参照适用《合同法》分则。

**5. 诺成合同和实践合同**

从合同成立条件的角度，可把合同分为诺成合同和实践合同。

诺成合同是指缔约当事人双方意思表示一致为充分成立条件的合同。即一旦当事人双方意思表示一致，合同即告成立。实践合同是指除当事人意思表示一致外尚需交付标的物才能成立的合同。在这种合同中，仅有当事人的合意，合同尚不能成立，还必须有一方实际交付标的物或者为其他给付，合同关系才能成立。实践中，大多数合同为诺成合同，如买卖合同、建设工程合同。实践合同只限于法律规定的少数合同，如保管合同。

**6. 主合同和从合同**

根据合同相互间的主从关系，可以把合同分成主合同和从合同。不依赖其他合同的存在即可独立存在的合同叫主合同。以其他合同的存在为前提而存在的合同叫从合同。对于保证合同来说，设立主债务的合同就是主合同，如工程借款合同为主合同，抵押担保合同即为从合同。主合同无效或被撤销，从合同也将失去效力。

## 二、合同的订立

### （一）订约主体

订约主体是实际参与订立合同的人，他们可以是合同成立后的当事人，也可以是合同当事人的代理人，订约主体应是双方或多方主体。订约主体必须是"具有相应的民事权利能力和民事行为能力的人"。当事人订约时也可委托其代理人，委托代理的事项应符合有关代理的规定。

### （二）合同的内容

合同的内容，是指由合同当事人约定的合同条款。当事人订立合同，其目的就是要设立、变更、终止民事权利义务关系，必然涉及彼此之间具体的权利和义务，因此，当事人只有对合同内容——具体条款协商一致，合同方可成立。

合同的一般条款有以下八条，由于经济交易内容不同，合同的内容就会不同，但各种合同均有共同的基本的条款，缺少这些基本条款，合同的效力或履行就会存在问题。合同的基本条款有：

（1）当事人的基本情况　包括当事人的姓名（自然人）或名称（经济组织）、法定代表人（负责人）、委托代理人、住所（自然人的户口所在地或经常住所地、经济组织的主要办事机构或主要经营场地）、电话、传真、银行账号等。这些因素应当尽量注明，主要是为了经济交易的一般需要（如发货收货地、通信地址、联系地）和经济管理的特殊需要（如发生纠纷时司法文书送达地、强制措施的执行地）。

（2）合同标的　标的是指合同各方当事人权利义务指向的对象，即合同法律关系的客体。标的可以是货物、劳务、工程项目或者货币等。依据合同种类的不同，合同的标的也各有不同。例如，买卖合同的标的是货物；建筑工程合同的标的是工程建设项目；货物运输合同的标的是运输劳务；借款合同的标的是货币；委托合同的标的是委托人委托受托人处理委托事务等。

（3）数量　数量是衡量合同权利义务大小的尺度，如物品的数量（如吨、台、量、个、间）、劳务的数量（如工作多少天、小时）；有些标的的数量是概括性的，如承建一幢大楼、仓储一批货，中间涉及个别物品的单价，也涉及工作、服务的时间等多种数量标准。在大宗交易的合同中，还应当约定损耗的幅度和正负尾差。

（4）质量　质量是对合同标的品质的内在要求，质量高低直接影响到合同履行的质量以及价款报酬的支付数额。在社会生活中，质量条款能够按国家质量标准进行约定的，则按国家质量标准进行约定；没有质量标准的标的，可约定按样品来规定质量。

（5）价款或者报酬　在约定中，除应当注意采用大小写表现合同价款外，还应当注意在大写文字的表示方式上，不能有错误、简写等情况，以免对以后的履行造成障碍。

（6）履行期限、地点和方式　履行期限是合同中确定的各方合同当事人履行各自义务的时间限度，是确认合同当事人是否违约的一个主要的标准。履行期限可以有先有后，也可以同时履行。经双方协商，还可以延期履行。履行地点是当事人一方履行义务另一方享受权利的地点。履行地可以是合同当事人的任何一方所在地，也可以是第三方所在地，如发货地、交货地、提供服务地、接受服务地，具体选择由当事人协商确定。确立履行地主要是为了安全、快捷、方便地履行合同义务。履行方式是当事人履行义务采取的方式。履行方式主要有两方面内容：一是合同标的的履行方式，这种方式主要有自提、送货上门、包工包料、代运、分期分批、一次性缴付、代销、上门服务等；二是价款或报酬的结算方式。这种方式有托收承付、支票支付、现金支付、信用证支付、按月结算、预支（多退少补）、存单、实物补偿等。

（7）违约责任　违约责任是合同当事人一方或各方不履行合同或没有完全履行合同时，违约方应当对守约方进行的救济措施。违约责任是为了保证合同能够顺利、完整履行而由双方自主约定的。它可以给合同各方形成压力，促使合同如约履行。承担违约责任的方式有采取补救措施、违约金、赔偿金、继续履行等。

（8）解决争议的办法　解决争议的办法是当事人就纠纷解决协商的一种可取途径。争议的解决主要有四种：一是当事人双方自行协商解决；二是由第三人介入进行中间调解；三是提交仲裁机构解决；四是向人民法院提起诉讼。

除上述合同的主要条款外，其他的条款可称之为合同的次要条款。因合同种类不同，这些条款的划分不是固定的，次要条款可由当事人协商确定。

随着社会经济的发展，有些合同和合同条款经常重复使用，只在特殊情况下才稍作变动。有时，处于优势经济地位的主体预先拟好合同条款，对方当事人要么接受，要么拒绝，合同条款很少变动。久而久之，这些合同成为定式合同，这些条款成为格式条款，又称标准条款。《合同法》规定，格式条款是当事人为了重复使用而预先拟订，并在订立合同时未与对方协商的条款。如不动产转让合同，出版合同，水电、交通、邮电等公用行业的合同等。定式合同、格式条款可以节省时间，降低交易成本。

### （三）合同的形式

合同的形式，是指合同当事人双方对合同的内容、条款经过协商，作出共同的意思表示的具体方式。根据《合同法》的规定，当事人订立合同，有书面形式、口头形式和其他形式。但法律、行政法规规定采用书面形式的，应当采用书面形式。当事人约定采用书面形式的，应当采用书面形式。

（1）书面形式　书面形式是指以文字或其他可以有形地表现当事人所订合同内容的形式，书面形式不一定非指一切文字凭证。合同书是典型的书面合同形式。此外，信件及数据电文也属书面形式。数据电文包括电报、电传、传真、电子数据交换和电子邮件。另外，确认书也是书面形式的组成部分。

法律规定必须采用书面形式订立合同的，若未采用书面形式，则此合同一般不成立。书面合同因有据可查，尤其在发生纠纷时，据此易于确定双方的权利、义务、责任。故《合同法》规定，法律、行政法规规定采用书面形式的应当采用书面形式。当事人约定采用书面形式的，应当采用书面形式。

（2）口头形式　口头形式是指当事人用语言表示合同内容的形式。口头形式简便易行，但缺乏凭证，尤其是在合同纠纷发生时，无据可查。故此形式的运用会受到一定限制。

（3）其他合同形式　除口头形式、书面形式外，当事人还可以采用其他形式订立合同。所谓其他形式指可根据当事人的行为，其他证人证明等来推定双方当事人之间的合意，判断合同成立与否。

### （四）合同订立的一般程序

订立合同的过程就是双方当事人采用要约和承诺方式进行协商的过程。往往一方提出要约，另一方又提出新要约，反复多次，最后有一方完全接受了对方的要约，这样才能使合同得以成立。这种过程，被称为合同订立的程序。

要约是订立合同过程中的首要环节。没有要约，就不存在承诺，合同也就无从产生。没有承诺，要约没有获得响应，也就失去了存在的价值。

**1. 要约**

（1）要约的概念　要约，在许多场合又称为发价、出价、报价、发盘、出盘，是订立合同的必经阶段。从一般意义来讲，要约是一种订约行为，发出要约的人称为要约人，接受要约的人称为受要约人或相对人。

要约是一方当事人以订立合同为目的，向他人提出包含合同具体内容并希望与之建立合同关系的意思表示。一项要约要发生法律效力必须符合以下几个条件：

1）要约是要约人向他人发出的意思表示。要约人应是特定的人。他人即受要约人，可以是特定的一人，也可以是特定的数人。

2）要约必须具有订立合同的目的。要约人向他人提出建议的目的是为订立合同，要约人订立合同的意思表示经受要约人承诺合同即可成立。

3）要约内容必须具体、确定。所谓具体是指要约包含的合同内容应当完整、具体，应当包含《合同法》所规定的合同的主要条款。所谓确定是指要约所包含的合同内容应当明确，不得含糊，受要约人据此就能确定要约人想要订立什么样的合同。只有包含了合同的主要条款，才能一经受要约人承诺，合同即告成立，否则，受要约人无从承诺，即使承诺，合同也因缺乏主要条款而不能成立。

应当注意，一方提出要约，受要约人可能有以下应对方式：第一，承诺而使合同成立；第二，提出新要约；第三，予以拒绝。

（2）要约邀请  要约邀请又称为要约引诱。要约邀请是希望他人向自己发出要约的意思表示。寄送的价目表、拍卖公告、招标公告、招股说明书、商业广告等为要约邀请。商业广告的内容符合要约规定的，视为要约。

（3）要约的效力  要约到达受要约人时生效。

一般地说，口头要约自受要约人了解时方能发生法律效力，因为口头要约被受要约人了解才算送达。书面要约到达受要约人是指到达受要约人所能控制的地方。

（4）要约的撤回与撤销  具体如下。

1）要约的撤回。要约的撤回是指要约人阻止要约发生法律效力的意思表示。要约可以撤回。撤回要约的通知应当在要约到达受要约人之前或者与要约同时到达受要约人。

2）要约的撤销。要约的撤销，是要约人消灭要约法律效力的意思表示。要约可以撤销。撤销要约的通知应当在受要约人发出承诺通知之前到达受要约人。要约的撤销采用通知的方式。要约到达受要约人后，要约对要约人产生约束力，此时不发生撤回的问题，但要约人尚有可能撤销要约。

要约撤销和要约撤回的区别是：目的上，要约的撤销在于消灭要约的法律效力；要约的撤回在于阻止要约生效。时间上，要约的撤销是在要约生效之后，承诺发出之前；要约的撤回是在要约生效之前，即要约到达受要约人之前。如果承诺生效，则合同成立，要约既不能撤回，也不能撤销，否则就等于允许当事人撕毁合同。

为了保护受要约人的信赖利益，对要约的撤销应当有所限制。根据《合同法》规定，有以下情况要约不得撤销：

其一，要约人确定了承诺期限。因为确定了承诺期限，也就是规定了要约的有效期限，即意味着要约人在要约期限内等待受要约人的答复。同时要约规定了承诺期限，就等于要约人承诺在承诺期限内不撤销。

其二，受要约人有理由认为要约是不可撤销的，并已经为履行合同做了准备工作。

**2. 承诺**

（1）承诺的概念  承诺是对要约的接受，是指受要约人接受要约中的全部条款，向要约人作出的同意按要约成立合同的意思表示。

（2）承诺的条件  承诺应具备以下几个条件：

1）承诺必须由受要约人作出。

2）承诺必须向要约人作出。受要约人进行承诺的目的，在于与要约人建立合同法律关系，承诺具有订立合同的目的，故承诺只有向要约人作出，才能实现此目的。向要约人的代理人进行承诺也具有同样的目的。

3）承诺必须在要约确定的时间内作出。要约中确定承诺期限的，承诺应当在此期限内作出。要约如果未确定承诺期限的，《合同法》规定，要约以对话方式作出的，应当及时作出承诺的意思表示，但当事人另有约定的除外。要约以非对话方式作出的，承诺应在合理的期限内到达。所谓"合理的期限"应理解为自要约发出之日起至承诺到达要约人时止。

4）承诺的内容必须与要约的内容一致。承诺的内容必须与要约的内容一致，是指承诺的内容应与要约的实质性内容一致。所谓实质性内容是指要约所表达的合同的主要条款。按照《合同法》规定，具体指合同的标的、数量、质量、价款或者报酬、履行期限、履行地点和方式、违约责任和解决争议的方法。凡未对这些条款进行变更的，就认为承诺的内容与要约的内容是一致的。

（3）承诺的生效　《合同法》规定，承诺通知到达要约人时生效。承诺不需要通知的，根据交易习惯或者要约的要求作出承诺的行为时生效。

（4）承诺的撤回　承诺的撤回是阻止承诺发生法律效力的意思表示。承诺可以撤回。撤回承诺的通知应当在承诺通知到达要约人之前或者与承诺通知同时到达要约人。

（5）迟发的承诺和迟到的承诺　具体如下。

1）迟发的承诺。受要约人超过承诺期限发出承诺的，除要约人及时通知受要约人该承诺为有效的以外，其余为新要约。承诺应当在承诺的期限内发出并到达，否则不能构成承诺，而只能构成新要约。

2）迟到的承诺。迟到的承诺，又称为承诺迟延，是指承诺的表示在发出时虽然不构成迟延，但由于传递故障等原因，到达要约人时超过了承诺的期限。迟到的承诺与迟发的承诺不同。迟发的承诺，发出承诺的意思表示时就已经超过了期限；迟到的承诺在发出承诺时尚未超过规定的期限。《合同法》规定："受要约人在承诺期限内发出承诺，按照通常情形能够及时到达要约人，但因其他原因承诺到达要约人时超过承诺期限的，除要约人及时通知受要约人因承诺超过期限不接受该承诺的以外，该承诺有效。"

（6）承诺的内容　具体如下。

1）对承诺内容的要求。承诺的内容应当与要约的内容一致，即承诺应当是对要约的接受。

2）实质性变更。所谓变更，是指受要约人在对要约的答复中对要约的内容作出了扩大、限制或者增删。所谓实质性变更，是指这种变更提出了不同于要约的权利义务。《合同法》规定："承诺的内容应当与要约的内容一致。受要约人对要约的内容作出实质性变更的，为新要约。有关合同标的、数量、质量、价款或者报酬、履行期限、履行地点和方式、违约责任和解决争议方法等的变更，是对要约内容的实质性变更。"

**3. 合同成立时间与地点**

（1）合同成立的时间　具体如下。

1）通常情况下，承诺生效时合同成立。承诺生效是合同成立的实质要件，也是判断合同成立时间的标准。承诺是对要约的接受，承诺生效，两个意思表示取得一致，合同成立。

2）当事人采用合同书形式订立合同的，自双方当事人签字或者盖章时合同成立。签字、盖章有其一即可。

3）应当采用书面形式订立合同，当事人未采用书面形式但一方已经履行主要义务，对方接受的，该合同成立。

（2）合同成立的地点　具体如下。

1）一般情况下，承诺生效的地点为合同成立的地点。

2）当事人采取合同书形式订立合同的，双方签字或盖章的地点为合同成立的地点。

**4. 缔约过失责任**

（1）缔约过失责任的概念　缔约过失责任是指当事人因过失违反先合同义务致使合同不能产生效力，应当承担的民事责任。这种民事责任主要表现为赔偿责任。缔约过错是于合同缔结之际发生的。缔约责任主要发生于四种情况：①合同未成立；②无效合同；③合同被撤销；④合同成立但未生效。

缔约过失责任的构成要件：

1）缔结合同的当事人违反先合同义务。先合同义务是基于诚实信用原则、合法原则产生的法定义务。如不欺、不诈，不违反法律的强行性规定，不侵犯对方合法权益等。

2）当事人有过错。当事人于缔结合同之际有故意或者过失。缔约责任是过错责任。

3）有损失。承担缔约责任的方式主要是赔偿，因此要求受害一方有损失。

4）违反先合同义务与损失之间有因果关系。

（2）缔约过失责任的适用　当事人在订立合同过程中有下列情形之一，给对方造成损失的，应当承担损害赔偿责任。

1）假借订立合同，恶意进行磋商。

2）故意隐瞒与订立合同有关的重要事实或者提供虚假情况。

3）有其他违背诚实信用原则的行为。

## 三、合同的效力

### （一）合同效力的含义

合同的效力，又称合同的法律效力，是指依法成立的合同对当事人具有法律约束力。

**1. 合同的生效**

1）依法成立的合同自成立时生效。合同的生效，原则上是与合同的成立一致的，合同成立就产生效力。

2）法律、行政法规规定应当办理批准、登记等手续生效的，自批准、登记时生效。某些法律、行政法规规定合同的生效要经过特别程序后才产生法律效力，这是合同生效的特别要件。

3）当事人对合同的效力约定附生效条件或者附生效期限的，自条件成就或者期限届至时合同生效。

**2. 附条件和附期限的合同**

（1）附条件合同　当事人对合同效力可以约定附条件。附条件，是指当事人选定某种成就与否并不确定的将来事实，作为控制合同效力发生与消灭的附款。附生效条件的合同，自条件成就时生效。附解除条件的合同，自条件成就时失效。

（2）附期限合同　当事人对合同的效力可以约定附期限。附生效期限的合同，自期限届至时生效。附终止期限的合同，自期限届满时失效。

### （二）效力待定的合同

效力待定合同，又称为可追认的合同，是指合同订立后尚未生效，须权利人追认才能生效的合同。效力待定的合同的类型有以下几种。

**1. 限制民事行为能力人订立的合同**

这种合同即限制民事行为能力人订立的与其年龄、智力、精神状况不相适应的合同。

限制民事行为能力人订立的合同，经法定代理人追认后，该合同有效，但纯获利益的合同或者与其年龄、智力、精神健康状况相适应而订立的合同，不必经法定代理人追认。

对需要追认的合同，相对人（与限制民事行为能力人缔结合同的人）可以催告法定代理人在1个月内予以追认。法定代理人未作表示的，视为拒绝追认。合同被追认前，善意相对人有撤销的权利。撤销应当以通知的方式作出。

**2. 无权代理订立的合同**

这种合同即无代理权的人代理他人与相对人订立的合同。行为人没有代理权、超越代理权或者代理权终止后以被代理人名义订立的合同未经被代理人追认，对被代理人不发生效力，由行为人承担责任。被代理人可以追认，也可以拒绝承认。

相对人可以催告被代理人在1个月内予以追认。被代理人未作表示的，视为拒绝追认。合同被追认之前，善意相对人有撤销的权利。

**3. 无处分权人订立的合同**

这种合同即无处分权人以自己名义处分他人财产订立的合同，经权利人追认或者无处分权人订立合同后取得处分权的，该合同有效。

**（三）无效合同**

**1. 无效合同的概念**

无效合同是指虽经当事人协商成立，但因不符合法律要求而不予以承认和保护的合同。无效合同自始无效，在法律上不能产生当事人预期追求的效果。合同部分无效，不影响其他部分效力的，其他部分仍然有效。无效合同是自始不发生当事人所预期的法律效力的合同。当事人不能通过同意或追认使其生效。

无效合同的无效性质具有必然性，不论当事人是否请求确认无效，人民法院、仲裁机关和法律规定的行政机关都可以确认其无效。这与可撤销的合同不同。对于可撤销的合同，当事人请求撤销，人民法院或仲裁机关才予以撤销。

根据《合同法》的规定，下列合同无效：

1）一方以欺诈、胁迫的手段订立合同，损害国家利益。欺诈是指一方故意陈述虚假事实或者隐瞒真实情况，使对方陷于错误并因而为意思表示。胁迫，是指一方以将来要发生的损害或以直接施加损害相威胁，使对方产生恐惧并因此与之订立合同。

2）恶意串通，损害国家、集体或者第三人利益。恶意串通是指合同双方当事人主观上或是故意串通在一起，或是一方明知对方违法却仍接受其恶意行为，配合在一起，损害国家、集体或者第三人利益。如在招标投标中投标人串通、哄抬标价；招标人与某一投标人串通，排挤其他投标人。

3）以合法形式掩盖非法目的。这是指从表面看当事人订立合同是符合法律规定的，但双方订立合同的目的却是非法的，如通过合法的赠与合同转移财产、逃避债务的履行等，这不仅违背了合同的基本精神，也因其目的、内容非法，会给国家、社会利益造成损害。

4）损害社会公共利益。公共利益既指良好的社会经济秩序，也指公共道德风尚。公共秩序和善良风俗原则对于维护国家、社会一般利益及社会道德观念具有重要价值。

5）违反法律、行政法规的强制性规定。强制性规定，又称为强行性规范，是任意性规范的对称。对强行性规范，当事人必须遵守，如果违反，则导致合同无效。涉及有关合同的法律、行政法规中包含有任意性规范和强制性规范。违反任意性规范的，不导致合同的无效。只有违反其中的强制性规范的，才会导致合同的无效。

有时，就合同整体来讲是符合合同有效要件的，合同为有效，但合同中的某些条款不符合法律规定。在这种情况下，合同仍为有效合同，只是其中不符合法律规定的条款无效。《合同法》规定，合同中的下列免责条款无效：①造成对方人身伤害的；②因故意或者重大过失造成对方财产损失的。

因上述两种情形导致合同条款无效时，不影响整个合同的效力，原合同仍然有效。

**2. 无效合同财产后果的处理**

合同被确认无效后，因该合同取得的财产，应当予以返还；不能返还或者没有必要返还的，应当折价补偿。有过错的应当赔偿对方因此所受到的损失，双方都有过错的，应当各自承担相应的责任。

当事人恶意串通，损害国家、集体利益或者第三人利益的，因此取得的财产收归国家所有或者返还给集体或第三人。

收归国家所有，又称为追缴。追缴的财产包括已经取得的财产和约定取得的财产。

**（四）可撤销合同**

**1. 可撤销的合同的概念**

可撤销的合同是指虽经当事人协商成立，但由于当事人的意思表示并非真意，经向法院或仲裁机关请求可以消灭其效力的合同。合同被撤销后自始没有法律约束力。

**2. 可撤销合同的种类**

下列合同，当事人一方有权请求人民法院或者仲裁机构变更或者撤销：

1）因重大误解订立的。

2）在订立合同时显失公平的。

一方以欺诈、胁迫的手段或者乘人之危，使对方在违背真实意思的情况下订立的合同，受损害方有权请求人民法院或者仲裁机构变更或者撤销。当事人请求变更的，人民法院或者仲裁机构不得撤销。

**3. 撤销权的消灭**

撤销权不能永久存续。有下列情形之一的，撤销权消灭：

1）具有撤销权的当事人自知道或者应当知道撤销事由之日起 1 年内没有行使撤销权。

2）具有撤销权的当事人知道撤销事由后明确表示或者以自己的行为放弃撤销权。

**4. 合同被撤销后财产后果的处理**

合同被撤销后，因该合同取得的财产应当予以返还；不能返还或者没有必要返还的，应当折价补偿。有过错的一方应当赔偿对方因此所受到的损失，双方都有过错的，应当各自承担相应的责任。

## 四、合同的履行

### （一）合同履行的含义及原则

**1. 合同的履行**

合同的履行是债务人完成合同约定义务的行为，是法律效力的首要表现。当事人通过合意建立债权债务关系，而完成这种交易关系的正常途径就是履行。

**2. 合同履行的基本原则**

当事人可以通过合意设定履行义务，但履行不是任意行为。当事人应当按照约定全面履行自己的义务。当事人应当遵循诚实信用原则，根据合同的性质、目的和交易习惯履行通知、协助、保密等义务。

履行的直接目的是保障债权的实现。只有债务人按约、全面履行债务，才能使债权人圆满、全部实现债权。按约、全面履行是对债务人完成合同义务的基本要求。

**（二）合同内容约定不明确时的履行规则**

合同的约定，应当有明确、具体的可行性标准，但是在实际订立合同的过程中，往往有不明确、不具体的合同条款，致使双方当事人在合同履行过程中产生歧义而发生合同争议纠纷和诉讼纠纷。在实践中，对这类约定不明的合同条款，原则上应按《合同法》第六十二条规定的方式履行。

**1. 协议补充**

协议补充是指合同当事人对没能约定或者约定不明确的合同内容通过协商的办法订立补充协议，该协议是对原合同内容的补充，因而成为原合同的组成部分。

**2. 按照合同有关规定或者交易习惯确定**

在合同当事人就没有约定或者约定不明确的合同内容不能达成补充协议的情况下，可以依据合同的其他方面的内容确定，或者按照人们在同样的交易中通常采用的合同内容确定。

**3. 合同内容不明确，又不能达成补充协议时的法律适用**

1）质量要求不明确的，按照国家标准、行业标准履行；没有上述标准的，按照通常标准或者符合合同目的的特定标准履行。

2）价款或报酬不明确的，按照订立合同时履行地的市场价格履行；依法应当执行政府定价或指导价的，按照规定履行。

3）履行地点不明确的，给付货币的，在接受货币一方所在地履行；交付不动产的，在不动产所在地履行；其他标的，在履行义务一方所在地履行。

4）履行期限不明确的，债务人可以随时履行，债权人也可随时要求履行，但应当给对方必要的准备时间。

5）履行方式不明确的，按照有利于实现合同目的的方式履行。

6）履行费用的负担不明确的，由履行义务一方负担。

**（三）合同中规定执行政府定价或政府指导价的法律规定**

在发展社会主义市场经济过程中，政府对经济活动的宏观调控和价格管理是十分必要的。因此《合同法》规定："执行政府定价或者政府指导价的，在合同约定的交付期限内政府价格调整时，按照交付时的价格计价。逾期交付标的物的，遇价格上涨时，按照原价格执行；价格下降时，按照新价格执行。逾期提取标的物或者逾期付款的，遇价格上涨时，按照新价格执行；价格下降时，按照原价格执行。"

**（四）合同履行中的债务履行变更**

在通常情况下，合同必须由当事人亲自履行。但根据法律的规定及合同的约定，或在与合同性质不抵触的情况下，合同可以由第三人履行，也可以由第三人接受履行。承包单位可将承包的工程部分分包给其他单位，签订分包合同。承包单位对发包单位负责，分包单位对承包单位负责。分包单位履行合同，对发包单位来说，就是由第三人履行。

法律规定债权人和债务人可以变更债务履行，并不会影响当事人的合法权益。从一定意义上讲，债权人或债务人依法约定变更债务履行，有利于债权人实现其债权和债务人履行其债务。

依据法律规定，合同履行中，当事人约定由债务人向第三人履行债务或者由第三人向债权人履行债务，原债权人与债务人的债务法律关系并不因此而变更。

第三人代为履行债务是指经当事人双方约定由第三人代替债务人履行债务，当事人的法律地位不变，第三人并不因履行债务而成为合同的当事人。

第三人代为履行债务，只要不违反法律规定和合同约定，且未给债权人造成损失或增加费用，此种履行在法律上是有效的。第三人代为履行债务必须符合一定条件：第一，与向第三人履行的情况相同，在第三人代为履行债务时，该第三人并没有成为合同的当事人，仅是债务履行的辅助人；第二，当事人约定由第三人向债权人履行债务时，必须经当事人协商一致，特别是征得债权人的同意；第三，第三人代为履行债务时，对债权人不得造成消极影响，即第三人代为履行不能损害债权人的权益。

依据法律规定，第三人不履行债务或履行债务不符合约定，债务人应当向债权人承担违约责任。第三人不是合同当事人，因此第三人不履行债务或者履行债务不符合约定时，只能由债务人承担违约责任。第三人的违约，是债务人的违约，应由债务人向债权人承担违约责任。

### （五）提前履行与部分履行

债权人可以拒绝债务人提前履行债务，但提前履行不损害债权人利益的除外。债务人提前履行债务给债权人增加的费用，由债务人负担。合同法关于提前履行的规定，是为了保护债权人的利益。如果提前履行对债权人不利，债权人可以拒绝；如果对债权人有利，债权人可以接受。

债权人可以拒绝债务人部分履行债务，但部分履行不损害债权人利益的除外。债务人部分履行债务给债权人增加的费用，由债务人负担。

### （六）履行抗辩权

抗辩权是指在双务合同中，当事人一方有依法对抗对方要求或否认对方权利主张的权利。

双务合同的当事人互为债权人和债务人。

**1. 同时履行抗辩权**

当事人互负债务，没有先后履行顺序的，应当同时履行。一方在对方履行之前有权拒绝其履行要求。一方在对方履行债务不符合约定时，有权拒绝其相应的履行要求。

**2. 不安抗辩权**

不安抗辩权是指先履行义务一方在有证据证明后履行义务一方经营状况严重恶化，或者转移财产、抽逃资金以逃避债务，或者丧失商业信誉，以及其他丧失或者可能丧失履行债务能力的情况时，可中止自己的履行。所谓中止履行，就是暂停履行或者延期履行，履行义务仍然存在。在后履行义务一方提供适当担保时，应当恢复履行。后履行义务一方接收到中止履行的通知后，在合理的期限内未恢复履行能力或者未提供适当担保的，先履行义务一方可以解除合同。

**3. 先履行抗辩权**

先履行抗辩权是指当事人互负债务，有先后履行顺序的，先履行一方未履行之前，后履行一方有权拒绝其履行请求，或先履行一方履行债务不符合合同约定的，后履行一方有权拒绝其相应的履行请求。

**（七）债的保全**

债的保全是法律为了防止债务人的财产不当减少而设置的债权制度。

**1. 代位权**

代位权是指债务人怠于行使其对第三人（次债务人）享有的到期债权，使债权人的债权有不能实现的危险时，债权人为了保障自己的债权而以自己的名义行使债务人对次债务人的权利。

关于债权，债权人只能向债务人请求履行，原则上是不涉及第三人的。但是，当债务人与第三人的行为危害到债权人的利益时，法律规定允许债权人对债务人与第三人的行为行使一定权利，以排除对其债权的危害。

代位权的行使范围以债权人的债权为限。债权人行使代位权的必要费用由债务人负担。债权人行使代位权是以自己为原告，以次债务人为被告，要求次债务人将其对债务人履行的债权向自己履行。

**2. 撤销权**

保全债权中的撤销权，是指债权人对于债务人减少财产以致危害债权的行为请求法院撤销的权利。

在合同履行过程中，当债权人发现债务人的行为将会危害自身的债权实现时，可以行使法定的撤销权，以保障合同中约定的合法权益。债权人行使撤销权应当具备以下要件：一是客观要件，即在客观方面，必须是债务人实施了一定的危害债权人的行为，由此，债权人才能行使撤销权；二是主观要件，即在主观方面，债权人行使撤销权一般是当债务人在实施危害债权的行为时其主观上具有恶意。

《合同法》规定，因债务人放弃其到期债权或者无偿转让财产，对债权人造成损害的，债权人可以请求人民法院撤销债务人的行为。债务人以明显不合理的低价转让财产，对债权人造成损害，并且受让人知道该情形的，债权人也可以请求人民法院撤销债务人的行为。撤销权的行使范围以债权人的债权为限。债权人行使撤销权的必要费用由债务人负担。

代位权是针对债务人的消极行为，撤销权是针对债务人的积极行为。两者都是为了排除对债权的危害，实现债务人的财产权利或者恢复债务人的财产，使之能够以财产保障对债权人的清偿。

## 五、合同的变更、转让、终止和解除

### （一）合同的变更

**1. 合同变更的含义**

合同的变更有广义、狭义之分。广义的合同变更是指合同主体和内容的变更，前者指合同债权或债务的转让，即由新的债权人或债务人替代原债权人或债务人，而合同内容并无变化；后者指合同当事人权利义务的变化。狭义的合同变更是指合同内容的变更。这里所说的合同变更是狭义的合同变更，即合同内容的变更。合同主体的变更称为合同的转让。合同变更是合同关系的局部变化，如标的数量的增减，价款的变化，履行时间、地点、方式的变化。

合同变更是指合同依法成立后，在尚未履行或尚未完全履行时，当事人依法经过协商，对合同的内容进行修订或调整所达成的协议。例如，在某建筑工程承包合同中，发包人与承包人在原合同中约定承建的工程项目是一个七层楼房，后因规划要求，该楼调整为六层，这是合同标的的改变，属于合同变更。

**2. 合同变更的程序**

当事人协商一致，可以变更合同。法律、行政法规规定变更合同应当办理批准、登记等手续的，依照其规定。

合同变更时，当事人应当通过协商对原合同的部分内容条款作出修改、补充或增加新的条款。例如，对原合同中规定的标的数量、质量、履行期限、地点和方式、违约责任、解决争议的方法等作出变更。当事人对合同内容变更取得一致意见时方为有效。当事人在变更合同时，以书面形式为宜。在工程施工中，如涉及合同变更，工程师的变更指令一般都是书面的。

**3. 合同变更的效力**

合同变更生效后，变更后的合同内容即取代原合同中的相关内容，当事人应按照合同变更后的内容履行合同，而不能再按原来的合同内容履行。

合同的变更不影响当事人请求损害赔偿的权利。合同变更以前，一方因归责于自己的原因给对方造成损害的，另一方有权要求责任方承担赔偿责任，并不因合同发生变更而受影响。

**（二）合同的转让**

**1. 合同转让的概念**

合同的转让也就是将合同设定的权利义务转让，是指在不改变合同内容和标的的情形下，合同关系的主体变更。合同转让分为三种情况：第一种情况是合同权利转让，以新的债权人代替原合同的债权人；第二种情况是合同义务的转让，以新的债务人代替原合同的债务人；第三种情况是合同权利义务的概括转让，新的当事人承受债权又承受债务。

**2. 合同权利转让**

合同权利转让是指合同债权人将其在合同中的债权全部或部分转让给第三人的行为。

债权转让具有以下法律特征：①债权转让的主体是债权人和第三人；②债权转让的方式有全部权利转让和部分权利转让；③债权转让的对象是合同中可以转让的债权。

《合同法》专门列出了三种不得转让的债权：根据合同性质不得转让；按照当事人约定不得转让；依照法律规定不得转让。当事人转让债权时，必须遵守上述规定，否则，转让行为无效。

《合同法》规定，债权人转让权利的，应当通知债务人。未经通知，该转让对债务人不发生效力。

**3. 合同义务的转让**

（1）合同义务转让的概念　合同义务的转让又称债务承担，是指在合同内容和标的不变的情形下，债务人将其合同义务转移给第三人承担。债务承担的发生，通常由债务人与第三人达成协议，该协议就是债务承担合同，第三人为债务承担人。债务转移包括债务全部转移和债务部分转移。当债务全部转移时，债务人即脱离了原来的合同关系而由第三人取代原债务人而承担原合同债务，原债务人不再承担原合同中的义务和责任；当债务部分转移时，原债务人并未完全脱离债的关系，而是由第三人加入原来的债的关系，并与债务人共同向同一债权人承担原合同中的义务和责任。

债务的转移须经过债权人的同意，因为关系到债权人的利益。

法律、行政法规规定转让义务应当办理批准、登记等手续的，其转让应办理批准、登记等手续。

（2）合同义务转让的效力　具体如下。

1）承受人在受移转的债务范围内承担债务，成为新债务人，原债务人不再承担已移转的债务。

2）新债务人取得原债务人享有的抗辩权。

3）主债务的从债务一并由新债务人承担。

**4. 合同权利义务的概括转让**

合同权利义务的概括转让是指合同当事人一方将其权利义务一并转让给第三人承受。合同权利义务的概括转让既可因当事人之间的合意发生，也可因法律的直接规定发生。

（1）合同权利义务的合意概括转让　当事人一方经对方同意，可以将自己在合同中的权利和义务一并转让给第三人。权利和义务一并转让的，适用权利转让和义务转移的规定。

（2）合同权利义务的法定概括转让　合同的法定概括转让主要有两种情形：

1）因继承而发生的。

2）因法人的分立、合并而发生的。当事人订立合同后合并的，由合并后的法人或者其他组织行使合同权利，履行合同义务。当事人订立合同后分立的，除债权人和债务人另有约定的以外，由分立的法人或者其他组织对合同的权利和义务享有连带债权，连带承担债务。

**（三）合同的终止**

**1. 合同终止的含义**

合同的终止即合同权利义务的终止，是指由于一定法律事实的发生，使合同设定的权利义务归于消灭。

**2. 合同终止的原因**

合同终止的原因很多，有下列情形之一的，合同的权利义务终止：

1）债务已经按照约定履行。

2）合同解除。

3）债务相互抵消。

4）债务人依法将标的物提存。

5）债权人免除债务。

6）债权债务同归于一人。

7）法律规定或者当事人约定终止的其他情形。

合同的权利义务终止后，当事人应当遵循诚实信用原则，根据交易习惯履行通知、协助、保密等义务。

**（四）合同的解除**

**1. 合同解除的概念**

合同的解除是指在合同依法成立后而尚未全部履行前，当事人基于协商或法律规定或者当事人约定而使合同关系归于消灭的一种法律行为。合同的解除必须具有法定或约定解除事由。合同一经有效成立，即具有法律约束力，双方当事人必须遵守，不得擅自变更或解除，这是《合同法》的重要原则。只是在主客观情况发生变化，使合同履行成为不必要或不可能的情况下，才允许解除合同。这不仅是合同解除制度的存在依据，也表明合同解除必须具备一定的条件，否则便构成违约。

**2. 合同解除必须通过解除行为实现**

具备合同解除的条件，合同并不必然解除。要使合同解除，一般还需要解除行为。解除行为有两种类型。

（1）约定解除合同　约定解除合同是双方当事人协商一致解除原合同关系。约定解除有两种方式：一是合同成立后，当事人协商一致解除合同；二是当事人约定了一方解除合同的条件，当条件成就时，享有解除权的一方可以解除合同。

（2）法定解除合同　《合同法》规定，有下列情形之一的，当事人可以解除合同：

1）因不可抗力致使不能实现合同目的。不可抗力是指人力所无法抗拒的客观情况，它包括自然灾害和某些社会现象，是不受人的意志所支配的现象。

不可抗力主要包括以下几种情形：重大的自然灾害，如台风、洪水、冰雹；政府行为，如征收、征用；社会异常事件，如罢工、骚乱。

但当事人能够预见而没有预见到，或者未尽最大努力克服或避免的事件，则不能构成不可抗力。例如，在某建设工程施工合同中，承包商承包的土建工程拖期，承包商拖期的理由是因六月份遇到了连续十几天的大雨，无法施工，并认为该情况属于不可抗力。承包商以此为由，拒绝承担工程拖期的违约责任。其实，在南方梅雨季节，连续十几天的大雨并不奇怪，这是承包商应当预见到的客观情况。承包商在计算工期和编制施工组织设计时，应当考虑到这种情况并在工程进度计划和施工组织方案中作出合理安排，以避免这种情况对土建工程施工造成的不利影响。因此，该情况不构成不可抗力。

2）履行期限届满之前，当事人一方明确表示或者以自己的行为表明不履行主要债务。这种情形属于先期违约，又称为预期违约。先期违约是指在合同履行期限到来之前，一方当事人在无正当理由的情况下明确肯定地向另一方当事人表示或者以其行为表明将不履行合同的主要义务的行为。先期违约与实际违约有所不同。先期违约表现为未来将不履行合同义务，而实际违约则是现实地违反合同义务。一般情况下，只有在合同规定的履行期限届满之后，才会存在违约的问题。但是，如果在合同规定的履行期限届满之前，债务人明确表示拒绝履行主要债务或者债权人有确凿证据表明债务人将不履行主要债务，债权人的合同期待利益（期待债权）就此丧失，该合同也相应失去了存在的意义。为此，《合同法》确立了先期违约制度，以督促当事人履行合同义务，使当事人可以从无益的合同拘束中早日解脱出来，以减少不必要的损失。

例如，某建材供应商与某项目承包人订立买卖合同，优惠供应该承包人一批螺纹钢。但在交付之前，供应商找到了新的买主，且出价更高。该供应商便将承包人订购的这批螺纹钢卖给了新的买主，而其仓库并无同样规格的螺纹钢库存，在这种情形下，该建材供应商实际上已经以其行为（将螺纹钢卖给新的买主）向承包人表明其在该买卖合同规定的履行期限届满时将不履行其在该买卖合同的主要债务，承包人基于该买卖合同的期待债权已经无法实现。因此，承包人已无再继续维持该买卖合同关系之必要，因而其可以解除合同。

3）当事人一方迟延履行主要债务，经催告后在合理期限内仍未履行。

4）当事人一方迟延履行债务或者有其他违法行为致使不能实现合同目的。通常情况下，合同当事人一方迟延履行债务并不必然导致合同目的不能实现，应根据履行期限对实现合同目的的重要性来判断合同当事人一方迟延履行债务是否会导致合同目的不能实现。有些合同的履行期限（时间）对于实现合同目的至关重要，一旦当事人一方迟延履行债务，其结果将导致无法实现合同目的，严重损害合同当事人另一方的合同利益，此种情况下，合同当事人另一方便享有合同解除权，这种解除权无需催告。

例如，某单位为工程开工举行剪彩典礼，与某娱乐公司订立租赁合同，租用其巨幅彩虹道具及气球，约定在工程开工剪彩典礼日送到，但娱乐公司因日程安排有冲突，无法将彩虹道具及气球在工程开工剪彩典礼日送到，据此，该单位无需催告，就有权解除合同。

5）法律规定的其他情形。

**3. 解除权的行使程序**

《合同法》规定，一方行使解除权解除合同的，应当通知对方。合同自通知到达对方时解除。对方有异议的，可以请求人民法院或仲裁机构确认解除合同的效力；法律、行政法规规定解除合同应当办理批准、登记等手续的，应遵循其规定。

**4. 合同解除的效力**

合同解除后，尚未履行的，终止履行；已经履行的，根据履行情况和性质，当事人可以要求恢复原状或采取补救措施，并有权要求赔偿损失。合同的权利义务终止，不影响合同中结算和清理条款的效力。

合同解除后，当事人可以要求赔偿损失。

## 六、违约责任

### （一）违约的概念与具体形态

**1. 违约的概念**

一个有效成立的合同，其主要的法律效力就是当事人对合同的正确履行，否则就构成对合同的违反，而这种对合同义务的违反就是违约。违约是指合同当事人在无法定免责原因的情况下不履行合同义务或者不按合同约定条件履行合同义务的行为。

违约责任是指合同当事人不履行合同义务或者履行合同义务不符合约定时，应当承受的法律后果。

承担违约责任的前提是当事人不履行合同义务或者履行合同义务不符合约定而又不存在法定的免责事由。当事人主观上的过错，并不是确定违约责任时所必须考虑的问题。因此，确定违约责任时采取的并非过错责任而是严格责任原则。

违约责任制度是保障债权实现及债务履行的重要措施，有利于促进合同的履行和弥补违约造成的损失，对合同当事人和整个社会的交易活动的稳定发展具有重要意义。

**2. 违约行为**

违约行为是合同当事人承担违约责任的必备条件。没有违约行为不承担违约责任。违约行为是以当事人之间已存在的有效的合同关系为基础的，合同关系不存在，不发生违约行为。违约行为有以下几种形态：

（1）拒绝履行　拒绝履行是指合同一方当事人向对方表示不履行合同的行为。拒绝履行可以是明示的，也可以是默示的，即以其行为表明不履行合同义务。

（2）迟延履行　迟延履行是指当事人未按合同约定的履行期限履行，即在履行期限届满时却未履行的现象。迟延履行应为无正当理由。迟延履行是最为常见的一种违约行为。

（3）不能履行　不能履行是指当事人在客观上没有履行能力。如果不能履行是当事人主观所为，则为拒绝履行。

（4）不适当履行　不适当履行又称不完全履行，是指当事人的履行行为不符合合同约定。其主要表现为：

1）标的物的质量不符合合同约定。如标的物的规格、品种、型号等不符合合同的约定。

2）在数量上不适当，包括数量的短缺和增加。

3）在履行方式和地点上不正确。

4）违反有关附随义务的约定。如技术合同中技术图的保密义务等。

**（二）违约责任承担方式**

**1. 继续履行**

继续履行也称强制实际履行，是指对方当事人要求违约方继续履行合同规定的义务。继续履行旨在保护债权人实现其预期目标，它要求违约方按合同标的履行，而不得以违约金、赔偿损失代替履行。

继续履行的适用条件如下：

1）债权人在合理期限内请求继续履行。

2）继续履行须有可能。

3）继续履行须有必要。

4）债务的标的须适于强制履行。

**2. 赔偿损失**

赔偿损失，也称违约损害赔偿，是指违约方因不履行合同或者不完全履行合同而给对方造成的损失，应当依法承担赔偿责任。违约损害赔偿是违约救济中最广泛、最主要的救济方式。其基本目的是用金钱赔偿的方式弥补一方因违约给对方所造成的损害。

（1）赔偿损失的适用条件　具体为：①受害人一方受到损害；②受害人的损害与违约行为之间有因果关系。

（2）赔偿损失的原则　具体如下：

1）完全赔偿原则。完全赔偿原则是指因违约方的违约使受害人遭受的全部损失都应当由违约方负赔偿责任。当事人一方不履行合同义务或履行义务不符合约定，给对方造成损失的，损失赔偿额应相当于因违约所造成的损失，包括合同履行后可获得的利益。

2）合理预见原则。根据我国《合同法》规定，损害赔偿不得超过违反合同一方订立合同时预见到或应当预见到的，因违反合同可能造成的损失。

3）减轻损失原则。即在一方违约并造成损失后，另一方应及时采取合理的措施以防止损失的扩大，否则，应对扩大部分的损失负责。

**3. 支付违约金**

违约金是指当事人一方违反合同时应当向对方支付的一定数量的金钱或财物。

违约金是对损害赔偿的预先约定，既可能高于实际损失，也可能低于实际损失。畸高和畸低均会导致不公平结果。为此，各国法律规定违约金具有变更权。我国《合同法》规定："约定的违约金低于造成的损失的，当事人可以请求人民法院或者仲裁机构予以增加；约定的违约金过分高于造成的损失的，当事人可以请求人民法院或者仲裁机构予以适当减少。"

当事人既约定违约金又约定定金的，一方违约时，对方可以选择适用违约金或者定金条款，两者不能并罚。

**4. 采取补救措施**

采取补救措施是指矫正合同不适当履行（质量不合格），使履行缺陷得以消除的具体措施。采取补救措施的具体方式为：修理、更换、重做、退货、减少价款或者报酬等。

**（三）违约责任的免除**

违约责任的免除是指法律规定的或者当事人约定的免除违约当事人承担违约责任的情况。

违约责任免责事由可分为两类：一类是法律规定的免责条件；一类是当事人在合同中约定的条件，一般称为免责条款。

不可抗力发生后，应免除债务人的责任。根据不可抗力影响范围，债务人不能履行合同义务时，可全部免除其责任，也可部分免除其责任。此种责任包括强制履行、赔偿损失和支付违约金等一切责任。但是不可抗力是在当事人延迟履行过程中发生的，则不能免除责任，其仍应按违约情况承担违约责任。

发生不可抗力虽可以免除责任，但发生不可抗力的一方当事人在不能履行合同义务时，应当及时通知对方当事人，以使对方当事人能及时采取措施避免损失的扩大，减轻可能给对方造成的损失。若不及时通知对方，使损失扩大的，仍应就扩大的损失承担责任。发生不可抗力一方当事人除应及时行使通知义务外，还应当在合理期限内提供有关机构出具的证明不可抗力发生的文件。

# 第二节　担　保　制　度

## 一、担保的概念

担保是指基于法律规定或当事人的约定，为督促债务人履行债务，确保债权得以实现所采取的特别保障措施。

合同的担保作为债的特别担保，其方式一般有五种，即：保证、抵押、质押、留置和定金。其中，保证、抵押、质押和定金都是根据当事人的合同而设立的，称为约定担保；留置则是直接依据法律的规定而设立的，无须当事人之间特别约定，称为法定担保。保证是以保证人的财产和信用为担保的基础，属于人的担保；抵押、质押、留置是以一定的财产为担保的基础，属于物的担保。定金则是一种特殊的担保形式。

担保通常由当事人双方订立担保合同。担保合同是被担保合同的从合同，被担保合同是主合同，主合同无效，从合同也无效。但担保合同另有约定的按照约定。

担保活动应当遵循平等、自愿、公平、诚实信用的原则。

## 二、担保方式

### （一）保证

#### 1. 保证的概念和方式

保证是指保证人和债权人约定，当债务人不履行债务时，保证人按照约定履行债务或者承担责任的行为。保证法律关系至少有三方参加，即保证人、被保证人（债务人）和债权人。

保证的方式有两种，即一般保证和连带责任保证。在具体合同中，担保方式由当事人约定，如果当事人没有约定或者约定不明确的，则按照连带责任保证承担保证责任。这是对债权人权利的有效保护。

一般保证是指当事人在保证合同中约定，债务人不能履行债务时，由保证人承担责任的保证。一般保证的保证人在主合同纠纷未经审判或者仲裁，并就债务人财产依法强制执行仍不能履行债务前，对债权人可以拒绝承担担保责任。

连带责任保证是指当事人在保证合同中约定保证人与债务人对债务承担连带责任的保证。连带责任保证的债务人在主合同规定的债务履行期届满没有履行债务的，债权人可以要求债务人履行债务，也可以要求保证人在其保证范围内承担保证责任。

#### 2. 保证人的资格

具有代为清偿债务能力的法人、其他组织或者公民，可以作为保证人。主债务人不得同时为保证人。但是，以下组织不能作为保证人：

1）企业法人的分支机构、职能部门。企业法人的分支机构有法人书面授权的，可以在授权范围内提供保证。

2）国家机关，经国务院批准为使用外国政府或者国际经济组织贷款进行转贷的除外。

3）学校、幼儿园、医院等以公益为目的的事业单位、社会团体。

#### 3. 保证合同的内容

保证合同应包括以下内容：

1）被保证的主债权种类、数额。

2）债务人履行债务的期限。

3）保证的方式。

4）保证担保的范围。

5）保证的期间。

6）双方认为需要约定的其他事项。

**4. 保证责任**

保证担保的范围包括主债权及利息、违约金、损害赔偿金及实现债权的费用。保证合同另有约定的，按照约定。当事人对保证担保的范围没有约定或者约定不明确的，保证人应当对全部债务承担责任。

一般保证的保证人未约定保证期间的，保证期间为主债务履行期届满之日起6个月。

保证期间债权人与债务人协议变更主合同或者债权人许可债务人转让债务的，应当取得保证人的书面同意，否则保证人不再承担保证责任。保证合同另有约定的按照约定。

**（二）抵押**

**1. 抵押的概念**

抵押是指债务人或者第三人向债权人以不转移占有的方式提供一定的不动产及其他财产作为抵押物，用以担保债务履行的担保方式。债务人不履行债务时，债权人有权依照法律规定以抵押物折价或者从变卖抵押物的价款中优先受偿。其中，债务人或者第三人称为抵押人，债权人称为抵押权人，提供担保的财产为抵押物。

**2. 抵押物**

债务人或者第三人提供担保的财产为抵押物。由于抵押物是不转移占有的，因此能够成为抵押物的财产必须具备一定的条件。这类财产轻易不会灭失，且其所有权的转移应当经过一定的程序。下列财产可以作为抵押物：

1）抵押人所有的房屋和其他地上定着物。

2）抵押人所有的机器、交通运输工具和其他财产。

3）抵押人依法有权处分的国有土地使用权、房屋和其他地上定着物。

4）抵押人依法有权处置的国有机器、交通运输工具和其他财产。

5）抵押人依法承包并经发包人同意抵押的荒山、荒沟、荒丘、荒滩等荒地的土地使用权。

6）依法可以抵押的其他财产。

下列财产不得抵押：

1）土地所有权。

2）耕地、宅基地、自留地、自留山等集体所有的土地使用权。

3）学校、幼儿园、医院等以公益为目的的事业单位、社会团体的教育设施、医疗卫生设施和其他社会公益设施。

4）所有权、使用权不明或者有争议的财产。

5）依法被查封、扣押、监管的财产。

6）依法不得抵押的其他财产。

当事人以土地使用权、城市房地产、林木、航空器、船舶、车辆等财产抵押的，应当办理抵押物登记，抵押合同自登记之日起生效；当事人以其他财产抵押的，可以自愿办理抵押物登记，抵押合同自签订之日起生效。当事人未办理抵押物登记的，不得对抗第三人。

**3. 抵押的效力**

抵押担保的范围包括主债权及利息、违约金、损害赔偿金和实现抵押权的费用。当事人也可以约定抵押担保的范围。

抵押期间，抵押人转让已办理登记的抵押物，应当通知抵押权人并告知受让人转让物已经抵押的情况，否则，该转让行为无效。抵押人转让抵押物的价款，应当向抵押权人提前清偿所担保的债权或者向与抵押权人约定的第三人提存。超过债权的部分归抵押人所有，不足部分由债务人清偿。

**4. 抵押权的实现**

债务履行期届满抵押权人未受清偿的，可以与抵押人协议以抵押物折价或者以拍卖、变卖该抵押物所得的价款受偿；协议不成的，抵押权人可以向人民法院提起诉讼。抵押物折价或者拍卖、变卖后，其价款超过债权数额的部分归抵押人所有，不足部分由债务人清偿。

同一财产向两个以上债权人抵押的，拍卖、变卖抵押物所得的价款按照以下规定清偿：

1）抵押合同已登记生效的，按照抵押物登记的先后顺序清偿；顺序相同的，按照债权比例清偿。

2）抵押合同自签订之日起生效的，该抵押物已登记的，按照第1）项规定清偿；未登记的，按照合同生效时间的先后顺序清偿，顺序相同的，按照债权比例清偿。抵押物已登记的先于未登记的受偿。

**（三）质押**

**1. 质押的概念**

质押是指债务人或者第三人将其动产或权利移交债权人占有，用以担保债权履行的担保方式。质押后，当债务人不能履行债务时，债权人依法有权就该动产或权利优先得到清偿。债务人或者第三人为出质人，债权人为质权人，移交的动产或权利为质物。质权是一种约定的担保物权，以转移占有为特征。

**2. 质押的分类**

质押可分为动产质押和权利质押。

动产质押是指债务人或者第三人将其动产移交债权人占有，将该动产作为债权的担保。权利质押一般是将权利凭证交付质权人的担保。可以质押的权利包括：

1）汇票、支票、本票、债券、存款单、仓单、提单。

2）依法可以转让的股份、股票。

3）依法可以转让的商标专用权、专利权、著作权中的财产权。

4）依法可以质押的其他权利。

**（四）留置**

留置是指债权人按照合同约定占有对方（债务人）的财产，当债务人不能按照合同约定期限履行债务时，债权人有权依照法律规定留置该财产并享有处置该财产得到优先受偿的权利。留置权以债权人合法占有对方财产为前提，并且债务人的债务已经到了履行期。比如，在承揽合同中，定作方逾期不领取其定作物的，承揽方有权将该定作物折价、拍卖、变卖，并从中优先受偿。

由于留置必须依法行使，不能通过合同约定产生留置权。我国《担保法》规定，能够留置的财产仅限于动产，且只有因保管合同、运输合同、加工承揽合同发生的债权，债权人才有可能实施留置。

债权人与债务人应当在合同中约定，在债务履行期限届满，债权人留置财产后，债务人应当在不少于2个月的期限内履行。合同中未约定的，债权人留置财产后，应当确定2个月以上的期限，通知债务人在该期限内履行。债务人逾期仍不履行债务的，债权人可以与债务人协议以留置物折价，也可以依法拍卖、变卖留置物。留置物折价或拍卖、变卖后，其价款超过债权数额的部分返还债务人，不足部分继续由债务人清偿。

### （五）定金

定金是指合同当事人在合同订立时或合同履行前，为了保证合同的履行而给付另一方一定款项的一种担保方式。定金的数额由当事人约定，但不得超过主合同标的额的20%。当事人采用定金方式作担保时，可以签订书面合同，也可以在主合同中约定定金担保的条款。工程项目建设过程中涉及的勘察合同、设计合同担保，采用主合同内条款约定的形式。当事人在合同中约定交付定金的期限，定金合同于实际交付定金之日生效。债务人履行债务后，定金应当抵作价款或者收回。给付定金的一方不履行约定的债务的，无权要求返还定金；收受定金的一方不履行约定的债务的，应当双倍返还定金。

定金与预付款都是在合同履行前一方当事人给付对方当事人的一定款项，都具有预先给付的性质，在合同履行后都可以抵作价款。但两者有明显的不同。预付款不是合同的担保形式，不具有定金的法律意义。

## 三、保证在建设工程中的应用

工程担保是一种已经为世界建筑行业普遍接受和应用的国际惯例。工程担保作为控制工程合同履行风险的一种重要手段，利用建设市场主体及保证人之间的责任关系，通过增加合同履行的责任主体和加大违约成本的约束和惩罚机制，能够有效地预防、控制建设合同履约风险，它有利于公正地维护各方根本利益，既保证业主利益，又使承包商打消业主拖欠款项的后顾之忧。维护合同当事人的合法权益，保障工程建设的顺利完成，达到规范建筑市场经济秩序的目的。保证是最为常用的一种担保方式。保证这种担保方式必须由第三人作为保证人，由于对保证人的信誉要求比较高，建设工程中的保证人往往是银行，也可能是信用较高的其他担保人。这种保证应当采用书面形式。在建设工程中习惯把银行出具的保证称为保函，而把其他保证人出具的书面保证称为保证书。

目前，在建设工程项目中，一般主要有以下三种担保制度。

### 1. 投标保证金

投标保证金是为防止投标人不审慎考虑而进行投标活动而设定的一种担保形式，是投标人向招标人缴纳的一定数额的金钱。招标人发售招标文件后，不希望投标人不递交投标文件或递交毫无意义或未经充分、慎重考虑的投标文件，更不希望投标人中标后撤回投标文件或不签署合同。因此，为了约束投标人的投标行为，保护招标人的利益，维护招标投标活动的正常秩序，特设立投标保证金制度，这也是国际上的一种习惯做法，投标保证金的收取和缴纳办法，应在招标文件中说明，并按招标文件的要求进行。

投标保证金的直接目的虽是保证投标人对投标活动负责，但其一旦缴纳和接受，对双方都有约束力。采用投标保证金的，在确定中标人后，招标人应当及时向没有中标的投标人退回其投标保证金；除不可抗拒因素外，中标人拒绝与招标人签订工程合同的，招标人可以将其投标保证金予以没收，除不可抗拒因素外，招标人不与中标人签订工程合同的，招标人应赔偿中标人的损失。

投标保证金可采用现金、支票、银行汇票，也可以采用银行出具的银行保函。银行保函的格式应符合招标文件提出的格式要求。投标保证金的额度，根据工程投资大小由业主在招标文件中确定。在国际上，投标保证金的数额较高，一般占合同价的1%～3%，而在我国，投标保证金的数额则普遍较低。

**2. 履约保证担保**

履约保证担保就是保证合同的完成，即保证承包人承担合同义务并完成某项工程。对于履约担保，如果是非业主的原因，承包人没有履行合同义务，担保人应承担其担保责任，一是向该承包人提供资金、设备、技术援助，使其能继续履行合同义务；二是直接接管该工程或另觅经业主同意的其他承包商，负责完成合同的剩余部分，业主只按原合同支付工程款；三是按合同的约定，对业主蒙受的损失进行补偿。实施履约保证金的，应当按照我国《招标投标法》的规定执行，《招标投标法》规定："招标文件要求中标人提供履约保证金的，中标人应当提交。""中标人不履行与招标人订立的合同的，履约保证金不予退还，给招标人造成的损失超过履约保证金数额的，还应对超过部分予以赔偿"。

履约保证担保可以实行全额担保（即合同价的100%），也可以实行分段（一般为合同价的10%～15%）滚动担保。对于一些大工程或特大工程，可以由若干保证担保人共同担保，担保人应当按照担保合同约定的担保份额承担担保责任，没有约定担保份额的，这些担保人承担连带责任，债权人可以要求其中任何一个担保人承担全部担保责任，而其负有担保全部债权实现的义务，并在承担保证担保责任后有权向债务人追债，或者要求其他承担连带责任的担保人清偿其应当承担的份额。

**3. 预付款保证担保**

预付款保证担保就是承包人与业主签订承包合同的同时，向业主保证与工程项目有关的工人工资、分包人及供应商的费用，将按照合同约定的由承包人按时支付，不会给业主带来纠纷，如果因为承包人违约给分包人和材料供应商造成的损失，在没有预付款保证担保的情况下，经常由业主协调解决，甚至使业主卷入可能的法律纠纷，在管理上造成很大负担，而实行预付款保证担保，可以使业主避免可能引起的法律纠纷和管理上的负担，同时也保证了工人、分包人和供应商的利益。

以下给出几种保函的格式。

# 履 约 保 函

致：＿＿＿（发包人名称）＿＿＿

鉴于＿＿（承包人名称）＿＿（以下简称"承包人"）已保证按＿＿（发包人名称）＿＿（以下简称"发包人"）＿＿（工程名称）＿＿工程合同施工、竣工和保修该工程（以下简称"合同"）。

鉴于你方在上述合同中要求，承包人向你方提交下述金额的银行保函，作为承包人履行本合同责任的保证金。

本银行同意为承包人出具本保函。

本银行在此代表承包人向你方承担支付总额不超过＿＿（币种、金额、单位）＿＿（小写）的责任，承包人在履行合同中，由于资金、技术、质量或非不可抗力等原因给你方造成经济损失时，在你方以书面提出要求得到上述金额内的任何付款时，本银行即给予支付，不挑剔、不争辩、也不要求你方出具证明或说明背景、理由。

本银行放弃你方应先向承包人要求赔偿上述金额后再向本银行提出要求的权利。

本银行进一步同意在你方和承包人之间的合同条件、合同项下的工程或合同发生变化、补充或修改后，本银行承担本保函的责任也不改变，有关上述变化、补充和修改也无须通知本银行。

本保函直至保修责任证书发出后 28 天内一直有效。

银行名称：（盖章）

银行法定代表人：（签字或盖章）

地址：

邮政编码：

日期：

# 投 标 保 函

致： ＿＿（发包人名称）＿＿

因被保证人＿＿＿＿＿（投标人名称）＿＿＿＿＿（以下简称"被保证人"）参加你方招标发包的＿＿（合同名称）＿＿合同（合同编号：＿＿）的投标，我方已接受被保证人的请求，愿向你方提供如下保证：

1. 本保函担保的投标保证金金额为人民币（大写）＿＿＿＿＿＿元。

2. 本保函的有效期自＿＿＿年＿＿＿月＿＿＿日至＿＿＿年＿＿＿月＿＿＿日。若你方要求延长投标文件的有效期，经被保证人同意并通知我方后，本保函的有效期相应延长。

3. 在本保函有效期内，如被保证人有下列任何一种违反招标文件规定的事实，你方可向我方发出提款通知。

（1）在招标文件规定的投标文件的有效期内撤回投标文件。

（2）收到中标通知书后，未能在招标文件规定的期限内提交履约担保证件。

（3）收到中标通知书后，拒绝在招标文件规定的期限内签订合同。

4. 我方在收到你方的提款通知后 7 天（日历天）内，凭本保函向你方支付本保函担保范围内你方要求提款的金额，但提款通知必须在本保函有效期内以书面形式（包括信函、电传、电报、传真和电子邮件）提出，并应由你方法定代表人或委托代理人签字并加盖单位公章。

银行名称：（盖章）

银行法定代表人：（签字或盖章）

地址：

邮政编码：

日期：

# 工程预付款保函

致： ＿＿（发包人名称）＿＿

因被保证人＿＿＿（承包人名称）＿＿＿（以下简称"被保证人"）与你方签订了＿（合同名称）合同（合同编号：＿＿＿＿＿），并按该合同约定在取得第一次工程预付款前应向你方提交工程预付款保函。我方已接受被保证人的请求，愿就被保证人按上述合同约定使用并按期退还预付款向你方提供如下保证：

1. 本保函担保的范围（担保金额）为人民币（大写）____元。

2. 本保函的有效期自工程预付款支付之日起至你方按合同约定向承包人收回全部工程预付款之日止。

3. 在本保函的有效期内，若被保证人未将工程预付款用于上述合同项下的工程或发生其他违约情况，我方将在收到你方符合下列条件的提款通知后 7 天（日历天）内，凭本保函向你方支付本保函担保范围内你方要求提款的金额。

(1) 你方的提款通知必须在本保函有效期内以书面形式（包括信函、电传、电报、传真和电子邮件）提出，提款通知应由你方法定代表人或委托代理人签字并加盖单位公章。

(2) 你方的提款通知应说明被保证人的违约情况和要求提款的金额。

4. 你方和被保证人双方经协商同意在上述合同的《通用合同条款》规定的范围内变更合同内容时，我方承担本保函规定的责任不变。

保证人：（盖章）

法定代表人（或委托代理人）：（签字或盖章）

地址：

邮政编码：

日期：

# 支付担保书（发包人）

致：____（承包人名称）____

根据本担保书，____（发包人名称）____作为委托人（以下简称"发包人"）和____（担保人名称）____作为担保人（以下简称"担保人"）共同向债权人____（承包人名称）____（以下简称"承包人"）承担支付____（币种、金额、单位）____（小写）的责任，发包人和担保人均受本支付担保书的约束。

鉴于发包人已于____年____月____日与承包人为(工程合同名称)的履行签订了工程承发包合同（以下简称"合同"），我方愿为发包人和你方签署的工程承发包合同提供支付担保。

本担保的条件是：如果发包人在履行上述合同过程中，由于资金不足或非不可抗力等原因给承包人造成经济损失或不按合同约定付款时，当承包人以书面提出要求得到上述金额内的任何付款时，担保人将于____日之内予以支付。

本担保人不承担大于本担保书限额的责任。

除了你方以外，任何人都无权对本担保书的责任提出履行要求。

本担保书直至合同终止，发包人付清应付给你方按合同约定的一切款项后 28 天内有效。

担保人：（盖章）

法定代表人（或委托代理人）：（签字或盖章）

地址：

邮政编码：

日期：

# 第三节 保 险 制 度

## 一、保险概述

### (一) 保险的概念

保险是指投保人根据合同约定，向保险人支付保险费，保险人对于合同约定的可能发生的事故因其发生所造成的财产损失承担赔偿保险金责任，或者当被保险人死亡、伤残、疾病或者达到合同约定的年龄、期限时承担给付保险金责任的商业保险行为。

保险核心职能就是对风险损失进行经济补偿，这一职能决定了保险在工程建设风险管理中的作用。

### (二) 工程保险基本功能

(1) 微观层面的作用 具体如下。

1) 保护工程承包人或分包人的利益。工程发包人（业主）通过承包合同，将工程建设或管理交给施工、监理、制造商等单位，与此同时，工程的部分风险也随着承包合同转嫁给他们。但是，这种分散风险的方式，有时会由于合同纠纷，或者因为承包人的经济能力弱而难以得到实质性的风险转嫁。如果发生风险损失，这些合同承包单位将难以承担，不仅预定利润无法实现，甚至还可能出现亏损或破产，严重影响承包合同的履行，致使工程停建或缓建。而通过保险转嫁风险，就能解决这一矛盾。

2) 保护发包人的利益。在市场经济条件下，我国对工程建设实行业主制管理，使项目发包人成为自负盈亏、自主经营的单位，成为承担风险的主体，完全靠项目业主自身力量来承担风险，显然是脆弱的。但如果通过保险手段，就能用少量的保险费支出换取巨大的经济保障，在工程发生风险损失之后，由保险公司承担，达到避免增加投资或负债，稳定工程投资的目的。

3) 减少工程风险的发生。保险公司除承诺保险责任范围内的损失赔偿之外，还将从自身利益出发，为投保人提供灾害预防、损失控制等风险管理指导，从而可以加强工程建设风险管理。

(2) 宏观层面的作用 具体如下。

1) 工程建设领域引入工程保险机制后，保险公司自然关心工程施工费用和质量等问题，关心承包人的行为，这相当于又引入了除发包人、政府部门之外的第三方面监督者，进一步促进了工程建设市场的规范化。

2) 发展工程保险市场，创新工程保险险种，完善工程保险机制，有利于健全我国金融体系，带动相关产业发展。

3) 在国外，工程保险已经成为项目投资融资的必备条件。工程保险机制的健全也促进了发包人和承包人积极投资工程项目。

4) 工程项目具备保险保障后，银行贷款和投资人投资没有了后顾之忧，可最大限度地吸引潜在的投资者。工程建设一般要依赖于金融投资，特别是重点工程。金融投资商把所投资项目参加保险作为其投资的一个必要条件，以确保其投资安全。保险通过增加工程建设单位的资信来支持工程投资活动，因为金融投资商通常要求为贷款抵押或投资工程投保，否则，不予以贷款。所以，通过保险不仅为工程建设单位创造良好融资基础，而且增加金融投资者的信心。

**（三）工程保证担保与工程保险的比较**

1）担保是由三方当事人组成，即发包人（业主）、承包人和保证人；而保险只有两方当事人，即保险公司和投保人，通常不涉及第三方。

2）担保是由被保证人申请，交付保证费来保证他人（权利人）的利益；而保险则是由投保人申请，交付保险费来保障自己的利益。

3）担保所承担的是被保证人违约或失误的风险；而保险所承担的是投保人自己无法控制的、偶然的、意外的风险，如自然灾害、意外事故。投保人的故意行为属于除外责任。

4）在担保中，被保证人提供担保的根本目的并非为了转移风险，而是为了满足对方要求提供的信用保障；而在保险中，投保人购买保险则是为了转移风险，保障自身的经济利益。

5）在担保中，保证人所承担的风险小于被保证人，只有当被保证人的所有资产都付给保证人，仍然无法还清保证人为履约所支付的全部费用时，保证人才会蒙受损失；而在保险中，保险公司作为唯一的责任人，将对投保人的意外事故负责。相比之下，保险公司所承担的风险明显要高。

6）在担保中，保证人往往要求被保证人提供反担保，保证人有权追索履约所支付的全部费用；而在保险中，作为保险人的保险公司，将按期收取一定数额的保险费，事故发生后，保险公司将按照保险合同规定，负担赔偿全部或部分损失，保险公司无权向被保险人进行追偿。

7）在担保中，被保证人因故不能履行合同时，保证人必须采取积极措施，保证合同得以继续履行完成；而在工程保险中，当投保人出现意外损失时，保险公司只需支付相应数额的赔偿，无须承担其他责任。

8）尽管同属工程风险转移手段，担保是由保证人暂时承担被保证人的信用风险，然后保证人可通过反担保很快追回部分或全部损失；而保险则是将工程风险从投保人转移给保险人，最终由保险公司承担风险损失。

9）当承包人或发包人正常履行合同之后，工程保证金当如期返还，只有一方没有正常履约，另一方才能没收对方提供的工程保证金；而在保险中，即使没有发生意外事故，投保人缴纳的保险费也不再返还。

10）担保所要缴纳的保证费相当于手续费，因而相对较低，对成本影响很小；而工程保险所要缴纳的保险费则相对较高，对工程成本影响很大。

**（四）保险合同**

保险合同是投保人与保险人约定保险权利义务关系的协议。保险合同的当事人就是在保险合同中享有权利和承担义务的人，包括保险人和投保人。

（1）保险人　保险人是指与投保人订立保险合同，并承担赔偿或者给付保险金责任的保险公司。

（2）投保人　投保人是指与保险人订立保险合同，并按照保险合同负有支付保险费义务的人。

投保人应具有以下条件：

1）具有相应的权利能力和行为能力。

2）投保人对保险标的具有保险利益。

3）投保人履行交付保险费的义务。

在保险合同中还存在两种关系人，这就是被保险人和受益人。

被保险人是以其财产、生命或者身体作为保险标的，受到保险合同保障的人。当投保人为自己的利益订立保险合同时，投保人就是被保险人，两者是同一人。比如在财产保险中，投保人为自己的财产投保；在人身保险中，投保人以自己的身体为保险标的，投保人本人即为被保险人。

受益人是指人身保险合同中由被保险人或者投保人指定的享有保险金请求权的人。投保人、被保险人可以为受益人。受益人只存在于人身保险合同中，须由被保险人或投保人指定，并且投保人指定受益人时必须经被保险人同意。

**（五）保险合同的分类**

保险合同主要包括财产保险合同和人身保险合同，这是根据保险标的不同对保险合同所作的分类，也是最普遍的保险合同分类。

**1. 财产保险合同**

财产保险合同是以财产及其有关利益为保险标的的保险合同。财产保险合同大多数属于损失补偿性质的合同。保险人的责任以补偿被保险人的实际损失为限，且不超过保险金额。

**2. 人身保险合同**

人身保险合同是以人的寿命和身体为保险标的的保险合同。大多数的人身保险合同都是非补偿性的定额保险合同。因为人的生命和健康很难用一个固定的金额来衡量，只要发生责任范围内的保险事故或合同约定的保险期届满，无论被保险人是否有损失，都应按照保险合同的约定履行给付的义务。人身保险合同根据保障的危险不同，一般可分为三大类，即人寿保险合同、健康保险合同和意外伤害保险合同。

**（六）保险合同的主要条款**

根据我国《保险法》的规定，保险合同应具备以下主要条款：

（1）保险人名称和住所　我国对保险业的经营者作出了严格的限制性规定，明确了除依照《保险法》设立的保险公司外，任何单位和个人不得经营商业保险业务。

（2）投保人、被保险人名称和住所以及人身保险受益人的名称和住所　投保人、被保险人和受益人可以为自然人、法人或者其他组织，可以为一人或者数人。

（3）保险标的　保险标的是指保险合同所要保障的对象。

财产保险合同中的保险标的是指各种财产本身以及有关的利益和责任。如财产保险合同中的建筑物、机器设备、运输工具、原材料、产成品、家具、农作物、养殖物等。

人身保险合同中的保险标的是指被保险人的身体或生命。

（4）保险责任和责任的免除　保险责任是指保险人承担的经济损失补偿或人身保险金给付的责任，即保险合同中约定由保险人承担的危险范围，在保险事故发生时所负的赔偿责任，包括损害赔偿、责任赔偿、保险金给付、施救费用、救助费用、诉讼费用等。

投保人签订保险合同并交付保险费后，保险合同条款中规定的责任范围，即成为保险人承担的责任。在保险责任范围内发生财产损失或人身保险事故，保险人均要负责赔偿或给付保险金。

保险人赔偿或给付保险金的责任范围包括：损害发生在保险责任内；保险责任发生在保险期限内；以保险金额为限度。所以，保险责任既是保险人承担保障的保障责任，也是负责赔偿和给付保险金的依据和范围，同时也是被保险人要求保障的责任和获得赔偿或给付的依据和范围。不同的险种有不同的保险责任，保险责任主要分为基本责任和特约责任。在不同的保险合同中，保险金额的确定方法和原则不同：

1）基本责任。基本责任是指保险合同中载明的保险人承担经济损害赔偿责任的保险危险范围，一般包含自然灾害、意外事故、抢救或防止灾害蔓延采取必要措施造成的保险财产损失和保险危险发生时必要的施救、保护、整理等合理费用。

2）特约责任。特约责任是指保险合同载明的基本责任以外，或列为除外责任的风险损失，经保险双方协商同意后特约附加承保的一种责任，属于约定扩大的保险责任，也称为附加责任或附加险。它附属于基本责任，作为基本险的一项补充，如企业财产保险附加盗窃险，或独立存在，可以单独承保；机动车辆第三者责任险。

由于财产保险的种类不同，对各种自然灾害和意外事故造成保险损害的规律掌握的程度不同，以及有些风险损失如核辐射、污染等不宜转嫁给保险人承担等因素，因而财产保险合同的保险责任，一般采取列举式，明确负责的范围与不负责的界限，以便为保险双方共同遵守。

责任的免除称为除外责任，也称不保危险或免责条款，即不是因保险事故造成的损失，保险方不负赔偿责任。不同内容的保险合同，其除外责任不尽相同，常见的有：

1）战争，包括军事行动和暴力。
2）被保险人的故意行为。
3）保险标的本身缺陷或保管不善造成的损坏、霉变、自然磨损及规定的正常损耗。
4）因事故发生的间接损失。
5）未纳入保险的核辐射和污染等。

凡上述原因造成的财产损失和人身伤亡，保险人均不负赔偿责任。

（5）保险期间和保险责任开始的时间　保险期间是指保险人对保险事故承担责任的时间界限。保险事故只有发生在保险合同约定的期限内，保险人才承担赔偿责任。如果在保险期间以外的其他时间里发生事故，保险人不承担赔偿责任。如果保险事故发生在保险期间结束之前，而延续至保险期间结束以后，这时，保险人应当承担赔偿责任；但是，如果事故发生在保险期间开始之前，而延续至保险期间开始后，这时，保险人不承担赔偿责任。

（6）保险价值　保险价值是指财产保险中受保险的财产的价值。当事人可以在财产保险合同中约定财产保险的保险价值，也可以于保险事故发生后根据财产的实际价值确定。但在人身保险合同中不存在保险价值条款，因为人身价值是不可估量的。

（7）保险金额　保险金额简称"保额"，是指双方当事人在合同中约定，并在保险合同中载明的保险人应当赔偿的货币额。保险金额是保险人在保险事故发生时应当承担的损失补偿或给付的最高限额，同时也是计算保险费的标准。保险金额直接关系到双方当事人的权利和义务，必须在合同中明确规定下来。保险金额由投保人和保险人协商确定。在财产保险合同中，保险金额的约定不得超出保险标的保险价值或者保险标的的实际价值；在人身保险合同中，投保人和被保险人一般依据被保险人或者受益人的实际需要和投保人交付保险费的能力等因素协商确定保险金额。

（8）保险费及其支付办法 保险费是指投保人为获得保险保障而向保险人支付的费用。投保人按期如数交纳保险费是保险合同中投保人的义务。一般地讲，保险标的危险程度越高，确定的保险金额越多，保险期限越长，那么缴纳的保险费也就越多。

保险费与保险金额的比率就是保险费率。保险费率由国家保险管理机关针对不同的险种、不同的保险标的来制定。保险费率及保险费金额应该在保险合同中载明。

有的保险合同的保险费不是用保险费率来计算的，而是按照某一固定金额来计收的，如机动车辆保险第三者责任保险合同的保险费就是按固定金额收取的。

保险费一般在保险合同成立时交付，也可按合同规定办法支付，可以一次或分期交付。保险人通过收取保险费而建立保险基金，若不发生保险事故，保险费归保险人。缴纳保险费是投保人的主要义务，一般由投保人缴纳，也可由关系人交付。若不按期缴纳，保险人可分情况请求补交保险费或减少保险金额或终止保险。

（9）保险金赔偿或者给付办法 保险金赔偿或者给付办法条款亦称赔付条款，是用以明确保险事故发生后确定和支付赔偿金的办法和程序条款。赔付条款应当规定被保险人在保险事故发生后的及时通知义务、采取一切必要手段避免损害扩大的义务、被保险人请求赔偿的时限以及保险人赔付损失的程序和办法等。保险人在接到被保险人的损失通知或赔偿请求后，应当及时查验损害原因和程度，并在规定的时间内确定应否赔偿及赔偿金额。保险财产遭受保险责任范围内损失的，以损失当天的实际价值计算赔偿，但最高赔偿额以保险金额为限。赔付条款还可以规定在重复保险的情形下，保险人承担赔偿责任的条件和方式，我国允许投保人就同一财产向数家保险公司投保，在发生保险事故时，保险人按比例负赔偿责任。

（10）违约责任和争议处理 违约责任是指保险合同当事人违反保险合同规定的义务而应承担的法律后果。约定违约责任可以保证保险合同顺利履行，保障当事人权利的实现。

保险合同的争议处理，主要有以下几种形式：协商、仲裁或者诉讼。当保险合同发生争议时，投保人和保险人应当通过协商解决争议，通过协商不能解决争议或者不愿通过协商解决争议的，可以通过仲裁或者诉讼解决争议，保险合同应当对通过仲裁或诉讼解决争议有所约定。

以上是保险合同的主要条款，除此之外，保险合同的当事人还可以约定其他条款，只要不违背相关法律法规的规定即可。

## 二、建设工程保险

### （一）建设工程保险概述

建设工程保险是指发包人或承包人为了建设工程项目顺利完成而对工程建设中可能产生的人身伤害或财产损失，而向保险公司投保以化解风险的行为。发包人或承包人与保险公司订立的保险合同，即为建设工程保险合同。

尽管建设工程保险属于财产保险的领域，但是它与普通的财产保险相比具有显著的特点。

#### 1. 建设工程保险承保的风险具有特殊性

首先，工程保险既承保被保险人财产损失的风险，同时还承保被保险人的责任风险。其次，承保的风险标的中大部分处于风险中，对于抵御风险的能力大大低于普通财产保险的标的。而且，工程在施工工程中始终处于一种动态的过程，各种风险因素错综复杂，使风险程度加大。

**2. 建设工程保险的保障具有综合性**

工程保险针对承保风险的特殊性所提供的保障具有综合性，工程保险的主要责任范围，一般由物质损失部分和第三者责任部分构成。同时，工程保险还可以针对工程项目风险的具体情况提供运输过程中、工地外储存过程中、保证期过程中等各类风险的专门保障。

**3. 建设工程保险的被保险人具有广泛性**

普通财产保险的被保险人的情况较为单一，但是，由于工程建设过程中的复杂性，可能涉及的当事人和关系方较多，包括：业主、主承包商、分包商、设备供应商、设计商、技术顾问、工程监理等，他们均对工程项目承担不同程度的风险，拥有保险利益，成为被保险人。

**4. 建设工程保险的保险期限具有不确定性**

普通财产保险的保险期限是相对固定的，通常是一年。而工程保险的保险期限一般是根据工期确定的，往往是几年，甚至十几年。工程保险保险期限的起止点也不是确定的具体日期，而是根据保险单的规定和工程的具体情况确定的。为此，工程保险采用的是工期费率，而不是年度费率。

**5. 建设工程保险的保险金额具有变动性**

工程保险与普通财产保险不同的另一个特点是财产保险的保险金额在保险期限内是相对固定不变的，但是，工程保险的保险金额在保险期限内是随着工程建设的进展不断增长的。所以，在保险期限内的任何一个时点，保险金额是不同的。

**（二）建设工程涉及的主要险种**

**1. 建筑工程一切险**（Contractors All Risks Insurance）

建筑工程一切险是承保各类民用、工业和公用事业建筑工程项目在整个建筑期间因自然灾害或意外事故而引起的一切损失的险种，包括依法应承担的第三者责任的保险。

**2. 安装工程一切险**（Erection All Risks Insurance）

安装工程一切险是指专门承保各种机器设备的安装或钢结构建筑物在安装期间因灾害事故造成的物质损失和对第三者损害应承担的赔偿责任的保险。安装工程一切险的出现虽晚于建筑工程一切险，但发展至今，两者已经密不可分，表现在损失原因、保费和保险金额的确定方法上都很相似。

## 三、建筑工程一切险

**（一）建筑工程一切险的被保险人与投保人**

**1. 建筑工程一切险的被保险人**

凡在工程施工期间对工程承担风险责任的有关各方，均可作为被保险人。建筑工程保险的被保险人大致包括以下几方：

1）发包人（业主，工程所有人，建设单位），即提供场所，委托建造，支付建造费用，并于完工后验收的单位。

2）承包人（施工单位或投标人），即受发包人委托，负责承建该项工程的施工单位。承包人还可分为总承包人和分承包人。

3）技术顾问，指由发包人聘请的建筑师、设计师、监理工程师和其他专业顾问，代表发包人监督工程合同执行的单位和个人。

4）其他关系方，如发放工程贷款的银行或投资人。

**2. 建筑工程一切险的投保人**

建筑工程一切险的投保人应在合同中作出约定。在实践中，可根据建筑工程承包方式的不同来灵活选择由谁来投保。一般以主要风险的主要承担者为投保人。目前，建筑工程承包方式主要有以下四种情况：

（1）全部承包方式　发包人将工程全部承包给某一施工单位。该施工单位作为承包人负责设计、供料、施工等全部工程环节，最后将完工的工程交给发包人。在这种承包方式中，由于承包人承担了工程的主要风险责任，可以由承包人作为投保人。

（2）部分承包方式　发包人负责设计并提供部分建筑材料，承包人负责施工并提供部分建筑材料，双方都负责承担部分风险责任，可以由发包人和承包人双方协商推举一方为投保人，并在承包合同中注明。

（3）分段承包方式　发包人将一项工程分成几个阶段或几部分，分别由几个承包人承包。承包人之间相互独立，没有合同关系。在这种情况下一般由发包人作为投保人。

（4）承包人只提供劳务的承包方式　这种方式是由发包人负责设计、提供建筑材料和工程技术指导，承包人只提供施工劳务，对工程本身不承担风险责任，这时应由发包人作为投保人。

因此，从保险的角度出发，如是全部承包，应由承包人出面投保整个工程，同时把有关利益方列为共同被保险人。如非全部承包方式，最好由发包人投保，因为在这种情况下如由承包人分别投保，对保护发包人利益存在许多不足。

1）参与工程的各承包人由于缺乏保险知识，由各承包人签订的保险单的投保范围可能差别很大，一方面造成有些保险的范围互相重复，另一方面也可能出现漏保；而且承包人安排保险时首先关心的是自身利益，而他的利益并不一定与发包人利益相一致，这样，由承包人签订的保险合同里可能并不包括发包人所需要的保险保障。

2）每个承包人只投保自己承包合同的内容，这样使整个工程项目被分成几个承包合同，每个合同涉及的工程量相对较小，丧失了从保险人那里享受整体投保所给予的优惠。因此，同一个工程由承包人分别投保比整体投保可能支付更多的保险费。

3）发包人无法控制保险理赔。当发生理赔要求时，承包人和各保险人之间应进行谈判解决理赔问题，在这时发包人并没有直接的发言权，而必须完全依靠承包人的谈判能力，以确保理赔要求能够适当和迅速地解决。但有时承包人不能顺利的理赔或理赔遭到延误，结果耽误了工程受损部分的恢复，从而增加了工程费用。

4）在由承包人分别投保的情况下，发包人一般只能控制承包人是否投保，至于承包人向谁投保，发包人则无法控制。承包人为了降低费用，往往选择费率低的保险人投保，而忽视其财务能力的强弱，一旦出现大的理赔，如不能得到及时的补偿，就会影响工程的恢复。

基于上述原因，如果采用非全部承包方式，由发包人投保，可以对整个工程的危险管理和危险转嫁有控制权，防止保险多头进行造成的保险费用增加。

**（二）建筑工程一切险的保险对象与保险标的**

**1. 保险对象**

凡领有营业执照的新建、扩建或改建的各种建设项目均可作为建筑工程保险的保险对象。例如，各种土木工程，像道路工程、灌溉工程、防洪工程、排水工程及铺设管道等，还有各种建筑工程，如宾馆、办公楼、医院、学校等。

**2. 保险标的**

凡与以上工程建设有关的项目都可以作为建筑工程保险的标的。具体包括物质损失部分和责任赔偿部分两方面。

物质损失部分的保险标的主要包括：

（1）建筑工程本身　建筑工程本身包括永久性和临时性工程物料。主要是指建筑工程合同内规定建筑的建筑物主体，建筑物内的装修设备，配套的道路设备，桥梁、水电设施等土木建筑项目，存放在施工场地的建筑材料设备和为完成主体工程的建设而必须修建的、主体工程完工后即拆除或废弃不用的临时工程，如脚手架、工棚、围堰等。

（2）安装工程项目　安装工程项目指未包括在承包工程合同金额内的机器设备的安装工程项目，如饭店、办公楼的供电、供水、空调等机器设备的安装项目。

（3）施工机具设备　施工机具设备指配置在施工场地，作为施工用的机具设备，如起重机、叉车、挖掘机、压路机、搅拌机等。建筑工程的施工机具一般为承包人所有，不包括在承包工程合同价格之内，应列入施工机具设备项目下投保。有时，发包人会提供一部分施工机器设备，此时，可在发包人提供的物料及项目这一项中投保。承包合同价或工程概算中包括有购置工程施工所必需的施工机具的费用时，可在建筑工程项目中投保。无论是上述哪一种情形，都要在施工机具设备一栏予以说明，并附清单。

（4）邻近财产　这是指在施工场地周围或临近地点的财产。这类财产可能因工程的施工而遭受损坏。

（5）业主提供的物料及项目　这是指未包括在建筑工程合同金额之中的业主提供的物料及负责建筑的项目。

（6）场地清理费用　这是指保险标的受到损坏时，为拆除受损标的、清理灾害现场和运走废弃物等，以便进行修复工程所发生的费用。此费用未包括在工程造价之中。国际上的通行做法是将此项费用单独列出，具体情况须由投保人与保险人商定。

责任赔偿部分的保险标的主要是第三者责任。第三者责任险主要是指在工程保险期限内因被保险人的原因造成第三者（如工地附近的居民、行人及外来人员）的人身伤亡、疾病或财产损毁而应由被保险人承担的责任范围。

**（三）建筑工程一切险的责任范围**

**1. 物质损失部分的责任范围**

建筑工程保险的物质损失部分的责任范围很广，可以赔偿下列原因造成的损失和支出的费用：

1）洪水、水灾、暴雨、潮水、地震、海啸、雪崩、地陷、山崩、冻灾、冰雹及其他自然灾害。

2）雷电、火灾、爆炸。

3）飞机坠毁、飞机部件或物件坠落。

4）盗窃。这是指一切明显的偷窃行为或暴力抢劫造成的损失。但如果盗窃是被保险人或其代表授意或默许的，则保险人不予负责。

5）工人、技术人员因缺乏经验、疏忽、过失、恶意行为对于保险标的所造成的损失。

其中恶意行为必须是非被保险人或其代表授意、纵容或默许的，否则不予赔偿。

6）原材料缺陷或工艺不善引起的事故。这里所说的缺陷是指建筑材料未达到规定标准，往往属于原材料制造商或供货商的责任，但这种缺陷必须是使用期间通过正常技术手段或正常技术水平下无法发现的，如果明知有缺陷而仍然使用，造成的损失属故意行为所致，保险人不予负责；工艺不善指原材料的生产工艺不符合标准要求，尽管原材料本身无缺陷，但在使用时导致事故的发生。本条款只负责由于原材料缺陷或工艺不善造成的其他保险财产的损失，对原材料本身损失不负责任。

7）条款规定的除外责任以外的其他不可预料的自然灾害或意外事故。

8）现场清理费用。此项费用作为一个单独的保险项目投保，赔偿仅限于保险金额内。如果没有单独投保此项费用，则保险人不予负责。

保险人对每一保险项目的赔偿责任均不得超过分项保险金额以及约定的其他赔偿限额。对物质损失的最高赔偿责任不得超过总保险金额。

**2. 第三者责任保险的责任范围**

建筑工程一切险的第三者指除保险人和所有被保险人以外的单位和人员，不包括被保险人和其他承包人所雇佣的在现场从事施工的人员。在工程期间的保险合同有效期内因发生与保险合同所承保的工程直接相关的意外事故造成工地及邻近地区的第三者人身伤亡或财产损失，依法应由被保险人承担经济赔偿责任时，均可由保险人按条款的规定赔偿，包括事先经保险人书面同意的被保险人因此而支出的诉讼及其费用，但不包括任何罚款，其最高赔偿责任不得超过保险单明细表中规定的每次事故的赔偿限额或保单的有效期内累计赔偿限额。

**（四）建筑工程一切险的除外责任**

保险人对必然发生的事故、容易涉及道德风险的事故或有其他专门保险单承保的事故等事项列为除外不保事项。

**1. 物质损失的保险项目和第三者责任保险均适用的除外责任**

1）战争、敌对行为、武装冲突、恐怖活动、谋反、政变引起的损失、费用或责任。

2）政府命令或任何公共当局的没收、征用、销毁或毁坏。

3）罢工、暴动、民众骚乱引起的任何操作、费用或责任。

4）核裂变、核聚变、核武器、核材料、核辐射及放射性污染引起的任何损失费用和责任。

5）大气、土地、水污染引起的任何损失费用和责任。

6）被保险人及其代表的故意行为和重大过失引起的损失、费用或责任。

7）工程全部停工或部分停工引起的损失、费用和责任。在建筑工程长期停工期间造成的一切损失，保险人不予负责；如停工时间不足1月，并且被保险人在工地现场采取了有效的安全防护措施，经保险人事先书面同意，可不作本条停工除外责任论，对于工程的季节性停工也不作停工论。

8）罚金、延误、丧失合同及其他后果损失。

9）保险单规定的免赔额。保险单明细表中规定有免赔额，免赔额以内的损失，由被保险人自负，超过免赔额部分由保险人负责。

**2. 适用于建筑工程一切险物质损失部分的特殊除外责任**

1）设计错误引起的损失、费用和责任。建筑工程的设计通常由被保险人雇佣或委托设计师进行设计，设计错误引起损失、费用或责任应视为被保险人的责任，予以除外；设计师错误设计的责任可由相应的职业责任保险提供保障，即由职业责任险的保险人来赔偿受害者的经济损失。

2）自然磨损、内在或潜在缺陷、物质本身变化、自燃、自热、氧化、锈蚀、渗漏、鼠咬、虫蛀、大气（气候或气温）变化、正常水位变化或其他渐变原因造成的被保险财产自身的损失和费用。

3）因原材料缺陷或工艺不善引起的被保险财产本身的损失以及为换置、修理或矫正这些缺点错误所支付的费用，由于原材料缺陷或工艺不善引起的费用属制造或供货商负责，保险人不予负责。

4）非外力引起的机械或电器装置损坏或建筑用机器、设备、装置失灵造成的本身损失。

5）维修保养或正常检修的费用。

6）档案、文件、账簿、票据、现金、各种有价证券、图表资料及包装物料的损失。

7）货物盘点时的盘亏损失。

8）领有公共运输用执照的车辆、船舶和飞机的损失。领有公共运输执照的车辆、船舶和飞机，它们的行驶区域不限于建筑工地范围，应由各种运输工具险予以保障。

9）除非另有约定，在被保险工程开始以前已经存在或形成的位于工地范围内或其周围的属于被保险人的财产的损失。

10）除非另有约定，在保险单保险期限终止以前，被保险财产中已由业主签发完工验收证书或验收合格或实际占有或使用接收的部分。

**3. 适用于建筑工程一切险第三者责任险部分的除外责任**

1）保险合同中物质损失项下或本应在该项下予以负责的损失及各种费用。

2）业主、承包人或其他关系方，或他们所雇佣的在工地现场从事与工程有关工作的职员、工人以及他们的家庭成员的人身伤亡或疾病。

3）业主、承包人或其他关系方，或他们所雇佣的职员、工人所有的或由其照管、控制的财产的损失。

4）领有公共运输执照的车辆、船舶和飞机造成的事故。

5）由于振动、移动或减弱支撑而造成的其他财产、土地、房屋损失或由于上述原因造成的人身伤亡或财产损失；本项内的事故指工地现场常见的、属于设计和管理方面的事故，如被保险人对这类责任有特别要求，可作为特约责任加保。

**（五）建筑工程一切险的保险金额、赔偿限额与免赔额**

**1. 保险金额与赔偿限额**

由于建筑工程一切险的保险标的包括物质损失部分和第三者责任部分，对于物质损失部分要确定其保险金额，对于第三者责任部分要确定赔偿限额。此外，对于地震、洪水等巨灾损失，保险人在保险单中也要专门规定一个赔偿限额，以限制承担责任的程度。

**2. 物质损失部分的保险金额**

建筑工程一切险的物质损失部分的保险金额为保险工程完工时的总价值，包括原材料费用、设备费用、建造费、安装费、运保费、关税、其他税款和费用以及由业主提供的原材料和设备费用。

各承保项目保险金额的确定如下：

1）建筑工程一切险的保险金额应为工程完工时的总造价，包括设计费、材料设备费、施工费、运杂费、保险费、税款及其他有关费用。一些大型建筑工程如果分若干个主体项目，也可以分项投保。如有临时工程，则应单独立项，注明临时工程部分和保险金额。

2）业主提供的物料和项目。其保险金额可按业主提供的清单，以财产的重置价值确定。

3）建筑用机器设备。一般为承包人所有，不包括在建筑合同价格内，应单独投保。这部分财产一般应在清单上列明机器的名称、型号、制造厂家、出厂年份和保险金额。保险金额按重置价值确定，即以重新换置与原机器装置、设备相同的机器设备价格为保险金额。

4）安装工程项目。建筑工程一切险范围内承保的安装工程，一般是附带部分。其保险金额应不超过整个工程项目保险金额的20%。如超过20%，应按安装工程一切险的费率计收保费；如超过50%，则应单独投保安装工程一切险。

5）工地内现成的建筑物及业主或承包商的其他财产。这部分财产如需投保，应在保险单上分别列明，保险金额由保险人与被保险人双方协商确定，但最高不能超过其实际价值。

6）场地清理费。保险金额应由保险人与被保险人共同协商确定。但一般大的工程不超过合同价格或工程概算价格的5%，小的工程不超过合同价格或工程概算价格的10%。

**3. 第三者责任险赔偿限额**

第三者责任险的赔偿限额通常由被保险人根据其承担损失能力的大小、意愿及支付保险费的多少来决定。保险人再根据工程的性质、施工方法、施工现场所处的位置、施工现场周围的环境条件及保险人以往承保理赔的经验与被保险人共同商定，并在保险单内列明保险人对同一原因发生的一次或多次事故引起的财产损失和人身伤亡的赔偿限额。该项赔偿限额共分四类：

1）只规定每次事故中每个人的人身伤亡赔偿限额。

2）每次事故人身伤亡总的赔偿限额。可按每次事故可能造成的第三者人身伤亡的总人数，结合每人限额来确定。

3）每次事故造成第三者的财产损失的赔偿限额。此项限额可根据工程具体情况估定。

4）对上述人身和财产责任事故在保险期限内总的赔偿限额。应在每次事故的基础上，估计保险期限内保险事故次数确定总限额，它是计收保费的基础。

**4. 免赔额**

免赔额是指保险事故发生，使保险标的受到损失时，损失在一定限度内保险人不负赔偿责任的金额。

由于建筑工程一切险是以建造过程中的工程为承保对象，在施工过程中，工程往往会因为自然灾害、工人、技术人员的疏忽、过失等造成或大或小的损失。这类损失有些是承包人计算标价时需考虑在成本内的，有些则可以通过谨慎施工或采取预防措施加以避免。这些损失如果全部通过保险来获得补偿并不合理。因为即使损失金额很少也要保险人赔偿，那么保险人必然要增加许多理赔费用，这些费用最终将反映到费率上去，必然增加投保人的负担，为赔偿小额损失而增加双方的负担无疑很不经济。规定免赔额后，既可以通过费率上的优惠减轻投保人的保费负担，同时在工程发生免赔额以下的损失时，保险人也不需派人员去理赔，从而减少了保险人的费用开支。特别是还有利于提高承包人施工时的警惕性，从而谨慎施工，减少灾害的发生。保险人只对每次事故超过免赔部分的损失予以赔偿，低于免赔额的部分不予赔偿。

工程本身的免赔额为保险金额的 0.5% ~ 2%；施工机具设备等的免赔额为保险金额的5%；第三者责任险财产损失的免赔额为每次事故赔偿限额的 1% ~ 2%，但人身伤害没有免赔额。

保险人向被保险人支付为修复保险标的遭受损失所需的费用时，必须扣除免赔额。

**（六）建筑工程一切险的费率项目**

1）建筑工程、业主提供的物料及项目、安装工程项目、场地清理费、工地内已有的建筑物等各项为一个总费率，整个工期实行一次性费率。

2）建筑用机器装置、工具及设备为单独的年度费率，如保险期限不足一年，则按短期费率收取保费。

3）第三者责任险部分实行整个工期一次性费率。

4）保证性费率实行整个工期一次性费率。

5）各种附加保障增加费率实行整个工期一次性费率。

**（七）建筑工程一切险的保险期限**

建筑工程一切险的保险责任自保险工程在工地上动工或用于保险工程的材料、设备运抵工地之时开始，至业主对部分或全部工程签发完工验收证书或验收合格，或业主实际占有或使用或接收该部分或全部工程之时终止，以先发生者为准。

对一些需分期施工的大型、综合性建筑工程，投保人可要求分期投保，经保险人同意可在保险合同的明细表中分别规定保险期限，明确各不同项目保险期的开始与终止日期。

在保险合同规定的保险期限内，工程如不能如期完工，被保险人可以在原保险期限结束前向保险人提出书面申请，请示延长保险期限，延长多久视工程进度与施工计划而定，保险人加批单后，方可有效。这时，一般要加收保险费，保险费按原费率以日计收。

## 四、安装工程一切险

### （一）安装工程一切险的特点

安装工程一切险与建筑工程一切险同属综合性的工程保险业务，但又有其明显的特点。

**1. 以安装项目为主要承保对象**

安装工程一切险，以安装项目为主体的工程项目为承保对象。虽然大型机器设备的安装需要进行一定范围及一定程度的土木建筑，但安装工程一切险承保的安装项目始终在投保工程建设中占主体地位，其价值不仅大大超过与之配套的土建工程，而且土建工程的本身亦仅仅是为安装工程服务的。

**2. 安装工程在试车、考核和保证阶段风险最大**

在建筑工程一切险中，保险风险责任一般贯穿于施工过程中的每一环节；而在安装工程一切险中，机器设备只要未正式运转，许多风险就不易发生。虽然风险事故的发生与整个安装过程有关，但只有到安装完毕后的试车、考核和保证阶段，各种问题及施工中的缺陷才会充分暴露出来。

**3. 承保风险主要是人为风险**

各种机器设备本身是技术产物，承包人对其进行安装和试车更是专业技术性很强的工作，在安装工程施工过程中，机器设备本身的质量如何，安装者的技术状况、责任心，安装中的电、水、气供应以及施工设备、施工方式方法等均是导致风险发生的主要因素。因此，安装工程虽然也承保多项自然风险，但与人的因素有关的风险却是该险种中的主要风险。

## （二）安装工程一切险的适用范围

安装工程一切险的承保项目主要是安装的机器设备及其安装费，凡属安装工程合同内要安装的机器、设备、装置、物料、基础工程（如地基、座基等），以及为安装工程所需的各种临时设施（如临时供水、供电、通信设备等）均包括在内。此外，为完成安装工程而使用的机器、设备等，以及为工程服务的土木建筑工程、工地上的其他财物、保险事故后的场地清理费等，均可作为附加项目予以投保。安装工程一切险的第三者责任保险与建筑工程一切险的第三者责任保险相似，既可以作为基本保险责任，亦可作为附加或扩展保险责任。

同建筑工程一切险一样，所有对安装工程保险标的具有保险利益的人均可成为被保险人，除承包人外还包括：发包人；制造商或供应商；技术咨询顾问；安装工程的信贷机构；待安装构件的买受人。

## （三）保险标的和保险金额

安装工程一切险的标的范围很广，但与建筑工程一切险一样，也可分为物质财产本身和第三者责任两类。其中，物质财产本身包括安装项目、土木建筑工程项目、场地清理费、所有人或承包人在工地上的其他财产；第三者责任则是指在保险有效期内，因在工地发生意外事故造成工地及邻近地区的第三者人身伤亡或财产损失，依法应由被保险人承担的赔偿责任和因此而支付的诉讼费及经保险人书面同意的其他费用。为了方便确定保险金额，安装工程一切险保险合同明细表中列出的保险项目通常也包括物质损失、特种风险赔偿、第三者责任三个部分，其中，后两项的内容和赔偿限额的规定均与建筑工程一切险相同，故不再赘述。安装工程一切险的物质损失部分包括以下几项：

（1）安装项目　这是安装工程一切险的主要保险标的，包括被安装的机器、设备、装置、物料、基础工程（地基、机座），以及安装工程所需的各种临时设施，如水、电、照明、通信等设施。安装项目保险金额的确定与承包方式有关，若采用完全承包方式，则为该项目的承包合同价；若由所有人投保引进设备，保险金额应包括设备的购货合同价加上国外运费和保险费（FOB价格合同）、国内运费和保险费（CIF价格合同）以及关税和安装费（包括人工费、材料费）。安装项目的保险金额，一般按安装合同总金额确定，待工程完毕后再根据完毕时的实际价值调整。

（2）土木建筑工程项目　这是指新建、扩建厂矿必须有的工程项目，如厂房、仓库、道路、水塔、办公楼、宿舍、码头、桥梁等。土木建筑工程项目的保险金额应为该项工程项目建成的价格。这些项目一般不在安装工程内，但可在安装工程内附带投保。其保险金额不得超过整个安装工程保额的20%；超过20%时，则按建筑工程一切险费率收取保费；超过50%，则需单独投保建筑工程一切险。

（3）场地清理费　保险金额由投保人自定，并在安装工程合同价外单独投保。对于大工程，一般不得超过工程总价值的5%；对于小工程，一般不得超过工程总价值的10%。

（4）为安装工程施工用的承包人的机器设备　其保险金额按重置价值计算。

（5）所有人或承包人在工地上的其他财产　指上述四项以外的保险标的，大致包括安装施工用机具设备、工地内现成财产等。保额按重置价值计算。

上述五项保险金额之和即构成物质损失部分的总保险金额。

### （四）保险责任和责任免除

**1. 保险责任**

安装工程一切险在保险责任规定方面与建筑工程险略有区别。安装工程一切险物质部分的保险责任除与建筑工程险的部分相同外，一般还有以下几项内容：

1）安装工程出现的超负荷、超电压、碰线、电弧、漏电、短路、大气放电及其他电器引起的事故。

2）安装技术不善引起的事故。

除安装工程保险有关物质部分的基本保险责任外，有时因投保人的某种特别要求，加保附加险。

安装工程第三者责任险的保险责任与建筑工程第三者责任险相同。

**2. 责任免除**

安装工程一切险物质部分的责任免除，多数与建筑工程险相同，所不同的是：建筑工程一切险将设计错误造成的损失一概除外；而安装工程一切险对设计错误本身的损失除外，对由此引起的其他保险财产的损失予以负责。

安装工程第三者责任险的责任免除与建筑工程第三者责任险的责任免除相同。

### （五）安装工程一切险的费率

安装工程一切险的费率主要由以下各项组成：

1）安装项目。土木建筑工程项目、所有人或承包人在工地上的其他财产及清理费为一个总的费率，整个工期实行一次性费率。

2）试车为一个单独费率，是一次性费率。

3）保证期费率，实行整个工期一次性费率。

4）各种附加保障增收费率，实行整个工期一次性费率。

5）安装、建筑用机器、装置及设备为单独的年费率。

6）第三者责任险，实行整个工期一次性费率。

## 五、工程保险的赔偿处理

### （一）申请理赔程序

1）出险后及时通知保险人。在发生引起或可能引起保险责任项下的事故时，被保险人或其代表应立即通知保险人，通常在 7 天内或经保险人书面同意延长的期限内以书面报告提供事故发生的经过、原因和损失程度。

2）保险事故发生后，被保险人应立即采取一切必要的措施防止损失的进一步扩大并将损失减少到最低限度。

3）在保险人的代表进行查勘之前，被保险人应保留事故现场及有关实物证据。

4）按保险人的要求提供理赔所需的有关资料。

5）在预知可能引起诉讼时，立即以书面形式通知保险人，并在接到法院传票或其他法律文件后，将其送交保险人。

6）未经保险人书面同意，被保险人或其代表对理赔方不得作出任何承诺或拒绝、出价、约定、付款或赔偿。

（二）赔偿金额的确定与计算

**1. 保险单物质损失项下的损失赔偿金额**

（1）部分损失 部分损失的赔偿金额以将被保险财产修复至其基本恢复受损前状态所需的费用扣除残值和免赔额后的金额为准。修复费用可包括修复所需的材料、运费、工资、机械工作费用。如修复费用超过受损的保险标的的保险金额，对于超过部分，保险公司不负责赔偿。

（2）全部损失 全部损失的赔偿金额以被保险财产损失前的实际价值扣除残值和免赔额后的金额为准。最高赔偿金额以不超过受损财产的保险金额为限。

对于保险事故发生后，被保险人为防止或减少保险标的损失所支付的必要的、合理的施救费用，其赔偿要在保险合同中详细规定。但注意，事故发生前被保险人为防止或减少事故发生而支付的预防费用以及消防部门及其他公共机关为防止或减轻损失扩大的行为所发生的费用不应包括在内。

**2. 责任赔偿部分的赔偿金额**

被保险人支付受害人的赔偿金额，加上被保险人在取得保险人的承认后支付的诉讼费、仲裁、和解或调停所需的费用和支付给律师的报酬，并从中扣除保单规定的免赔额，即为责任赔偿部分的赔偿金额。

## 案例 1

上海某工地建造一幢大厦，发包人（业主）投保了建筑工程一切险。因该地区河浜密集，浅层土质不均匀，使基坑多次坍塌，造成近百根桩游离，直接经济损失上百万元，发包人向保险公司索赔。

经保险公司查勘，认定事故由自然因素造成，属于保险责任范围内，因此及时进行了赔偿。

## 案例 2

某工程投保了建筑工程一切险，规定免赔额为损失金额的10%，但最低金额为人民币5万元，两者以高者为准。该工程发生了保险责任范围的损失40万元，保险人应赔付多少？

按损失金额的10%计算免赔额为4万元，但因规定的免赔额最低为5万元，则该事故中免赔额不能以4万元计，而要以5万元作为此事故的免赔额，因此，这次事故中被保险人要自己负担5万元，保险人则赔付35万元。

## 案例 3　长江三峡左岸电站设备安装保险

简介：三峡工程左岸电站设备安装工程保险和高压电器运输保险总投保额约为100亿元人民币。因保额巨大，中国三峡总公司采取了公开询价、专家评审、领导决策的方式进行投保，较好地体现了"公开、公平、公正"的原则。最后选定国内著名的三家保险公司共保，并由国内、外保险公司进行分保和再保。

## 1. 投保范围

三峡左岸电站设备安装工程保险的范围包括：左岸14台水轮发电机组设备安装，主变压器设备安装，GIS系统设备安装，厂房和永久起重设备、厂房及大坝电梯、水力机械辅助设备等设备安装以及其他所有左岸电站范围内的辅助设备安装。另外，变压器及CIS的运输保险（海运＋内河运输＋国内分包陆运）按商务合同规定为买方合同，为了与安装工程险相衔接，在单独设计保险单的基础上与左岸电站设备安装工程的保险同时进行投保。因此，两项投保总额约100亿元人民币。

## 2. 投保方式

由于被保险的设备绝大部分从国外进口，其中14台进口机组分别来自欧洲、北美洲、南美洲、亚洲的9个国家的十几个制造厂家，设备的制造、运输、安装和调试均应达到国际水平。同时，由于左岸电站设备安装任务和作业面相对集中，存在多家施工单位和多项设备的作业交叉，干扰频繁，最终需经系统联合调试，这就造成安装施工作业的层面和界面责任难以划分。采用分项保险则会导致不同项目的安装工程险赔付责任难以划分。在电站设备进行安装的同时，厂房及相邻坝段的土建工程也在进行施工，两者又相互影响。而且，对于同一设备，出险原因可能涉及制造、运输、安装等多个环节或多个险种的赔付责任，也存在交叉，因此，本项目采用不分割标块，将左岸电站全部设备安装工程险和高压电器设备运输险统一投保。

## 3. 承保方式

左岸电站设备安装和高压电器设备运输投保的金额大，风险因素高，由国内一家保险公司承保难度大。为了有效地转移和分散风险，又兼顾三峡工程已投保的左岸厂坝土建建筑工程险可能的交叉责任和三峡工程第三阶段工程投保项目以及左岸电站机组投产以后的财产险的竞争选择，因此，决定由国内实力较强的中国人民保险公司、中国太平洋保险公司、中国平安保险公司三家保险公司以共保的方式承保。

共保方式确定首席承保人，各共保人与投保人联合签署一张保单，统一保险费率并以首席承保人建议书费率为准；明确首席承保人一家现场服务机构归口服务，出险后按共保比例赔偿。这也是借鉴了国内外某些项目成功地采用了共保方式之后，在三峡工程保险上的一种尝试。这种共保方式，将有利于三峡保险工作直接进入国际保险市场。

## 4. 公开询价

首先，中国三峡总公司向中国人民保险公司、中国太平洋保险公司、中国平安保险公司的三家保险公司总部发出了邀请报价通知书。在得到三家保险公司响应后，接着，邀请三家保险公司到三峡工程工地进行现场风险查勘并购买询价文件。中国三峡总公司对各保险公司提出的问题进行了答疑和澄清。各保险公司用20天时间做出建议书，中国三峡总公司再组织评标议标，最后以书面形式通知中标。

## 5. 承保

中国人民保险公司为首席承保人，三家公司的共保比例是5：3：2，即中国人民保险公司50%，中国太平洋保险公司30%，中国平安保险公司20%；而且首席承保人出具了暂保单，其责任期与正式保单相同。2001年2月22日在北京正式签订了保险协议。

## 案例4  某开发公司安装工程保险赔偿案

### 1. 赔偿案基本情况

1992年8月10日，中国人民保险公司F分公司以安装工程一切险保险单承保了E电力开发公司的两台德国MANB/W发电机组，保险期限为1992年8月21日~1993年8月20日，保险金额为500万美元。1993年8月9日，该发电机组在运行中发生重大事故，E公司的用电全部中断，机组全部停机。

### 2. 损失情况及对外商索赔过程

经E公司、保险公司及保险人聘请的检验师三方检验，确定两台机组的损失金额共计人民币2000万元，其中设备价值部分1200万元，费用部分800万元。设备价值包括零件费、材料费、检查费、修理费、测试维护费、运输及安装的保险费、新机组及部件的报关费、商检费、港口费、调试费等。检验师还对事故的原因进行了分析，认为，油水泵由于E公司的变交流器电源失电而中断，停止运行，在断润滑油、断冷却水的情况下机组没有正常运行，而是受大电网系统输出电拖带作逆功率运转，在干磨的情况下，轴承烧坏，活塞与气缸咬合，机组仍继续运转，致使连杆螺栓拉断，活塞碎裂，连杆飞出机外。造成交流电源失电的原因是由于100A/500V的快速熔断器的熔断及电力公司变高低压开关处在非合闸状态，加上操作人员没能及时、准确地判断用电中断的原因且未及时采取相应的措施等综合因素所致。由于找出造成上述开关处于非合闸状态及快速熔断器熔断的原因需要作大量的检验分析工作；另外，还需要检验逆功保护系统、励磁装置线路、润滑油故障报警线路等。检验师认为在低压直流控制线路上安装快速熔断器是不合理的，且原设计图上也没有这一设计。由于安装了熔断器，又没有采取辅助措施保证在交流电源失电的情况下备用蓄电池可以向直流控制线路供电，从而无法保证机组油水泵的正常运转。

当地公安部门还组织了调查，排除了该公司机电事故存在故意破坏的可能，但对事故的根本原因仍无从确定。在这种状况下，F保险公司从E公司处收集了大量文件材料，包括机组的买卖合同、附件、提单、信用证、机组安装合同等商业文件及机组安装线路图。保险公司还与聘请的检验师共同调阅了电厂工程图、机组运行记录、设计说明书等技术文件。通过综合分析，他们认为，该事故很大程度上是由于制造厂商在该电厂的机组线路设计上存在缺陷所致。根据买卖合同条款规定，由于这类缺陷的设计所致的损坏应由制造厂商负责赔偿，况且该事故发生在卖方的合同保养期内。保险人建议被保险人尽一切努力向制造厂商索赔。通过与制造厂商的谈判、协商，制造厂商同意承担约1600万元人民币的损失。外商赔偿金额占全部损失金额的80%。

### 3. 保险公司的赔付

被保险人E电力公司向德国方面获得了损失中80%的赔付，但还有400万元人民币的损失没有被补偿。E公司认为：保险事故发生在保险期限内；400万元人民币的损失不能从德国获得赔偿，其原因是E公司操作人员的疏忽或缺乏操作经验是引起本次事故的因素之一。根据上述理由，被保险人要求F保险公司赔付人民币400万元。最终保险人赔付E公司人民币200万元，本保险赔案结案。双方对处理结果比较满意。

### 4. 分析

(1) 保险条款规定，保险责任范围包括了安装技术不善，工人、技术人员缺乏经验、疏忽、恶意行为所引起的事故。除外责任中没有把因设计错误引起的一切损失除外，只是对设计错误引起的本身损失作了除外。

(2) 保险人虽暂时很难确定是什么原因导致 100A/500V 快速熔断器熔断，但可以肯定，操作人员在测试、判断机组运行是否正常方面经验不足，这是造成事故的原因之一。100A/500V 熔断器熔断也是导致机组断润滑油及冷却水的原因。究竟是熔断器的质量问题还是有什么特殊原因，没有明确的结论。如果是熔断器本身的质量问题导致事故的发生，那么保险条款的除外责任也只是将熔断器的损失除外，并没有把由此所引起的机组及附属设备的损坏除外。如果认为安装熔断器是一错误，这一错误本身包括了什么范围？是熔断器本身或是电路系统，还是保护系统或整个发电系统？保险人认为这里存在着极大的争议。保险人如果全部拒赔或进行抗辩并没有把握完全取胜。

(3) 在保单期限问题上，保险公司与被保险人存在着分歧意见。事故发生在 1993 年 8 月 9 日，保险单中载明的保险期限终止日是 1993 年 8 月 20 日，在这点上，事故是发生在保险责任期内。然而保单上附加了部分交付与部分验收责任终止条款。保险人认为该机组已经在 1993 年 4 月 5 日作了买卖合同的交付，并已试发电运行，因此安装工程一切险保单已经终止。但被保险人认为合同的交付并未完成，合同要求是"交钥匙"工程，事故发生时机组的运行只属调试运行阶段，双方并未签订交付文件。被保险人还认为保险合同中的验收与交付使用条款应理解为按国家电力部门的规定；即政府主管部门的验收与交付，而不是合同的验收与交付。因此，被保险人坚持认为保险合同责任没有终止。因此，保险公司很难完全排除安装工程一切险保单的责任。

### 5. 对本案的总结

保险事故发生后，F 保险公司及时勘察并安排检验师检验，对事故的原因作了深入的调查和分析，使他们在协助被保险人向制造商追偿中处于主动地位，据理成功地向机组卖方追偿了总损失的 80%。

保险合同双方对工程"验收与交付"问题存在着很大的差异，双方各有不同的理解。如何确定"验收与交付"或什么情况下才算是"验收与交付"，是一个值得研究的问题。1995 年，中国人民保险公司制定并经中国人民银行批准的安装工程一切险条款对该问题已有明确规定。该条款对安装期物质损失及第三者责任保险的保险期限有下述规定：

(1) 本公司的保险责任自被保险工程在工地动工或用于被保险工程的材料、设备运抵工地之时起始，至工程所有人对部分或全部工程签发完工验收证书或验收合格，或工程所有人实际占有或使用或接收该部分或全部工程之时终止，以先发生者为准。但在任何情况下，安装工程一切险保险期限的起始或终止不得超出本保险单明细表中列明的安装工程一切险保险生效日或终止日。

(2) 不论安装的被保险设备的有关合同中对试车和考核期如何规定，本公司仅在本保险单明细表中列明的试车和考核期限内对试车和考核所引发的损失、费用和责任负责赔偿；若被保险设备本身是在本次安装前已被使用过的设备或转手设备，则自其试车之时起，本公司对该项设备的保险责任即行终止。

　　（3）上述保险期限的展延，须事先获得本公司的书面同意，否则，从本保险单明细表中列明的安装工程一切险保险期限终止日起至保证期终止日止期间发生的任何损失、费用和责任，本公司不负责赔偿。

## 复习思考题

1. 什么是合同？合同的法律特征是什么？
2. 什么是要约和承诺？其构成要件有哪些？
3. 合同有哪些主要条款？
4. 什么是效力待定合同、无效合同、可撤销合同？
5. 什么是不安抗辩权？
6. 什么是合同的变更、转让和终止？
7. 什么是违约行为？违约责任方式有哪些？
8. 试述定金与预付款的区别。
9. 什么是保证合同？
10. 什么是抵押？
11. 工程担保主要有哪些形式？
12. 简述建筑工程一切险与安装工程一切险的承保范围、除外责任。

# 建设工程招标投标

## 第二章

📝 **本章概要**

本章主要讲授工程招标投标的基本概念、建设工程招标的范围和条件、建设工程招标代理、招标方式、招标基本程序，招标投标中的违法行为和处理。通过本章教学，使学生明确学习这门课的重要性。

## 第一节　建设工程招标投标概述

### 一、招标投标的概念

招标投标是在市场经济条件下进行工程建设、货物买卖、财产出租、中介服务等经济活动的一种竞争形式和交易方式，是引入竞争机制订立合同的一种法律形式。建设工程招标是指招标人对工程建设、货物买卖、劳务承担等交易业务，事先公布选择采购的条件和要求，招引他人承接，若干或众多投标人作出愿意参加业务承接竞争的意思表示，招标人按照规定的程序和办法择优选定中标人的活动。建设工程投标是建设工程招标的对称概念，指具有合法资格和能力的投标人根据招标条件，经过初步研究和估算，在指定期限内填写标书，提出报价，并等候开标决定能否中标的经济活动。

从法律意义上讲，建设工程招标一般是建设项目招标人（建设单位或业主）就拟建的工程发布通告，用法定方式吸引建设项目的承包单位参加竞争，进而通过法定程序从中选择条件优越者来完成工程建设任务的法律行为。建设工程投标一般是经过特定审查而获得投标资格的建设项目承包单位，按照招标文件的要求，在规定的时间内向招标单位填报投标书，并争取中标的法律行为。

### 二、招标投标的性质

我国法学界一般认为，建设工程招标是要约邀请，而投标是要约，中标通知书是承诺。《合同法》也明确规定，招标公告是要约邀请。招标公告实际上是招标人邀请投标人对其提出要约（即报价），属于要约邀请。投标则是一种要约，它符合要约的所有条件，如具有缔结合同的主观目的；一旦中标，投标人将受投标书的约束；投标书的内容具有足以使合同成立的主要条件等。招标人向中标的投标人发出的中标通知书，则是招标人同意接受中标的投标人的投标条件，即同意接受该投标人的要约的意思表示，属于承诺。

## 三、招标投标的意义

实行建设工程的招标投标是我国建筑市场趋向规范化、完善化的重要举措，对于择优选择承包单位、全面降低工程造价，进而使工程造价得到合理有效的控制，具有十分重要的意义。

### 1. 形成了由市场定价的价格机制

建设工程的招标投标已基本形成了由市场定价的价格机制，使工程价格更加趋于合理。若干投标人之间出现激烈竞争，这种市场竞争最直接、最集中的表现就是在价格上的竞争。通过竞争确定出工程价格，使其趋于合理或下降，这将有利于节约投资、提高投资效益。

### 2. 不断降低社会平均劳动消耗水平

在建筑市场中，不同投标人的个别劳动消耗水平是有差异的。通过招标投标，最终是那些个别劳动消耗水平最低或接近最低的投标人获胜，这样便实现了生产力资源较优配置，也对不同投标人实行了优胜劣汰。面对激烈竞争的压力，为了自身的生存与发展，每个投标人都必须切实在降低自己个别劳动消耗水平上下功夫，这样将逐步而全面地降低社会平均劳动消耗水平，使工程价格更为合理。

### 3. 工程价格更加符合价值基础

实行建设工程的招标投标便于供求双方更好地相互选择，使工程价格更加符合价值基础，进而更好地控制工程造价。采用招标投标方式为供求双方在较大范围内进行相互选择创造了条件，为需求者（如建设单位、业主）与供给者（如勘察设计单位、施工企业）在最佳点上结合提供了可能。需求者对供给者选择（即建设单位、业主对勘察设计单位和施工单位的选择）的基本出发点是"择优选择"，即选择那些报价较低、工期较短、具有良好业绩和管理水平的供给者，为合理控制工程造价奠定了基础。

### 4. 能够减少交易费用

我国目前从招标、投标、开标、评标直至定标，均在统一的建筑市场中进行，并有较完善的一些法律、法规规定，已进入制度化操作。招标投标中，若干投标人在同一时间、地点报价竞争，在专家支持系统的评估下，以群体决策方式确定中标人，必然减少交易过程的费用，这本身就意味着招标人收益的增加，对降低工程造价必然产生积极的影响。

建设工程招标投标活动包含的内容十分广泛，具体包括建设工程强制招标的范围、建设工程招标的种类与方式、建设工程招标的程序、建设工程招标投标文件的编制、标底编制与审查、投标报价以及开标、评标、定标等。所有这些环节的工作均应按照国家有关法律法规规定认真执行并落实。

## 四、我国招标投标的法律法规框架

我国招标投标制度是伴随着改革开放而逐步建立并完善的。1984年，原国家计委、城乡建设环境保护部联合下发了《建设工程招标投标暂行规定》，倡导实行建设工程招标投标，我国由此开始推行招标投标制度。

　　我国全国人大及政府有关部委为了推行和规范招标投标活动，先后颁布多项相关法律法规。1999 年 3 月 15 日全国人大通过了《中华人民共和国合同法》（简称《合同法》），并于同年 10 月 1 日起生效实施，由于招标投标是合同订立过程中的两个阶段，因此，该法对招标投标制度产生了重要的影响。为了规范招标投标活动，保护国家利益、社会公共利益和招标投标活动当事人的合法权益，提高经济效益，保证项目质量，全国人大于 1999 年 8 月 30 日颁布了《中华人民共和国招标投标法》（简称《招标投标法》）。该法共有六章（分为总则；招标；投标；开标、评标和中标；法律责任；附则）六十八条，将招标与投标活动纳入法制管理的轨道，主要内容包括通行的招标投标程序，招标人和投标人应遵循的基本规则，任何违反法律规定应承担的法律责任等。其中大量采用了国际惯例或通用做法，带来招标投标制度的巨大变革。

　　2002 年 6 月 29 日全国人大常委会通过《中华人民共和国政府采购法》，确定招标投标为政府采购的主要方式。这标志着我国招标投标制度从此走上法制化的轨道，进入了全面实施的新阶段。

　　为促进公平竞争、预防和惩治腐败，解决实践中存在的规避招标、虚假招标、权钱交易、串通投标等突出问题，维护招标投标的正常秩序，2011 年 12 月 20 日国务院颁布《中华人民共和国招标投标法实施条例》（以下简称《实施条例》）。《实施条例》自 2012 年 2 月 1 日起施行，借鉴了政府采购的一些先进制度，将《招标投标法》的规定进一步具体化，并针对建设工程招标投标领域的新情况、新问题充实完善了有关规定。

# 第二节　建设工程招标投标的基本规定

## 一、建设工程招标应当具备的条件

　　工程建设项目招标应当满足法律规定的前提条件方能进行。

　　（1）履行项目审批手续　国家发展和改革委员会制定发布了一系列文件，对项目审批、核准和备案的内容、程序以及核准的审核机关等作出了详细的规定。招标人和招标代理机构必须检查招标的项目是否需要或是否已经履行了规定的审批手续，而且得到了批准，否则不得招标。

　　（2）资金或资金来源已经落实，并在招标文件中如实载明　为投标人了解掌握真实情况，作为其是否参加投标的决策依据。

## 二、建设工程招标范围和分类

### （一）建设工程招标范围

#### 1. 工程强制招标的范围

　　基于资金来源和项目性质方面的考虑，《招标投标法》将强制招标的项目界定为以下几项：

　　（1）大型基础设施、公用事业等关系社会公共利益、公众安全的项目　这是针对项目性质作出的规定。基础设施是指为国民经济生产过程提供基础条件，可分为生产性基础设施和社会性基础设施。前者指直接为国民经济生产过程提供的设施，后者指间接为国民经济生产过程提供的设施。基础设施通常包括能源、交通运输、邮电通信、水利、城市设施、环境与资源保护设施等。公用事业是指为适应生产和生活需要而提供的具有公共用途的服务，如供水、供电、供热、供气、科技、教育、文化、体育、卫生、社会福利等。从世界各国的情况看，由于大型基础设施和公用事业项目投资金额大、建设周期长，基本上以国家投资为主，特别是公用事业项目，国家投资更是占了绝对比重。从项目性质上说，基础设施和公用事业项目大多关系社会公共利益和公众安全。

（2）全部或部分使用国有资金投资或者国家融资的项目　这是针对资金来源作出的规定。使用国有资金投资项目的范围包括：使用各级财政预算资金的项目；使用纳入财政管理的各种政府性专项建设基金的项目；使用国有企业事业单位自有资金，且国有资产投资者实际拥有控制权的项目。国家融资的建设项目，是指使用国家发行债券所筹资金的项目；使用国家对外借款或者担保所筹资金的项目，使用国家政策性贷款的项目；国家授权投资主体融资的项目；国家特许的融资项目；以国家信用为担保筹集，由政府统一筹措、安排、使用、偿还的资金也视为国有资金。

（3）使用国际组织或者外国政府贷款、援助资金的项目　主要包括使用世界银行、亚洲开发银行等国际组织贷款资金的项目；使用外国政府及其机构贷款资金的项目；使用国际组织或者外国政府援助资金的项目。

以上规定范围内的各类工程建设项目，包括项目的勘察、设计、施工、监理以及与工程建设有关的重要设备、材料等的采购，达到下列标准之一的，必须进行招标：

1）施工单项合同估算价在200万元人民币以上的。

2）重要设备、材料等货物的采购，单项合同估算价在100万元人民币以上的。

3）勘察、设计、监理等服务的采购，单项合同估算价在50万元人民币以上的。

4）单项合同估算价低于以上各项规定的标准，但项目总投资额在3000万元人民币以上的。

依法必须进行招标的项目，全部使用国有资金投资或者国有资金投资占控股或者主导地位的，应当公开招标。

**2. 可以不进行招标的范围**

《招标投标法》中规定，对于涉及国家安全、国家秘密、抢险救灾或者属于利用扶贫资金实行以工代赈、需要使用农民工等特殊情况，建设项目的勘察、设计，采用特定专利或者专有技术的，或者其建筑艺术造型有特殊要求的，经项目主管部门批准，可以不进行招标。不适宜进行招标的项目，按照国家有关规定可以不进行招标。

《实施条例》中还补充规定下列情形之一的，可以不进行招标：①需要采用不可替代的专利或专有技术；②采购人依法能够自行建设、生产或者提供；③已通过招标方式选定的特许经营项目投资人依法能够自行建设、生产或者提供；④需要向原中标人采购工程、货物或者服务，否则将影响施工或者功能配套要求；⑤国家规定的其他特殊情形。

凡按照规定应该招标的工程不进行招标，应该公开招标的工程不公开招标的，招标人所确定的中标人一律无效。建设行政主管部门按照我国《建筑法》的规定，不予颁发施工许可证；对于违反规定擅自施工的，依据《建筑法》的规定，追究其法律责任。

**（二）建设工程招标的种类**

建设工程项目招标，按照不同的标准可以进行不同的分类。按标的内容可分为建设工程勘察设计招标，材料和设备采购招标，建设工程施工招标，建设项目总承包招标，建设工程监理招标。

**1. 建设工程勘察设计招标**

建设工程勘察设计招标指根据批准的可行性研究报告，择优选择勘察设计单位的招标。勘察和设计工作，可由勘察单位和设计单位分别完成。勘察单位最终提出施工现场的地理位置、地形、地貌、地质、水文等在内的勘察报告。设计单位最终提供设计图和成本预算结果。

**2. 材料和设备采购招标**

材料和设备采购招标是对建设项目所需的建筑材料和设备采购任务进行的招标。投标人通常为材料供应商、成套设备供应商。

**3. 建设工程施工招标**

建设工程施工招标是用招标的方式选择施工单位的招标。施工单位最终向业主交付符合招标文件规定的建筑产品。

**4. 建设项目总承包招标**

《实施条例》中明确指出，招标人可以依法对工程以及与工程建设有关的货物、服务全部或部分实行总承包招标。

建设项目总承包招标即选择项目总承包人招标，从项目的可行性研究到交付使用只进行一次招标，业主只需提供项目投资和使用要求及竣工、交付使用期限的建设全过程招标，其可行性研究、勘察设计、材料和设备采购、土建施工、设备安装及调试、生产准备和试运行、交付使用，均由一个总承包商负责承包，即所谓"交钥匙工程"。承揽"交钥匙工程"的承包商被称为总承包商，工程总承包商根据建设单位提出的工程使用要求，对项目建议书、可行性研究、勘察设计、设备询价与选购、材料订货、工程施工、职工培训、试生产、竣工投产等实行全面投标报价。绝大多数情况下，总承包商要将工程部分阶段的实施任务再分包出去。

**5. 建设工程监理招标**

建设工程监理招标是建设项目的业主为了加强对项目前期准备及项目实施阶段的监督管理，委托有经验、有能力的建设监理单位对建设项目进行监理，由建设监理单位竞争承接此建设项目的监理任务的过程。

## 三、招标投标活动遵循的基本原则

招标投标行为是市场经济的产物，并随着市场的发展而发展，必须遵循市场经济活动的基本原则。招标投标活动应当遵循公开、公平、公正和诚实信用的原则。

**1. 公开原则**

公开原则就是要求招标投标活动具有较高的透明度，实行招标信息、招标程序公开，即发布招标通告，公开开标，公开中标结果，使每一个投标人获得同等的信息，知悉招标的一切条件和要求。

**2. 公平原则**

公平原则，就是要求给予所有投标人平等的机会，使其享有同等的权利并履行相应的义务，不歧视任何一方，不应设置地域或行业的保护条件，杜绝一方把自己的意志强加于对方的行为。《实施条例》中明确指出，招标人不得以不合理条件限制、排斥潜在投标人或者投标人。属于以不合理条件限制、排斥潜在投标人或者投标人的行为有以下几种：

1）就同一招标项目向潜在投标人或者投标人提供有差别的项目信息。

2）设定的资格、技术、商务条件与招标项目的具体特点和实际需要不相适应或者与合同履行无关。

3）依法必须进行招标的项目以特定行政区域或者特定行业的业绩、奖项作为加分条件或者中标条件。

4）对潜在投标人或者投标人采取不同的资格审查或者评标标准。

5）限定或者指定特定的专利、商标、品牌、原产地或者供应商。

6）依法必须进行招标的项目非法限定潜在投标人或者投标人的所有制形式或者组织形式。

7）以其他不合理条件限制、排斥潜在投标人或者投标人。

**3. 公正原则**

公正是指按招标文件中规定的统一标准，实事求是地进行评标和定标，不偏袒任何一方，给所有投标人平等的机会。

**4. 诚实信用原则**

招标投标当事人应以诚实、善意的态度行使权利，履行义务，不得有欺诈、背信的行为。《招标投标法》规定了不得虚假招标、串通投标、泄露标底、骗取中标等诸多义务，要求当事人遵守，并规定了相应的罚则。

## 四、建设工程招标的方式

国际上通行的工程项目招标的方式为公开招标、邀请招标和议标，《招标投标法》未将议标作为法定的招标方式。

《实施条例》中特别指出，对技术复杂或者无法精确拟定技术规格的项目，招标人可以分两阶段进行招标。第一阶段，投标人按照招标公告或者投标邀请书的要求提交不带报价的技术建议，招标人根据投标人提交的技术建议确定技术标准和要求，编制招标文件。第二阶段，招标人向在第一阶段提交技术建议的投标人提供招标文件，投标人按照招标文件的要求提交包括最终技术方案和投标报价的投标文件。

### （一）公开招标

**1. 公开招标**（Open Tendering）**的定义**

公开招标又叫竞争性招标，即由招标人在报刊、电子网络或其他媒体上刊登招标公告，吸引众多企业单位参加招标竞争，招标人从中择优选择中标人的招标方式。按照竞争范围，公开招标可分为国际竞争性招标（International Competitive Tendering）和国内竞争性招标（National Competitive Tendering）。

**2. 公开招标的优缺点**

公开招标是最具竞争性的招标方式。公开招标的优点是：有较多的投标人参与竞争，招标人有较大的选择余地，有利于降低工程造价，有利于保证工程质量和缩短工期。在某种程度上，公开招标已成为招标的代名词，因为公开招标是工程招标通常适用的方式。公开招标程序是最完整、最规范、最典型的招标方式。其缺点是：由于投标人较多，竞争激烈，程序复杂，组织招标和参加投标需要做的准备工作和需要处理的实际事务比较多，招标工作量大，组织工作复杂，需投入较多的人力、物力，招标过程所需时间较长。

**3. 应当采用公开招标的工程范围**

1）国务院发展计划部门确定的国家重点建设项目。

2）各省、自治区、直辖市人民政府确定的地方重点建设项目。

3）全部或部分使用国有资金投资或者国有资金投资占控股或者主导地位的工程建设项目。

**（二）邀请招标**

**1. 邀请招标**（Selective Tendering）**的定义**

邀请招标又称有限竞争性招标。这种方式不发布公告，招标人根据自己的经验和所掌握的各种信息资料，向有承担该项工程施工能力的3个以上（含3个）潜在投标人或单位发出投标邀请书，收到邀请书的可以不参加投标。招标人不得以任何借口拒绝被邀请的潜在投标人或单位参加投标，否则招标单位应承担由此引起的一切责任。邀请招标与公开招标一样都必须按规定的招标程序进行，要制定统一的招标文件，投标人都必须按招标文件的规定进行投标。

**2. 邀请招标的优缺点**

邀请招标方式的优点：参加竞争的投标人数目可由招标人控制，目标集中，招标的组织工作较容易，工作量比较小。其缺点是：由于参加的投标人相对较少，竞争的范围较小，使招标人对投标人的选择余地较少，如果招标人在选择被邀请的投标人前所掌握信息资料不足，则会失去发现最适合承担该项目的投标人的机会。

按《实施条例》的规定，技术复杂、有特殊要求或者受自然环境限制、只有少量潜在投标人可供选择或者采用公开招标方式的费用占项目合同金额的比例过大的两类国有资金占控股或者主导地位的依法必须进行招标的项目可以依法进行邀请招标，并且按照国家有关规定需要履行项目审批、核准手续的依法必须进行招标的项目，由项目审批、核准部门在审批、核准项目时作出认定；其他项目由招标人申请有关行政监督部门作出认定。

**（三）邀请招标和公开招标的区别**

**1. 发布信息的方式不同**

公开招标采用招标公告的形式发布；邀请招标采用投标邀请书的形式发布。

**2. 选择的范围不同**

公开招标因使用招标公告的形式，针对的是一切潜在的对招标项目感兴趣的法人或者其他组织，招标人事先不知道投标人的数量；邀请招标针对已经了解的法人或者其他组织，而且事先已经知道投标人的数量。

**3. 竞争的范围不同**

公开招标使所有符合条件的法人或者其他组织都有机会参加投标，竞争的范围较广，竞争性体现得也比较充分，招标人拥有绝对的选择余地，容易获得最佳招标效果；邀请招标中投标人的数目有限，邀请招标参加人数是经过选择限定的，被邀请的承包商数目为3~10个，由于参加的人数相对较少，易于控制，因此其竞争范围没有公开招标大，竞争程度也明显不如公开招标强。

**4. 公开的程度不同**

公开招标中，所有的活动都必须严格按照预先指定并为大家所知的程序和标准公开进行，大大减少了作弊的可能性；相比而言，邀请招标的公开程度逊色一些，产生不法行为的机会也就多一些。

**5. 时间和费用不同**

公开招标的程序比较复杂，从发布公告，投标人作出反应，评标，到签订合同，有许多时间上的要求，要准备许多文件，因而耗时较长，费用也比较高。邀请招标可以省去发布招标公告费用、资格审查费用和可能发生的更多的评标费用。

## 五、招标组织工作

建设项目的立项文件获得批准后，招标人需向建设行政主管部门履行建设项目报建手续。只有报建申请批准后，才可以开始项目的建设。应当招标的工程建设项目，办理报建登记手续后，凡已满足招标条件的，均可组织招标，办理招标事宜。招标人组织招标必须具有相应的组织招标的资质。

根据招标人是否具有招标资质，可以将组织招标分为两种情况：

（1）招标人自己组织招标　由于工程招标是一项经济性、技术性较强的专业民事活动，因此招标人自己组织招标，必须具备一定的条件，设立专门的招标组织，经招标投标管理机构审查合格，确认其具有编制招标文件和组织评标的能力，能够自己组织招标后，发给招标组织资质证书。招标人只有持有招标组织资质证书的，才能自己组织招标、自行办理招标事宜。

（2）招标人委托招标代理人代理招标　招标人不具备自行招标条件的，必须委托具备相应资质的招标代理人代理组织招标、代为办理招标事宜。这是为保证工程招标的质量和效率，适应市场经济的快速发展而采取的管理措施，也是国际上的通行做法。招标人书面委托具有相应资质的招标代理人后，就可开始组织招标、办理招标事宜。

招标人委托招标代理人代理招标，必须与之签订招标代理合同（协议）。

招标人自己组织招标、自行办理招标事宜或者委托招标代理人代理组织招标、代为办理招标事宜，应当向有关行政监督部门备案。

## 六、政府行政主管部门对招标投标的监督与招标投标争议及处理

### （一）政府行政主管部门对招标投标的监督

**1. 依法核查必须招标建设项目**

《招标投标法》规定，任何单位和个人不得将必须进行招标的项目化整为零或者以其他任何方式规避招标。如果发生此类情况，有权责令其改正，可以暂停项目执行或者暂停资金拨付，并对单位负责人或其他直接责任人依法给予行政处分或纪律处分。

**2. 对招标项目的监督**

工程项目的建设应当按照建设管理程序进行。招标项目按照国家有关规定需要履行项目审批手续的，应当先履行审批手续取得批准。当工程项目的准备情况满足招标条件时，招标单位应向建设行政主管部门提出申请。为了保证工程项目的建设符合国家或地方的总体发展规划，以及能使招标后工作顺利进行，不同标的的招标均需满足相应的条

件，具体如下：

1）建设工程已批准立项。

2）向建设行政主管部门履行了报建手续，并取得批准。

3）建设资金能满足建设工程的要求，符合规定的资金到位率。

4）建设用地已依法取得，并领取了建设工程规划许可证。

5）技术资料能满足招标投标的要求。

6）法律、法规、规章规定的其他条件。

**3. 对招标有关文件的核查备案**

招标人有权依据工程项目特点编写与招标有关的各类文件，但内容不得违反法律规范的相关规定。建设行政主管部门核查的内容主要包括对投标人资格审查文件的核查和对招标文件的核查。

（1）对投标人资格审查文件的核查

1）不得以不合理条件限制或排斥潜在投标人。为了使招标人能在较广泛的范围内优选最佳投标人，以及维护投标人进行平等竞争的合法权益，不允许在资格审查文件中以任何方式限制或排斥本地区、本系统以外的法人或其他组织参与投标。

2）不得对潜在投标人实行歧视待遇。为了维护招标投标的公平、公正原则，不允许在资格审查标准中针对外地区或外系统投标人设立压低分数的条件。

3）不得强制投标人组成联合体投标。以何种方式参与投标竞争是投标人的自主行为，招标人不得对此进行限制。投标人可以选择单独投标，也可以作为联合体成员与其他人共同投标，但不允许既参加联合体投标又单独投标。

（2）对招标文件的核查

1）招标文件的组成是否包括招标项目的所有实质性要求和条件以及拟签订合同的主要条款；能否使投标人明确承包工作范围和责任，并能够合理预见风险，编制投标文件。

2）招标项目需要划分标段时，承包工作范围的合同界限是否合理。承包工作范围可以是包括勘察设计、施工、供货的一揽子"交钥匙"工程承包，也可以按工作性质划分成勘察、设计、施工、物资供应、设备制造等的分项工作内容进行承包。施工招标的独立合同工作范围应包含整个工程、单位工程或特殊专业工程的施工内容，不允许肢解工程招标。

3）招标文件是否有限制公平竞争的条件。在文件中不得要求或标明特定的生产供应者以及含有倾向或排斥潜在投标人的其他内容。

**4. 对开标、评标和定标活动的监督**

建设行政主管部门派人员参加开标、评标、定标的活动，监督招标人按法定程序选择中标人。所派人员不作为评标委员会的成员，也不得以任何形式影响或干涉招标人依法选择中标人的活动。

**5. 查处招标投标活动中的违法行为**

《招标投标法》明确规定，有关行政监督部门有权依法对招标投标活动中的违法行为进行查处。视情节和对招标的影响程度，承担责任的形式可以为：判定招标无效，责令改正后重新招标；对单位负责人或其他直接责任者给予行政或纪律处分；没收非法所得，并处以罚款；构成犯罪的，依法追究刑事责任。

**（二）招标投标争议及处理**

**1. 招标投标常见争议的主要类型**

招标投标争议是指招标投标当事主体在招标投标活动中因招标投标程序、人身财产权益或其他法律关系所发生的对抗冲突。

招标投标当事主体包括民事主体和行政主体。民事主体主要是指招标人和投标人（含利害关系人，下同），如果招标人委托招标代理机构代理招标，招标投标民事主体还包括招标代理机构；行政主体指根据国家法律法规负责对招标投标活动进行行政监督的国家机关及其授权机构。

招标投标争议按发生争议的当事主体性质不同可分为民事争议和行政争议两种类型。招标投标民事争议是招标投标民事主体之间的争议，招标投标行政争议是招标投标民事主体与行政主体之间的争议。招标投标民事争议和招标投标行政争议具有各自不同的表达方式和解决途径。

（1）招标投标民事争议 招标投标活动是招标人和投标人之间进行的民事活动。根据《招标投标法》和其他相关法律法规，招标投标当事主体在招标投标活动中依法享有一定的权利和承担相应的义务。招标投标活动当事主体因没有依法行使权利、履行义务或对其他当事主体的利益造成损害而发生的争议，属于民事争议。

在招标投标活动中，民事争议主要有针对招标文件（包括资格预审文件，下同）的争议、针对招标程序的争议、针对评标结果和中标结果的争议以及其他民事侵权争议。

（2）招标投标行政争议 各级行政监督部门依照国家相关法律法规的规定，负责监督招标投标活动。行政监督部门履行监督职责的形式有招标程序的备案、审批，对参与招标投标活动的主体和个人行为进行监督和管理，对招标投标活动中的违法行为及其违法主体进行行政处罚等。行政监督部门在履行行政监督职能时，其行政行为与招标投标当事主体发生矛盾、冲突而引起的争议，属于招标投标行政争议。

容易引发行政争议的具体行政行为主要有行政许可、行政处罚、行政奖励和行政裁决等。在招标投标活动中，行政许可争议常表现为对招标方式的认定、招标组织形式的核准、招标文件的备案等方面争议；行政处罚导致的行政争议，通常表现为行政机关作出警告、罚款、没收违法所得、取消投标资格等行政处罚时出现超越职权、滥用职权、违反法定程序、事实认定错误、适用法律错误等情形时而引发的争议；行政裁决常见的争议，表现为对招标文件争议、中标结果争议等的裁决违反法定程序、事实认定错误、适用法律错误和行政不作为等情形而引发的争议。

**2. 招标投标民事争议的表达和解决**

（1）招标投标民事争议的表达方式 招标投标民事争议包括招标文件争议、招标程序争议、评标结果争议、中标结果争议和招标过程其他民事侵权争议等。表达招标投标民事争议的主要方式有异议、投诉、提起仲裁、举报（检举、控告）、提起民事诉讼等。

1）异议。异议是指投标人认为招标文件、开标过程和评标结果违反法律法规的规定或自己的权益受到损害，向招标人或招标代理机构提出疑问和主张权利的行为。异议是招标投标实践中投标人常用的一种主张权利、表达争议的重要方式。《实施条例》规定投标人向招标人和招标代理机构表达争议的方式是异议。招标人和招标代理机构是处理异议的主体。投标人提出异议应注意以下事项：

① 投标人的异议要在法定时间内提出。《实施条例》规定：对资格预审文件有异议的，当在提交资格预审申请文件截止时间 2 日前提出；对招标文件有异议的，应当在投标截止时间 10 日前提出；对开标有异议的，应当在开标现场提出；对评标结果有异议的，应当在中标候选人公示期间提出。

② 异议应由投标人或其他利害关系人提出。

③ 异议应该向招标人或招标代理机构提出。

④ 异议的相对人可以是招标人、招标代理机构或是其他投标人和利害关系人。

⑤ 异议一般采用书面形式，由投标人法定代表人或其授权代表签字或加盖投标人单位公章。

⑥ 投标人应该在异议书中明确表明提出异议的事项、理由及对招标人和招标代理机构的要求。

⑦ 投标人应该对异议中举证内容的真实性负责，其提出的要求应当符合相关法律法规的规定。

⑧ 投标人不能滥用提出异议的权利，否则其行为可能构成干扰招标投标活动正常秩序而受到行政监督部门的处罚。

2）投诉。投诉是指投标人认为招标投标活动不符合法律、法规和规章规定，依法向有关招标投标行政监督部门提出意见并要求相关主体改正的行为。投诉是《招标投标法》赋予投标人的行政救济手段，各行政监督部门是处理投诉的主体。招标投标过程中，投标人对招标文件、开标活动和评标结果向行政监督部门进行投诉，应当先向招标人提出异议。

3）提起仲裁。在招标投标活动中，当事主体根据在争议发生前或发生后达成的仲裁协议，自愿将纠纷提交第三方（仲裁机构）作出裁决的一种权利主张方式。

4）举报（检举、控告）。举报是指公民、法人或者其他组织发现招标投标活动存在违法违规现象时，向司法机关或者其他有关国家机关和组织检举、控告的行为。

5）提起民事诉讼。招标投标活动中，当事主体就民事争议向人民法院提起诉讼，请求人民法院依照法定程序进行审判，使被告人承担某种法律上的责任和义务，以维护自己合法权益的行为。

（2）招标投标民事争议的解决

1）招标文件、招标过程、评标结果和中标结果争议。《实施条例》规定，发生招标文件（资格预审文件）、开标活动、评标结果争议时，投标人应当先通过提出异议解决争议；如果提出异议后争议不能得到解决，再采取投诉的方式。对于其他争议，由于提出异议不是投诉的前置条件，投标人可以不经异议而直接采取投诉的方式表达争议。

2）招标过程其他民事侵权争议。争议双方原则上应当优先选择协商方式达成和解，或者选择调解方式解决争议，因为和解和调解是效率最高、成本最低的解决争议的方法。当协商不成、调解不能解决争议时，争议双方可以选择仲裁机构仲裁解决争议，也可以由一方当事人向人民法院提起民事诉讼。相对于诉讼来说，仲裁的时间短、效率高，争议双方愿意选择仲裁。

**3. 招标投标行政争议的表达和解决**

（1）招标投标行政争议的表达和解决方式 招标投标行政争议的表达方式主要有提出

行政复议和提请行政诉讼两种方式；与其相对应的争议解决方式也有两种：行政复议和行政诉讼。行政复议和行政诉讼制度是国家为了保护民事主体的权益而设置的行政和司法救济手段。招标投标民事主体可以充分利用行政复议和行政诉讼，保护自身合法权益。

1）行政复议。招标投标争议的行政复议，是指招标投标的民事主体认为招标投标行政监督部门的行政行为违法，而向行政复议机关（行政监督部门的本级人民政府或上一级主管部门）提出要求对行政监督部门的行政行为（包括行政不作为）作出行政处理的一种制度。

行政复议机关受理行政复议后作出的行政复议决定包括：①维持原行政决定；②责成行政监督部门限期履行职责；③撤销、变更或确认原行政行为违法，责成行政监督部门重新作出具体行政行为。

发生招标投标争议的行政监督部门的本级人民政府或上一级主管部门是处理行政复议的主体。

2）行政诉讼。招标投标争议的行政诉讼，是指招标投标中的民事主体认为招标投标行政监督部门的行政行为违法，向有管辖权的人民法院请求通过审判方式审查行政行为合法性以解决行政争议的一种制度。

（2）招标投标行政争议的解决程序 发生招标投标行政争议，除法律法规规定必须先申请行政复议的以外，民事主体可以自主选择申请行政复议还是提请行政诉讼。但是，如果民事主体已经向行政复议机关提出行政复议申请，并且行政复议机关已经依法受理的，在法定行政复议期限内不得向人民法院提起行政诉讼。民事主体对行政复议机关的决定不服的，除法律规定行政复议决定为最终裁决的以外，可以依照我国《行政诉讼法》的规定向人民法院提起行政诉讼。民事主体向人民法院提起行政诉讼，人民法院已经依法受理的，不得申请行政复议。

## 七、招标投标违法的法律责任与处理

招投标活动必须依法实施，任何违法行为都要承担法律责任。《招标投标法》在"法律责任"一章中明确规定应承担的法律责任，《实施条例》进一步细化了违法行为和法律责任。

### 1. 招标人违法的法律责任与处理

（1）规避招标

1）规避招标的表现。任何单位和个人不得将依法必须进行招标的项目化整为零或者以其他任何方式规避招标。按《招标投标法》和《实施条例》的规定，凡依法应公开招标的项目，采取化整为零或弄虚作假等方式不进行公开招标的，或不按照规定发布资格预审公告或者招标公告且又构成规避招标的，都属于规避招标的情况。

2）对规避招标的处理。必须进行公开招标的项目而不招标的，将必须进行公开招标的项目化整为零或者以其他任何方式规避招标的，责令限期改正，可以处项目合同金额5‰以上10‰以下的罚款；对全部或者部分使用国有资金的项目，可以暂停项目执行或者暂停资金拨付；对单位直接负责的主管人员和其他直接责任人员依法给予处分，是国家工作人员的，可以进行撤职、降级或开除，情节严重的，依法追究刑事责任。

（2）限制或排斥潜在投标人或者投标人

1）限制或排斥潜在投标人或者投标人的表现。招标人有下列行为之一的，属于以不合理条件限制、排斥潜在投标人或者投标人：

①就同一招标项目向潜在投标人或者投标人提供有差别的项目信息；②设定的资格、技术、商务条件与招标项目的具体特点和实际需要不相适应或者与合同履行无关；③对依法必须进行招标的项目，以特定行政区域或者特定行业的业绩、奖项作为加分条件或者中标条件；④对潜在投标人或者投标人采取不同的资格审查或者评标标准；⑤限定或者指定特定的专利、商标、品牌、原产地或者供应商；⑥对依法必须进行招标的项目，非法限定潜在投标人或者投标人的所有制形式或者组织形式；⑦以其他不合理条件限制、排斥潜在投标人或者投标人。

2）对限制或排斥潜在投标人或者投标人的处理。招标人以不合理的条件限制或者排斥潜在投标人或者投标人的，对潜在投标人或者投标人实行歧视待遇的，强制要求投标人组成联合体共同投标的，或者限制投标人之间竞争的，责令改正，可以处1万元以上5万元以下的罚款。

（3）招标人多收保证金 招标人超过规定的比例收取投标保证金或者不按照规定退还投标保证金及银行同期存款利息的，由有关行政监督部门责令改正，可以处5万元以下的罚款；给他人造成损失的，依法承担赔偿责任。

（4）招标人不按规定与中标人订立中标合同

1）无正当理由不发出中标通知书。

2）不按照规定确定中标人。

3）在中标通知书发出后无正当理由改变中标结果。

4）无正当理由不与中标人订立合同。

5）在订立合同时向中标人提出附加条件。

对于此种情况，由有关行政监督部门责令改正，可以处中标项目金额10‰以下的罚款；给他人造成损失的，依法承担赔偿责任；对单位直接负责的主管人员和其他直接责任人员依法给予处分。

**2. 投标人串标违法的处理**

（1）投标人之间相互串标 投标人有下列、情形之一的，视为投标人之间相互串通投标：

1）不同投标人的投标文件由同一单位或者个人编制。

2）不同投标人委托同一单位或者个人办理投标事宜。

3）不同投标人的投标文件载明的项目管理成员为同一人。

4）不同投标人的投标文件异常一致或者投标报价呈规律性差异。

5）不同投标人的投标文件相互混装。

6）不同投标人的投标保证金从同一单位或者个人的账户转出。

投标人相互串通投标的，投标人以向招标人或者评标委员会成员行贿的手段谋取中标的，中标无效，处中标项目金额的5‰以上10‰以下的罚款，对单位直接负责的主管人员和其他直接责任人员处单位罚缴金额的5%以上10%以下的罚款；有违法所得的，并处没收违法所得；情节严重的，取消其1年至2年内参加依法必须进行招标的项目的投标资格并予以公告，直至由工商行政管理机关吊销营业执照；构成犯罪的，依法追究刑事责任；给他人造成损失的，依法承担赔偿责任。

（2）招标人与投标人之间串标　禁止招标人与投标人串通投标。有下列情形之一的，属于招标人与投标人串通投标：

1）招标人在开标前开启投标文件并将有关信息泄露给其他投标人。

2）招标人直接或者间接向投标人泄露标底、评标委员会成员等信息。

3）招标人明示或者暗示投标人压低或者抬高投标报价。

4）招标人授意投标人撤换、修改投标文件。

5）招标人明示或者暗示投标人为特定投标人中标提供方便。

6）招标人与投标人为谋求特定投标人中标而采取的其他串通行为。

关于招标人与投标人串通投标，对招标人的处罚，无论是《招标投标法》还是《实施条例》，都没有进行具体的规定，各地有一些具体的处罚细节。而招标人和投标人串通投标，对投标人的处罚与投标人之间相互串标的处罚是一致的。

（3）投标人弄虚作假骗取中标　投标人以行贿手段谋取中标；属于《招标投标法》第五十三条规定的情节严重行为的，由有关行政监督部门取消其1年至2年内参加依法必须进行招标的项目的投标资格。

（4）投标人以他人名义投标　投标人有下列行为之一的，属于《招标投标法》第五十四条规定的情节严重行为，由有关行政监督部门取消其1年至3年内参加依法必须进行招标的项目的投标资格：

1）伪造或变造资格、资质证书或者其他许可证件骗取中标。

2）3年内2次以上使用他人名义投标。

3）弄虚作假骗取中标；给招标人造成直接经济损失在30万元以上。

4）其他弄虚作假骗取中标情节严重的行为。

投标人以他人名义投标或者以其他方式弄虚作假骗取中标的，中标无效；构成犯罪的，依法追究刑事责任；尚不构成犯罪的，依照《招标投标法》第五十四条的规定处罚。出让或者出租资格、资质证书供他人投标的，依照法律、行政法规的规定给予行政处罚；构成犯罪的，依法追究刑事责任。

**3. 招标代理机构违法的处理**

招标代理机构违反规定，在所代理的招标项目中投标、代理投标或者向该项目投标人提供咨询的，接受委托编制标底的中介机构参加受托编制标底项目的投标或者为该项目的投标人编制投标文件、提供咨询的，泄露应当保密的与招标投标活动有关的情况和资料的，与招标人或投标人串通损害国家利益、社会公共利益或者他人合法权益的，处5万元以上25万元以下的罚款，对单位直接负责的主管人员和其他直接责任人员处单位罚款数额的5%以上10%以下的罚款；有违法所得的，并处没收违法所得；情节严重的，暂停直至取消招标代理资格；构成犯罪的，依法追究刑事责任；给他人造成损失的，依法承担赔偿责任。如果招标代理机构的违法行为影响中标结果，则中标无效。

**4. 评标专家违法的处理**

评标委员会成员有下列行为之一的，由有关行政监督部门责令改正；情节严重的，禁止其在一定期限内参加依法必须进行招标的项目的评标；情节特别严重的，取消其担任评标委员会成员的资格：

1）应当回避而不回避。

2）擅离职守。

3）不按照招标文件规定的评标标准和方法评标。

4）私下接触投标人。

5）向招标人征询确定中标人的意向，或者接受任何单位或个人的明示或者暗示提出的倾向或者排斥特定投标人的要求。

6）对依法应当否决的投标不提出否决意见。

7）暗示或者诱导投标人作出澄清、说明，或者接受投标人主动提出的澄清、说明。

8）其他不客观、不公正履行职务的行为。

评标委员会成员收受投标人的财物或者其他好处的，没收收受的财物，处 3000 元以上 5 万元以下的罚款，取消其担任评标委员会成员的资格，不得再参加依法必须进行招标的项目的评标；构成犯罪的，依法追究刑事责任。

**5. 监管机构违法的处理**

项目审批和核准部门不依法审批和核准项目招标范围、招标方式、招标组织形式的，对单位直接负责的主管人员和其他直接责任人员依法给予处分。

有关行政监督部门不依法履行职责，对违反《招标投标法》和《实施条例》规定的行为不依法查处，或者不按照规定处理投诉，不依法公告对招标投标当事人违法行为的行政处理决定的，对直接负责的主管人员和其他直接责任人员依法给予处分。

项目审批和核准部门以及有关行政监督部门的工作人员徇私舞弊、滥用职权、玩忽职守，构成犯罪的，依法追究刑事责任。

**6. 国家工作人员违法的处理**

国家工作人员利用职务便利，以直接或者间接，明示或者暗示等方式非法干涉招标投标活动，有下列情形之一的，依法给予记过或者记大过处分；情节严重的，依法给予降级或者撤职处分；情节特别严重的，依法给予开除处分；构成犯罪的，依法追究刑事责任：

1）要求对依法必须进行招标的项目不进行招标，或者要求对依法应当公开招标的项目不进行公开招标。

2）要求评标委员会成员或者招标人将其指定的投标人作为中标候选人或者中标人，或者以其他方式非法干涉评标活动，影响中标结果。

3）以其他方式非法干涉招标投标活动。

## 案例 1

　　2001 年初，某房地产开发公司欲开发新区第三批商品房，同年 4 月，某市电视台发出公告，房地产开发公司作为招标人就该工程向社会公开招标，择其优者签约承建该项目。此公告一发，在当地引起不小反响，先后有二十余家建筑单位投标。原告 A 建筑公司和 B 建筑公司均在投标人之列。A 建筑公司基于市场竞争激烈等因素，经充分核算，在标书中作出全部工程造价不超过 500 万元的承诺，并自认为依此数额，该工程利润已不明显。房地产开发公司组织开标后，B 建筑公司投标数额为 450 万元。两家的投标均高于标底（标底为 440 万元）。最后 B 建筑公司因价格更低而中标，并签订了总价包死的施工合同。该工程竣工后，房地产开发公司与 B 建筑公司实际结算的款额为 510 万元。

A建筑公司得知此事后，认为房地产开发公司未依照既定标价履约，实际上侵害了自己的权益，遂向法院起诉要求房地产开发公司赔偿在投标过程中的支出等损失。

本案争议的焦点是：经过招标投标程序而确定的合同总价能否再行变更的问题，这样做是否违反《合同法》第二百七十一条，建设工程的招标投标活动，应当依照有关法律的规定公开、公平、公正进行的原则。当然，如果是招标人和中标人串通损害其他投标人的利益，自应对其他投标人作出赔偿。本案中无串通的证据，就只能认定调整合同总价是当事人签约后的意思变更，是一种合同变更行为。

依法律规定，通过招标投标方式签订的建筑工程合同是固定总价合同，其特征在于：通过竞争决定的总价不因工程量、设备及原材料价格等因素的变化而改变，当事人投标标价应将一切因素涵盖，是一种高风险的承诺。当事人自行变更总价就从实质上剥夺了其他投标人公平竞价的权利并势必纵容招标人与投标人之间的串通行为，因而这种行为是违反公开、公平、公正原则的行为，构成对其他投标人权益的侵害，所以A建筑公司的主张应予支持。

## 案例2

某政府投资房屋建筑施工总承包项目于2013年8月15日开始发售招标文件，招标文件规定于2013年9月10日10时开标。期间发生的对招标文件的异议、投诉以及答复情况如下：

（1）潜在投标人甲于2013年8月26日向招标人提出异议，认为招标文件规定的"技术标准和要求"与工程实际需要不相适应。招标人仅于当日向甲口头答复同意修改"技术标准和要求"。

（2）潜在投标人乙的分包供应商丙于2013年8月27日向招标人提出异议，认为招标文件规定的投标人资格条件"应当具有3项类似工程业绩"中的业绩数量有倾向性。招标人经研究于2013年9月2日答复丙：招标文件中类似工程业绩的数量要求没有倾向性，决定不予修改。

（3）潜在投标人丁于2013年8月22日就潜在投标人甲对招标文件提出异议的同一问题直接向行政监督部门投诉。

【问题】

1. 招标人对潜在投标人甲的异议答复处理是否妥当，并简述理由；如不妥，提出正确做法。

2. 供应商丙是否有资格提出异议？招标人的答复是否存在不妥之处？分别简述理由。

3. 潜在投标人丁的投诉行为是否妥当，并简述理由；如不妥当，提出正确做法。

【案例2】参考答案

问题1. 招标人对潜在投标人甲异议的答复处理不妥。理由：招标人此项异议答复构成对招标文件的修改。

因此，招标人应当在收到异议后3日内向潜在投标人甲进行答复，并将招标文件修改内容以书面形式通知所有潜在投标人。

问题2. 供应商丙有资格提出异议，招标人的答复时间不妥。理由如下：

供应商属于本次招标投标活动有关的其他利害关系人，可以提出异议。

招标人对供应商的异议内容于2013年9月2日答复，其答复期限超出了《实施条例》规定的"招标人应当自收到异议之日起3日内作出答复"的规定。

问题3. 潜在投标人丁的投诉行为不妥当。

根据《实施条例》规定，投标人就招标文件事项投诉的，应当先向招标人提出异议。

## 案例3

某国有资金投资的大型建设项目，建设单位采用工程量清单公开招标方式进行施工招标。建设单位委托具有相应资质的招标代理机构编制了招标文件，招标文件包括如下规定：

(1) 招标人设有最高投标限价和最低投标限价，高于最高投标限价或低于最低投标限价的投标人报价均按废标处理。

(2) 投标人应对工程量清单进行复核，招标人不对工程量清单的准确性和完整性负责。

(3) 招标人将在投标截止后的90天内完成评标并公布中标候选人工作。

投标和评标过程中发生如下事件：

事件1：投标人A对工程量清单中某分项工程工程量的准确性有异议，并于投标截止时间15天前向招标人书面提出了澄清申请。

事件2：投标人B在规定的投标截止时间前10分钟以书面形式通知招标人撤回已递交的投标文件，并要求招标人5天内退还已经递交的投标保证金。

事件3：在评标过程中，投标人D主动对自己的投标文件向评标委员会提出书面澄清、说明。

事件4：在评标过程中，评标委员会发现投标人E和投标人F的投标文件中载明的项目管理成员中有一人为同一人。

【问题】

1. 分析招标代理机构编制的招标文件中（1）~（3）项规定是否妥当，并说明理由。
2. 针对事件1和事件2，招标人应如何处理？
3. 针对事件3和事件4，评标委员会应如何处理？

【案例3】参考答案

问题1.（1）设有最低投标限价并规定低于投标限价作为废标处理不妥。理由：招标人不得规定最低投标限价。

（2）招标人不对工程量清单的正确性和准确性负责不妥。理由：招标人应该对其编制的工程量清单的正确性和准确性负责。

（3）招标文件规定在投标截止日后的投标有效期90天内完成评标并公布中标候选人工作不妥。理由是大型项目的投标有效期是120天左右。

问题2. 针对事件1, 招标人应该对有异议的清单进行复核, 如有错误, 由招标人统一修改并把修改情况通知所有投标人。

针对事件2, 招标人应该在5日内退还投标文件和投标人的投标保证金。

问题3. 针对事件3, 评标委员会不应接受投标人D主动提出的澄清、说明和补正, 仍然按照原投标文件进行评标。

针对事件4, 评标委员会可视为投标人E、F为串通投标, 投标文件视为无效文件。

## 复习思考题

1. 招标的种类有哪些?
2. 请比较公开招标与邀请招标的区别。
3. 简述招标投标违法行为与法律责任。
4. 招标投标民事争议有哪些?
5. 如何处理招标投标民事争议?

# 建设工程勘察设计招标与投标实务

## 第三章

📝 **本章概要**

　　通过本章学习了解勘察设计任务的发包方式、勘察设计招标的特点、设计招标应具备的条件、建设工程设计方案竞赛及勘察设计招标主要程序规定。

## 第一节　建设工程勘察设计招标与投标概述

　　建设工程实施阶段的第一项工作就是工程勘察设计。所谓建设工程勘察，是指根据建设工程的要求，查明、分析、评价建设场地的地质地理环境特征和岩土工程条件，编制建设工程勘察文件的活动。所谓建设工程设计，是指根据建设工程的要求，对建设工程所需的技术、经济、资源、环境等条件进行综合分析、论证，编制建设工程设计文件的活动。勘察设计质量的优劣，对工程建设项目能否顺利完成起着至关重要的作用。以招标方式选择勘察设计单位，是为了使设计技术和成果作为有价值的技术商品进入市场，打破部门、地区的界限，引入竞争机制，通过招标择优确定勘察设计单位，可防止垄断，促进勘察设计单位采用先进技术，更好地完成日趋繁重复杂的工程勘察设计任务，以降低工程造价，缩短工期和提高投资效益。

### 一、勘察设计招标范围

　　一般工程项目的设计分为初步设计和施工图设计两个阶段，对于技术条件复杂而又缺乏设计经验的项目，可根据实际情况在初步设计阶段后再增加技术设计阶段。建设工程设计过程如图 3-1 所示。

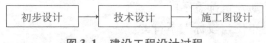

初步设计 → 技术设计 → 施工图设计

图 3-1　建设工程设计过程

　　在一般情况下，招标人依法可以将某一阶段的设计任务或几个阶段的设计任务通过招标方式发包，委托选定的设计企业实施。对于下列建设工程的勘察、设计，经有关主管部门批准，招标人可以直接发包：①采用特定的专利或者专有技术的；②建筑艺术造型有特殊要求的；③国务院规定的其他建设工程的勘察、设计。

　　招标人应根据工程项目的具体特点决定发包的范围，实行勘察、设计招标的工程项目，可以采取勘察设计全过程总发包的一次性招标，也可以采取分单项、分专业的分包招标。中标单位承担的初步设计和施工图设计，经发包方书面同意，也可以将非建设工程主体部分设计工作分包给具有相应资质条件的其他设计单位，其他设计单位就其完成的工作成果与总承包方一起向发包方承担连带责任。

勘察任务可以单独发包给具有相应资质条件的勘察单位实施，也可以将其工作内容包括在设计招标任务中。由于通过勘察工作取得的工程项目建设所需的技术基础资料是设计的依据，直接为设计服务，同时必须满足设计的需要，因此，将勘察任务包括在设计招标的发包范围内，由具有相应能力的设计单位来完成或由该设计单位再去选择承担勘察任务的分包单位，对招标人较为有利。勘察、设计总承包与分为勘察、设计两个合同的分承包比较，勘察设计总承包不仅在履行合同的过程中，业主和监理单位可以摆脱两个合同实施过程中可能遇到的协调义务，而且可以使勘察工作直接根据设计需要进行，更好地满足设计对勘察资料精度、内容和进度的要求，必要时进行补充勘察也比较方便。

## 二、勘察设计招标的特点

### 1. 设计招标的特点

设计招标的特点表现为承包任务是投标人通过自己的智力劳动，将招标人对建设项目的设想变为可实施的蓝图。因此，设计招标文件只能简单介绍工程项目的实施条件、预期达到的技术经济指标、投资限额、进度要求等。投标人按规定分别报出工程项目的构思方案、实施计划和报价，招标人通过开标、评标程序对各方案进行比较后确定中标人。鉴于设计任务本身的特点，设计招标多采用设计方案竞选的方式招标。设计招标与施工招标在程序上的主要区别表现为以下几个方面：

（1）招标文件的内容不同　设计招标文件中仅提出设计依据、工程项目应达到的技术指标、项目限定的工作范围、项目所在地的基本资料、要求完成的时间等内容，而无具体的工作量。

（2）对投标书的编制要求不同　投标人的投标报价不是按规定的工程量清单填报单价后算出总价，而是首先提出设计构思和初步方案，并论述该方案的优点和实施计划，在此基础上提出报价。投标人应当按照招标文件、建筑方案设计文件编制深度规定的要求编制投标文件。投标文件应当由具有相应资格的注册建筑师签章，并加盖单位公章。

（3）开标形式不同　开标时，不是简单地宣读投标书，而是由各投标人自己说明投标方案的基本构思和意图，以及其他实质性内容，或开标即对投标的设计文件作保密处理，即先进行编号，然后交评委评审。

（4）确定废标的条件不同　除了一般招标中规定的废标原因之外，还有两条特别的规定：

1）无相应资格的注册建筑师签字的。

2）注册建筑师受聘单位与投标人不符的。

（5）评标原则不同　评标时不过分追求投标价的高低，评标委员更多关注于所提供方案的合理性、科学性、先进性、造型的美观性以及设计方案对建设目标的影响。

### 2. 勘察招标的特点

（1）勘察招标一般选用单价合同　由于勘察是为设计提供地质技术资料，勘察要求应与设计相适应，且补勘、增孔的可能性很大，所以一般不采用固定总价合同。

（2）评标重点不是商务标　勘察报告的质量影响建设项目质量，项目勘察费与项目基础的造价或项目质量成本相比是很小的，降低勘察费就可能影响到工作质量，进而影响造价和工程质量，是得不偿失的，因此勘察评标的重点不是报价。

（3）勘察人员、设备及作业制度是关键 勘察人员主要是指采样人员和分析人员，他们的工作经验、工作态度、敬业精神直接影响勘察质量；设备是勘察的前提条件；作业制度是勘察质量的基本保证。这些应该是评标的重点。

### 三、设计招标方式

设计招标的任务是选择承包者将招标人对建设项目的设想转变为可实施的蓝图，而施工招标则是根据设计的具体要求，选择承包者去完成规定的物质生产劳动。因此，设计招标文件对投标人所提出的要求并不很具体，一般只是简单介绍工程项目的实施条件、应达到的技术经济指标、总投资限额、进度要求等；投标人根据相应的规定和要求分别报出工程项目的设计构思方案、实施计划和工程概算；招标人通过开标、评标等程序对所有方案进行比较选择后确定中标人，然后由中标人根据预定方案去实现。

建设工程设计招标可以采取公开招标或者邀请招标的方式。招标人具备下列条件的，可以自行组织招标：①有与招标项目工程规模及复杂程度相适应的工程技术、工程造价、财务和工程管理人员，具备组织编写招标文件的能力；②有组织评标的能力。招标人不具备上述规定条件的，应当委托具有相应资格的招标代理机构进行招标。

一般的民用建筑或中小型工业项目都采用通用的规范设计。为了提高设计水平，可以选择打破地域和部门界限的公开招标方式。而对于专业性较强的大型工业建筑设计，限于专业特点、生产工艺流程要求，以及对目前国内外先进技术的了解等方面的要求，则只能在行业内的设计单位中通过邀请招标的方式选择实施单位。少数特殊工程或偏僻地区的小工程，一般设计单位不愿参与竞争时，可以由项目主管或当地政府指定投标单位，以议标的方式委托设计任务。

### 四、设计招标应具备的条件

按照国家颁布的有关建设法规规定，设计招标项目应具备的条件如下：

1）具有经过审批机关批准的设计任务书或项目建议书。

2）具有国家规划部门划定的项目建设地点、平面布置图和用地红线图。

3）具有开展设计必需的可靠的基础资料。包括建设场地的工程地质、水文地质初步勘察资料或有参考价值的场地附近的工程地质、水文地质详细勘察资料；水、电、燃气、供热、环保、通信、市政道路等方面的基础资料；符合要求的地形图等。

4）成立了专门的招标工作机构，并有指定的负责人。

5）有设计要求说明等。

## 第二节 建设工程设计方案竞赛

### 一、实行设计方案竞赛的项目

凡符合下列条件之一的城市建设项目，必须实行有偿方案设计竞赛：

1）按住建部规定的特级、一级建设项目。

2）重要地区或重要风景区的建筑项目。

3）4万 m² 以上（含4万 m²）的住宅小区。

4）当地建设主管部门划定范围的建设项目。

5）业主要求进行设计方案竞赛的建设项目。

## 二、设计方案竞赛者的资质要求

凡参加设计方案竞赛的设计单位，须具备以下条件：

1）凡有设计单位（持有建筑工程设计许可证、收费证、营业执照）盖章的，并经一级注册建筑师签字的方案才可竞选。工程勘察设计单位提交的勘察设计文件，必须在勘察设计文件封面上注明资格证书的行业、资质等级和证书编号。

持有工程勘察设计资格证书与持有工程勘察设计收费资格证书的单位之间，可以联合承担勘察、设计任务，联合后的资质等级以联合前等级较低的一方为准。

2）持有建筑设计许可证、收费资格证和营业执照，但没有一级注册建筑师的单位，可以与有一级注册建筑师的设计单位联合参加竞选。

3）境外设计事务所参加境内工程项目方案设计竞选，在国际注册建筑师资格尚未相互确认前，其方案必须经国内一级注册建筑师咨询并签字，方为有效。

注册建筑师是指依法取得注册建筑师证书并从事房屋建筑设计及相关业务的从业人员。我国的一级注册建筑师注册标准不低于目前发达国家的注册标准。

## 三、竞选文件的发放

竞选文件一经发出，竞选活动的组织单位不得擅自变更内容或附加条件，如需变更和补充的，应在截止日期15天前通知所有参加竞选的单位。发出竞选文件至竞选截止时间，小型项目不少于15天，大、中型项目不少于30天。

## 四、方案竞赛设计文件的内容

按照国家有关规定，城市建筑设计方案设计文件的内容包括设计说明书、设计图、投资估算、透视图四部分。除透视图单列外，其他文件的编排顺序为：

1）封面（要求写明方案名称、方案编制单位、编制时间）。

2）扉页（方案编制单位行政及技术负责人、具体编制总负责人签认名单）。

3）方案设计文件目录。

4）设计说明书。

5）设计图。

6）投资估算。

对一些大型或重要的民用建筑工程，可根据需要加做建筑模型，其费用另收。

在设计方案竞赛阶段，各专业的方案设计文件内容及深度如下：

（一）总平面专业

总平面专业设计文件应包括设计说明书和设计图。

（1）设计说明书　设计说明书和设计图应对总体方案构思意图作详尽的文字阐述，并列出技术经济指标表。

（2）设计图　设计图包括用地范围的区域位置；用地红线范围（各角点测量坐标值），场地现状标高。必要时应附有总平面鸟瞰图或总体模型。

**（二）建筑专业**

建筑专业设计文件应包括设计说明书、设计图、透视图或鸟瞰图。

**1. 设计说明书**

设计说明书包括如下内容：

（1）设计依据及设计要求　具体如下：

1）计划任务书或上级主管部门下达的立项批文、项目可行性研究报告批文、合资协议书批文等。

2）红线图或土地使用批准文件。

3）城市规划、人防等部门对建筑提供的设计要求。

4）建设单位签发的设计委托书及使用要求。

5）可作为设计依据的其他有关文件。

（2）建筑设计的内容和范围　简述建筑地点及其周围环境、交通条件以及建筑用地的有关情况，如用地大小、形状及地形地貌、水文地质，供水、供电、供气、绿化、朝向等情况。

（3）方案设计的指导思想和原则　方案设计的指导思想和原则包括建筑及装修标准、人防等级、建筑类别和防火等级、抗震烈度的确定、节能环保要求等。

（4）设计构思和方案特点　设计构思和方案特点包括功能分区、交通组织、防火设计和安全疏散，自然环境条件和周围环境的利用，建筑空间的处理，立面造型、结构选型和柱网选择等。

（5）垂直交通设施　垂直交通设施包括自动扶梯和电梯的选型、数量及功能划分。

（6）关于节能措施方面的必要说明　特殊情况下还要对音响及温、湿度等作专门说明。

（7）有关技术经济指标及参数　有关技术经济指标及参数，包括建筑总面积和各功能分区的面积、层高和建筑总高度，其他包括住宅的户型、户室比、建筑面积和使用面积，不同标准旅馆建筑的客房间数、床位数等。

**2. 设计图**

（1）平面图（主要使用层平面）　平面图包括以下六个方面内容：

1）底层平面及其他主要使用层平面的总尺寸、柱网尺寸或开间、进深尺寸（可用比例尺表示）。

2）功能分区和主要房间的名称（少数房间如卫生间、厨房等可以用室内布置代替房间名称）。必要时要画标准间或功能特殊的建筑中主要功能用房的放大平面和室内布置。

3）要反映各种出入口及水平和垂直交通的关系。室内车库还要画出停车位和行车路线。

4）要反映结构受力体系中承重墙、柱网、剪力墙等位置关系。

5）注明主要楼层、地面、屋面的标高关系。

6）剖面位置及编号。

（2）立面图　立面图根据立面造型特点，选绘有代表性的和主要的立面，并表明立面的方位、主要标高以及与之有直接关系的其他（原有）建筑和部分立面。

（3）剖面图　剖面图反映在高度和层数不同、空间关系比较复杂的主体建筑的纵向及横向相应部位到楼梯的剖面，并注明各层的标高。建筑层数多、功能关系复杂时，还要注明层次及各层的主要功能关系。

**3. 透视图或鸟瞰图**

设计方案一般应有一个外立面透视图或鸟瞰图。当建设单位或设计部门认为有必要时，还应制作建筑模型。

**（三）结构专业**

结构专业的设计文件主要为设计说明书，包括设计依据、结构设计及需要说明的其他问题。

（1）设计依据　设计依据主要阐述建筑物所在地与结构专业设计有关的自然条件，包括风荷载、雪荷载、地震基本烈度及有条件时概述工程地质简况等。

（2）结构设计　结构设计主要阐述的内容有：①结构的抗震设防烈度；②上部结构选型概述；③新结构采用情况；④条件许可下阐述基础选型；⑤人防地下室的结构做法。

（3）需要说明的其他问题　简要说明相邻建筑物的影响关系，深基坑的围护措施及其他事项。

**（四）给水排水专业**

给水排水专业的设计文件主要为设计说明书，包括以下内容：

（1）设计依据　简述本工程所列批准文件和依据性资料中与本专业有关的内容及其他专业提供的有关资料。

（2）给水设计　给水设计主要阐述以下内容：①设计范围；②水源情况简述；③用水量统计；④给水系统；⑤消防系统；⑥热水系统；⑦重复用水、循环冷却水、中水系统及节水节能措施。

（3）排水设计　排水设计主要阐述以下内容：①污、废水及雨水的排放出路；②排水系统说明；③污、废水的处理设施。

（4）其他设备器材的选用　这是指卫生洁具等涉及建筑标准的设备器材的选用。

（5）其他问题　需要说明的其他问题。

**（五）电气专业**

电气专业的设计文件主要为设计说明书，包括负荷估算；电源；高压配电系统；变电所；应急电源；低压配电干线；主要主动控制系统简介；主要用房照度标准、光源类型、照明器形式；防雷等级、接地方式；需要说明的其他问题。

**（六）弱电专业**

弱电专业的设计文件主要为设计说明书，包括电话通信及通信线路网络；电缆电视系统规模；接收天线和卫星信号、前端及网络模式；闭路应用电视功能及系统组成；有线广播及扩声的功能及系统组成；呼叫信号及公共显示装置的功能及组成；专业性计算机经营管理功能及软硬件系统；楼宇自动化管理的服务功能及网络结构；火灾自动报警及消防联动功能及系统；安全保卫设施及功能要求。

**（七）采暖通风空气调节专业**

采暖通风空气调节专业的设计文件主要为设计说明书，包括采暖通风和空气调节的设计范围；采暖、空气调节的室内设计参数及标准；冷、热负荷的估算数据；采暖热源的选择及其参数；空气调节冷热源的选择及其参数；采暖、空气调节的系统形式及控制；通风系统简述；防烟、排烟系统简述；需要说明的其他问题。

### （八）动力专业

动力专业的设计文件主要为设计说明书，包括供热系统和煤气系统。

（1）供热系统　供热系统主要阐述以下内容：①热源及燃料；②供热范围；③耗热量估算；④锅炉房、热交换站面积、位置及层高要求；⑤环保、消防安全措施。

（2）煤气系统　煤气系统主要阐述以下内容：①煤气气源；②煤气供应范围；③煤气计算流量；④消防安全措施。

## 五、竞选设计方案的评定

1）组织竞选的单位应按有关规定邀请有关专家组成评定小组，参加评定会议，当众宣布评定办法，启封各参加竞选的设计方案和补充函件，公布其设计方案的主要内容。

2）评定小组由竞选组织单位的代表和有关专家组成，一般为7~11人，其中技术专家人数应占2/3以上。参加竞选的单位和方案设计的有关人员，均不能参加评定小组。

3）评定办法须按技术先进、功能全面、结构可靠、安全适用、符合建筑节能和环境的要求以及经济、实用、美观的原则，综合设计优劣，设计进度快慢以及设计单位和注册建筑师的资历、信誉等因素考虑，择优确定。

有下列情况之一者，参加竞选的设计文件宣布作废：①未经密封；②无一级注册建筑师签字，无单位法定代表人或法定代表人代理人的印鉴；③未按规定的格式填写，内容不全或字迹模糊，辨认不清；④逾期送达；⑤参加竞选的单位未参加评定会议。

## 六、对中选单位和未中选单位的有关规定

1）确定中选单位后，组织竞选的单位应于7天内发出中选通知书，同时抄送各未中选单位，未中选单位应在接到通知后7天内取回有关资料。

2）中选通知书发出30天内，设计招标单位与中选单位应根据有关规定签订工程设计承包合同。如施工图设计不委托中选单位设计时，设计招标单位应付给中选单位方案设计费，金额一般为该项目设计费的30%。

3）中选单位使用未中选单位的方案成果时，须征得该单位的同意，并实行有偿转让，转让费由中选单位承担。

4）对未中选的单位，应付给未中选单位一定的补偿费。如方案设计达到《城市建筑方案设计文件编制深度规定》的要求，补偿费金额为该项目设计费的8%~10%，如未达到《城市建筑方案设计文件编制深度规定》要求，补偿费金额由评定小组确定，补偿费在工程不可预见费中列支。

## 七、方案设计竞选的管理

各级建设、规划行政管理部门，不应干预正常的竞选活动和否定按程序评出的中选方案，但应加强对国家和地方建设方针、政策、规划、规定等落实情况的检查，查处不正当竞选行为。对违反规定，有下列行为之一者，由当地政府建设行政主管部门或其授权机构根据情节轻重，给予警告、通报批评，并终止竞选活动，取消一定时期的方案竞选参与权，并处以罚款。

1）应组织方案竞选的工程而未组织的。

2）竞选组织者隐瞒工程真实情况（如建设规模、设计条件等）。

3）属组织方案竞选者责任，在开始竞选前造成竞选文件泄密的。

4）参与方案竞选单位借故收受回扣的。

5）参加竞选单位在竞选中有意串通，任意压价或涨价、扰乱秩序的。

在竞选活动中如发生纠纷，可自行协商处理或由建设行政主管部门进行调解，调解无效时，可通过诉讼解决。

当事人对处罚决定不服的，可以在收到处罚通知之日起15天内，向作出处罚决定的上级机关申请复议。对复议决定不服的，可以在收到复议决定之日起15天内向人民法院起诉，也可直接向人民法院起诉，逾期不申请复议或不向人民法院起诉，又不履行处罚决定的，由作出处罚的机关申请人民法院强制执行。

## 第三节　建设工程设计招标实例

**案例 1** 某市人民医院总体规划项目方案设计竞赛

某市人民医院是三级甲等综合医院，根据该市卫生区域规划，经批准，对医院整体建设重新规划，并进行改造和扩建。为征集到优秀的规划设计方案，该院决定面向国内外举办该项目方案设计竞赛和招标活动。

该市人民医院总面积为13公顷，分医疗区和宿舍区两部分。医院新的建设规模要求病床编制为800张，绿化面积达50%，整体布局合理，新建一幢主体大楼，内部管理智能化，在保证医疗业务正常开展的情况下完成医院的改建和扩建工作。

以下为该项目招标文件的内容。

**一、设计任务和深度要求**

**1. 设计任务**

本次方案竞赛规划设计工作，由总体规划和建筑设计两部分组成，要求这两方面有良好的创意。

1）总体规划设计。根据现代医院的布局要求，结合医院现状，提出医院新的总体规划设计和改建、扩建方案。

2）建筑设计包括医院主体建筑和其他新的建筑群体的建筑设计方案。

**2. 设计成果深度要求**

1）设计成果规划图比例1:1000。

2）平面图、立面图、剖面图比例1:200。

3）主体建筑立面透视图。

4）总体规划模型，比例1:500。

5）分析图若干。

6）设计说明（含造价估算及主要技术经济指标）。

**二、参赛设计机构资格预选**

1）有意参与本项目方案竞赛的设计机构，请于×年×月×日之前报名（邮寄报告材料者以寄出邮戳日期为准），我院将根据报名材料选择6~8家设计机构参赛。

2）报名材料要求包括以下内容：①参赛设计机构法人代表签字或盖有公章的申请书；②参赛设计机构名称、地址、法人代表姓名、设计资格证书（复印件）；③参赛设计机构简介，特别是设计医院或相关建筑的业绩及代表作品；④联系人姓名、电话、电传或电子信箱等。国外设计机构，附上可能有的在中华人民共和国（含香港特别行政区、澳门特别行政区）所设或分设机构的名称、联系地址及联系人姓名。

3）为保证设计方案的质量，维护应征机构的信誉，参加本次方案竞赛的主要设计人员应为设计机构总部和分设机构人员。

### 三、方案设计交送及相关事宜

1）自领取项目设计任务书之日起60天内完成全部设计。

2）为确保本次竞赛活动的顺利开展，参赛机构须向我院承诺按时提交设计方案。

### 四、方案设计费用补偿

经预选审核后，凡属正式邀请参赛并符合方案设计深度要求而未获奖者，给予一次性成本补贴费用4万元人民币。

### 五、评选办法

聘请国内知名专家组成评审委员会，评出3个入围优秀方案。

### 六、奖励方法

1）对入围的优秀方案和参赛者颁发证书，另给参赛者增加奖金各6万元人民币。

2）支付奖金后，我院有权采用获奖方案的全部或部分设计成果。

### 七、实施方案的招标

1）最后的实施方案将采用设计招标的形式选出。

2）由入围的3家设计单位参与最后方案的设计招标。投标单位根据我院选定的入围综合设计方案做出投标方案，并提出设计周期、设计经费、设计服务等。

3）由专家、我院代表和政府相关部门组织设计评标委员会进行评标，评出中标方案和中标单位。

4）中标单位将承担下阶段的设计。

---

**案例2** 某市体育新城详细规划设计方案国际招标公告

某市按照城市建设总体规划，并报经国家有关部门批准，决定在市区建设"体育新城"。"体育新城"将建成集体育、商贸文化、娱乐、居住休闲为一体的交通方便、环境优美、国内一流水准的现代化城市新区。

该市政府委托某招标有限公司就"体育新城"详细规划设计方案进行国际公开招标，以下为招标公告内容。

### 一、"体育新城"基本情况

拟建的"体育新城"规划总用地约360万 $m^2$，拟建总建筑面积约430万 $m^2$，其中：体育运动场地约45万 $m^2$；生活居住区245万~255万 $m^2$；配套项目用地约40万 $m^2$，全区绿地率超过40%。

## 二、投标设计单位资质

1）参加投标的国内外设计单位应具有甲级或相当于甲级城市规划设计资质。

2）承担过相同或相近类型规划任务，且取得较好业绩。

## 三、奖励办法

本次招标将设中标方案1个，奖金80万元人民币；入围方案3个，奖金各18万元人民币；创意优秀方案3个，奖金各2万元人民币。

## 四、投标报名办法和时间安排

报名办法：

投标单位采用网上报名、电话、信函等方式均可。

投标单位应提供资质证明和业绩报告等相关文件，境外单位还应提供资信证明。

时间安排：

7月6~14日为投标报名时间。

7月10~14日发售标书（标书2000元人民币/份）。

7月14日为现场踏勘、标书答疑时间。

9月10~13日接收投标成果。

投标截止时间为9月13日17点。

拟定于9月下旬开标。

## 五、报名地点及通信联系方式（略）

## 复习思考题

1. 何谓建设工程勘察和建设工程设计？
2. 简述建设工程设计招标的内容。
3. 请比较设计招标与施工招标的异同。
4. 招标人自行组织招标的条件有哪些？
5. 设计招标应具备哪些条件？
6. 采用公开招标时，设计招标的程序是什么？
7. 招标准备工作有哪些内容？
8. 简述设计招标文件和设计要求文件的内容。
9. 对投标人资格审查的主要内容是什么？
10. 简述设计投标文件的内容。
11. 设计方案评审的主要内容有哪些？
12. 简述设计方案竞赛者的资质要求。
13. 建筑专业设计文件包括哪些内容？

# 建设工程监理招标与投标实务

## 第四章

**本章概要**

本章主要介绍建设工程监理的含义、特点，监理招标范围，相比施工招标监理招标的特点，对监理投标人的资格审查及监理招标文件编制方法并附有监理招标实例。

## 第一节　建设工程监理招标与投标概述

### 一、建设工程监理及其范围

建设工程监理是指具有相应资质的监理单位受工程项目建设单位（业主）的委托，依据国家有关工程建设的法律、法规，经建设主管部门批准的工程项目建设文件、建设工程委托监理合同及其他建设工程合同，对工程建设实施的专业化监督管理。实行建设工程监理制度，目的在于提高工程建设的投资效益和社会效益。

建设监理制度是我国基本建设领域的一项重要制度，目前属于全面推行阶段。根据原建设部颁布的《建设工程监理范围和规模标准规定》，下列工程必须实施建设监理。

（1）国家重点建设工程　指依据《国家重点建设项目管理办法》所确定的对国民经济和社会发展有重大影响的骨干项目。

（2）大中型公用事业工程　指项目总投资额在 3000 万元以上的供水、供电、供气、供热等市政工程项目，科技、教育、文化等项目，体育、旅游、商业等项目，卫生、社会福利等项目，其他公用事业项目。

（3）成片开发建设的住宅小区工程　建筑面积在 5 万 $m^2$ 以上的住宅建设工程必须实行监理，5 万 $m^2$ 以下的住宅建设工程可以实行监理，具体范围和规模标准，由建设行政主管部门规定，对高层住宅及地基、结构复杂的多层住宅应当实行监理。

（4）利用外国政府或者国际组织贷款、援助资金的工程　指使用世界银行、亚洲开发银行等国际组织贷款资金的项目，或使用国外政府及其机构贷款资金的项目，或使用国际组织或者国外政府援助资金的项目。

（5）国家规定必须实行监理的其他工程　指项目总投资额在 3000 万元以上关系社会公

共利益、公众安全的基础设施项目和学校、影剧院、体育场馆项目。

《工程建设项目招标范围和规模标准规定》要求，监理单位监理的单项合同估算价在 50 万元以上的，或单项合同估算价低于规定的标准，但项目总投资额在 3000 万元以上的项目必须进行监理招标。

## 二、建设工程监理招标与投标的主体

### （一）建设工程监理招标主体

建设工程监理招标主体是承建招标项目的建设单位，又称业主或招标人。招标人可以自行组织监理招标，也可以委托具有相应资质的招标代理机构组织招标。必须进行监理招标的项目，招标人自行办理招标事宜的，应向招标管理部门备案。

国务院建设主管部门负责管理全国建设监理招标投标的管理工作，各省、市、自治区及工业、交通部门建设行政管理机构负责本地区、本部门建设监理招标投标管理工作，各地区、各部门建设工程招标投标管理办公室对监理招标与投标活动实施监督管理。

### （二）参加投标的监理单位

参加投标的监理单位首先应当是取得监理资质证书，具有法人资格的监理公司、监理事务所或兼承监理业务的工程设计、科学研究及工程建设咨询的单位，同时必须具有与招标工程规模相适应的资质等级。

工程监理企业资质分为综合资质、专业资质和事务所资质。其中，专业资质按照工程性质和技术特点划分为若干工程类别。

综合资质、事务所资质不分级别。专业资质分为甲级、乙级；其中，房屋建筑、水利水电、公路和市政公用专业资质可设立丙级。

## 三、建设工程监理招标与投标程序

1）招标人组建项目管理班子，确定委托监理的范围；自行办理招标事宜的，则应在规定时间内到招标投标管理机构办理备案手续。

2）编制招标文件。

3）发布招标公告或发出邀标通知书。

4）向投标人发出投标资格预审通知书，对投标人进行资格预审。

5）招标人向投标人发出招标文件；投标人组织编写投标文件。

6）招标人组织必要的答疑、现场勘察、解答投标人提出的问题，编写答疑文件或补充招标文件等。

7）投标人递送投标书，招标人接受投标书。

8）招标人组织开标、评标、决标。

9）招标人确定中标单位后向招投标管理机构提交招标投标情况的书面报告。

10）招标人向投标人发出中标或者未中标通知书。

11）招标人与中标单位进行谈判，订立委托监理书面合同。

12）投标人报送监理规划，实施监理工作。

# 第二节 建设工程监理招标

## 一、监理招标的特点

### （一）招标宗旨是对监理单位能力的选择

监理服务是监理单位的高智能投入，服务工作完成的好坏不仅依赖于执行监理业务是否遵循了规范化的管理程序和方法，更多地取决于参与监理工作人员的业务专长、经验、判断能力、创新能力以及风险意识。因此，招标选择监理单位时，鼓励的是能力竞争，而不是价格竞争。

### （二）报价在选择中居于次要地位

工程项目的施工、物资供应招标选择中标人的原则是：在技术上达到要求标准的前提下，主要考虑价格的竞争性。而监理招标对能力的选择放在第一位，因为当价格过低时监理单位很难把招标人的利益放在第一位，为了维护自己的经济利益采取减少监理人员数量或多派业务水平低、工资低的人员，其后果必然导致对工程项目的损害。另外，监理单位提供高质量的服务，往往能使招标人获得节约工程投资和提前投产的实际效益。

### （三）邀请投标人较少

选择监理单位时，一般邀请投标人的数量以 3～5 家为宜。

## 二、监理招标与施工招标的区别

监理招标是为了挑选最有能力的监理公司为其提供咨询和监理服务；而施工招标则是为了选择最有实力的承包商来完成施工任务，并获得有竞争性的合同价格。监理招标与施工招标的区别见表 4-1。

表 4-1 监理招标与施工招标的区别

| 内 容 | 监理招标 | 施工招标 |
|---|---|---|
| 任务范围 | 招标文件或邀请函中提出的任务范围不是已确定的合同条件，只是合同谈判的一项内容，投标人可以而且往往会对其提出改进意见 | 招标文件中的工作内容是正式的合同条件，双方都无权更改，只能在必要时按规定予以澄清 |
| 邀请范围 | 一般不发招标广告，发包人可开列短名单，且只向短名单内的监理公司发出邀请函 | 公开招标要发布招标广告，而不是在小范围内的直接邀请，并进行资格预审；邀请招标的范围也较宽，且要进行资格后审 |
| 标 底 | 不编制标底 | 可以编制或不编制标底 |
| 选择原则 | 以技术方面的评审为主，选择最佳的监理公司，不应以价格最低为主要标准 | 以技术上达到标准为前提，将合同授予经评审价格最低的投标单位 |
| 投标书的编制要求 | 可以对招标文件中的任务大纲提出修改意见，提出技术性或建设性的建议 | 必须要求按招标文件中要求的格式和内容填写投标书，不符合规定要求即为废标 |

## 三、建设工程监理的开标、评标

### （一）开标

开标由工程招标人或其代理人主持，并邀请招标管理机构有关人员参加。

在开标中，属于下列情况之一的，按无效标书处理：

1）投标人未按时参加开标会，或虽参加会议但无有效证件。

2）投标书未按规定的方式密封。

3）唱标时弄虚作假，更改投标书内容。

4）监理费报价低于国家规定的下限。

在建设工程监理招标中，由于业主主要看中的是监理单位的技术水平而非监理报价，并且经常采用邀请招标的方式，因此，有些招标不进行公开开标，也不宣布各投标人的报价。

**（二）评标**

**1. 评标委员会**

评标一般由评标委员会进行。评标委员会应由招标人或其委托的招标代理机构熟悉相关业务的代表，以及有关技术、经济等方面的专家组成。成员数量一般为5人以上单数，其中技术、经济等方面的专家不能少于成员总数的2/3。评标委员会的专家成员应当从省级以上人民政府有关部门提供的专家名册或者招标代理机构的专家库内的相关专家名单中确定。对于一般工程项目，可以采取随机抽取的方式；对于技术特别复杂、专业性要求特别高或者国家有特殊要求的招标项目，若采取随机抽取方式确定的专家难以胜任，则可以由招标人直接确定。

对组成评标委员会的专家，也有特殊要求：

1）从事监理工作满8年并具有高级职称或者同等专业水平。

2）熟悉有关招标投标的法律法规，并具有与监理招标项目相关的实践经验。

3）能够认真、公正、诚实、廉洁地履行职责。

有下列情形之一的，不得担任评标委员会成员：

1）投标人或者投标人主要负责人的近亲属。

2）项目主管部门或者行政监督部门的人员。

3）与投标人有经济利益关系，可能影响对投标公正评审的。

4）曾因在招标、评标以及其他与招标投标有关活动中从事违法行为而受过行政处罚或刑事处罚的。

评标委员会负责人由评标委员会成员推举产生或者由招标人确定，评标委员会成员的名单在中标结果确定前应当保密。

**2. 评标方法**

评标委员会应当根据招标文件确定的评标标准和方法，对其技术部分和商务部分进行评审、比较。评标方法包括专家评审法和综合评估法。

（1）专家评审法 专家评审法是由评标委员会的各位专家分别就各投标书的内容充分进行优缺点评论，共同进行讨论、比较，最终以投票的方式评选出最具实力的监理单位。这种方法的优点是各评审专家可充分发表自己的意见，能集思广益进行全面评价，节约评标时间。但其缺点是以定性的因素作为评审原则，没有使用量化指标对各个标书进行全面的综合比较，评审人的主观因素影响较大。

（2）综合评估法 综合评估法是指采用量化指标考查每一投标人的综合水平，以各项因素评价得分的累计分值高低，排出各标书的优劣顺序。由于评标是对各投标人针对本项目的实施方案进行审查比较，因此，评标的原则主要是技术、管理能力是否符合工程监理要求，监理方法是否科学，措施是否可靠，监理取费是否合理。

采用综合评估法时，首先应根据项目监理内容的特点划分评审比较的内容，然后再根据重要程度规定各主要部分的分值权重，在此基础上还应细致地规定出各主要部分的打分标准。各投标书的分项内容经过评标委员会专家打分后，再乘以预定的权重，即可算出该项得分；各项分数的累计值组成该标书的总评分。

监理投标文件一般分为技术建议书和财务建议书两大部分。采用哪种方法，要根据委托监理工作的项目特点和工作范围要求的内容等因素分别考虑或综合考虑来评审这两部分。技术建议书评审主要分为监理单位的经验、拟完成委托监理任务的计划方案和人员配备方案三个主要方面；财务建议书评审主要是评审报价的合理性。若两大部分同时记分时，技术评审权重为 70% ~ 90%；财务评审权重为 10% ~ 30%。其中，技术评审所考虑的三个方面在技术评审总分中所占的权重分配一般为：监理经验占 10% ~ 20%，监理工作计划占 25% ~ 40%，监理人员配备占 40% ~ 60%。

# 第三节　对监理投标人的资格审查

## 一、资格审查的内容

不论是公开招标还是邀请招标进行资格审查比较，通常都要考查投标人的资格条件、经验条件、资源条件、公司信誉和承接新项目能力等几个方面，具体内容见表 4-2。

表 4-2　资格审查的内容

| 审查内容 | 审查重点 | 判别原则 |
|---|---|---|
| 资质条件 | （1）资质等级<br>（2）营业执照、注册范围<br>（3）隶属关系<br>（4）公司的组成形式以及总公司和分公司的所在地<br>（5）法人条件和公司章程 | （1）监理公司的资质等级应与工程项目级别相适应<br>（2）注册的监理工作范围满足工程项目的要求<br>（3）监理单位与可能选择的施工承包商或供货商不应有行政隶属关系或合伙关系，以保证监理工作的公正性 |
| 监理经验 | （1）已监理过的工程项目一览表<br>（2）已监理过类似的工程项目 | （1）通过一览表考查其监理过哪些行业的工程，以及对哪些专业项目具有监理特长<br>（2）考查其已监理过的工程中，类似工程的数量和工程规模是否与本项目相适应。应当要求其已完成过或参与过与拟委托项目级别相适应的监理工作 |
| 现有资源条件 | （1）拟投入人员<br>（2）开展正常监理工作可采用的检测方法或手段<br>（3）计算机管理能力 | （1）对可动用人员的数量，专业覆盖面，高、中、初级人员的组成结构，管理人员和技术人员的能力，已获得监理工程师证书的人员数量等进行考查，看其是否满足本项目监理工作要求<br>（2）自有的检测仪器、设备不作为考查是否胜任的必要条件，若有的话，可予以优先考虑。但对必要的检测方法及获取的途径、以往做法应重点考查，看其是否能满足本项目监理工作的需要<br>（3）已拥有的计算机管理软件是否先进，能否满足监理工作的需要 |

（续）

| 审查内容 | 审查重点 | 判别原则 |
|---|---|---|
| 公司信誉 | （1）监理单位在专业方面的名望、地位<br>（2）在以往服务过的工程项目中的信誉<br>（3）是否能全心全意地与业主和承包商合作 | （1）通过对已监理过的工程项目业主的咨询，了解监理单位在科学、诚实、公正方面是否有良好信誉<br>（2）以往监理工作中是否有因其失职行为而给业主带来重大损失的情况<br>（3）是否有因与业主发生合同纠纷而导致仲裁或诉讼的记录，事件发生的责任由哪方承担<br>（4）是否发生过违背监理人员应忠诚地为业主服务原则的行为 |
| 承接新项目的监理能力 | （1）正在实施监理的工程项目数量、规模<br>（2）正在实施监理的各项目的开工和预计竣工时间<br>（3）正在实施监理工程的地点 | （1）依据监理单位所拥有的人力、物力资源，判别其可投入的资源能否满足本项目的需要<br>（2）当其资源不能满足要求时，能否从其他项目上临时调用或其他项目监理工作完成后对本项目补充的资源能否满足工程进展的需求<br>（3）对部分不满足专业要求的监理工作，其提出的解决方案是否可接受 |

## 二、资格审查的方法

监理招标的资格预审可以首先以会谈的形式对监理单位的主要负责人或拟派驻的总监理工程师进行考查，然后再让其报送相应的资格材料。

与初选各家公司会谈后，再对各家的资质进行评审和比较，确定邀请投标的监理公司短名单。

初选审查还只限于对邀请对象的资质、能力是否与拟实施项目特点相适应的总体考查，而不是评定他准备实施该项目监理工作的建议是否可行、适用。为了能够对监理单位有较深入全面的了解，应通过以下方法收集有关信息：①索取监理公司的情况介绍资料；②与其高级人员交谈；③向其已监理过工程的发包人咨询；④考查他们已监理过的工程项目。

# 第四节　监理招标文件的编制

## 一、委托工作范围

### （一）监理服务的工作范围

监理委托合同的标的，是监理单位为发包人提供的监理服务。《工程建设监理规定》中明确规定："工程建设监理的主要内容是控制工程建设的投资、建设工期和工程质量，进行工程建设合同管理，协调有关单位间的工作关系。"

按照这一规定，委托监理业务的范围非常广泛，从工程建设各阶段来说，可以包括项目前期立项咨询、设计阶段监理、施工阶段监理、保修阶段监理。在每一阶段内，又可以进行投资、质量、工期的三大控制及合同管理和信息管理。

**1. 按照工作性质划分的委托工作**

（1）工程技术咨询服务　进行可行性研究，各种方案的成本效益分析，编制特殊工程的建筑设计标准，准备技术规范，提出质量保证措施等。

（2）协助项目其他招标工作　协助发包人选择承包商，组织设计、施工、设备采购招标等。

（3）技术监督和检查　检查工程设计、材料和设备质量，对操作或施工质量进行监理和检查等。

（4）施工管理　其中包括质量控制、成本控制、计划和进度控制、施工安全控制等。

**2. 项目建设不同阶段的委托监理工作**

（1）建设前期阶段的工作　具体包括：

1）对项目的投资机会研究，包括确定投资的优先性和部门方针。

2）建设项目的可行性研究，确定项目的基本特征及其可行性。

3）为了顺利实施开发计划和投资项目，并充分发挥其作用，提出经营管理和机构方面所需的变更和改进意见。

4）参与设计任务书的编制。

（2）设计阶段的工作　具体包括：

1）提出设计要求，参与评选设计方案。

2）参与选择勘察、设计单位，协助发包人签订勘察、设计合同。

3）监督初步设计和施工图设计工作的执行，控制设计质量，并对设计成果进行审核。

4）控制设计进度以满足建设进度要求，并监督设计单位实施。

5）审核设计概（预）算，实施或协助实施投资控制。

6）参与工程主要设备选型。

7）协调设计单位与有关各方的关系。

（3）施工招标阶段的工作　具体包括：

1）编制招标文件和评标文件。

2）协助评审投标书，提出决标评估意见。

3）协助发包人与承建单位签订承包合同。

（4）施工阶段的工作　具体包括：

1）协助发包人编写开工报告。

2）审查承建单位各项施工准备工作，发布开工通知。

3）督促承建单位建立、健全施工管理制度和质量保证体系，并监督其实施。

4）审查承建单位提交的施工组织设计、施工技术方案和施工进度计划，并督促其实施。

5）组织设计交底及图纸会审，审查设计变更。

6）审核和确认承建单位提出的分包工程项目及选择的分包单位。

7）复核已完工程量，签署工程付款证书，审核竣工结算报告。

8）检查工程使用的原材料、半成品、成品、构配件和设备的质量，并进行必要的测试和监控。

9）监督承建单位严格按技术标准和设计文件施工，控制工程质量。重要工程要督促承建单位实施预控措施。

10）监督工程施工质量，对隐蔽工程进行检验签证，参与工程质量事故的分析及处理。

11）分阶段进行进度控制，及时提出调整意见。

12）调解合同纠纷和处理索赔事宜。

13）督促检查安全生产、文明施工。

14）组织工程阶段验收及竣工验收，并对工程施工质量提出评估意见。

（5）保修期阶段的工作　具体包括：

1）协助组织和参与检查项目正式运行前的各项准备工作。

2）对保修期间发现的工程质量问题，参与调查研究，鉴定工程质量问题的责任并监督保修工作。

### （二）依据项目特点委托工作任务

招标发包的监理工作内容和范围，既可以是整个工程项目的全过程，也可以按不同实施阶段的工作内容或不同合同内容分别委托给几家监理单位。划分工作范围时，应考虑以下几方面因素的影响。

**1. 工程规模**

中小型工程项目，有条件时可将全部监理工作委托给一个单位；大型或复杂工程，则应按设计、施工等不同阶段及监理工作的专业性质分别委托给几家监理单位。

**2. 工程项目的专业特点**

不同的施工内容对监理人员的素质、专业技能和管理水平的要求不同，划分招标工作范围时，应充分考虑专业特点的要求。如将土建工程和安装工程分开招标，甚至在有特殊基础处理时，将此部分监理工作从土建工程中分离出去单独招标。

**3. 被监理合同履行的难易程度**

工程项目建设期间，招标人与第三方签订的合同种类和数量较多。对于较易履行合同的监理工作，可以并入相关工作的委托监理内容之中。如采购通过建筑材料购销合同的履行监理工作，并入施工监理的工作范围之内。而设备加工订购合同的履行，则需委托专门的监理单位。

但就具体项目而言，要根据工程的特点、监理单位的能力、建设不同阶段的监理任务等诸方面因素，将委托的监理任务详细地写入招标文件和合同的专用条件之中。

## 二、监理招标文件的主要内容

### （一）投标邀请信

投标邀请信是招标人发给短名单内监理单位的信函，应在招标准备阶段完成。

### （二）投标须知

投标须知是供投标人参加投标竞争和编制投标书的主要依据，内容应尽可能完整、详细。一般情况下包括以下几方面内容：

（1）工程的综合说明　说明监理工程项目的主要建设内容、规模、工程等级、地点、总投资、现场条件、预计的开竣工日期等。

（2）委托的监理任务大纲　任务大纲是招标人准备委托的工作范围，投标人依据此文件编制监理大纲。大纲内说明的工作内容，允许投标人根据其监理目标的设定作出进一步的完善和补充。

（3）合格条件与资格要求　具体包括：①说明本次招标对投标人的最低资格要求；②评审内容；③投标人应提供资格的有关材料等。

（4）招标投标程序　包括：①有关活动时间、地点的安排，如现场考察、投标截止日期等；②对投标书的编制和递送要求。

（5）评标考虑的要素和评标原则　说明评标时各项因素的权重、评分方法、中标人的选定规则等。

### （三）合同草案

招标人与中标人签订的监理委托合同应采用住房和城乡建设部和国家工商行政管理总局联

合颁布的 GF—2012—0202《建设工程监理合同》标准化文本，合同的标准条件部分不得改动，结合委托监理任务的工程特点和项目地域特点，双方可针对标准条件中的要求予以补充、细化或修改。在编制招标文件时，为了能使投标人明确义务和责任，专用条件的相应条款内容均应写明。然而招标文件专用条件的内容只是编写投标书的依据，如果通过投标、评标和合同谈判发包人同意接受投标书中的某些建议，双方协商达成一致修改专用条件的约定后再签订合同。

### （四）工程技术文件

工程技术文件是投标人完成委托监理任务的依据，应包括以下内容：

1）工程项目建议书。

2）工程项目批复文件。

3）可行性研究报告及审批文件。

4）应遵守的有关技术规定。

5）必要的设计文件、设计施工图和有关资料。

### （五）投标文件的格式

招标文件中给出的标准化法律文书通常包括以下内容：

1）投标书格式。

2）监理大纲的主要内容要求。

3）投标单位对投标负责人的授权书格式。

4）履约保函格式。

## 第五节　建设工程监理招标实例

本节以××市公共汽车总公司车库改造工程监理招标文件为实例，详细介绍有关建设工程监理招标的相关内容。

封　面

××市公共汽车总公司车库改造工程监理招标文件

业　主：××市公共汽车总公司

代理人：××市建设工程招标投标代理公司

××市公共汽车总公司车库改造工程监理工程

招标文件审查批准签章

××市建设工程招标投标管理办公室（盖章）

××市公共汽车公司总公司（签章）

××市建设工程招标投标代理有限公司（签章）

2012 年 4 月 20 日

# 总 目 录

## 第一部分　投标人须知及前附表

### 投标人须知前附表

| 项　号 | 条款号 | 项 目 名 称 | 内　　　　　容 |
|---|---|---|---|
| 1 | 1 | 项目名称：<br>招标编号：<br>招标方式：<br>业主名称：<br>工程地址：<br>工程规划：<br>结构类型及层数：<br>质量标准：<br>招标范围： | ××市公共汽车总公司车库改造工程<br>201255<br>公开招标<br>××市公共汽车总公司<br>××市××区××路19号<br>19600m²<br>框架/地上一层<br>优良<br>建筑工程施工阶段全过程监理 |
| 2 | 3 | 开竣工时间： | 2012年7月10日～11月10日 |
| 3 | 1.6 | 资金来源： | 国家拨款60%、自筹40% |
| 4 | 2.1 | 投标人资质等级： | 工程监理乙级以上（含乙级） |
| 5 | 10.1 | 投标有效期： | 投标截止期结束后28天 |
| 6 | 9 | 投标保证金金额：<br>保证金交款时间：<br>地　　　址：<br>收款单位名称： | 人民币4000元（形式为支票）<br>2012年7月5日9～14时<br>××市××区××路19号<br>××市公共汽车总公司 |
| 7 | | 招标代理人： | ××市建设工程招标投标代理有限公司 |
| 8 | 12 | 投标文件份数： | 正本壹份，副本叁份 |
| 9 | | 发售招标文件时间：<br>地　　址： | 2012年6月20日9～14时<br>××市××区××街308号508室 |
| 10 | 6 | 现场踏勘时间： | 2012年6月25日9～11时（直接去现场） |
| 11 | 14.1 | 投标书递交至：<br>地　　址：<br>投标截止日期： | ××市建筑市场管理中心<br>××市××区××街318号302室<br>2012年7月5日13时30分～14时 |
| 12 | 14 | 开标时间：<br>地　　　址： | 2012年7月5日14时<br>××市××区××街318号××市建筑市场管理中心302室 |
| 13 | | 评标办法： | 采用100分制，详见评分办法 |

## 投标人须知

### 目　　录

### 1. 工程概述

1.1　工程名称：××市公共汽车总公司车库改造工程

1.2　工程地点：××市××区××路19号

1.3　建设规模：19600m$^2$

1.4　结构形式及层数：框架/地上一层

1.5　设计单位：××省建筑设计研究院

1.6　投资来源：国家拨款60%、自筹40%

1.7　批准文号：

投资立项批准文号：××市计交通（2012）×××号

规划部门批准文号：××市规城字（2012）×××号

1.8　项目法人：××市公共汽车总公司

1.9　质量要求：优良

2. 合格条件与资格

2.1　本招标面向已经通过资格预审的投标人，即：工程监理乙级以上（含乙级）。

2.2　投标人被认为具有资格预审表中规定的资格和具有足够的能力来有效地履行合同，并已在资格预审阶段提供了下列资料，如果下述资格预审资料有任何遗漏，投标人应随投标文件一并补报。

2.2.1　投标人的机构组成或法律地位、注册地点、主要营业地点的原始文件副本，包括：

（1）营业执照。

（2）资质等级证书。

（3）对于非本省注册的投标人，应提供经国家或本省建设行政主管部门核准的资质文件。

2.2.2　投标人在过去3年曾经实施和现在正在实施的与本招标工程相类似的工程的工程监理经验及其合同履行情况。

2.2.3　提供拟在现场或不在现场但对本招标工程实施监理及履行合同的主要人员资格和经历。

3. 工期及进度要求

3.1　计划开工日期：2012年7月10日。

3.2　投标人可在坚持其报价的前提下，在其招标书中根据其自身的监理方案确定完工日期及相应进度。

3.3　实际开工日期以招标人所发开工令注明的开工日期为准，并按照施工单位所承诺和填报的施工工期日历天数计算中标人的竣工日期，双方将以此作为合同监理工期，上述变化将不会使中标人获得任何经济和工期等补偿和调整。

4. 招标文件的澄清

4.1　投标人必须检查招标文件的页数。

4.2　如发现有任何缺漏、重复或不清楚的地方，投标人必须立即（应不晚于投标截止日期前10天）以书面形式通知招标人，招标人将会以书面形式纠正上述缺漏、重复或不清楚的地方（应不晚于投标截止日期前7天）；只有招标人向所有投标人发出书面答复才应被视为对招标文件具有影响力。如投标被接纳，上述信函与招标文件一起作为合同文件附件的一部分。如果投标人因任何原因对招标文件中的任何项目或数字的确切含义置疑，投标人应根据上述说明提出疑问。

4.3　如有必要，招标人将就投标人提出的疑问以招标答疑会的形式进行解释，会议的时间及地点以招标人的书面通知为准。

4.3.1　投标人法定代表人或其合法的委托代理人应于招标人的书面通知中所规定的日期、时间和地点出席招标答疑会。

4.3.2　会议的目的是澄清疑问、解答该阶段可能提出的任何方面的问题，并安排投标人考察现场，了解情况。

4.3.3　会议纪要，包括所有问题和答复，将以招标补充文件的形式迅速提供给所有获得招标文件的投标人。

5. 招标文件的修改

5.1 招标人在投标截止日前的任何时候，可因任何原因，对招标文件进行修改。这种修改可能是招标人主动作出的，也可能是为了解答投标人要求澄清的问题而作出的，招标人对招标文件的修改，以向投标人发出招标补充文件的形式作出。

5.2 招标文件的补充文件将以书面的方式发给所有获得招标文件的投标人，并对他们起约束作用。投标人收到招标文件补充文件后，应立即以书面的方式通知招标人，确定已经收到招标文件的补充文件。

5.3 如果招标人对招标文件进行了修改，当他认为有必要时，可以通知投标人延长投标邀请书中规定的投标截止时间。这种通知应当以书面的方式向所有获得招标文件的投标人发出；投标人在收到通知后，应当立即以书面的方式通知招标人确定已经收到该通知。

6. 现场踏勘

6.1 投标人应对工程现场及其周围环境进行现场考察，以获取那些需自己负责的有关投标准备和签署合同所需的所有资料和信息。考察现场的费用由投标人自己承担。

6.2 经招标人允许和事先安排，投标人及其代表方能进入现场进行考察。但明确规定投标人及其代表不得让招标人为现场考察负任何责任。投标人及其代表必须承担那些进入现场后由于自身的行为所造成的人身伤害（不管是否致命）、财产损失或损坏的后果与责任。

6.3 现场踏勘时间：2012年6月25日9~11时。

7. 语言

投标文件及投标人与招标人之间的与投标有关的往来函件和文件均应使用中文。投标人随投标文件提供的证明文件和印刷品可以使用另一种语言，但必须附中文译本。投标文件的解释应以中文为准。

8. 投标价格

依据国家发展和改革委员会、建设部发改价格〔2007〕670号文件的规定，本次投标监理费计取基数是根据本工程特点，按本工程施工招标造价的百分比计取监理费用，本工程施工招标确定的工程造价约为1600万元。

9. 投标保证金

9.1 投标保证金金额见投标人须知前附表第6项。

9.2 投标保证金必须为支票形式。日期填写为自投标截止日期算起第30天或空白日期。

9.3 投标保证金按前附表第6项的要求送交招标人处，开标时携收据备查。

9.4 对于未能按要求提交投标保证金的投标人，招标人可以将其投标文件视为非响应性投标或未响应招标文件要求的投标而予以拒绝。

9.5 未中标的投标人的投标保证金将尽快清退，最迟不超过规定的投标文件有效期期满后7日历天。

9.6 中标人的投标保证金，在签署合同协议书并按本招标文件要求提供了履约保证金后，予以退还。

9.7 如有下列情况，投标人将没有资格要回投标保证金。

9.7.1 投标人在投标文件有效期内撤回其投标文件。

9.7.2 中标人未能在规定期限内签署合同协议书。

9.7.3 中标人未能在规定期限内提供本招标文件所要求的履约保证金。

9.7.4 投标人未遵守本招标文件的其他有关规定。

10. 投标文件的有效期

10.1 自投标截止日期算起，投标文件有效期为28日历天。

10.2 在原定投标文件有效期期满之前，如果出现特殊情况，招标人可以向投标人提出延长其投标文件有效期的要求，这种要求和答复应以书面形式进行。

11. 投标书的形式和签署

11.1 投标书必须使用标准格式，并填写以下内容：

(1) 法定代表人资格证明书（附件1）。

(2) 授权委托书（附件2）（按招标人统一提供表格填写）。

(3) 投标书标准格式（附件3）（按招标人统一提供表格填写）。

(4) 按招标文件规定编制的其他内容（附件4~附件7）。

11.2 投标人应按本招标文件的规定内容编制投标文件。

11.3 所有投标文件"正本"与"副本"均应使用不能擦去的墨水打印或书写。投标文件正副本由投标单位法定代表人亲自签署并盖有法人单位公章和法定代表人印鉴。

11.4 全套投标书应无涂改、行间插字或删除，除非这些删改是根据已发出的招标文件补充文件的指示进行的，或者是投标人造成的必须修改的错误。

12. 投标文件的递交要求

12.1 投标单位应将投标文件正本壹份和副本叁份分别密封在内层包封，再封在一个外层包封中；在内层包封上标明"投标文件正本"或"投标文件副本"并在密封处骑缝加盖投标单位公章。

12.2 内层和外层包封都应标明招标单位名称和地址、工程名称，注明在开标时间以前不得开封，在内层包封上还应写明投标单位名称与地址、邮政编码，以便投标出现逾期送达时能原封退回。

12.3 迟到的投标书。招标单位在规定的投标截止日期以后收到的任何投标书，将被拒收并原封退给投标单位。

12.4 投标文件递交至本须知所要求的单位和地址。

13. 投标文件的修改与撤回

13.1 投标单位可以在递交投标文件以后，在规定的投标截止日期之前，以书面形式向招标单位递交修改或撤回其投标文件的通知，在投标截止时间后，不能更改投标文件。

13.2 投标单位的修改或撤回通知，应按投标文件编制要求密封、标记和递交（内封上标明"修改"或"撤回"字样）。

14. 开标

14.1 投标书应于2012年7月5日13时30分~14时，送达以下地址：××市××区××街318号××市建筑市场管理中心302室。

14.2 开标时间：2012年7月5日14时，开标地点：××市××区××街318号××市建筑市场管理中心302室。

14.3 本招标工程在本须知第14.2条中列明的时间和地点开标。如有时间及地址之变更，以书面通知为准。

14.4 投标人委派来参加开标的投标人代表需在规定的开标时间内出现在开标现场并应

签名报到以证明其出席。投标人代表必须持法定代表人委托书及证明身份的个人证件。

14.5　招标人将检查投标书，以便确定其是否完整，是否正确地签署了文件，以及是否按顺序编制。

14.6　投标人的名称、投标报价及招标人认为适当的其他细节均将在开标时宣布。

15. 过程保密

15.1　开标后直到宣布授予中标人合同为止，凡属于审查、澄清、评价和比较投标书的有关资料且与授予合同有关的信息，都不应向投标人或与该过程无关的其他人员泄露。

15.2　投标人在投标书的审查、澄清、评价和比较以及授予合同决定的过程中，对招标人施加影响的任何企图和行为，都可以导致其被取消竞标资格并退出投标。

16. 投标书的澄清

为了有助于投标书的审查、评价和比较，招标人可以个别要求投标人澄清其投标书的某些细节。有关澄清的要求与答复，应以书面的方式进行，但不应寻求、提出或允许更改投标书中的价格或实质性内容。

17. 投标书合格性的确定

17.1　在详细评标前，招标人将首先审定每份投标书是否在实质上响应招标文件的要求。就本条款而言，实质上响应招标文件要求的投标书，应该与招标文件中包括的全部条款、条件和规范相符，无重大差异或保留；所谓重大差异或保留是指对工程的监督范围、质量、实施产生重大影响，或者对合同中约定的招标人的权利、投标人的权利及投标人的义务方面造成重大的限制。而且纠正这种差异或保留将会对其他提交了响应招标文件要求的投标书的投标人的竞争地位产生不公正的影响。

17.2　如果投标书实质上不响应招标文件的要求，招标人将予以拒绝，并且不允许投标人通过修改或撤销其重大差异或保留而使其投标书变为响应招标文件要求。

17.3　投标人必须知道，凡有下列情况之一者，其投标书可能不予考虑：

17.3.1　投标文件未按招标文件的要求予以密封的。

17.3.2　投标文件中的正副本未加盖企业和法定代表人印鉴，或者企业法定代表人委托代表人没有持有效的委托书（原件）。

17.3.3　投标书内容不全，关键内容字迹模糊，难以辨认或未按规定格式填写者。

17.3.4　投标书逾期送达者。

17.3.5　未响应招标文件中质量规定者。

17.3.6　无法定代表人委托书以及法定代表人或法定代表人委托人开标时未到达者。

17.3.7　在未经授权之前，擅自涂改投标文件原文者。

17.3.8　违反××市建设局及主管部门的有关规定者。

18. 投标书的评价与比较

18.1　招标人将按评标办法之规定组成由技术和经济专家组成的评标委员会，进行评标。招标人将仅对按照本须知第16条确定为实质上响应招标文件要求的投标书进行评价与比较。

18.2　在评价与比较时，招标人将按照本须知第11条的规定修改错误、调整投标价格，确定每一份投标书的评标价格。

18.3　评标时将不考虑超出、偏离招标文件规定而给招标人带来未曾要求的效益的变化等因素。

19. 合同授予标准

招标人将把合同授予符合能够最大限度地满足招标文件中规定的各项综合评价标准的投标人。

20. 招标人的权利

尽管有本须知第18条的规定，招标人在签约前任何时候均有权根据评标委员会评审意见接受或拒绝任何投标，宣布投标程序无效，或拒绝所有投标。

21. 中标通知书

21.1 在投标书有效期内，招标人将用书面形式通知中标人其投标书被接受，并使用本招标文件中提供的格式发出中标通知书。

21.2 中标通知书将成为合同的组成部分。

21.3 招标人将在发出中标通知书的同时，将评标结果按公正、公平、公开的原则通知所有未中标的投标人。

22. 合同协议书的签署

22.1 中标通知书发出后，招标人与中标人在该通知书下达5天内，根据本招标文件编制的合同文本签订合同。

22.2 委托合同经招标人、中标人双方法定代表人或其委托代理人签字及加盖单位印章后立即生效，但在合同协议书中约定合同生效时间或条件的除外。

23. 招标文件的发售及投标文件的返还

23.1 投标人购买本招标文件时，需交纳人民币500元，招标文件售出后一概不退。

23.2 中标结果公布后10天内，未中标单位要将其投标文件副本取回，逾期，招标单位对未取走的投标文件副本予以销毁。

# 第二部分 评标办法

1. 总则

1.1 本办法是招标文件的组成部分。

1.2 评标工作是由招标人负责组建评标委员会。评标委员会由招标人和从××市招标专家库中抽取的专家组成，其中受聘的经济技术专家不得少于2/3。

1.3 本工程评标委员会按下述原则进行评标：

1.3.1 公开、公平、公正原则。

1.3.2 科学、合理评标原则。

1.3.3 反不正当竞争原则。

1.3.4 贯彻招标文件对工程各项要求原则。

1.4 按本办法评标，评委对投标企业投标书进行综合评定，得分最高者中标。

1.5 ××市建设工程招标投标管理办公室对招标工程项目的开标、评标、决标实施监督管理。

2. 评标程序、方法及说明

2.1 评标的内容。

评标的内容包括：监理大纲、质量、工期、造价、组织机构、承诺、对招标书响应的程度等。

上述工作由评标委员会负责。

2.2　评标规定及程序。

2.2.1　投标人的投标属于下列情况之一的，视为无效。

2.2.1.1　投标文件未按照招标文件的要求予以密封的。

2.2.1.2　投标书未按招标文件规定加盖投标人的企业及企业法定代表人印章的，或者企业法定代表人委托代理人没有合法、有效的委托书原件及委托代表人印章的。

2.2.1.3　投标文件的关键内容字迹模糊、无法辨认的。

2.2.2　评标委员会对投标书中的内容有疑问的部分，可以向投标人质询并要求该投标人作出书面澄清，但不得对投标文件作实质性修改。全体评委都应参加质询工作。对于实质性不符合招标文件的，评标委员会有权予以拒绝。质询工作应做书面记录，招标人代表、评标委员会成员及投标人应在记录上签字确认。

2.2.3　投标人按照招标文件规定的时间、地点等要求报送投标文件后，评标委员会按照本办法，对投标人的投标文件进行独立评标，计算各有效标得分的平均数即为投标人的得分。

2.2.4　投标人对招标人评标结果有疑义的，应以书面形式提出，由招标人提出处理意见，报××市建设工程招标投标管理办公室备案。

3. 评分办法及细则

3.1　评分分值计算保留小数点后两位，第三位四舍五入。

3.2　"同类工程监理经验"评分及有关说明：

"同类工程监理经验"，是指项目总监及本工程监理机构中监理工程师是否承担过与招标工程规模（指建筑面积大于 1.5 万 $m^2$）、结构形式（框架结构）同类的工程监理工作。监理单位所报材料应真实有效，否则将被拒绝。开标时请携带原件备查（监理合同）。

3.3　本工程监理酬金采取按工程造价百分比方式计算。

按评标办法，由评标委员会对投标文件进行综合评定后，提交评标领导小组，确定中标单位。

3.4　监理大纲（满分22分）。

3.4.1　监理大纲的全面性（满分10分，下列各项少一项扣1分）：

（1）监理组织机构。

（2）质量目标控制体系。

（3）进度目标控制体系。

（4）投资目标控制体系。

（5）合同信息管理体系。

（6）组织协调施工措施。

3.4.2　各项具体的评价（满分12分）：

（1）有投资、进度、质量三方面协调、优化措施，得0.2~0.5分，措施可行加0.2~0.5分。

（2）质量控制方案中各阶段质量控制目标得2.5分，目标明确加0.2~0.5分。

（3）进度控制中有组织协调措施得1分，措施可行加0.2~0.5分。

（4）质量控制中有组织措施、技术措施、管理措施及经济措施的得1.5分，每少一项减0.5分，措施可行加0.2~0.5分。

（5）有进度、质量、投资、控制工作流程图的得2分，少一个扣0.5分，最多扣2分，工作流程合理可行加 0.2 ~ 0.5 分。

(6) 有处理常见质量事故的具体措施的得 1 分，措施得当加 0.2 ~ 0.5 分。

3.5 质量（满分 7 分）。

质量承诺满足招标文件要求达到优良标准得 5 分，保证达到省优质工程的加 1 分。承诺达不到保证条件有惩罚措施的得 1 分。达不到招标文件要求不得分。

3.6 工期（满分 7 分）。

承诺满足招标文件要求得分，达不到不得分。

3.7 监理报价（满分 46 分）。

按工程概算造价的 1.6% 计取监理费的得 44 分，按 1.3% 计取的监理费得 46 分（中间按插入法计算）。高于 1.6% 者，每高于 0.1% 扣 2 分，最高扣 6 分。

3.8 企业信誉及现场组织机构（满分 14 分，须有佐证材料复印件，开标时携原件备查）。

3.8.1 投标企业资质乙级（含乙级）以上者得 2 分。

3.8.2 组织机构各专业人员配备齐全的得 4 分，每少一个专业扣 1 分。

3.8.3 本工程监理机构中具备中级技术职称每一名得 0.3 分，最多得 1.5 分；具备高级技术职称每一名得 0.5 分，中级及高级技术职称得分最多 2 分。

3.8.4 组织机构中有省级注册监理工程师每一名得 0.2 分，最多得 1 分，组织机构中有住建部注册监理工程师每一名得 0.5 分，省级注册及住建部注册资格得分最多 2 分（注册监理资格不重复得分）。

3.8.5 总监监理过的类似工程为框架结构的得 2.5 分；框架结构且规模大于 1.5 万 m$^2$ 得 3 分，监理类似或相同工程得分最多加 3 分。

3.8.6 本工程监理机构中土建监理工程师监理过类似工程的，每名得 0.5 分，最多得 1 分。

3.9 承诺（满分 4 分）。

投标企业对该工程质量控制、工期控制、投资控制、组织机构到位方面，如果承诺违约有处罚条款，每项得 1 分，最多得 4 分。

## 第三部分 投标文件

### 投 标 书（封面）

工程名称：__××市公共汽车总公司车库改造工程监理__

投标单位名称：（盖章）_____

法定代表人：（盖章）_____

单位地址：_____

电 话：_____

编制日期： 年 月 日

投标文件编制与内容

投标过程中的往来通知、函件及文件均使用中文。

内容：

1. 综合说明。

2. 投标书及与投标项目相关的其他资料。

2.1 法定代表人资格证明书（附件1）。

2.2 授权委托书（附件2）。

2.3 投标书（附件3）。

2.4 现场监理组织机构及人员配备（附件4）。

2.5 监理企业业绩信誉（近3年以来获奖证书等）（附件5）。

2.6 项目总监的简历（附件6）。

2.7 项目总监及监理工程师同类工程监理经验（附件7）。

2.8 投标承诺及其他优惠条件。

3. 质量控制措施。

4. 工期控制措施。

5. 投资控制措施。

6. 合同管理措施。

附件1

法定代表人资格证明书

致：（招标人名称）

名称：　　　　　　　　　性别：

地址：　　　　　　　　　职务：

系＿＿＿＿＿＿＿的法定代表人，为××市公共汽车总公司车库改造工程监理签署上述协议，进行合同谈判，签署合同和处理与之有关一切事务。


特此证明。



投标单位：（盖章）　　　　　　　年　　月　　日



上级主管部门：（盖章）　　　　　年　　月　　日


附件2

授权委托书

本授权委托书声明：

我，＿＿＿＿系＿＿＿＿＿＿单位法定代表人，现授权委托＿＿＿＿＿＿同志为本公司授权代理人，以本公司名义参加××市公共汽车总公司车库改造工程监理投标，代理人在开标、评标合同谈判过程中，所签署的一切文件和与之有关的一切事务，我均予承认。

代理人不得转让委托权。

特此委托。

代理人：　　　　　性别：　　　　　年龄：

（签字、盖章）

身份证号：　　　　　　　　　　职务：

投标单位：　　　　　　　　　　法定代表人：

（盖章）　　　　　　　　　　　（签字、盖章）

年　　月　　日

**附件3**

投 标 书

××市公共汽车总公司：

1. 根据已收到的工程招标文件和相应的规范、施工图等资料，遵照国家对工程监理招标管理的有关规定，我单位经考察现场和研究招标文件后，愿意按标准取费，考虑到施工招标已完成，最终按_____标准取费。

2. 保证质量达到____标准。

3. 保证工期_____年_____月_____日，并承诺提供如下贡献或优惠_____,按招标文件的要求承包该工程施工的监理任务。

4. 贵单位的招标文件、中标通知书和投标文件将构成约束我们双方的合同。

投标单位（盖章）：

法定代表人（签字，盖章）：

（或授权代理人）

年　　月　　日

**附件4**

现场监理的组织机构及人员配备表

| 序号 | 姓　名 | 专　业 | 职称 | 职务 | 发证机关 | 证书编号 | 主要监理过的项目 |
|------|--------|--------|------|------|----------|----------|------------------|
|      |        |        |      |      |          |          |                  |
|      |        |        |      |      |          |          |                  |
|      |        |        |      |      |          |          |                  |
|      |        |        |      |      |          |          |                  |

**附件5**

监理企业业绩信誉（近3年以来获奖情况表）（略）

附件 6

## 项目总监简历表

| 姓　名 | | 性　别 | | 年　龄 | |
|---|---|---|---|---|---|
| 职　务 | | 职　称 | | 学　历 | |
| 参加工作时间 | | 从事总监年限 | | | |

已完工程项目情况

| 建设单位 | 项目名称 | 建设规模 | 开、竣工日期 | 工程质量 |
|---|---|---|---|---|
| | | | | |
| | | | | |

附件 7

### 项目总监及监理工程师同类工程监理经验（略）

## 第四部分　技术标准和规范

监理执行标准和规范（略）

## 第五部分　中标通知书

_____：

经过评标小组评定，决定_____工程由你单位中标，希望甲乙双方按照招标文件确定的条件，积极配合，共同努力完成此项建设工程。

请在接到本通知书_____天内，到_____签订监理工程委托合同。

| 招标工程名称 | | 建筑地址 | |
|---|---|---|---|
| 建筑面积 | | 结构/层数 | |
| 中标范围 | | 开工竣工日期 | |
| 中标总价 | | 工期日历天数 | |

招标单位：　　　　　　　法人代表：
（盖章）　　　　　　　　（盖章）

　　　　　　　　　　　　　　　　　　　　　年　月　日

投标单位：　　　　　　　法人代表：　　　项目总监　　　技术负责人
（盖章）　　　　　　　　（盖章）

　　　　　　　　　　　　　　　　　　　　　年　月　日

招标投标办公室
（盖章）

经办人：　年　月　日

注：本表一式五份，招标办一份，招标单位、中标单位各一份，报送开户行、拨款合同审批处各一份。

## 第六部分　委托合同条款

××市公共汽车总公司车库改造工程监理合同专用条件（略）
××市公共汽车总公司车库改造工程监理合同通用条件（略）

## 复习思考题

1. 何谓建设工程监理?
2. 简述建设工程实行监理的范围。
3. 简述监理招标文件的内容和资格预审内容。
4. 监理单位投标时应向招标人提供哪些资格预审资料?
5. 监理招标文件主要包括哪些内容?
6. 试比较监理招标与施工招标的区别。

# 建设工程施工招标与投标实务

　　本章主要介绍施工招标投标的程序，建设工程施工投标策略、技巧，建设工程投标文件的组成，编制投标文件的步骤、注意事项、评标程序、评标方法和定标。为便于掌握相关知识加入典型案例分析。

## 第一节　建设工程施工招标

### 一、施工招标概述

#### （一）确定招标范围的原则

　　工程项目的招标可以是全部工作一次性发包，也可以把工作分解成几个独立的内容分别发包。如果招标人不擅管理，则招标人可将项目全部施工任务发包给一个投标人，仅与一个中标人签订合同，这样施工过程中管理工作比较简单，但有能力参与竞争的投标人较少。如果招标人有足够的管理能力，也可以将全部施工内容分解成若干个单位工程和特殊专业工程分别发包，一则可以发挥不同投标人的专业特长，增强投标的竞争性；二则每个独立合同比总承包合同更容易落实，即使出现问题也易于纠正或补救。但招标发包的数量多少要适当，标段太多会给招标工作和施工阶段的管理协调带来困难。因此，分标段招标的原则是有利于吸引更多的投标者来参加投标，以发挥各个承包商的特长，降低工程造价，保证工程质量，加快工程进度，同时又要考虑到便于工程管理，减少施工干扰，使工程能有条不紊地进行。

#### （二）确定招标范围时应考虑的主要因素

##### 1. 工程特点

　　准备招标的工程如果场地比较集中，工程量不大，技术上不是特别复杂，一般不用分标。而当工作场面分散、工程量较大，或有特殊的工程技术要求时，则可以考虑分标，如高速公路、灌溉工程等大多是分段发包的。

##### 2. 对工程造价的影响

　　一般来说，一个工程由一家承包商施工，不但干扰少、便于管理，而且由于临时设施少，人力、机械设备可以统一调配使用，可以获得比较低的工程报价。但是，如果是一个大型的、复杂的工程项目（如核电站工程），则对承包商的施工经验、施工能力、施工设备等方面都要求很高，在这种情况下，如果不分标就可能使有能力参加此项目投标的承包商数大大减少，投标竞争对手的减少，很容易导致报价的上涨，不能获得合理的报价。

### 3. 专业化问题

尽可能按专业划分标段，以利于发挥承包商的特长，增加对承包商的吸引力。

### 4. 施工现场的施工管理问题

在确定招标范围时要考虑施工现场管理中的两个问题：一是工程进度的衔接；二是施工现场的布置。

工程进度的衔接很重要，特别是关键线路上的项目一定要选择施工水平高、能力强、信誉好的承包商，以保证能按期或提前完成任务，防止影响其他承包商的工程进度，以至于引起不必要的索赔。

从现场布置角度看，则承包商越少越好。确定招标范围时一定要考虑施工现场的布置，不能有过大的干扰。对各个承包商的料场分配、附属企业、生活区安排、交通运输，甚至弃渣场地等都应在事先有所考虑。

### 5. 其他因素

影响工程招标范围的因素还有很多，如资金问题，当资金筹措不足时，只有实行分标，先进行部分工程招标。

总之，确定招标范围时对上述因素要综合考虑，可以拟定几个招标方案，进行综合比较后确定，但不允许将单位工程肢解成分部、分项工程进行招标。

## 二、建设工程施工招标程序

建设工程施工招标程序是指在工程施工招标活动中，按照一定的时间、空间顺序运作的次序、步骤、方式。一般要经历招标准备阶段、招标阶段和决标成交阶段。

由于公开招标是程序最为完整、规范、典型的招标方式，因此，掌握公开招标的程序，对于承揽工程任务，签订相关合同具有重要意义。建设工程施工公开招标的程序共有17个环节，如图5-1所示。

### （一）建设工程项目报建

建设工程项目报建是建设工程招标投标的重要条件之一，它是指工程项目建设单位或个人，在工程项目确立后的一定期限内向建设行政主管部门（建设工程招标投标管理机构）申报工程项目，办理项目登记手续。凡未报建的工程建设项目，不得办理招标投标手续和发放施工许可证，施工单位不得承接该项目的施工任务。

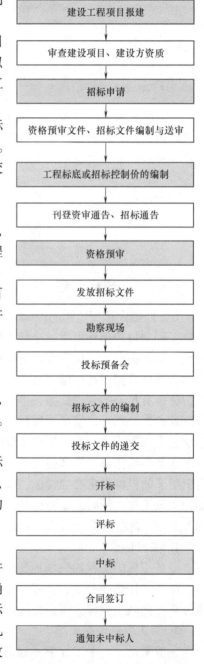

图5-1 施工公开招标程序图

（1）建设工程项目报建范围　各类房屋建设、土木工程、设备安装、管道线路敷设、装饰装修等新建、扩建、改建、迁建、恢复建设的基本建设及技改项目。属于依法必须招标范围的工程项目都必须报建。

（2）建设工程项目报建内容　主要包括工程名称、建设地点、建设内容、投资规模、资金来源、当年投资额、工程规模、结构类型、发包方式、计划开工竣工日期、工程筹建情况等。

（3）办理工程报建时应交验的文件资料　立项批准文件或年度投资计划、固定资产投资许可证、建设工程规划许可证、资金证明等。

**（二）审查建设项目和建设单位资质**

按照国家有关规定，建设项目必须具备以下条件，方可进行工程施工招标：

1）概算已经批准。

2）建设项目已正式列入国家、部门或地方的年度固定资产投资计划。

3）建设用地的征用工作已经完成。

4）有能够满足施工需要的施工图及技术资料。

5）建设资金和主要建筑材料、设备的来源已经落实。

6）已经建设项目所在地规划部门批准，施工现场的"三通一平"已经完成或一并列入施工招标范围。

施工招标单位自行招标应具备的基本条件：

1）是法人，或依法成立的其他组织。

2）有与招标工程相适应的经济、技术管理人员。

3）有组织编制招标文件的能力。

4）有审查投标单位资质的能力。

5）有组织开标、评标、定标的能力。

不具备上述第2）~5）项条件的招标单位，须委托具有相应资质的招标代理机构代理招标，招标单位与代理机构签订委托代理招标的协议，并报招投标管理机构备案。

**（三）招标申请**

招标申请书是招标单位向政府主管机关提交的要求开始组织招标、办理招标事宜的一种文书。招标单位进行招标，要向招标投标管理机构申报招标申请书，填写"建设工程施工招标申请表"，凡招投标单位有上级主管部门的，需经该主管部门批准同意后，连同"工程建设项目报建登记表"报招标投标管理机构审批。主要包括以下内容：工程名称、建设地点、招标工程建设规模、结构类型、招标范围、招标方式、要求施工企业等级、施工前期准备情况（土地征用、拆迁情况、勘察设计情况、施工现场条件等）、招标机构组织情况等。招标申请书批准后，就可以编制资格预审文件和招标文件。

**（四）资格预审文件、招标文件编制与送审**

公开招标采用资格预审时，只有资格预审合格的建筑施工企业才可以参加投标；不采用资格预审的公开招标应进行资格后审，即在开标后进行资格审查。资格预审文件是招标单位根据招标项目本身的要求，单方面阐述自己对资格审查的条件和具体要求的书面表达形式。

招标文件是招标单位根据招标项目的特点和需要，单方面阐述招标条件和具体要求的意思表示，是招标人确定、修改和解释有关招标事项的书面表达形式。招标文件是招标活动中最重要的文件之一。

资格预审文件和招标文件须报招投标管理机构审查，审查同意后可刊登资格预审通告、招标通告。

**（五）标底或招标控制价的编制**

标底是指由招标单位自行编制或委托具有编制标底资格和能力的代理机构代理编制，并按规定经审定的招标工程的预期价格。其主要反映招标单位对工程质量、工期、造价等的预期控制要求。在现行体制下的建设工程招投标中要弱化标底的作用，GB 50500—2008《建设工程工程量清单计价规范》确定了招标控制价的概念。招标控制价，在实际工作中也称拦标价、预算控制价、最高报价值、最高限价等，是指招标人根据国家或省级、行业建设主管部门颁发的有关计价依据（如计价定额）和办法，按设计施工图计算的，对招标工程限定的最高工程造价。为了有利于客观、合理地评审投标报价和避免哄抬标价，国有资金投资的项目进行招标时不设标底，招标人应编制招标控制价，招标控制价应在招标时公布。招标人设有最高投标限价的，应当在招标文件中明确最高投标限价或者最高投标限价的计算方法。招标人不得规定最低投标限价。标底只能作为评标的参考，不得以投标报价是否接近标底作为中标条件，也不得以投标报价超过标底上下浮动范围作为否决投标的条件。

**（六）刊登资审通告、招标通告**

招标申请书和招标文件获得批准后，招标单位就要发布招标公告。我国《招标投标法》指出，招标人采用公开招标方式的，应当发布招标公告。依法必须进行招标的项目的招标公告，应当通过国家指定的报刊、信息网络或者其他媒介发布。招标公告应当载明招标人的名称和地址，招标项目的性质、数量、实施地点和时间以及获取招标文件的办法等事项。建设项目的公开招标应在建设工程交易中心发布信息，同时也可通过报刊、广播、电视等公共传播媒介发布资格预审通告或招标通告。进行资格预审的，刊登资格预审通告。

**（七）资格审查**

资格审查是指招标人对申请人或潜在投标人的经营资格、专业资质、财务状况、技术能力、管理能力、业绩、信誉等方面评估审查，以判定其是否具有投标、订立和履行合同的资格及能力。

施工招标资格审查应主要审查以下五个方面内容：①具有独立订立施工承包合同的权利；②具有履行施工承包合同的能力，包括专业、技术资格和能力，资金、设备和其他物质设施状况，管理能力，经验、信誉和相应的从业人员；③没有处于被责令停业，投标资格被取消，财产被接管、冻结，破产状态；④在最近三年内没有骗取中标和严重违约及重大工程质量问题；⑤法律、行政法规规定的其他资格条件等方面的内容。

**1. 资格审查的方法**

资格审查分为资格预审和资格后审两种方法。

（1）资格预审　资格预审是指工程项目正式投标前，对投标人进行的资信调查，以确定投标人是否有能力承担并完成该工程项目。未通过资格预审的申请人，不具有参加投标的资格。

（2）资格后审　资格后审是在开标后对投标人进行的资格审查。采用资格后审方式时，招标人应当在开标后由评标委员会按照招标文件规定的标准和方法对投标人的资格进行审查。对资格后审不合格的投标人，评标委员会应否决其投标。资格后审比较适合于潜在投标人数量不多的通用性、标准化招标项目。

**2. 资格预审的程序**

资格预审一般按以下程序进行：

1）编制资格预审文件。

2）发布资格预审公告。

3）发售资格预审文件。资格预审文件的发售期不得少于 5 日。申请人对资格预审文件有异议的，应当在递交资格预审申请文件截止时间 2 日前向招标人提出。招标人应当自收到异议之日起 3 日内作出答复；作出答复前，应当暂停实施招标投标的下一步程序。

4）资格预审文件的澄清、修改。招标人可以对已发出的资格预审文件进行必要的澄清或者修改。澄清或者修改的内容可能影响资格预审申请文件编制的，招标人应当在提交资格预审申请文件截止时间至少 3 日前，以书面形式通知所有获取资格预审文件的潜在投标人；不足 3 日的，招标人应当顺延提交资格预审申请文件的截止时间。

5）编制并递交资格预审申请文件。依法必须进行招标的项目，提交资格预审申请文件的截止时间，自资格预审文件停止发售之日起不得少于 5 日。

6）组建资格审查委员会。

7）评审资格预审申请文件，编写资格审查报告。资格审查委员会应当按照资格预审文件载明的标准和方法，对资格预审申请文件进行审查，确定通过资格预审的申请人名单，并向招标人提交书面资格审查报告。

8）确认通过资格预审的申请人。招标人根据资格审查报告确认通过资格预审的申请人，并向其发出投标邀请书（代资格预审合格通知书）。招标人应要求通过资格预审的申请人收到通知后，以书面方式确认是否参与投标。同时，招标人还应向未通过资格预审的申请人发出资格预审结果的书面通知。

根据国家有关法律法规，为确保施工招标的公平、公正性，往往对申请人提出一定的限制和回避要求。招标人可根据有关规定和《标准施工招标资格预审文件》，在招标文件中明确规定工程施工的投标人不得存在以下但不限于以下的情形：①为招标人不具有独立法人资格的附属机构（单位）；②为本标段前期准备提供设计或咨询服务的，但实行设计施工一体化总承包并分二阶段实施的除外；③为本标段的监理单位；④为本标段的代建人；⑤为本标段提供招标代理服务的；⑥与本标段的监理单位或代建人或招标代理机构同为一个法定代表人的；⑦与本标段的监理单位或代建人或招标代理机构相互控股或参股的；⑧与本标段的监理单位或代建人或招标代理机构相互任职或工作的；⑨被责令停业的；⑩被暂停或取消投标资格的；⑪财产被接管或冻结的；⑫最近一定时期内有违法违规、弄虚作假或严重违约或重大工程质量或安全问题而被确认和处罚的，招标文件可视有关规定选择情况约定，并明确发生的时限和处罚主体的行政级别。

**3. 资格审查的评审程序**

资格审查的评审工作包括建立资格审查委员会、初步审查、详细审查、澄清、评审和编写评审报告等程序。

1）合格制。满足详细审查标准的申请人，则通过资格审查，获得投标资格。

2）有限数量制。通过详细审查的申请人不少于 3 个且没有超过资格预审申请文件规定数量的，均通过资格预审，不再进行评分；通过详细审查的申请人数量超过资格预审申请文件规定数量的，审查委员会可以按资格预审文件规定的评审因素和评分标准进行评审，并依据规定的评分标准进行评分，按得分由高到低的顺序进行排序，确定预审文件规定数量的申请人通过资格预审。

## 案例1 某群体工程施工招标资格审查标准

某大学扩建项目，其建安工程投资额30000万元人民币。项目地处某城市郊区，是在原农用耕地上修建，共包括8个单体建筑工程，分别为办公楼、1#~3#教学楼、学生食堂、学生公寓、图书馆、10kV变电所、大门及门卫室，总建筑面积126436m²，占地面积86000m²，其中教学楼和学生公寓为地上六层框架结构，学生食堂、图书馆为地上三层框架结构，变电所及门卫室为单层混合结构。招标人拟将整个扩建工程作为一个标段发包，组织资格审查，但不接受联合体投标。

**【问题】**

1. 资格审查有哪几种方法？给出其做法。怎样选择其一作为一个项目的资格审查方法？确定了审查方法后，有哪几种办法进行资格审查？

2. 施工招标资格审查有哪几方面内容？这些审查内容怎样分解为审查因素？

3. 针对本项目实际情况，选择资格审查方法和审查办法，并设置资格审查因素和审查标准。

4. 怎样处理资格预审过程中几个申请人得分相同时的排序，举个例子。

【案例1】参考答案

问题1：

资格审查方法分为资格预审与资格后审。资格预审是在招标文件发售前，招标人通过发售资格预审文件，组织资格审查委员会对潜在投标人提交的资格申请文件进行审查，进而决定投标人名单的一种方法；资格后审指的是开标后，评标委员会在初步审查程序中，对投标文件中投标人提交的资格申请文件进行的审查。

判断一个施工招标项目是否需要组织资格预审，是由满足该项目施工条件的潜在投标人数的多少来决定的。潜在投标人过多，造成招标人的成本支出和投标人的投标花费总量大，与项目的价值相比不值得时，招标人需要组织资格预审。反之，则可以组织资格后审。

采用资格预审的，可以采用两种办法确定通过资格审查的申请人名单，一种是合格制，即符合资格审查标准的申请人均通过资格审查；另一种是有限数量制，即审查委员会对通过资格审查标准的申请文件按照公布的量化标准进行打分，然后按照资格预审文件确定的数量和资格申请文件得分由高到低的顺序确定通过资格审查的申请人名单；采用资格后审的项目，一般采用合格制方法确定通过资格审查的投标人名单。

问题2：

(1) 施工招标资格审查应主要审查以下五个方面内容：①具有独立订立施工承包合同的权利；②具有履行施工承包合同的能力，包括专业、技术资格和能力，资金、设备和其他物质设施状况，管理能力，经验、信誉和相应的从业人员；③没有处于被责令停业，投标资格被取消，财产被接管、冻结，破产的状态；④在最近三年内没有骗取中标和严重违约及重大工程质量问题；⑤法律、行政法规规定的其他资格条件。

（2）以上五个方面，对应以下资格审查因素：

具有独立订立施工承包合同的权利。分解为：①有效营业执照；②签订合同的资格证明文件，如施工安全生产许可证、合同签署人的资格等。

具有履行施工承包合同的能力，包括专业、技术资格和能力，资金、设备和其他物质设施状况，管理能力，经验、信誉和相应的从业人员。分解为：①资质等级；②财务状况；③项目经理资格；④企业及项目经理类似项目业绩；⑤企业信誉；⑥项目经理部人员职业/执业资格；⑦主要施工机械配备。

没有处于被责令停业，投标资格被取消，财产被接管、冻结，破产的状态。分解为：①投标资格有效，即招标投标违纪公示中，投标资格没有被取消或暂停；②企业经营持续有效，即没有处于被责令停业、财产被接管、冻结，破产的状态。

在最近三年内没有骗取中标和严重违约及重大工程质量问题。分解为：①近三年投标行为合法，即近三年内没有骗取中标行为；②近三年合同履约行为合法，即没有严重违约事件发生；③近三年工程质量合格，没有因重大工程质量问题受到质量监督部门通报或公示。

问题3：

该项目特点是单个建筑工程多、场地宽阔，潜在投标人普遍掌握其施工技术，故为了降低招标成本，招标人应采用有限数量制办法组织资格预审，择优确定投标人名单。

资格审查标准分为初步审查标准（见表5-1）、详细审查标准（见表5-2）和评分标准（见表5-3）三部分内容。

表5-1 初步审查标准

| 审查因素 | 审查标准 |
| --- | --- |
| 申请人、法定代表人名称 | 与营业执照、资质证书、安全生产许可证一致 |
| 申请函 | 有法定代表人或其委托代理人签字或加盖单位公章，委托代理人签字的，其法定代表人授权委托书须由法定代表人签署 |
| 申请文件格式 | 符合资格预审文件对资格申请文件格式的要求 |
| 申请唯一性 | 只能提交一次有效申请，不接受联合体申请；法定代表人为同一个人的两个及两个以上法人，母公司、全资子公司及其控股公司，都不得同时提出资格预审申请 |
| 其他 | 法律法规规定的其他资格条件 |

表5-2 详细审查标准

| 审查因素 | 审查标准 |
| --- | --- |
| 营业执照 | 具备有效的营业执照 |
| 安全生产许可证 | 具备有效的安全生产许可证 |
| 资质等级 | 具备房屋建筑工程施工总承包一级及以上资质，且企业注册资本金不少于6000万元人民币 |

（续）

| 审查因素 | 审查标准 | |
|---|---|---|
| 财务状况 | 财务状况良好，上一年度年资产负债率小于95% | |
| 类似项目业绩 | 近三年完成过同等规模的群体工程一个以上 | |
| 信誉 | 近三年获得过工商管理部门"重合同守信用"荣誉称号，建设行政管理部门颁发的文明工地证书，金融机构颁发的A级以上信誉证书 | |
| 项目管理机构 | 项目经理 | 具有建筑工程专业一级建造师执业资格，近三年组织过同等建设规模项目的施工，且承诺仅在本项目上担任项目经理 |
| | 技术负责人 | 具有建筑工程相关专业高级工程师资格，近三年组织过同等建设规模的项目施工的技术管理 |
| | 其他人员 | 岗位人员配备齐全，具备相应岗位从业人员职业/执业资格 |
| 主要施工机械 | 满足工程建设需要 | |
| 投标资格 | 有效，投标资格没有被取消或暂停 | |
| 企业经营权 | 有效，没有处于被责令停业、财产被接管、冻结，破产的状态 | |
| 投标行为 | 合法，近三年内没有骗取中标行为 | |
| 合同履约行为 | 合法，没有严重违约事件发生 | |
| 工程质量 | 近三年工程质量合格，没有因重大工程质量问题受到质量监督部门通报或公示 | |
| 其他 | 法律法规规定的其他条件 | |

表5-3 评分标准

| 评分因素 | 评分标准 |
|---|---|
| 财务状况 | ①相对比较近三年平均净资产额并从高到低排名，1~5名得5分，6~10名得4分，11~15名得3分，16~20名得2分，20~25名得1分，其余0分；②资产负债率为75%~85%的，15分，85%<资产负债率<95%的，8分，资产负债率<75%的，10分 |
| 类似项目业绩 | 近3年承担过3个及以上同等建设规模项目的15分；2个的8分；其余0分 |
| 信誉 | ①近三年获得过工商管理部门"重合同守信用"荣誉称号3个的10分，2个的5分，其余0分；②近三年获得建设行政管理部门颁发文明工地证书5个及以上的5分，2个以上的2分，其余0分；③近三年获得金融机构颁发的AAA级证书的5分，AA证书的3分，其余0分 |
| 认证体系 | ①通过了ISO9000质量管理体系认证的5分；②通过了环保体系ISO14001认证的3分；③通过了安全体系GB/T 28001认证的2分 |
| 项目经理 | ①项目经理承担过3个及以上同等建设规模项目的15分，2个的10分，1个的5分；②组织施工的项目获得过2个以上文明工地荣誉称号的10分，1个的5分，其余0分 |
| 其他主要人员 | 岗位专业负责人均具备中级以上技术职称的10分，每缺一个扣2分，扣完为止 |

问题4：

对于资格预审过程中几个申请人得分相同的情形，招标人可以增加一些排序因素，以确定申请人得分相同时的排序方法，例如，可以在资格预审文件中规定依次采用以下原则决定排序：

1）如仍相同，按照项目经理得分多少确定排名先后。

2）如仍相同，以技术负责人得分多少确定排名先后。

3）如仍相同，以近三年完成的建筑面积数多少确定排名先后。

4）如仍相同，以企业注册资本金大小确定排名先后。

5）如仍相同，由评审委员会经过讨论确定排名先后。

**（八）发放招标文件**

招标单位将招标文件、设计施工图和有关技术资料发放给通过资格预审获得投标资格的投标单位。不进行资格预审的，发放给愿意参加投标的单位。投标单位收到上述文件资料后，应认真核对，核对无误后应以书面形式予以确认。

**（九）勘察现场**

招标文件发放后，招标单位要在招标文件规定的时间内，组织投标单位踏勘现场。

1）勘察现场的目的在于了解工程场地和周围环境情况，以获取投标单位认为必要的信息。为便于投标单位提出问题并得到解答，勘察现场一般安排在投标预备会之前进行。

2）投标单位在勘察现场中如有疑问或不清楚的问题，应在投标预备会前以书面形式向招标单位提出，但应给招标单位留有解答时间。

3）招标单位应向投标单位介绍有关现场的以下情况：施工现场是否达到招标文件规定的条件；施工现场的地理位置和地形、地貌；施工现场的地质、土质、地下水位、水文等情况；施工现场气候条件，如气温、湿度、风力、年雨雪量等；现场环境，如交通、饮水、污水排放、生活用电、通信等；工程在施工现场中的位置或布置；临时用地、临时设施搭建等。

**（十）召开投标预备会**

投标预备会也称答疑会、标前会议，是指招标单位为澄清或解答招标文件或现场踏勘中的问题，以便投标单位更好地编制投标文件而组织召开的会议。

1）投标预备会的目的在于澄清招标文件中的疑问，解答投标单位对招标文件和勘察现场中所提出的疑问和问题。

2）投标预备会在招标管理机构监督下，由招标单位组织并主持召开，参加会议的人员包括招标单位、投标单位、代理机构、招标文件的编制人员、招投标管理机构的管理人员等。所有参加投标预备会的投标单位应签到登记，以证明出席投标预备会。

3）在预备会上对招标文件和现场情况作介绍或解释，并解答投标单位提出的疑问，包括书面提出的和口头提出的询问。在投标预备会上还应对施工图进行交底和解释。

4）投标预备会结束后，由招标单位整理会议记录和解答内容，报招标管理机构核准同意后，尽快以书面形式将问题及解答同时发送到所有获得招标文件的投标单位。

5）为了使投标单位在编写投标文件时充分考虑招标单位对招标文件的修改或补充内容，以及投标预备会会议记录内容，招标单位可根据情况延长投标截止时间。

**（十一）投标文件的编制与递交**

投标文件是招标单位判断投标单位是否愿意参加投标的依据，也是评标组织进行评审和比较的对象，中标的投标文件和招标文件一起成为招标投标双方订立合同的法定依据。因此，投标文件同样是招标活动中最重要的文件之一。投标人应当按照招标文件的要求编制投标文件，投标文件应当对招标文件提出的实质性要求和条件作出响应。投标人可以在中标后将中标项目的部分非主体、非关键性工程进行分包的，应当在投标文件中载明。

依照《招标投标法》规定，投标人应当在招标文件要求提交投标文件的截止时间前，将投标文件送达投标地点。招标人收到投标文件后，应当签收保存，不得开启。投标人少于3个的，招标人应当依法重新招标。在招标文件要求提交投标文件的截止时间后送达的投标文件，招标人应当拒收。投标人在招标文件要求提交投标文件的截止时间前，可以补充、修改或者撤回已提交的投标文件，并书面通知招标人。补充、修改的内容为投标文件的组成部分。

在投标截止时间前，招标单位在接收投标文件中应注意核对投标文件是否按招标文件的规定进行密封和标志。在开标前，应妥善保管好投标文件、修改和撤回通知等投标资料。

**（十二）开标**

开标是指把所有投标者递交的投标文件启封揭晓，亦称揭标。开标应遵循如下各项：

1）开标应当在招标文件确定的提交投标文件截止时间的同一时间公开进行；开标地点应当为招标文件中预先确定的地点。

2）开标由招标人主持，邀请所有投标人参加。

3）开标时，由投标单位或者其推选的代表检查投标文件的密封情况，也可以由招标单位委托的公证机构检查并公证；经确认无误后，由工作人员当众拆封，宣读投标人名称、投标价格和投标文件的其他主要内容。招标单位在招标文件要求提交投标文件的截止时间之前收到的所有投标文件，开标时都应当当众予以拆封、宣读。开标过程应当记录，并存档备查。

**（十三）评标**

开标会结束后，招标单位要组织评标。评标必须在招标投标管理机构的监督下，由招标单位依法组建的评标组织进行。组建评标组织是评标前的一项重要工作。《招标投标法》规定，评标由招标人依法组建的评标委员会负责，依法必须进行招标的项目，其评标委员会由招标人的代表和有关技术、经济等方面的专家组成，成员人数为5人以上单数，其中技术、经济等方面的专家不得少于成员总数的2/3。

**1. 评标工作程序**

1) 评标一般采用评标会的形式进行，因此评标人员应在规定的时间到达指定的评标场所。招标单位应当采取必要的措施，保证评标在严格保密的情况下进行。

2) 评标组织成员应审阅各个投标文件，主要检查确认投标文件是否实质上响应招标文件的要求，是否有重大漏项、缺项等。

3) 根据评标定标办法规定，只对有效投标文件进行评议，评标委员会应当按照招标文件确定的评标标准和方法，对投标文件进行评审和比较，并对评议结果签字确认。招标文件中没有规定的标准和方法不得作为评标的依据。

4) 如有必要，评标委员会可以要求投标人对投标文件中含义不明确的内容作必要的澄清或者说明，但是澄清或者说明不得超出投标文件的范围或者改变投标文件的实质性内容。

5) 评标委员会完成评标后，应当向招标单位提出书面评标报告，并推荐合格的中标候选人。

**2. 评审的内容**

评标的内容包括符合性评审、技术性评审和商务性评审。

(1) 符合性评审　包括商务符合性和技术符合性评审。投标文件应实质上响应招标文件的要求，如果投标文件实质上不响应招标文件的要求，招标单位将予以拒绝，并且不允许通过修正或撤销其不符合要求的差异，使之成为具有响应性的投标。

(2) 技术性评审　具体内容包括：施工方案的可行性；施工进度计划的可靠性；工程材料和机械设备供应的技术性能；施工质量的保证措施；技术建议和替代方案。

(3) 商务性评审　具体内容包括：投标报价数据计算的正确性；报价构成的合理性；报价与施工组织的一致性；综合费率、利润率及预付款要求是否合理；主要材料单价；分析合价项目总计的报价；对建议方案的商务评审。

**(十四) 中标**

经过评标后，就可确定出中标单位。我国《招标投标法》规定，中标单位的投标应当符合下列条件之一：

1) 能够最大限度地满足招标文件中规定的各项综合评价标准。

2) 能够满足招标文件的实质性要求，并且经评审的投标价格最低；但是投标价格低于成本的除外。

评标委员会经评审，认为所有投标都不符合招标文件要求的，可以否决所有投标。依法须进行招标的项目的所有投标被否决的，招标单位应当依照本法重新招标。在确定中标单位前，招标单位不得与投标单位就投标价格、投标方案等实质性内容谈判。

**(十五) 合同签订**

招标单位和中标单位应当自中标通知书发出之日起 30 天内，按照招标文件和中标人的投标文件订立书面合同。

合同订立后，应将合同副本分送有关部门备案。

建设工程招标与投标工作流程如图 5-2 所示。

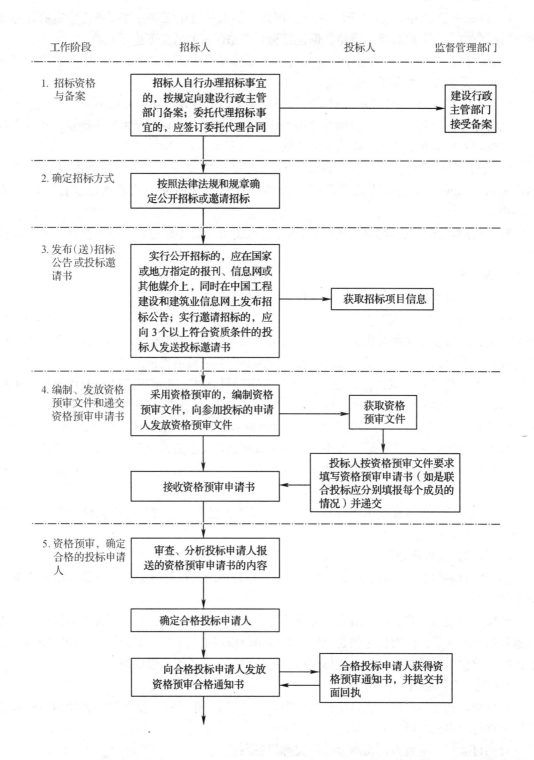

图 5-2  建设工程招标

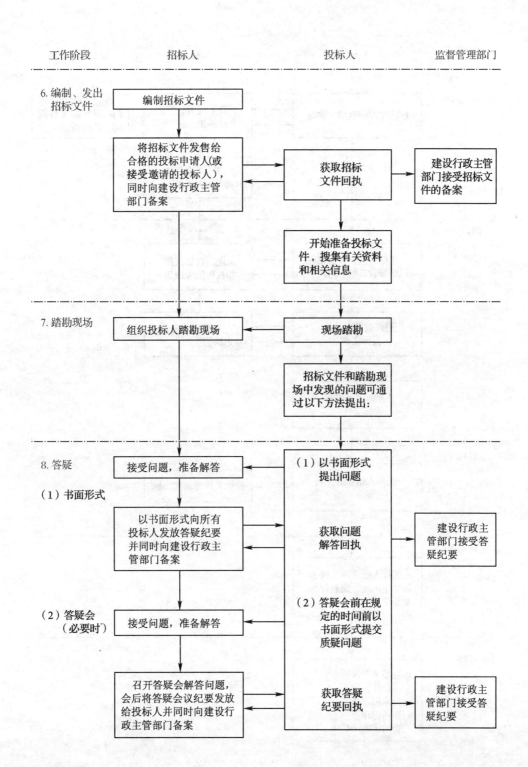

| 工作阶段 | 招标人 | 投标人 | 监督管理部门 |
|---|---|---|---|
| 6. 编制、发出招标文件 | 编制招标文件 | | |
| | 将招标文件发售给合格的投标申请人(或**接受邀请的投标人**),同时向建设行政主管部门备案 | 获取招标文件回执 | 建设行政主管部门接受招标文件的备案 |
| | | 开始准备投标文件,搜集有关资料和相关信息 | |
| 7. 踏勘现场 | 组织投标人踏勘现场 | 现场踏勘 | |
| | | 招标文件和踏勘现场中发现的问题可通过以下方法提出: | |
| 8. 答疑 (1) 书面形式 | 接受问题,准备解答 | (1) 以书面形式提出问题 | |
| | 以书面形式向所有投标人发放答疑纪要并同时向建设行政主管部门备案 | 获取问题解答回执 | 建设行政主管部门接受答疑纪要 |
| (2) 答疑会 (必要时) | 接受问题,准备解答 | (2) 答疑会前在规定的时间前以书面形式提交质疑问题 | |
| | 召开答疑会解答问题,会后将答疑会议纪要发放给投标人并同时向建设行政主管部门备案 | 获取答疑纪要回执 | 建设行政主管部门接受答疑纪要 |

与投标工作流程图

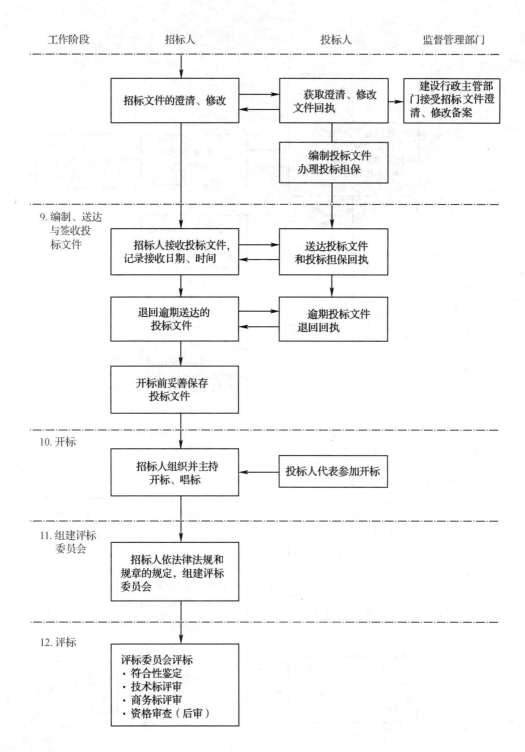

**图5-2 建设工程招标**

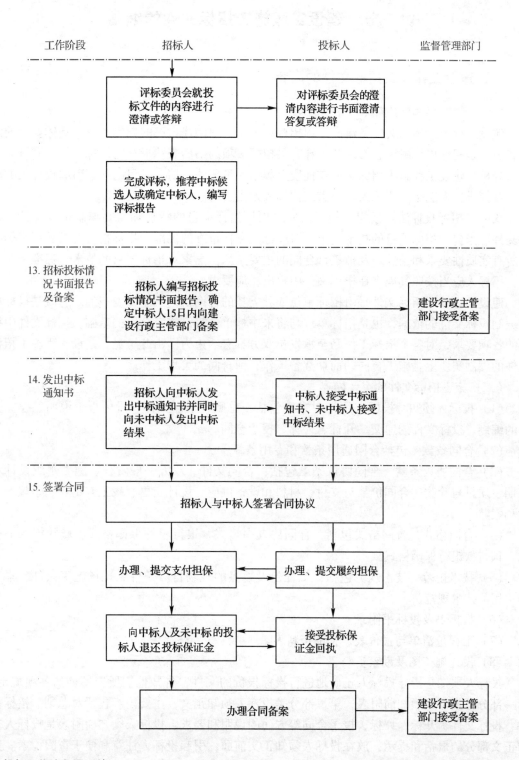

与投标工作流程图（续）

# 第二节　建设工程施工招标文件的编制

## 一、建设工程施工招标文件的内容

### （一）建设工程施工招标文件的概念

建设工程施工招标文件是建设工程招标单位单方面阐述自己的招标条件和具体要求的意思表示，是招标单位确定、修改和解释有关招标事项的书面表达形式的统称。从合同订立过程来分析，建设工程施工招标文件在性质上属于一种要约邀请，其目的在于引起投标人的注意，希望投标人能按照招标人的要求向招标人发出要约。

我国《招标投标法》规定，招标人应当根据招标项目的特点和需要编制招标文件。招标文件应当包括招标项目的技术要求、对投标人资格审查的标准、投标报价要求和评标标准等所有实质性要求和条件以及拟签订合同的主要条款。国家对招标项目的技术、标准有规定的，招标人应当按照其规定在招标文件中提出相应要求。

建设工程施工招标文件是由招标单位或其委托的咨询机构编制并发布的。它既是投标单位编制投标文件的依据，也是招标单位与将来中标单位签订施工合同的基础，招标文件中提出的各项要求，对整个招标工作乃至承发包双方都有约束力。由此可见，建设工程施工招标文件的编制实质上是施工合同的前期准备工作，即合同的策划工作。

### （二）施工招标文件的主要内容

（1）投标人须知　投标人须知中主要包括：总则、招标文件、投标报价说明、投标文件的编制、投标文件的递交、开标、评标、授予合同。

（2）合同条款　包括合同通用条款和专用条款。

（3）合同协议条款　合同协议条款包括：合同文件、双方一般责任、施工组织设计和工期、质量与验收、合同价款与支付、材料和设备供应、设计变更、竣工与结算、争议、违约和索赔。

（4）合同格式　合同格式包括：合同协议书格式、银行履约保函格式、履约担保书格式、预付款银行保函格式。

（5）技术规范　技术规范包括：工程建设地点的现场自然条件、现场施工条件、本工程采用的技术规范。

（6）投标书及投标书附录。

（7）工程量清单与报价表、辅助资料表。

（8）设计施工图及勘察资料。

投标人须知是指导投标人正确地进行投标报价的文件，告知他们所应遵循的各项规定，第一部分是投标人须知前附表，第二部分是投标人须知正文，主要内容包括对总则、招标文件、投标文件、开标、评标、授予合同等方面的说明和要求。投标人须知前附表是投标人须知正文部分的概括和提示，放在投标人须知正文前面，引起投标人注意和便于查阅检索。其常用格式见表5-4。

表5-4 投标人须知前附表

| 条 款 号 | 条 款 名 称 | 编 列 内 容 |
|---|---|---|
| 1.1.2 | 招标人 | 名称：<br>地址：<br>联系人：<br>电话： |
| 1.1.3 | 招标代理机构 | 名称：<br>地址：<br>联系人：<br>电话： |
| 1.1.4 | 项目名称 | |
| 1.1.5 | 建设地点 | |
| 1.2.1 | 资金来源 | |
| 1.2.2 | 出资比例 | |
| 1.2.3 | 资金落实情况 | |
| 1.3.1 | 招标范围 | |
| 1.3.2 | 计划工期 | 计划工期：_____日历天<br>计划开工日期：___年_____月___日<br>计划竣工日期：___年_____月___日 |
| 1.3.3 | 质量要求 | |
| 1.4.1 | 投标人资质条件、能力和信誉 | 资质条件：<br>财务要求：<br>业绩要求：<br>信誉要求：<br>项目经理（建造师，下同）资格：<br>其他要求： |
| 1.4.2 | 是否接受联合体投标 | □不接受<br>□接受，应满足下列要求： |
| 1.9.1 | 踏勘现场 | □不组织<br>□组织，踏勘时间：<br>　　　踏勘集中地点： |
| 1.10.1 | 投标预备会 | □不召开<br>□召开，召开时间：<br>　　　召开地点： |
| 1.10.2 | 投标人提出问题的截止时间 | |
| 1.10.3 | 招标人书面澄清的时间 | |
| 1.11 | 分包 | □不允许<br>□允许，分包内容要求：<br>　　　分包金额要求：<br>　　　接受分包的第三人资质要求： |

（续）

| 条款号 | 条款名称 | 编列内容 |
|:---:|:---:|:---|
| 1.12 | 偏离 | □不允许<br>□允许 |
| 2.1 | 构成招标文件的其他材料 | |
| 2.2.1 | 投标人要求澄清招标文件的截止时间 | |
| 2.2.2 | 投标截止时间 | __年__月__日__时__分 |
| 2.2.3 | 投标人确认收到招标文件澄清的时间 | |
| 2.3.2 | 投标人确认收到招标文件修改的时间 | |
| 3.1.1 | 构成投标文件的其他材料 | |
| 3.3.1 | 投标有效期 | |
| 3.4.1 | 投标保证金 | 投标保证金的形式：<br>投标保证金的金额： |
| 3.5.2 | 近年财务状况的年份要求 | _____年 |
| 3.5.3 | 近年完成的类似项目的年份要求 | _____年 |
| 3.5.5 | 近年发生的诉讼及仲裁情况的年份要求 | _____年 |
| 3.6 | 是否允许递交备选投标方案 | □不允许<br>□允许 |
| 3.7.3 | 签字或盖章要求 | |
| 3.7.4 | 投标文件副本份数 | _____份 |
| 3.7.5 | 装订要求 | |
| 4.1.2 | 封套上写明 | 招标人的地址：<br>招标人名称：<br>____（项目名称）____标段投标文件<br>在__年__月__日__时__分前不得开启 |
| 4.2.2 | 递交投标文件地点 | |
| 4.2.3 | 是否退还投标文件 | □否<br>□是 |
| 5.1 | 开标时间和地点 | 开标时间：同投标截止时间<br>开标地点： |
| 5.2 | 开标程序 | (4) 密封情况检查：<br>(5) 开标顺序： |
| 6.1.1 | 评标委员会的组建 | 评标委员会构成：____人，其中招标人代表____人，专家_____人；<br>评标专家确定方式： |
| 7.1 | 是否授权评标委员会确定中标人 | □是<br>□否，推荐的中标候选人数： |

（续）

| 条 款 号 | 条 款 名 称 | 编 列 内 容 |
|---|---|---|
| 7.3.1 | 履约担保 | 履约担保的形式：<br>履约担保的金额： |
| 10 | 需要补充的其他内容 | |
| … | … | |

## 二、建设工程施工招标文件的编制原则和注意事项

### （一）施工招标文件的编制原则

（1）遵守国家的法律和法规，符合有关贷款组织的合法要求　保证招标文件的合法性，是编制招标文件必须遵循的一个根本原则。招标文件是中标者签订合同的基础，不合法的招标文件是无效的，不受法律保护。

（2）公正、合理地处理业主与承包商的关系，保护双方的利益　如果在招标文件中不恰当地将业主风险转移给承包商一方，承包商势必要加大风险费用，提高投标报价，最终还是令业主一方增加支出。

（3）正确、详尽地反映工程项目的客观、真实情况　招标文件必须真实可靠，诚实信用，不能欺骗或误导投标单位。在这一基础上建立起来的合同关系，才能减少签约和履约过程中的争议。

（4）内容要具体明确，完整统一，避免各文件之间的矛盾　招标文件涉及的内容很多，编写形式要规范，不能杂乱无章，各部分规定和要求必须一致。

### （二）施工招标文件编制的注意事项

1）评标原则和评标办法细则，尤其是计分方法在招标文件中要明确。

2）投标价格中，一般结构不太复杂或工期在 12 个月以内的工程，可以采用固定价格，考虑一定的风险系数。结构较复杂的工程或大型工程，工期在 12 个月以上的，应采用调整价格。价格的调整方法及调整范围应在招标文件中明确。

3）在招标文件中应明确投标价格计算依据，主要有以下方面：工程计价类别；执行的概预算定额及费用定额；执行的人工、材料、机械设备政策性调整文件；材料、设备计价方法及采购、运输、保管的责任；工程量清单。

4）质量标准必须达到国家施工验收规范合格标准，对于要求质量达到优良标准时，应计取补偿费用，补偿费用的计算方法应按国家或地方有关文件规定执行，并在招标文件中明确。

5）招标文件中的建设工期应参照国家或地方颁发的工期定额来确定，如果要求的工期比工期定额缩短 20% 以上（含 20%）的，应计算赶工措施费。赶工措施费如何计取应在招标文件中明确。由于施工单位原因造成不能按合同工期竣工时，计取赶工措施费的须扣除，同时还应赔偿由于误工给建设单位带来的损失。其损失费用的计算方法或规定应在招标文件中明确。

6）如果建设单位要求按合同工期提前竣工交付使用，应考虑计取提前工期奖，提前工

期奖的计算办法应在招标文件中明确。

7）在招标文件中应明确投标保证金数额，一般投标保证金数额不超过投标总价的2%，投标保证金有效期应当与投标有效期一致。

8）中标单位应按规定要向招标单位提交履约担保，履约担保可采用银行保函或履约担保书。履约担保比率应在招标文件中明确。一般情况下，银行出具的银行保函为合同价格的5%；履约担保书为合同价格的10%。

9）材料或设备采购、运输、保管的责任应在招标文件中明确，如建设单位提供材料或设备，应列明材料或设备的名称、品种或型号、数量以及提供日期和交货地点等；还应在招标文件中明确招标单位提供的材料或设备计价和结算退款的方法。

10）关于工程量清单，招标单位按国家颁布的统一工程项目划分，统一计量单位和统一的工程量计算规则，根据施工图计算工程量，提供给投标单位作为投标报价的基础。结算拨付工程款时以实际工程量为依据。

11）招标文件的澄清与修改。当投标人对招标文件有疑问时，可以要求招标人对招标文件予以澄清；招标人可以主动对已发出的招标文件进行必要的澄清和修改。对招标文件所作的澄清、修改，构成招标文件的组成部分。

招标文件澄清或修改的内容可能影响投标文件编制的，招标人应当在招标文件要求提交投标文件的截止时间至少15日前，以书面形式通知所有获取招标文件的潜在投标人，不足15日的，招标人应当按影响的时间顺延提交投标文件的截止时间。

《实施条例》规定，潜在投标人或者其他利害关系人对招标文件有异议的，应当在投标截止时间10日前提出。招标人应当自收到异议之日起3日内答复。

12）招标人不得以不合理的条件限制、排斥潜在投标人或者投标人。《实施条例》规定：招标人有下列行为之一的，属于以不合理条件限制、排斥潜在投标人或者投标人：

① 就同一招标项目向潜在投标人或者投标人提供有差别的项目信息。

② 设定的资格、技术、商务条件与招标项目的具体特点和实际需要不相适应或者与合同履行无关。

③ 依法必须进行招标的项目以特定行政区域或者特定行业的业绩、奖项作为加分条件或者中标条件。

④ 对潜在投标人或者投标人采取不同的资格审查或者评标标准。

⑤ 限定或者指定特定的专利、商标、品牌、原产地或者供应商。

⑥ 依法必须进行招标的项目非法限定潜在投标人或者投标人的所有制形式或者组织形式。

⑦ 以其他不合理条件限制、排斥潜在投标人或者投标人。

13）招标人应当合理确定投标人编制投标文件所需的时间，自招标文件开始发出之日起到投标截止日止，最短不得少于20天。

## 第三节　建设工程施工投标

工程施工投标，是指施工企业根据业主或招标单位发出的招标文件的各项要求，提出满足这些要求的报价及各种与报价相关的条件。工程施工投标除指报价外，还包括一系列建议和要求。投标是获取工程施工承包权的主要手段，施工企业一旦提交投标文件后，就须在规定的期限内信守自己的承诺，不得随意反悔或拒不认账。这是一种法律行为，投标人必须承担反悔可能产生的经济、法律责任。

## 一、投标的基本知识

### （一）投标必须遵循的原则和程序

投标是响应招标、参与竞争的一种法律行为。《招标投标法》明文规定，投标人应当具备承担招标项目的能力，应当具备国家有关规定及招标文件明文提出的投标资格条件，遵守规定时间，按照招标文件规定的程序和做法，公平竞争，不得行贿，不得弄虚作假，不能凭借关系、渠道搞不正当竞争，不得以低于成本的报价竞标。施工企业根据自己的经营状况有权决定参与或拒绝投标竞争。

### （二）投标时必须提交的资料

施工企业投标时或在参与资格预审时必须提供以下资料：

1）企业的营业执照和资质证书。

2）企业简历。

3）自有资金情况。

4）全员职工人数：包括技术人员、技术工人数量及平均技术等级等。

5）企业自有主要施工机械设备一览表。

6）企业近3年承建的主要工程及质量情况。

7）现有主要施工任务，包括在建和尚未开工工程一览表。

此外，企业在领取招标文件时，须按规定交纳投标保证金。

### （三）投标文件

投标文件应包括下列内容：

1）综合说明。

2）按照工程量清单计算的标价及钢材、木材、水泥等主要材料的用量（近年来由于市场经济的逐步发展，很多工程施工投标已不要求列出钢材、木材及水泥的用量，投标单位可依据统一的工程量计算规则自主报价）。

3）施工方案和选用的主要施工机械。

4）保证工程质量、进度、施工安全的主要技术组织措施。

5）计划开工、竣工的日期，工程总进度。

6）对合同主要条件的确认。

### （四）投标程序

投标的一般程序如图5-3所示。

### （五）注意事项

投标书须有法定代表人或法定代表人委托的代理人的印鉴。投标单位应在规定的日期内将投标书密封送达招标单位。如果发现投标书有误，必须在投标截止日期前用正式函件更正，否则以原投标书为准。

投标单位可以对设计、合同条件等内容提出建议方案，作出相应的标价，并做出新的投标书送达招标单位，供招标单位参考。

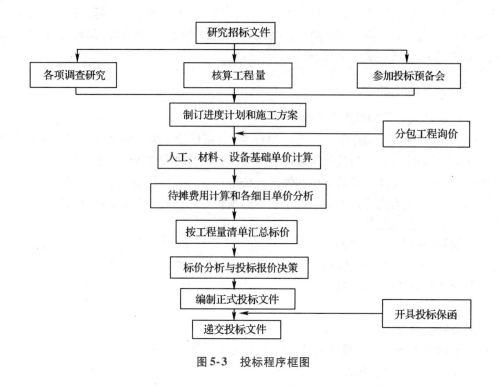

图 5-3 投标程序框图

## 二、投标前的准备

境内建设工程虽然已要求与国际招投标做法接轨，但现阶段，我国与国际工程招投标的做法仍相差甚远，特别是在信息的真实性、公平竞争的透明度、业主支付意愿与支付实绩、承包商的履约诚意、合同条款的履行程度等方面都存在不少问题。因此，参加境内工程投标的建筑公司必须充分做好投标前的准备。投标前的准备工作至少包括以下内容。

（一）信息查证

信息查证是投标的前提。自改革开放以来，建设工程领域，贩卖假信息、搞假发包的现象屡有发生。企业决定投标之前，必须认真分析所获得的信息的真实性，切记不能听任中间人的摆布，更不可支付资金换取查询有关资料的许可。政府工程、国有单位的发包项目，都是必须先获得立项批准并落实了资金后方可获准招标。

（二）对发包人（业主）作必要的调查

对发包人的调查了解是确信实施工程的酬金能否回收的前提。许多发包人倚仗承发包关系中的优势地位，长期拖欠工程巨款，致使中标的承包人（施工企业）不仅不能获取利润，甚至连成本都无法回收。

还有些发包方的工程负责人借管理工程的权力之便，向承包人索要回扣，使承包人利益受损。因此，作为工程承包人必须对实施项目的利弊进行认真评估。

（三）研究招标文件

招标文件规定的承包人的职责和权利，必须高度重视，认真研读。招标文件内容虽然很多，但总的不外乎商务条款、标的工程内容条款和技术要求条款。下面就各个方面应注意的问题予以阐述。

**1. 合同条件**

1）要核准下列日期。投标截止日期和时间、投标有效期、由合同签订到开工允许时间、总工期和分阶段验收的工期、工程保修期等。

2）关于误期赔偿费的金额和最高限额的规定，提前竣工奖励的有关规定。

3）关于保函或担保的有关规定，保函或担保的种类，保函额或担保额的要求，有效期等。

4）关于付款条件。确认是否有动员预付款以及其金额和扣还时间与办法，永久设备和材料预付款的支付规定，付款的方法，自签发支付证书至付款的时间，拖期付款是否支付利息，扣留保留金的比例、最高限额和退还条件。

5）关于物价调整条款。明确有无对于材料、设备和工资的价格调整规定，了解其限制条件和调整公式如何。

6）关于工程保险和现场人员事故保险等的规定，如保险种类、最低保险金额、保期和免赔额等。

7）关于人力不可抗拒因素造成损害的补偿办法与规定，中途停工的处理办法与补救措施。

8）关于争议解决的有关规定。

**2. 责任范围和报价要求**

1）不同的合同类型，合同双方的责任和风险不同，因此要明确合同类型是单价合同、总价合同还是成本加酬金合同。

2）认真落实要求投标的报价范围，不应有含糊不清之处。例如，报价是否含有勘察设计补充工作，是否包括进场道路和临时水电设施，有无建筑物拆除及清理现场工作，是否包括监理工程师的办公室和办公、交通设施等。总之，应将工程量清单与投标人须知、合同条件、技术规范、施工图等共同认真核对，以保证在投标报价中不"错报"、不"漏报"。

3）认真核算工程量。工程量是今后在实施工程中核对每项工程量的依据，也是安排施工进度计划、选定方案的重要依据，同时，为了便于计算投标价格，所以必须要认真核算工程量。投标人应结合招标的施工图，认真仔细地核对工程量清单中的各个分项，对于细目多的工程要做到细目中的工程量与实际工程中的施工部位能数量平衡。当发现工程量清单中的工程量与实际工程量有较大差异时，应向招标人提出质疑。

**3. 技术规范和施工图**

1）工程技术规范。按工程类型描述工程技术和工艺的内容和特点，对设备、材料、施工和安装方法等规定的技术要求，对工程质量（包括材料和设备）进行检验、试验和验收所规定的方法和要求。在核对工程量清单的过程中，应注意对每项工作的技术要求及采用的规范。因为采用的规范不同，其施工方法和控制指标将不一致，有时可能对施工方法、采用的机具设备和工时定额有很大影响，忽略这一点不仅使投标人的报价产生计算偏差，而且还会给未来的施工工作造成困难。

2）注意技术规范中有无特殊施工技术要求，有无特殊材料和设备的技术要求，有无允许选择代用材料和设备的规定。若有，则要分析与常规方法的区别以及合理估算可能引起的额外费用。

3）施工图分析。要注意平面图、立面图、剖面图之间尺寸、位置的一致性，结构图与设备安装图之间的一致性，当发现矛盾之处时应及时提请招标人予以澄清并修正。

**（四）工程项目所在地的调查**

**1. 自然条件调查**

1）气象资料。包括年平均气温、年最高气温和年最低气温，风向图、最大风速和风压值，日照，年平均降雨（雪）量和最大降雨（雪）量，年平均湿度、最高和最低湿度，尤其要分析全年不能和不宜施工的天数（如气温超过或低于某一温度持续的天数，雨量和风力大于某一数值的天数，台风频发季节及天数等）。

2）水文资料。包括地下水位、潮汐、风浪等。

3）地震、洪水及其他灾害情况等。

4）地质情况。包括地质构造及特征，承载能力，地基中是否有大孔土、膨胀土，冬季冻土层厚度等。

**2. 施工条件调查**

1）工程现场的用地范围、地形、地貌、地物、标高，地上或地下障碍物，现场的"三通一平"情况（是否可能按时达到开工要求）。

2）工程现场周围的道路、进出场条件（材料运输、大型施工机具），有无特殊交通限制（如单向行驶、夜间行驶、转变方向限制、货载重量、高度、长度限制等规定）。

3）工程现场施工临时设施、大型施工机具、材料堆放场地安排的可能性，是否需要二次搬运。

4）工程现场邻近建筑物与招标工程的间距、结构形式、基础埋深、新旧程度、高度。

5）市政给水及污水、雨水排放线路位置、标高、管径、压力、废水、污水处理方式，市政消防供水管道管径、压力、位置等。

6）当地供电方式、方位、距离、电压等。

7）当地煤气供应能力，管线位置、标高等。

8）工程现场通信线路的连接和铺设。

9）当地政府有关部门对施工现场管理的一般要求、特殊要求及规定，是否允许节假日和夜间施工等。

**3. 其他条件调查**

1）建筑构件和半成品的加工、制作和供应条件，商品混凝土的供应能力和价格。

2）是否可以在工程现场安排工人住宿，对现场住宿条件有无特殊规定和要求。

3）是否可以在工程现场或附近搭建食堂，自己供应施工人员伙食；若不可能，通过什么方式解决施工人员的餐饮问题，其费用如何。

4）工程现场附近治安情况如何，是否需要采用特殊措施加强施工现场保卫。

5）工程现场附近的生产厂家、商店、各种公司和居民的一般情况，工程施工可能对他们所造成的影响程度。

6）工程现场附近各种社会服务设施和条件，如当地的卫生、医疗、保健、通信、公共交通、文化、娱乐设施情况及其技术水平、服务水平、费用，有无特殊的地方病、传染病等。

**（五）市场状况调查**

这里所说的市场状况调查，是指与本工程项目相关的承包市场和生产要素市场等方面的调查。

**1. 对招标方情况的调查**

1）本工程的资金来源、额度、落实情况。

2）本工程各项审批手续是否齐全。

3）招标人员是否具有较丰富的工程建设经验，在已建工程和在建工程招标、评标过程中的习惯做法，对投标人的态度和信誉，是否及时支付工程款、合理对待索赔要求。

4）监理工程师的资历，承担过监理任务的主要工程，工作方式和习惯，当出现争端时能否站在公正的立场上，提出合理的解决方案等。

**2. 对竞争对手的调查**

首先了解获得本工程的资格，购买了标书并参加了标前会议和现场勘察的公司的数量，从而进一步分析可能参与投标的公司，了解其技术特长、管理水平、经营状况等。

**3. 生产要素的市场调查**

投标时，要使报价合理并具有竞争力，就应对所购工程物资的品质、价格等进行认真调查，做好询价工作。不仅要了解当时的价格，还要了解过去的变化情况，预测未来施工期间可能发生的变化，以便在报价时加以考虑。此外，工程物资询价还涉及物资的种类、品质、支付方法、运输方式、供货计划等问题，也必须了解清楚。如果需要雇用当地劳务，则应了解可能雇用工人的工种、数量、素质、基本工资和各种补助费及有关社会福利、社会保险等方面的规定。

**（六）勘察现场和参加投标预备会**

**1. 现场勘察**

招标人组织所有投标人进行现场勘察。参加现场勘察的人员事先应认真研究招标文件的内容，特别是施工图和技术文件，投标人应派经验丰富的工程技术人员参加现场勘察，除进行与施工条件和生活条件相关的一般性调查外，主要应根据工程专业特点有重点地结合专业要求进行勘察。招标人不得单个或者组织部分潜在投标人勘察现场。

现场勘察费用可列入投标费用中，不中标的投标人得不到任何补偿。

**2. 投标预备会**

投标预备会也称标前会议，是招标人对所有投标人进行答疑的会议。投标预备会有利于加深对招标文件的理解，投标人应认真准备和积极参加。

在投标预备会之前应事先深入研究招标文件，并将发现的各类问题整理成书面文件，寄给招标人要求给予书面答复，或在标前会议上予以解释和澄清。参加标前会议应注意以下几点：

1）对工程内容范围不清的问题，应提请解释、说明，但不要提出修改设计方案的要求。

2）如招标文件中的施工图、技术规范存在相互矛盾之处，可请求说明以何者为准，但不要轻易提出修改技术要求。

3）对含糊不清、容易产生理解歧义的合同条款，可请求给予澄清、解释，但不要提出改变合同条件的要求。

4）注意提问技巧，不要使竞争对手从自己的提问中获悉本公司的投标设想和施工方案。

5）招标人或招标代理人在投标预备会上对所有问题的答复均应发出书面文件，并作为招标文件的组成部分，投标人不能仅凭口头答复来编制自己的投标文件。

6）书面解答的问题与招标文件中的规定不一致，以函件的解答为准。

**（七）编制施工规划**

在计算标价之前，首先应制订施工规划，即初步的施工组织计划。招标文件中要求投标人在报价的同时要附上其施工规划。施工规划内容一般包括工程进度计划和施工方案等，招标人将根据这些资料评价投标人是否采取了充分和合理的措施，保证按期完成工程施工任务。另外，施工规划对投标人自己也十分重要，因为进度安排是否合理，施工方案选择是否恰当，与工程成本和报价有密切关系。编制施工规划的依据是设计图、规范、经过复核的工程量清单、现场施工条件、开竣工的日期要求、机械设备来源、劳动力来源等。

编制好施工规划可以大大降低标价，提高竞争力。编制的原则是在保证工期和工程质量的前提下，尽可能使工程成本最低，投标价格合理。

**1. 工程进度计划**

在投标阶段编制的工程进度计划不是工程施工计划，可以粗略一些，一般用横道图表示即可，除招标文件专门规定必须用网络图者外，不一定采用网络计划，但应考虑和满足以下要求：

1）总工期符合招标文件的要求。如果合同要求分期、分批竣工交付使用，应标明分期、分批交付使用的时间和数量。

2）表示各项主要工程的开始和结束时间。例如，房屋建筑中的土方工程、基础工程、混凝土结构工程、屋面工程、装修工程、水电安装工程等的开始和结束时间。

3）体现主要工序相互衔接的合理安排。

4）有利于均衡地安排劳动力，尽可能避免现场劳动力数量急剧起落，这样可以提高工效和节省临时设施。

5）有利于充分有效地利用施工机械设备，减少机械设备占用周期。

6）便于编制资金流动计划，有利于降低流动资金占用量，节省资金利息。

**2. 施工方案**

制定施工方案要从工期要求、技术可行性、保证质量、降低成本等方面综合考虑，其内容应包括以下几个方面：

1）根据分类汇总的工程数量和工程进度计划中该类工程的施工周期，以及招标文件的技术要求，选择和确定各项工程的主要施工方法和适用、经济的施工方案。

2）根据上述各类工程的施工方法，选择相应的机具设备，并计算所需数量和使用周期；研究确定是采购新设备、调进现有设备，还是租赁设备。

3）研究决定哪些工程由自己组织施工，哪些分包，提出分包的条件设想，以便询价。

4）用概略指标估算直接生产劳务数量，考虑其来源及进场时间安排。可从所需直接生产劳务的数量，结合以往经验估算所需间接劳务和管理人员的数量，并可估算生活临时设施的数量和标准等。

5）用概略指标估算主要的和大宗的建筑材料的需用量，考虑其来源和分批进场的时间安排，从而可估算现场用于存储、加工的临时设施。砂、石等可就地自行开采的建筑材料，应估计采砂、石场的设备、人员，并计算自行开采的单位成本价格；如有些构件拟在现场自制，应确定相应的设备、人员和场地面积，并计算自制构件的成本价格。

6）根据现场设备、高峰人数和一切生产和生活方面的需要，估算现场用水、用电量，确定临时供电和给水排水设施。

7）考虑外部和内部材料供应的运输方式，估计运输和交通车辆的需要和来源。

8）考虑其他临时工程的需要和建设方案。例如，进场道路、停车场地等。

9）提出某些特殊条件下保证正常施工的措施。例如，降低地下水位以保证基础或地下工程施工的措施，冬季、雨季施工措施等。

10）其他的临时设施的安排。例如，临时围墙或围篱、警卫设施、夜间照明、现场临时通信联络设施等。

如果招标文件规定承包人应当提供发包人现场代表和驻现场监理工程师的办公室、车辆、测试仪器、办公家具、设备和服务设施时，可以根据招标文件的具体要求，将其作为一个相对独立的子项工程进行报价。如果招标文件对此并无特殊规定，则可将其包括在承包人的临时工程费用中，一并在工程量清单的项目中摊销。上述施工方案中的各种数字都是按汇总工程量和概略定额指标估算的，在计算标价过程中，需要按后续计算得出的详细数字予以修正和补充。

**（八）成立投标工作机构**

一旦核实工程信息和业主的资信真实可靠，基本上可以排除付款不到位的风险，施工企业即可作出投标决定。

施工企业应精心挑选经济管理类人才、专业技术类人才、商务金融类人才以及合同管理类人才组成投标工作机构。经济管理类人才，是指直接从事费用计算的人员，他们不仅熟悉本公司在各类分部分项工程中的工料消耗标准和水平，而且对本公司的技术特长与不足之处有客观的分析和认识，掌握生产要素的市场行情，了解竞争对手，能运用科学的调查、分析、预测方法，使投标报价工作建立在可靠的基础上。专业技术人才，是指工程设计和施工中的各类技术人才，他们掌握本专业领域内的最新技术知识，具有较丰富的工程经验，能从本公司的实际技术水平出发，选择最经济合理的施工方案。商务金融类人才，是指具有从事金融、贷款、保函、采购、保险等方面工作经验和知识的专业人员。合同管理类人才，是指熟悉经济合同相关法律、法规，熟悉合同条件，并能进行深入分析、提出应特别注意的问题、具有合同谈判和合同签订经验、善于发现和处理索赔等方面敏感问题的人员。

对于规模庞大、技术复杂的工程项目，可由几家工程公司联合起来投标，这样可以发挥各自的特长和优势，补充技术力量的不足，增大融资能力，提高整体竞争能力。

两个以上法人或者其他组织可以组成一个联合体，以一个投标人的身份共同投标。联合体各方均应当具备承担招标项目的相应能力；国家有关规定或者招标文件对投标人资格条件有规定的，联合体各方均应当具备规定的相应资格条件。由同一专业的单位组成的联合体，按照资质等级较低的单位确定资质等级。招标人接受联合体投标并进行资格预审的，联合体应当在提交资格预审申请文件前组成。资格预审后联合体增减、更换成员的，其投标无效。联合体各方应当签订共同投标协议，明确约定各方拟承担的工作和责任，并将共同投标协议连同投标文件一并提交招标人。联合体中标的，联合体各方应当共同与招标人签订合同，并就中标项目向招标人承担连带责任。

联合体各方签订共同投标协议后，不得再以自己名义单独投标，也不得组成新的联合体或参加其他联合体在同一项目中投标。联合体各方在同一招标项目中以自己名义单独投标或者参加其他联合体投标的，相关投标均无效。联合体各方必须指定牵头人，授权其代表所有联合体成员负责投标和合同实施阶段的主办、协调工作，并应当向招标人提交由所有联合体成员法定代表人签署的授权书。

联合投标和承包，有利于各公司相互学习、取长补短、相互促进、共同发展，但需要拟定完善的合作协议和严格的规章制度，并加强科学管理。

投标工作机构通常应由以下人员组成：

（1）决策人　通常由部门经理和副经理担任，亦可由总经济师负责。

（2）技术负责人　可由总工程师或主任工程师担任，其主要责任是制定施工方案和各种技术措施。

（3）投标报价人员　由经营部门的主管技术人员、预算师等负责。

此外，物资供应、财务计划等部门也应积极配合，特别是在提供价格行情、工资标准、费用开支及有关成本费用等方面给予大力协助。

投标机构的人员应富有经验且受过良好的培训，有娴熟的技巧和较强的应变能力，要求其工作认真、纪律性强，尤其应对公司绝对忠诚。投标机构的人员不宜过多，特别是最后决策阶段，参与的人数应严格控制，以确保投标报价的保密。

### 三、编制投标书和报价

编制投标书是投标的重要环节。标书编制必须符合有关法规要求和招标文件的有关规定，遵循既定的程序和方法。

**（一）投标文件及组成**

工程投标文件一般由下列内容组成：

1）投标函及投标函附录。

2）法定代表人身份证明或附有法定代表人身份证明的授权委托书。

3）联合体协议书。

4）投标保证金。

5）已标价工程量清单。

6）施工组织设计。

7）项目管理机构。

8）拟分包项目情况表。

9）资格审查资料。

10）投标人须知前附表规定的其他材料。

投标文件应当对招标文件有关工期、投标有效期、质量要求、技术标准和要求、招标范围等实质性内容作出响应。

**（二）投标书的内容和编制方法**

投标书必须包括以下主要内容：

（1）投标函　投标函是投标人递送给招标人的法律承诺文件，其范本如下：

## 投标书（标函）

致：_____（招标人名称）：

研究了_____建筑安装工程的招标条件和勘察、设计、施工图，以及考察工程现场以后，经我方认真研究核算，愿以人民币_____元的价格按上述文件要求承担上述全部工程的施工任务。

我方特此同意，在本投标书发出后的_____天之内，将受本投标书的约束，愿在该期间（即从_____年____月____日起至_____年____月____日）的任何时候接受贵单位的中标通知。一旦我方的投标被接纳，我方将派代表与贵单位共同协商，按招标书所列条款的内容正式签署工程施工合同，并切实按照合同的要求在_____年____月____日开工，_____年____月____日竣工，共_____天内进行施工，保证工程质量达到招标文件中要求的水平，并修补其任何缺陷。

我方承诺，本投标书（标函）一经寄出，不得以任何理由更改，中标后不得拒绝签订施工合同和施工；一旦投标书中标，在签订正式合同之前，本投标书连同贵单位的中标通知，将构成我们与贵单位之间有法律约束力的协议文件。

投标人：（盖章）

地址：

法定代表人：（签字或盖章）

开户银行：

开户账号：

电　　话：

日　　期：

（2）综合说明　包括建筑面积、总工期、计划开工和竣工日期、质量水平、报价总金额等。

（3）钢材、水泥、木材用量　其中实行议价承包的，应写明单位差价及差价总金额。

（4）对招标文件的确认或提出新的建议。

（5）报价说明　即注明报价总金额中未包含的内容和要求招标单位配合的条件，应写明项目、数量、金额和未予包含的理由。对招标单位的要求应具体明确，并提出在招标单位不能给予配合情况下的报价和要求。例如，报价增加多少、工期延长要求及其他要求条件等。

（6）降低造价的建议和措施说明。

（7）施工组织设计或施工方案　主要包括总平面布置图、主要施工方法、机械选用、施工进度安排，保证工期、质量及安全的具体措施，拟投入的人力、关键人员、物力，并写明项目负责人和项目技术负责人的职务、职称、工作简历等。

（8）单项（位）工程标书　包括工程名称、建筑面积、结构类型、檐高、层数、质量标准、单项工程造价及总价构成、分包的项目内容和拟用的分包单位或用什么方式选用分包单位等。

**（三）投标书编制应注意的事项**

投标书的内容主要包括标价、工期、施工组织设计或施工方案及"三材"用量等方面。

编制投标标价与编制标底不同，不能全部套用定额及其单价以及法定的取费标准、工期定额等，应根据本企业的实际水平和拟定的投标策略进行估价，可适当浮动，以使其具有一定的竞争力。编制投标书时应注意以下问题：

**1. 标价**

目前国内投标工程的标价分为国内投资工程标价和"三资"工程标价两大类。

（1）国内投资工程标价　国内投资工程的标价在计算工程量、套用定额单价、计取各项费用等方面与编制标底的做法一样，但在某些项目的工效、材料消耗或摊销量、材料的询价、半成品的订货等方面，应结合本企业实力及工程具体措施进行上下浮动，但主要是下浮，否则不具竞争力。在取费、包干系数以及工程施工特殊技术措施费等方面，其浮动的余地更多，这种浮动也是投标报价水平的主要体现。

（2）"三资"工程标价　"三资"工程的标价可分为由国内编制招标文件的工程标价和由国外编制招标文件（包括设计图）的工程标价两种情况，应区别对待。

1）由国内编制招标文件的工程标价。这类招标工程在编制标价时，除了要遵循当地主管部门规定的各项费用标准外，其他方面基本上与国内投资工程一样。所不同的是"三资"工程不执行定额价格，合同一般采用一次包死的总价合同。因此，所有工料、设备均需询价，所有单价均应调整，对于工效、材料损耗和材料定额等都应仔细考虑，对各种包干系数、措施费及风险系数等，都应结合施工期及现场条件认真确定。

2）由国外编制招标文件的工程标价。这类工程大都采用外国的法规和技术规范，如项目的划分、工程量计算规则、施工合同条件以及招标文件的一些规定，与国内差异较大，因此，应首先了解和熟悉相关法规规定，才能做出适当的标价。

在进行投标报价计算时，必须首先根据招标文件复核或计算工程量。同时，作为投标计算的必要条件，应预先确定施工方案和施工进度。此外，报价计算还必须与采用的合同形式相协调。报价是投标的关键性工作，报价是否合理直接关系到投标的成败。

（3）标价的组成　投标单位在针对某一工程项目的投标中，最关键的工作是计算标价。根据《施工招标文件范本》，关于投标价格，除非合同另有规定外，具有标价的工程量清单中所报的单价和合价，以及报价汇总表中的价格应包括施工设备、劳务、管理、材料、安装、维护、保险、利润、税金、政策性文件规定及合同包含的所有风险、责任等各项费用。投标单位应按招标单位提供的工程量清单计算工程项目的单价和合价。工程量清单中的每一项均需填写单价和合价，投标单位没有填写出单价和合价的项目将不予支付，并认为此项费用已包括在工程量清单的其他单价和合价中。

（4）标价的计算依据　包括以下几项：

1）招标单位提供的招标文件。

2）招标单位提供的设计图及有关的技术说明书等。

3）国家及地区颁发的现行建筑、安装工程预算定额及与之相配套执行的各种费用定额等。

4）地方现行材料预算价格、采购地点及供应方式等。

5）因招标文件及设计图等不明确经咨询后由招标单位书面答复的有关资料。

6）企业内部制定的有关取费、价格等的规定、标准。

7）其他与报价计算有关的各项政策、规定及调整系数等。

8）在报价的过程中，对于不可预见费用的计算必须慎重考虑，不要遗漏。

（5）标价的计算过程　计算标价之前，应充分熟悉招标文件和施工图，了解设计意图、工程全貌，同时还要了解并掌握工程现场情况，对招标单位提供的工程量清单进行审核。工程量确定后，即可按工料单价法或综合单价法计算标价。

1）工料单价法，即根据已审定的工程量，按照定额或市场的单价，逐项计算每个项目的合价，分别填入招标单位提供的工程量清单内，计算出全部工程直接费，再根据企业自定的各项费用及法定税率，依次计算出间接费、计划利润及税金，得出工程总造价。

2）综合单价法，即所填入工程量清单的单价，应包括人工费、材料费、机械费、其他直接费、间接费、利润、税金以及材料价差和风险金等全部费用，将全部单价汇总后，即得出工程总造价。

**2. 工期**

无论是国内投资工程还是"三资"工程，对工期均有严格规定，但投标时如能再考虑缩短工期而不增加或少增加费用（如赶工措施费等），则对业主特别是外资方有很大吸引力。工期对竞争力具有相当重要的影响，常常是中标的关键之一。当然，工期的计算必须建立在可靠的组织设计或施工方案的基础上，才真正具有实际意义。

**3. 施工组织设计或施工方案**

施工组织设计或施工方案是评标的重要指标，报价时不可忽略。投标企业应切实制定各项具体方案或措施，尤其是对关键性的环节或新材料、新施工工艺方面，更应编制令人信服的计划和有力的具体措施。

**4. "三材"用量**

"三材"用量涉及市场材料差价，是影响标价高低的因素之一，它是国内招投标工程中考核施工企业实力的一项重要内容。为了提高投标报价的竞争力，企业应根据自己的实力，在定额规定量的基础上下浮一定比率，在价格方面亦应挖掘潜力以取得优势。

**5. 报价技巧与策略**

（1）不平衡报价　不平衡报价指在总价基本确定的前提下，调整各个子项的报价，以期既不影响总报价，又在中标后可以获取较好的经济效益。通常采用不平衡报价的有下列几种情况：

1）对能早期结账收回工程款的项目（如土方、基础等）的单价可报以较高价，以利于资金周转；对后期项目（如装饰、电气安装等）单价可适当降低。

2）估计工程量可能增加的项目，其单价可提高；而工程量可能减少的项目，其单价应降低。

3）施工图内容不明确或有错误，估计修改后工程量要增加的，其单价可提高。

4）没有工程量而只需填报单价的项目（如疏浚工程中的开挖淤泥工作等），其单价宜高，这样既不影响总的投标价，又可多获利。

5）对于暂定项目，其实施可能性大的可定高价，估计该工程不一定实施的则可定低价。

（2）零星用工（计日工）　零星用工一般可稍高于工程单价表中的工资单价。其原因是零星用工不属于承包总价的范围，发生时实报实销，可多获利。

（3）多方案报价法　对于一些招标文件，如果发现工程范围不明确，条款不清楚或不很公正，或技术规范要求过于苛刻时，则要在充分估计投标风险的基础上，按多方案报价法处理。即按原招标文件报一个价，然后再提出如某条款作某些变动报价可降低，由此可报出一个较低的价。这样可以降低总价，吸引业主。招标人拟订的合同条件要求过于苛刻，为使招标人修改合同要求，可准备"两个报价"，并阐明按原合同要求规定，投标报价为某一数值，倘若合同要求作某些修改，则投标报价为另一数值，即比前一数值的报价低一定百分点，以此吸引对方修改合同条件。

（4）增加建议方案　有时招标文件中规定，可以提一个建议方案，即可以修改原设计方案，提出投标者的方案。投标者应抓住这样的机会，组织一批有经验的设计和施工工程师，对原招标文件的设计和施工方案仔细研究，提出更为合理的方案以吸引业主，促成自己的方案中标。这种新建议方案或是可以降低总造价，或是缩短工期，或是改善工程的功能。建议方案不要写得太具体，要保留方案的技术关键，以防业主将此方案交给其他承包商。同时要强调的是，建议方案一定要比较成熟，有很好的操作性。另外，在编制建议方案的同时，还应组织好对原招标方案的报价。

另一种情况是自己的技术和设备满足不了原设计的要求，但在修改设计以适应自己的施工能力的前提下仍有希望中标，于是可以报一个按原设计施工的报价（高报价）；另一个则是按修改设计施工的，比原设计施工的标价低得多的报价，以诱导业主采用合理的报价或修改设计。但是，这种修改设计，必须符合设计的基本要求。

（5）区别对待报价法　以下情况报价可高些：施工条件差的，如场地狭窄、地处闹市的工程；专业要求高的技术密集型工程，而本公司这方面有专长；总价低的小工程以及自己不愿意做而被邀请投标的工程；特殊的工程，如港口码头工程、地下开挖工程等；业主对工期要求紧急的；投标竞争对手少的；支付条件不理想的。

下列情况下报价应低一些：施工条件好的工程；工作简单、工程量大，一般公司都能做的工程，一般房建工程；本企业急于打入某一市场、某一地区；公司任务不足，尤其是机械设备等无工地转移的；本企业在投标项目附近有工程，可以共享一些资源的；投标对手多，竞争激烈的；支付条件好的，如现汇支付。

（6）突然袭击法　由于投标竞争激烈，为竞争对手，可有意泄漏一点假情报，如制造不打算参加投标，或准备投高价标，或因无利可图无意得标的假象。然后在投标截止之前，突然前往投标，并压低投标价，从而使对手措手不及。

（7）无利润算标　缺乏竞争优势的承包商，在不得已的情况下，只能不考虑利润去夺标。这种办法一般在以下条件时采用：

1）有可能在得标后将大部分工程分包给索价较低的分包商。

2）对于分期建设的项目，先以低价获得首期工程，目标是创造后期工程的竞争优势，提高中标的可能性。

3）较长时期内承包商没有在建的工程项目，如果再不得标就难以维持生存。因此，只要能维持公司的日常运转，保住队伍不散，即使无利可图也可承接。

（8）低价夺标法　这是一种非常手段。如企业大量窝工，为减少亏损，或为打入某一建筑市场；或为挤走竞争对手，于是制定亏损标，力争夺标。

**6. 投标决策**

所谓投标决策主要包括四方面内容：其一，决定是否投标；其二，决定采用怎样的投标策略；其三，怎样组织投标；其四，中标后应对策略。投标决策的正确与否，关系到能否中标和中标后的效益问题，关系到信誉和发展前景，所以必须高度重视。

投标决策的核心是决策者在期望的利润和承担的风险之间进行权衡，作出选择。这就要求决策者广泛深入地对项目和项目的业主、项目的自然环境和社会环境、项目建设监理及施工投标的竞争对手进行调研，收集信息，做到知己知彼，才能保证投标决策的正确性。

### 四、投标书的投送

投标书编制完毕，应将正本和副本（若干份，按招标文件要求）装入投标文件袋内，在袋口加贴密封条，并盖章，在规定的时间内送达招标单位指定的地点，由于招标文件可能根据具体需要增加其他密封和标记要求，投标人应加以注意。投标书可派专人送达，亦可挂号邮寄（按招标文件要求）。招标单位接到投标书经检查确定密封无误后，应登记签收，装入专用标箱内。

投标书发出后，如发现有遗漏或错误，允许进行补充修正，但必须在投标截止期前以正式函件送达招标单位，否则无效。凡符合上述条件的补充修订文件，应视为投标书附件，招标单位必须承认，并作为评标、决标的依据之一。

## 第四节 建设工程施工招标投标的开标、评标与定标

### 一、开标

开标应当在招标文件规定提交投标文件截止时间的同一时间公开进行。地点应为招标文件中预先确定的地点。

开标由招标单位的代表或其指定的代理人主持。开标时，应邀请招标单位的上级主管部门和有关单位参加。国家重点工程、重要工程和大型工程以及中外合资工程应通知有关的借款或贷款银行派代表参加。开标的一般程序如下：

1）招标单位工作人员介绍各方到会人员，宣读会议主持人及招标单位法定代表证件或法定代表人委托书。

2）检验投标企业法定代表人或其指定代理人的证件、委托书。

3）主持人重申招标文件要点，宣布评标办法。

4）主持人当众检验启封投标书。

5）投标企业法定代表人或其指定的代理人申明对投标文件是否确认。

6）按投标书送标时间或以抽签方式排列投标企业唱标顺序。

7）当众启封公布标底。

8）招标单位指定专人监唱，作好开标记录（工程开标汇总表），并由各投标企业的法定代表人或其指定的代理人在记录上签字。

工程开标汇总表格式见表5-5。

表5-5　工程开标汇总表

| 建设项目名称 | | | | | | 建筑面积 | | | m² | |
|---|---|---|---|---|---|---|---|---|---|---|
| 投标单位 | 报价/万元 | | | 施工日历天 | 开工日期 | 竣工日期 | 三大材料耗用量 | | | |
| | 总计 | 土建 | 安装 | | | | 钢材/t | 木材/m³ | 水泥/t | |
| | | | | | | | | | | |
| | | | | | | | | | | |
| | | | | | | | | | | |
| | | | | | | | | | | |
| | | | | | | | | | | |
| | | | | | | | | | | |
| | | | | | | | | | | |
| | | | | | | | | | | |
| | | | | | | | | | | |
| | | | | | | | | | | |

开标日期：　　年　月　日

记录：

招标单位：

投标单位代表：

注：本表一式两份。一份签章后报上级招标投标管理机构。

## 二、评标

### （一）评标机构

评标由评标委员会负责。评标委员由招标人的代表和有关技术、经济等方面的专家组成，成员为5人以上单数，其中技术、经济等方面的专家不得少于成员总数的2/3。这些专家应当从事相关领域工作满8年，并具有高级职称或具有同等专业水平，由招标人从国务院有关部门或者省、自治区、直辖市人民政府有关部门提供的专家名册或者招标代理机构的专家库内的专家名单中确定；一般项目可以采取随机抽取的方式，特殊招标项目可以由招标人直接确定。与投标人有利害关系的人不得进入评标委员会；已经进入的，应当更换。

评标委员会的评标工作受有关行政监督部门监督。

### （二）评标原则

评标工作应按照严肃认真、公平公正、科学合理、客观全面、竞争优选、严格保密的原则进行，保证所有投标人的合法权益。

招标人应当采取必要的措施，保证评标秘密进行，在宣布授予中标人合同之前，凡属于投标书的审查、澄清、评价和比较及有关授予合同的信息，都不应向投标人或与该过程无关的其他人泄露。

任何单位和个人不得非法干预、影响评标的过程和结果。如果投标人试图对评标过程或授标决定施加影响，则会导致其投标被拒绝；如果投标人以他人名义投标或者以其他方式弄虚作假、骗取中标的，则中标无效，并将依法受到惩处；如果招标人与投标人串通投标，损害国家利益、社会公共利益或者他人合法权益，则中标无效，并将依法受到惩处。

**（三）评标程序与内容**

开标之后即进入评标阶段，评价的过程通常要经过投标文件的符合性鉴定、技术评估、商务评估、投标文件澄清、综合评价与比较、编制评标报告等几个步骤。

**1. 投标文件的符合性鉴定**

所谓符合性鉴定是检查投标文件是否实质上响应招标文件的要求，实质上响应的含义是投标文件应该与招标文件的所有条款、条件规定相符，无显著差异或保留。符合性鉴定一般包括下列内容：

（1）投标文件的有效性　主要包括以下几方面：

1）投标人以及联合体形式投标的所有成员是否已通过资格预审、获得投标资格。

2）投标文件中是否提交了投标人的法人资格证书及对投标负责人的授权委托证书。如果是联合体，是否提交了合格的联合体协议书以及对投标负责人的授权委托证书。

3）投标保证金的格式、内容、金额、有效期、开具单位是否符合招标文件要求。

4）投标文件是否按要求进行了有效签署。

（2）投标文件的完整性　投标文件中是否包括招标文件规定应递交的全部文件，如标价的工程量清单、报价汇总表、施工进度计划、施工方案、施工人员和施工机械设备的配备等，以及其他应该提供的必要的支持文件和资料。

（3）与招标文件的一致性　具体如下。

1）凡是招标文件中要求投标人填写的空白栏目是否全部填写并作出明确回答，如投标书及其附件是否完全按要求填写。

2）对于招标文件的任何条款、数据或说明是否有任何修改、保留和附加条件。

通常符合性鉴定是评标的第一步，如果投标文件没有实质上响应招标文件的要求，将被列为不合格投标而予以拒绝，并不允许投标人通过修正或撤销其不符合要求的差异或保留，使之成为响应性投标。

评标初审审查内容见表5-6。

表 5-6　评标初审审查内容

| 评审内容 | 评审因素 | 评审标准 |
|---|---|---|
| 形式评审 | 投标人名称 | 与营业执照、资质证书、安全生产许可证一致 |
| | 投标函签字盖章 | 有法定代表人或其委托代理人签字或加盖单位章 |
| | 投标文件格式 | 符合"投标文件格式"的要求 |
| | 联合体投标人 | 提交联合体协议书，并明确联合体牵头人（如有） |
| | 报价唯一 | 只能有一个有效报价 |
| | … | … |

（续）

| 评审内容 | 评审因素 | 评审标准 |
|---|---|---|
| 资格评审 | 营业执照 | 具备有效的营业执照 |
| | 安全生产许可证 | 具备有效的安全生产许可证 |
| | 资质等级 | 符合"投标人须知"规定 |
| | 财务状况 | 符合"投标人须知"规定 |
| | 类似项目业绩 | 符合"投标人须知"规定 |
| | 信誉 | 符合"投标人须知"规定 |
| | 项目经理 | 符合"投标人须知"规定 |
| | 投标人名称或组织机构 | 应与资格预审时一致 |
| | 联合体投标人 | 应附联合体共同投标协议 |
| | … | … |
| 响应性评审 | 投标报价 | 符合"投标人须知"规定 |
| | 投标内容 | 符合"投标人须知"规定 |
| | 工期 | 符合"投标人须知"规定 |
| | 工程质量 | 符合"投标人须知"规定 |
| | 投标有效期 | 符合"投标人须知"规定 |
| | 投标保证金 | 符合"投标人须知"规定 |
| | 权利义务 | 符合"合同条款及格式"规定 |
| | 已标价工程量清单 | 符合"工程量清单"给出的范围及数量 |
| | 技术标准和要求 | 符合"技术标准和要求"规定 |
| | … | … |

工程施工招标项目初审过程中，任何一项评审不合格的应作废标处理。

《实施条例》规定有下列情形之一的，评标委员会应当否决其投标：

1）投标文件未经投标单位盖章和单位负责人签字。

2）投标联合体没有提交共同投标协议。

3）投标人不符合国家或者招标文件规定的资格条件。

4）同一投标人提交两个以上不同的投标文件或者投标报价，但招标文件要求提交备选投标的除外。

5）投标报价低于成本或者高于招标文件设定的最高投标限价。

6）投标文件没有对招标文件的实质性要求和条件作出响应。

7）投标人有串通投标、弄虚作假、行贿等违法行为。

初审时发现有下列情形之一的，视为投标人相互串通投标：

1）不同投标人的投标文件由同一单位或者个人编制。

2）不同投标人委托同一单位或者个人办理投标事宜。

3）不同投标人的投标文件载明的项目管理成员为同一人。

4）不同投标人的投标文件异常一致或者投标报价呈规律性差异。

5）不同投标人的投标文件相互混装。

6）不同投标人的投标保证金从同一单位或者个人的账户转出。

**2. 技术评估**

技术评估的目的是确认和比较投标人完成本工程的技术能力，以及他们的施工方案的可靠性。技术评估的主要内容如下：

（1）施工方案的可行性　对各类分部分项工程的施工方法、施工人员和施工机械设备的配备、施工现场的布置和临时设施的安排、施工顺序及其相互衔接等方面的评审，特别是对该项目的关键工序的施工方法进行可行性论证，应审查其技术的最难点或先进性和可靠性。

（2）施工进度计划的可靠性　审查施工进度计划是否满足对竣工时间的要求，是否科学合理、切实可行，还要审查保证施工进度计划的措施。例如，施工机具、劳务的安排是否合理和可能等。

（3）施工质量保证措施　审查投标文件中提出的质量控制和管理措施，包括质量管理人员的配备、质量检验仪器的配置和质量管理制度。

（4）工程材料和机械设备的技术性能　审查投标文件中关于主要材料和设备的样本、型号、规格和制造厂家名称、地址等，判断其技术性能是否达到设计标准。

（5）分包商的技术能力和施工经验　如果投标人拟在中标后将中标项目的部分工作分包给他人完成，应当在投标文件中载明。应审查确定拟分包的工作必须是非主体、非关键性工作；审查分包人应当具备的资格条件，完成相应工作的能力和经验。

（6）技术建设和替换方案　如果招标文件中规定可以提交技术建议和替换方案，则应对投标文件中的建议方案的技术可靠性与优缺点进行评估，并与原招标方案进行对比分析。

**3. 商务评估**

商务评估的目的是从工程成本、财务和经验分析等方面评审投标报价的准确性、合理性、经济效益和风险等，比较授标给不同的投标人产生的不同后果。商务评估在整个评标工作中通常占有重要地位。商务评估的主要内容如下：

（1）审查全部报价数据计算的正确性　通过对投标报价数据全面审核，看是否有计算上或累计上的算术错误。如果有，则按"投标人须知"中的规定改正和处理。

（2）分析报价构成的合理性　通过分析工程报价中直接费、间接费、利润和其他费用的比例关系、主体工程各专业工程价格的比例关系等，判断报价是否合理，注意审查工程量清单中的单价有无脱离实际的"不平衡报价"，计日工劳务和机械台班（时）报价是否合理等。

（3）对建议方案的商务评估（如果有的话）。

**4. 投标文件的澄清、说明和补正**

澄清、说明和补正是指评标委员会在评审投标文件过程中，遇到投标文件中有含义不明确的内容、明显文字或者计算错误时，要求投标人作出书面澄清、说明或补正，但投标人不得借此改变投标文件的实质性内容。投标人不得主动提出澄清、说明或补正的要求。

投标报价有算术错误的，评标委员会按以下原则对投标报价进行修正，修正的价格经投标人书面确认后具有约束力。投标人不接受修正价格的，其投标作废标处理。投标文件中的大写金额与小写金额不一致的，以大写金额为准；总价金额与依据单价计算出的结果不一致的，以单价金额为准修正总价，但单价金额小数点有明显错误的除外。

若评标委员会发现投标人的投标价或主要单项工程报价明显低于同标段其他投标人报价，或者在设有参考标底时明显低于参考标底价时，应要求该投标人作出书面说明并提供相关证明材料。如果投标人不能提供相关证明材料证明该报价能够按招标文件规定的质量标准和工期完成招标项目，评标委员会应当认定该投标人以低于成本价竞标，作废标处理。如果投标人提供了有说服力证明材料，评标委员会也没有充分的证据证明投标人低于成本价竞标，评标委员会应当接受该投标人的投标报价。

投标人在评标过程中根据评标委员会要求提供的澄清文件对投标人具有约束力。如果中标，澄清文件可以作为签订合同的依据，或者澄清文件可作为合同的组成部分。但是，评标委员会没有要求而投标人主动提供的澄清文件应当不予接受。

投标人资格条件不符合国家有关规定和招标文件要求的，或者拒不按照要求对投标文件进行澄清、说明或者补正的，评标委员会可以否决其投标。

**5. 投标偏差和废标**

评标委员会应当根据招标文件，审查并逐项列出投标文件的全部投标偏差。投标偏差分为重大偏差和细微偏差。

（1）重大偏差　下列情况属于重大偏差，其投标文件按废标处理。

1）没有按照招标文件要求提供投标担保或所提供的担保有瑕疵。

2）投标文件没有投标人授权代表签字和加盖公章。

3）投标文件载明的招标项目完成期限超过招标文件规定的期限。

4）明显不符合技术规格、技术标准的要求。

5）投标文件载明的货物包装方式、检验标准和方法等不符合招标文件的要求。

6）投标文件附有招标人不能接受的条件。

7）不符合招标文件中规定的其他实质性要求。

（2）细微偏差　细微偏差是指投标文件在实质上响应招标文件要求，但在个别地方存在漏项或者提供了不完整的技术信息和数据等情况，并且补正这些遗漏或者不完整不会对其他投标人造成不公平的结果。细微偏差不影响投标文件的有效性。评标委员会应当书面要求存在细微偏差的投标人在评标结束前予以补正。拒不补正的，在详细评审时可以对细微偏差作不利于该投标人的量化，量化标准应当在招标文件中明确规定。

在评标过程中，评标委员会发现投标人以他人的名义投标、串通投标、以行贿手段谋取中标或者以其他弄虚作假方式投标的，该投标人的投标应作废标处理。

如果否决为不合格投标或者界定为废标后，因有效投标不足3个使得投标明显缺乏竞争的，评标委员会可以否决全部投标。投标人少于3个或者所有投标被否决的，招标人应当依法重新招标。

**6. 投标有效期**

投标有效期，是指招标人对投标人发出的要约作出承诺的期限。投标有效期从提交投标文件截止日起计算，评标和定标应当在投标有效期截止前30日完成。在投标有效期截止前，投标人必须对自己提交的投标文件承担相应法律责任。在投标有效期内，投标人不得要求撤销或修改其投标文件。

出现特殊情况需要延长投标有效期的，招标人以书面形式通知所有投标人延长投标有效期。投标人同意延长的，应相应延长其投标保证金的有效期，但不得要求或被允许修改或撤销其投标文件；投标人拒绝延长的，其投标失效，但投标人有权收回其投标保证金。

**7. 投标保证金**

投标人在递交投标文件的同时，应按规定递交投标保证金，并作为其投标文件的组成部分。联合体投标的，其投标保证金由牵头人递交投标保证金不得超过招标项目估算价的2%。按《实施案例》规定，投标保证金有效期应当与投标有效期一致。投标人不按要求提交投标保证金的，其投标文件作废标处理。招标人与中标人签订合同后5个工作日内，向未中标的投标人和中标人退还投标保证金。

有下列情形之一的，投标保证金将不予退还：

1）投标人在规定的投标有效期内撤销或修改其投标文件。

2）中标人在收到中标通知书后，无正当理由拒签合同协议书或未按招标文件规定提交履约担保。

**8. 综合评价与比较**

综合评价与比较是在以上工作的基础上，根据事先拟定好的评标原则、评价指标和评标办法，对筛选出来的若干个具有实质性响应的投标文件综合评价与比较，最后选定中标人。中标人的投标应当符合下列条件之一：

1）能最大限度地满足招标文件中规定的各项综合评价标准。

2）能满足招标文件各项要求，并且经评审的投标价格最低，但投标价格低于成本的除外。

一般设置的评价指标包括：投标报价，施工方案（或施工组织设计）与工期，质量标准与质量管理措施，投标人的业绩、财务状况、信誉等。

**9. 评标方法与实例**

评标方法包括经评审的最低投标价法、综合评估法以及法律、行政法规允许的其他评标方法。

（1）经评审的最低投标价法　根据经评审的最低投标价法，能够满足招标文件的实质性要求，并且经评审的最低投标价的投标，应当推荐为中标候选人。经评审的最低投标价法一般适用于具有通用技术、性能标准或者招标人对其技术、性能没有特殊要求的招标项目。这种评标方法应当是一般项目的首选评标方法。采用经评审的最低投标价法的，评标委员会应当根据招标文件中规定的评标价格调整方法，对所有投标人的投标报价以及投标文件的商务部分作必要的价格调整。中标人的投标应当符合招标文件规定的技术要求和标准，但评标委员会无需对投标文件的技术部分进行价格折算。

## 案例2

某工程施工项目采用资格预审方式招标，并采用经评审的最低投标价法进行评标。共有3个投标人进行投标，且3个投标人均通过了初步评审，评标委员会对经算术性修正后的投标报价进行详细评审。

招标文件规定工期为30个月，工期每提前1个月给招标人带来的预期效益为50万元，招标人提供临时用地500亩（1亩 = 666.67m²），临时用地每亩用地费为6000元，评标价的折算考虑以下两个因素：

①投标人所报的租用临时用地的数量；②提前竣工的效益。

投标人A：算术性修正后的投标报价为6000万元，提出需要临时用地400亩，承诺的工期为28个月。

投标人B：算术性修正后的投标报价为5500万元，提出需要临时用地500亩，承诺的工期为29个月。

投标人C：算术性修正后的投标报价为5000万元，提出需要临时用地550亩，承诺的工期为30个月。

临时用地因素的调整：

投标人A：$[(400-500)\times6000]$元 $=-600000$元

投标人B：$[(500-500)\times6000]$元 $=0$元

投标人C：$[(550-500)\times6000]$元 $=300000$元

提前竣工因素的调整：

投标人A：$[(28-30)\times500000]$元 $=-1000000$元

投标人B：$[(29-30)\times500000]$元 $=-500000$元

投标人C：$[(30-30)\times500000]$元 $=0$元

评标价格比较如下：

| 项目 | 投标人A | 投标人B | 投标人C |
|---|---|---|---|
| 算术性修正后的投标报价/万元 | 6000 | 5500 | 5000 |
| 临时用地因素导致投标报价的调整/万元 | -60 | 0 | 30 |
| 提前竣工因素导致投标报价的调整/万元 | -100 | -50 | 0 |
| 评标价/万元 | 5840 | 5450 | 5030 |
| 排序 | 3 | 2 | 1 |

投标人C是经评审的投标价最低，评标委员会推荐其为第一中标候选人。

（2）综合评估法　不宜采用经评审的最低投标价法的招标项目，一般应当采取综合评估法进行评审。根据综合评估法，最大限度地满足招标文件中规定的各项综合评价标准的投标，应当推荐为中标候选人。衡量投标文件是否最大限度地满足招标文件中规定的各项评价标准，可以采取折算为货币的方法、打分的方法或者其他方法。需量化的因素及其权重应当在招标文件中明确规定。在综合评估法中，最为常用的方法是百分法。这种方法是将评审各指标分别在百分之内所占比例和评标标准在招标文件内规定。开标后按评标程序，根据评分标准，由评委对各投标人的投标书进行评分，最后以总得分最高的投标人为中标人。这种评标方法一直是建设工程领域采用较多的方法。

评标委员会对各个评审因素进行量化时，应当将量化指标建立在同一基础或者同一标准上，使各投标文件具有可比性。对技术部分和商务部分进行量化后，评标委员会应当对这两部分的量化结果进行加权，计算出每一投标的综合评估价或者综合评估分。

## 案例3

某工程施工项目采用资格预审方式招标，并采用综合评估法进行评标，其中投标报价权重为60分、技术评审权重为40分。共有5个投标人进行投标，所有5个投标人均通过了初步评审，评标委员会按照招标文件规定评标办法对施工组织设计、项目管理机构、设备配置、财务能力、业绩与信誉这几项进行详细评审打分。

其中，施工组织设计：10 分；项目管理机构：10 分；设备配置：5 分；财务能力：5 分；业绩与信誉：10 分。

投标报价的评审。除开标现场被宣布为废标的投标报价之外，所有投标人的投标价去掉一个最高值和一个最低值的算术平均值即为评标基准价（如果参与投标价平均值计算的有效投标人少于 5 个时，则计算投标价平均值时不去掉最高值和最低值）。

评标委员会首先按下述原则计算各投标文件的投标价得分：当投标人的投标价等于评标基准价 $D$ 时得 60 分，每高于 1 个百分点扣 2 分，每低于 1 个百分点扣 1 分，中间值按比例内插法计算（得分精确到小数点后 2 位，四舍五入）。

用公式表示如下：

$$F_1 = F - \frac{|D_1 - D|}{D} \times 100 \times E$$

式中　$F_1$——投标价得分；

$F$——当投标报价等于评标基准价时得满分，为 60 分；

$D_1$——投标人的投标价；

$D$——评标基准价。

若 $D_1 \geq D$，则 $E = 2$；若 $D_1 < D$，则 $E = 1$。

评标办法规定的评标因素、权重和评标标准如下：

| 评标因素 | 权重（%） | 评标标准 |
| --- | --- | --- |
| 投标价格 | 60 | |
| 施工组织设计 | 10 | 施工总平面布置基本合理，组织机构图较清晰，施工方案基本合理，施工方法基本可行，有安全措施及雨季施工措施，并具有一定的操作性和针对性，施工重点、难点分析较突出、较清晰，得基本分 6 分<br><br>施工总平面布置合理，组织机构图清晰，施工方案合理，施工方法可行，安全措施及雨季施工措施齐全，并具有较强的操作性和针对性，施工重点、难点分析突出、清晰，得 7~8 分<br><br>施工总平面布置合理且周密细致，组织机构图很清晰，施工方案具体、详细、科学，施工方法先进，施工工序安排合理，安全措施及雨季施工措施齐全，操作性和针对性强，施工重点、难点分析突出、清晰，对项目有很好的针对性和指导作用，得 9~10 分 |
| 项目管理机构 | 10 | 项目管理机构设置基本合理，项目经理、技术负责人、其他主要技术人员的任职资格与业绩满足招标文件的最低要求，得 6 分<br><br>项目管理机构设置合理，项目经理、技术负责人、其他主要技术人员的任职资格与业绩高于招标文件的最低要求，评标委员会酌情加 1~4 分 |
| 设备配置 | 5 | 设备满足招标文件最低要求，得 3 分；设备超出标文件最低要求，评标委员会酌情考虑加 1~2 分 |
| 财务能力 | 5 | 财务能力满足招标文件最低要求，得 3 分；财务能力超出招标文件最低要求，评标委员会酌情考虑加 1~2 分 |
| 业绩与信誉 | 10 | 业绩与信誉满足招标文件最低要求，得 6 分；业绩与信誉超出招标文件最低要求，评标委员会酌情考虑加 1~4 分 |

投标报价得分如下：

| 投标人 | 投标报价/万元 | 投标报价平均值/万元 | 投标报价得分 |
|---|---|---|---|
| 投标人 A | 1000 | | $60 - 0 = 60$ |
| 投标人 B | 950 | | $60 - 5 \times 1 = 55$ |
| 投标人 C | 980 | 1000 | $60 - 2 \times 1 = 58$ |
| 投标人 D | 1050 | | $60 - 5 \times 2 = 50$ |
| 投标人 E | 1020 | | $60 - 2 \times 2 = 56$ |

技术评审得分如下：

| 序号 | 评标因素 | 满分 | 投标人 A | | 投标人 B | | 投标人 C | | 投标人 D | | 投标人 E | |
|---|---|---|---|---|---|---|---|---|---|---|---|---|
| | | | 评分 | 加权 | 评分 | 加权 | 评分 | 加权 | 评分 | 加权 | 评分 | 加权 |
| 1 | 施工组织设计 | 10 | 80 | 8 | 90 | 9 | 80 | 8 | 70 | 7 | 80 | 8 |
| 2 | 项目管理机构 | 10 | 70 | 7 | 90 | 9 | 60 | 6 | 80 | 8 | 80 | 8 |
| 3 | 设备配置 | 5 | 80 | 4 | 80 | 4 | 60 | 3 | 60 | 3 | 80 | 4 |
| 4 | 财务能力 | 5 | 60 | 3 | 80 | 4 | 80 | 4 | 100 | 5 | 60 | 3 |
| 5 | 业绩与信誉 | 10 | 70 | 7 | 100 | 10 | 90 | 9 | 60 | 6 | 60 | 8 |
| | 合计 | | | 29 | | 36 | | 30 | | 29 | | 31 |

综合评分排序如下：

| 投标人 | 报价得分 | 技术评审得分 | 总分 | 排序 |
|---|---|---|---|---|
| 投标人 A | 60 | 29 | 89 | 2 |
| 投标人 B | 55 | 36 | 91 | 1 |
| 投标人 C | 58 | 30 | 88 | 3 |
| 投标人 D | 50 | 29 | 79 | 5 |
| 投标人 E | 56 | 31 | 87 | 4 |

根据综合评分排序，评标委员会依次推荐投标人 B、A、C 为中标候选人。

### （四）编写评标报告

评标委员会完成评标后，应当向招标法人提出书面评标报告，推荐合格的中标候选人。招标人根据评标委员会提出的评标报告和推荐的中标候选人确定中标人。招标人也可以授权评标委员会直接确定中标人。评标报告应报有关行政监督部门审查。

## 评 标 报 告

### 一、招标过程

### （一）工程综合说明

工程名称：　　　　　　　　　建设地点：

建设规模：　　　　　　　　　质量标准：

招标范围：　　　　　　　　发包方式：

**（二）招标过程**

1. 资格预审文件、招标文件报审时间、招标管理机构核准时间。
2. 刊登资格预审通告或招标通告的时间。
3. 领取资格预审文件或招标文件的情况。
4. 参加现场勘察和投标答疑的情况。
5. 至投标截止时间收到投标人的投标文件情况。

**二、开标**

开标时间、地点、参加单位及开标情况。

**三、评标过程**

1. 评标委员会的组成单位及人员情况。
2. 评标考虑的内容。
（1）投标文件符合性鉴定。
（2）资格审查。
人员：
设备：
财务：
经验/履约情况：
3. 审核报价。
4. 投标文件的澄清。
5. 投标文件的分析论证及评审意见。

**四、具体审核和推荐意见**

**五、附件**

1. 评标委员会委员名单。
2. 投标人资格审查情况表。
3. 投标文件符合性鉴定表。
4. 投标报价评比表。
项目法人、招标单位：＿＿＿＿＿＿＿＿＿＿＿＿＿＿（盖章）
法定代表人：＿＿＿＿＿＿＿＿＿＿＿＿＿＿＿＿（签字、盖章）
委托代理人：＿＿＿＿＿＿＿＿＿＿＿＿＿＿＿＿（签字、盖章）
日期：　　年　　月　　日

　　亦可如下所示编写评标报告，并将相关资料（如评标办法、评委名单、评委意见等评标过程中涉及的材料）列入附件。
**评标报告实例**
　　××学院教学楼等工程招标，定于 2010 年 3 月 25 日 10 时整，在××市建设工程交易中心准时开标，报名参加投标企业共5个，按时参加开标会议的5个，未到会企业0个，投标函共收到5份，经检验有效标书5份，废标0份。

根据《建筑法》第二十条、第二十一条规定，本次评标小组共有7人组成，主任委员×××。评委依据开标程序、招标标书、评标办法及有关规定，对有效标书进行了认真的评审，从高分至低分，名次分别如下：

| 名次顺序 | 投标企业名称 | 平均分数 | 备注 |
| --- | --- | --- | --- |
| 1 | ×××建筑公司 | 95.612 | |
| 2 | ×××建筑公司 | 94.889 | |
| 3 | ×××建筑公司 | 94.625 | |
| 4 | ×××建筑公司 | 93.901 | |
| 5 | ×××建筑公司 | 90.333 | |
| 6 | | | |

整个评标过程符合法定程序。

评委：_____（签字）

记录：_____唱票：_____复核：_____监票：_____

公证机关：_____公证员：_____

招标单位：（盖章）

开标日期：　　年　月　日

## 三、定标

招标人应当根据招标文件明确的媒体和发布时间公示中标候选人，接受社会的监督。中标候选人公示时间应不少于3日。中标候选人公示期间内，投标人和其他利害相关人如对中标候选人或评标有异议，可以向招标人或招标代理机构提出。招标人应当自收到异议之日起3日内作出答复。确定中标人一般在评标结果已经公示，没有质疑、投诉或质疑、投诉均已处理完毕时。

确定中标人前，招标人不得与投标人就投标价格、投标方案等实质性内容进行谈判。招标人应该根据评标委员会提出的评标报告和推荐的中标候选人确定中标人，也可以授权评标委员会直接确定中标人。中标人确定后，招标人向中标人发出中标通知书，同时将中标结果通知所有未中标的投标人。中标通知书对招标人和中标人具有法律效力，招标人改变中标结果或中标人拒绝签订合同均要承担相应的法律责任。

中标人收到中标通知书后，招标人、中标人双方应具体协商谈判签订合同事宜，形成合同草案。合同草案一般需要先报招标投标管理机构审查。经审查后，招标人与中标人应当自中标通知书发出之日起30天内，按照招标文件和中标人的投标文件正式签订书面合同。招标人和中标人不得再另行订立背离合同实质性内容的其他协议。同时，双方要按照招标文件的约定相互提交履约保证金或者履约保函，招标人还要退还中标人的投标保证金。招标人如拒绝与中标人签订合同需赔偿有关损失。中标人如拒绝在规定的时间内提交履约担保和签订合同，招标人报请招标投标管理机构批准同意后取消其中标资格，按规定不退还其投标保证金，并考虑在其余投标人中重新确定中标人，与之签订合同，或重新招标。

评标委员会完成评标后，应当向招标人提交书面评标报告。

评标报告由评标委员会全体成员签字。对评标结论持有异议的评标委员会成员，可以书面方式阐述其不同意见和理由。评标委员会成员拒绝在评标报告上签字且不陈述其不同意见和理由的，视为同意评标结论。评标委员会应当对此作出书面说明并记录在案。合同订立后，应将合同副本分送有关部门备案，以便合同受到保护和监督。至此，招投标工作全部结束。招投标工作结束后，应将有关文件资料整理归档，以备考查。

中标人确定后，招标人应于 15 天内向有关行政监督部门提交招标投标情况的书面报告。

## 案例 4

　　某市重点工程项目采用公开招标。经资格预审后，确定 A、B、C 共 3 个合格投标人。3 个投标人分别于 10 月 13～14 日领取了招标文件，同时按要求递交投标保证金 50 万元，购买招标文件费 500 元。招标文件规定：投标截止时间为 10 月 31 日，投标有效期截止时间为 12 月 30 日，投标保证金有效期截止时间为次年 1 月 30 日。招标人对开标前的主要工作安排为：10 月 16～17 日，由招标人分别安排各投标人踏勘现场；10 月 20日，举行投标预备会，会上主要对招标文件和招标人能提供的施工条件等内容进行答疑，考虑各投标人所拟定的施工方案和技术措施不同，将不对施工图作任何解释。各投标人按时递交了投标文件，所有投标文件均有效。

【问题】

1. 在该工程开标之前所进行的招标工作有哪些不妥之处？说明理由。

2. 评标工作于 11 月 1 日结束并于当天确定中标人。11 月 2 日招标人向当地主管部门提交了评标报告；11 月 10 日招标人向中标人发出中标通知书，12 月 1 日双方签订了施工合同；12 月 3 日招标人将未中标结果通知给另两家投标人，并于 12 月 9 日将投标保证金退还给未中标人。请指出评标结束后招标人的工作有哪些不妥之处并说明理由。

【案例 4】参考答案

问题 1：

(1) 要求投标人领取招标文件时递交投标保证金不妥，因为投标保证金应在投标截止前递交。

(2) 投标截止时间不妥，因为根据规定，从招标文件发出到投标截止时间不能少于 20 日。

(3) 踏勘现场安排不妥，因为根据规定，招标人不得组织单个或者部分潜在投标人踏勘项目现场。

(4) 投标预备会上对施工图不作任何解释不妥，因为招标人应就施工图进行交底和解释。

(5) 投标保证金有效期不妥，因为投标保证金有效期应当与投标有效期一致。

问题 2：

(1) 招标人向主管部门提交的书面报告内容不妥，应提交招投标活动的书面报告而不仅仅是评标报告。

（2）招标人仅向中标人发出中标通知书不妥，还应同时将中标结果通知未中标人。

（3）招标人通知未中标人时间不妥，应在向中标人发出中标通知书的同时通知未中标人。

（4）退还未中标人的投标保证金时间不妥，招标人最迟应在与中标人签订合同后5日内向未中标人退还投标保证金。

## 案例5

某国家重点大学新校区位于某市开发区大学产业园区内，建设项目由若干个单体教学楼、办公楼、学生宿舍、综合楼等构成，现拟对第五综合教学楼实施公开招标。该教学楼建筑面积 $16000m^2$，计划投资额4800万元，其中，30%由财政拨款（已落实），30%向银行贷款（已经上报建设银行），40%自筹（正在积极筹措之中）。

项目招标由某招标代理公司实施。项目招标文告在当地相关媒体上公布，并指出"仅接受获得过'梅花奖'的建设施工企业投标（'梅花奖'为本市市政府每年颁发的，用于奖励获得市优工程的建设施工企业的政府奖），且企业必须具有施工总承包一级以上资质"，并同时声明，不论哪一家企业中标，均必须使用本市第一水泥厂的水泥。

本地施工企业A、B、C、D、E、F、G分别前来购买了招标文件，并同时按照招标方的要求递交了投标保证金。在购买招标文件的同时，由学校随机指派工程技术或管理人员陪同进行现场踏勘，并口头回答了有关问题。

【问题】

问题1：根据我国相关法律规定，该项目是否需要招标？是否需要实施公开招标？为什么？

问题2：该项目的招标实施过程有哪些不妥之处？应该如何改正？

【案例5】参考答案

问题1：该项目需要招标，且需要公开招标。

因为该项目是国家重点大学新校区建设的组成部分，其投资方属于国家事业单位，其资金来源属于"全部或者部分使用国有资金投资或者国家融资"。同时其投资额度已经超过了必须实施公开招标项目的相关标准。

另外，该项目不具备邀请招标以及不需要招标项目的必要条件，因此必须实施公开招标。

问题2：该项目招标实施过程有以下不妥，并应作相应的改正：

（1）建设项目资金尚未落实，除财政拨款外，其他资金并未落实——应该在资金来源落实后才能实施招标。

（2）仅接受获得过"梅花奖"的建设施工企业投标，是以不合理的条件排斥潜在的投标人——应该将该限制条件剔除。

（3）必须使用本市第一水泥厂的水泥，属于"限定或者指定特定的专利、商标、品牌、原产地或者供应商"，违反了以不合理条件限制、排斥潜在投标人或者投标人的有关规定——应该不作相关限制。

（4）在购买招标文件的同时递交投标保证金，此时购买标书者并不意味着一定会投标，仅是潜在的投标人，不需要投标保证金对其是否投标进行担保——此时不应提交，应该在正式投标时提交。

（5）现场踏勘随时随机组织并口头回答相关的问题——招标文件中应当明确规定现场踏勘的时间和安排，招标人不得组织单个或者部分潜在投标人踏勘项目现场，并且相关问题均应以书面的形式送达所有的潜在的投标人。

## 案例6

某办公楼的招标人于 2000 年 10 月 8 日向具备承担该项目能力的 A、B、C、D、E 共 5 个投标人发出投标邀请书，其中说明，10 月 12 ~ 18 日 9 ~ 16 时在该招标人总工程师室领取招标文件，11 月 8 日 14 时为投标截止时间。5 个投标人均接受邀请，并按规定时间提交了投标文件。但投标人 A 在送出投标文件后发现报价估算有较严重的失误，遂赶在投标截止时间前 10 分钟递交了一份书面声明，撤回已提交的投标文件。

开标时，由招标人委托的市公证处人员检查投标文件的密封情况，确认无误后，由工作人员当众拆封。由于投标人 A 已撤回投标文件，故招标人宣布有 B、C、D、E 共 4 个投标人投标，并宣读该 4 个投标人的投标价格、工期和其他主要内容。

评标委员会委员由招标人直接确定，共由 7 人组成，其中招标人代表 2 人，本系统技术专家 2 人，经济专家 1 人，外系统技术专家 1 人、经济专家 1 人。

在评标过程中，评标委员会要求 B、D 两投标人分别对其施工方案作详细说明，并对若干技术要点和难点提出问题，要求其提出具体、可靠的实施措施。作为评标委员的招标人代表希望投标人 B 再适当考虑一下降低报价的可能性。

按照招标文件中确定的综合评标标准，4 个投标人综合得分从高到低的依次顺序为 B、D、C、E，故评标委员会确定投标人 B 为中标人。由于投标人 B 为外地企业，招标人于 11 月 10 日将中标通知书以挂号信方式寄出，投标人 B 于 11 月 14 日收到中标通知书。

由于从报价情况来看，4 个投标人的报价从低到高的依次顺序为 D、C、B、E，因此，从 11 月 16 日 ~ 12 月 11 日招标人又与投标人 B 就合同价格进行了多次谈判，结果投标人 B 将价格降到略低于投标人 C 的报价水平，最终双方于 12 月 12 日签订了书面合同。

【问题】

从所介绍的背景资料来看，在该项目的招标投标程序中在哪些方面不符合《招标投标法》的有关规定？请逐一说明。

【案例6】参考答案

（1）评标委员会委员不应全部由招标人直接确定。按规定，评标委员会中的技术、经济专家，一般招标项目应采取（从专家库中）随机抽取的方式确定，特殊招标项目可以由招标人直接确定。本项目显然属于一般招标项目。

（2）评标过程中不应要求投标人考虑降价问题。按规定，评标委员会可以要求投标人对投标文件中含义不明的内容作必要的澄清或者说明，但是澄清或者说明不得超出投标文件的范围或者改变投标文件的实质性内容；在确定中标人前，招标人不得与投标人就投标价格、投标方案的实质性内容进行谈判。

（3）中标通知书发出后，招标人不应与中标人就价格进行谈判。按规定，招标人和中标人应按照招标文件和投标文件订立书面合同，不得再行订立背离合同实质性内容的其他协议。

（4）订立书面合同的时间过迟。按规定，招标人和中标人应当自中标通知书发出之日（不是中标人收到中标通知书之日）起30日内订立书面合同，而本案例为32日。

（5）对"评标委员会确定B为中标人"要进行分析。如果招标人授权评标委员会直接确定中标人，那么由评标委员会定标是对的，否则，就是错误的。

（6）发出中标通知书的时间不妥。《房屋建筑和市政基础设施工程施工招标投标管理办法》的规定，建设主管部门自收到招标人提交的施工招标投标情况的书面报告之日起5日内未通知招标人在招标投标活动中有违法行为的，招标人可以向中标人发出中标通知书。

# 第五节　建设工程施工招标与投标实例

本节以某厂房工程的施工招标文件为实例，详细介绍有关建设工程施工招投标的相关内容。

该厂房工程招标单位为××市××铝合金制品有限公司，该工程招标文件由七部分组成，即：

第一部分　投标人须知
第二部分　合同通用条款
第三部分　合同协议条款
第四部分　技术规范
第五部分　工程量清单
第六部分　投标书及投标附表
第七部分　相关资料

以上几部分的主要内容如下。

## 第一部分　投标人须知

### 前附表（公开招标）

| 序　号 | 条　款　号 | 内　容　规　定 |
|:---:|:---:|---|
| 1 | 1 | 工程综合说明：<br>工程名称：××市铝合金有限公司厂房<br>设计单位：××设计院<br>建设地点：××综合工业区××路<br>建设面积：8040m²<br>承包方式：包工包料<br>质量标准：优良<br>招标范围：土建、水暖、电气、内装修<br>计划开工日期：2014年3月30日<br>计划竣工日期：2014年7月20日 |

（续）

| 序　号 | 条 款 号 | 内 容 规 定 |
|---|---|---|
| 2 | 1 | 合同名称：××市××铝合金有限责任公司厂房 |
| 3 | 2 | 资金来源：外商投资 |
| 4 | 11 | 发标会时间：2014 年 2 月 5 日 9 时<br>地点：××区管委会 7 楼会议室 702（××路 36 号） |
| 5 | 12.1 | 投标文件份数：正本一份、副本两份 |
| 6 | 13.4 | 投标截止时间：2014 年 2 月 20 日 9 时<br>投标文件递交至：××区管委会三楼会议室<br>地址：××区××路 36 号 |
| 7 | 17 | 开标日期：2014 年 2 月 20 日 9 时<br>地点：××区××路 36 号 |
| 8 | 21 | 评标办法：本工程采取工程量清单计价招标，按 60 分制评分办法，由评标委员会综合评定，择优选出中标单位 |
| 9 | 10 | 投标有效期：截止日期后第 30 天 |
| 10 | 9.1 | 投标保函：2 万元 |

Ⅰ. 总则

1. 工程概况。

××市铝合金制品有限公司厂房，是由××市××铝合金制品有限公司投资兴建的生产厂房，该厂房位于××区××综合工业区××路。主厂房 5390$m^2$，轻钢结构，附属实验楼 2650$m^2$，框架结构，总建筑面积 8040$m^2$。

2. 资金来源。

本工程资金为外商投资。

3. 投标费用。

投标单位需交 500 元，作为购买招标文件的一切费用，无论中标与否，不予退还。投标单位应承担其投标文件编制与递交所涉及的一切费用，无论中标与否，均由投标单位自负。

Ⅱ. 招标文件

4. 招标文件的组成。

投标单位应认真审阅招标文件中的所有的投标人须知、合同条款、协议条款、合同格式、技术规范、工程报价填报说明，如果投标单位编制的投标文件实质上不响应招标文件，将被招标单位拒绝。

5. 招标文件的解释。

投标单位在收到招标文件后，若有问题需要澄清，应于收到招标文件后 2 天内，以书面形式向招标单位提出，招标单位将以书面形式予以解答，答复将送给所有获得招标文件的单位。

6. 招标文件的修改。

6.1　在截止日前，招标单位可以补充通知的方式修改招标文件。

6.2　补充通知以书面方式作为招标文件的组成部分，对投标单位起到约束作用。

Ⅲ. 投标报价说明

7. 投标报价。

7.1　本次招标采取工程量清单计价形式，包括：土建、水暖、电气、装饰等工程项目。

7.1.1　工程量清单计价依照现行《建设工程工程量清单计价规范》中有关规定。

7.1.2　本次投标报价暂不考虑材差因素。

7.2　工程款支付。

7.2.1　付款方式：按月完成实物工作量，经建设单位和监理单位认定后拨付。

7.2.2　施工过程中发包方按工程施工进度支付工程进度款，承包方必须将"工程进度表""工程付款申请书"及下一步的"工作计划书"送监理和发包人（甲方）代表确认并达到质量标准后，签署意见后进行支付。

Ⅳ. 投标文件的编制

8. 投标过程中的往来通知、函件及文件均使用中文。

9. 投标文件的组成。

9.1　投标单位的投标文件包括下列内容：

（1）投标书。

（2）法定代表人资格证明书。

（3）授权委托书。

（4）2011年以来，施工企业业绩及获奖情况表，项目经理业绩和获奖情况表。

（5）施工组织设计。

（6）工程量清单计价表。

（7）投标保函。

9.2　投标单位应使用招标文件提供的格式，表格可以按同样的格式扩展。

10. 投标有效期。

在原定投标的期限之前，如出现特殊情况，经开发区招标投标管理机构核准，招标单位可以书面形式向投标单位提出延长投标有效期的要求，投标单位以书面形式答复，也可以拒绝这种要求，在延长期内本须知第11条的规定仍然适用。

11. 发标会。

投标单位代表按规定时间出席发标会（见前附表）。

12. 投标文件的份数与签署。

12.1　投标单位按本须知第9条的规定编制一份投标文件"正本"和两份投标文件"副本"，"正本"与"副本"不一致之处，以正本为准。

12.2　"正本"与"副本"均应使用不能擦去的墨水打印或书写，由投标单位法人代表亲自签署并加盖有单位公章和法定代表人印鉴。

12.3　全套投标文件应无涂改和行间插字。

Ⅴ. 投标文件的递交、修改和撤回要求

13. 投标文件的递交要求。

13.1　投标单位应将投标文件"正本"和"副本"分别密封在内层包封，再密封在外层包封中，并在内标封上注明"投标文件正本"或"投标文件副本"。

13.2　内层和外层包封都应标明招标单位名称和地址、工程名称。投标单位必须在封口处加盖招标单位公章及法人代表或委托人名章。

13.3　迟到的投标书，招标单位在规定的投标截止以后收到的任何投标书，将被拒收并原封退给投标单位。

13.4　投标文件递交至前附表第6项的所述单位和地址。

14. 投标单位可以按本须知第15条规定对投标文件修改。

15. 投标文件的修改和撤回的规定。

投标单位可以在递交投标文件以后，在规定的投标截止日期之前，以书面形式向招标单位递交修改或撤回其投标文件的通知，在投标截止时间后，不能更改投标文件。

Ⅵ. 投标文件无效的条件

16. 投标文件有下列情况之一者将被视为废标。

（1）投标文件未按照招标文件要求予以密封的。

（2）投标文件中的投标函未加盖投标人的企业法定代表人印章的，或者企业法定代表人委托代理人没有合法、有效委托书（原件）及委托代理人印章的。

（3）未按格式填写，内容不全或字迹模糊或辨认不清的。

（4）逾期送达的。

（5）未按时参加开标会议的。

Ⅶ. 开标及评标

17. 在有投标单位法定代表人或授权代表在场的情况下，招标单位将于"投标须知"前附表所规定的日期、时间和地点打开标书，包括根据第14条所做的修改书，参加开标的投标单位代表应签到证明其出席。

18. 评标内容的保密。

在投标文件的审查、澄清、评价和比较及授予合同的过程中，投标单位对招标单位和评标委员会或评标小组成员施加影响的任何行动，都将导致取消其投标资格。

19. 投标文件的澄清。

为了有助于投标文件的审查、评价和比较，评标机构可以个别地要求投标单位澄清其投标文件。有关澄清的要求与答复，应以书面形式进行，但不允许更改投标报价或投标的实质内容。

20. 投标文件的符合性鉴定。

20.1　在详细评标之前，评标机构将首先审定每份投标文件是否在实质上响应了招标文件的要求。

20.2　就本条款而言，实质上响应要求的投标文件，应该与招标文件的所有规定要求、条件、条款和规范相符。

20.3　如果投标文件实质上不响应招标文件要求，招标单位将予以拒绝。

21. 中标通知书。

21.1　中标通知书对招标人和中标人具有法律效力，中标通知书发出后，招标人改变中标结果的或中标人放弃中标的，依法承担法律责任。

21.2　招标人和中标人应自中标通知书发出之日起30天内，按照招标文件和中标人的投标文件订立书面合同。

22. 合同协议书的签署。

中标单位按中标通知书规定的日期、时间和地点，由法定代表人或授权代表前往与建设单位代表进行签订合同。

## 第二部分　合同通用条款

### 前　言

本工程的合同通用条款是采用《建设工程施工合同（示范文本)》。

（具体内容略）。

## 第三部分　合同协议条款

1. "三通一平"（水、电、通信、现场平整）由发包人解决。

2. 承包人在组织施工中必须遵照国家有关的施工验收规范和质量检验标准及设计要求组织施工。

3. 为完成工程建设任务，承包人在组织施工中，做好施工现场，地上设施、地下管线的保护工作，做到文明施工、安全生产、工完场清，服从发包人的指挥协调。

4. 材料供应：承包人包工包料，但必须经监理公司认可后方可进场，进场材料必须符合设计要求（品种、规格、质量等)，凡应附有合格证的材料，在进场时必须验证，如无证明的，必须经试验合格后方可使用。

5. 在施工中由于承包人本身原因造成停工、返工、材料的倒运，机械二次进场损失，由承包人负责。

6. 工程质量要求及规定：本工程施工单位必须按照施工图施工，严格执行国家有关规范的规定，本工程质量按照基建工程的总体要求必须达到优良工程，并在施工组织设计中详述保证施工质量及质量检测方法。

7. 本工程承包范围中分项工程不经发包方及监理方同意，不得擅自转包、分包，一经发现，立即取消承包单位的承包资格，并由中标单位承担由此引起的一切经济损失。

8. 中标单位应严格按已确定的施工技术方案组织实施，并接受发包方委托的监理单位对施工过程阶段全过程的监理。

9. 承发包双方严格执行隐蔽工程验收制度，凡隐蔽工程均应由承包人书面通知监理工程师和发包人代表，共同进行验收确定合格后，方可办理验收手续。

10. 根据工程需要，承包人提供非夜间施工使用的照明、围栏等，如承包人未履行上述义务造成工程、财产和人员伤害，由承包人承担责任及所发生的费用。

11. 对已竣工工程，在尚未交付发包人之前，承包人负责已完工程成品保护工作，保护期间发生损失，承包人自费予以修复。

12. 为确保该工程按期、按量顺利完成，发挥建设资金的使用，发包人拨付给承包人的工程款，承包人必须将其投入到本工程中，承包人若将其挪用，发包人将工程造价的 5% 作为违约金予以扣除。

13. 工程竣工通过质量验收取得质量评定结果后 10 天内，承包人向发包人提交两份符合城建归档要求的完整竣工资料后方可进行竣工结算。

14. 竣工验收后，由承包人负责保修的项目、内容、期限执行《建筑法》等有关法律、法规的规定。

15. 中标单位原则不允许分包，如确需分包的工程项目，必须报请发包人批准后方可办理，否则一经发现，发包人不予拨款及竣工验收。

16. 施工中承包人在保质量、保工期的同时，一定要保证施工安全，并承担由于自身安全措施不利所造成的事故和由此发生的费用。

17. 合同协议中未尽事宜，由承发包双方协商解决或以补充合同加以明确。

## 第四部分　技 术 规 范

### （一）本工程施工技术规范和标准

1. GB 50026—2007《工程测量规范》
2. GB 50202—2002《建筑地基基础工程施工质量验收规范》
3. GB 50204—2002《混凝土结构工程施工质量验收规范》（2011 版）
4. GB 50203—2011《砌体工程施工质量验收规范》
5. GB 50207—2012《屋面工程施工质量验收规范》
6. GB 50209—2010《建筑地面工程施工质量验收规范》
7. GB 50210—2001《建筑装饰装修工程施工质量验收规范》
8. GB50212—2002《建筑防腐蚀工程施工及验收规范》
9. JCJ18—2003《钢筋焊接验收规程》

（以下略）

### （二）施工组织设计

投标单位应递交完整的施工方案或施工组织设计，说明各分部、分项工程的施工方法及各项保证措施，提交包括临时设施和施工道路的施工总布置图及其他必需的图表、文字说明等资料，施工组织设计至少应包括：

各分部分项工程完整的施工方法和施工工艺

施工机械的进场计划

施工准备计划

劳动力的安排计划

施工现场平面布置图

雨季施工措施

保证安全生产、文明施工

工期的控制措施

质量、成本的控制措施

降低成本措施

减少环境污染的措施

### （三）施工进度计划

投标人单位应提交初步的施工进度表，说明按照招标文件要求进行施工的各个环节，中标的投标单位还要按合同有关条件的要求，提交详细的施工进度计划。

初步施工进度表可采用横道图（或关键线路图）表示，说明详细开工日期和各分项工程阶段的完工日期和分包合同签订的日期，施工进度计划应与施工方案或施工组织设计相适应。

## 第五部分　工 程 量 清 单

### 填 表 须 知

1. 工程量清单格式中所有要求签字、盖章的地方，必须由规定的单位和人员签字、盖章。

2. 工程量清单格式中的任何内容不得随意删除或涂改。

3. 工程量清单格式中列明的所有需要填报的单价和合价，投标人均应填报，未填报的单价和合价，视为此项费用已包含在工程量清单的其他单价和合价中。

4. 金额（价格）均应以人民币表示。

5. 投标报价必须与工程项目总价一致。

6. 投标报价文件一式三份。

## 总 说 明

1. 工程概况：
   …




2. 编制依据：本工程依据现行《建设工程工程量清单计价规范》中工程量清单计价办法，根据××设计单位设计的××市铝合金有限公司厂房工程项目施工图计算实物工程量。

### 分部分项工程量清单表（土建工程）

| 序号 | 项目编码 | 项目名称 | 计量单位 | 工程数量 | 单价/元 | 合价/元 |
|---|---|---|---|---|---|---|
| | | 第一章　土石方工程 | | | | |
| 1 | 010101002001 | 挖沟槽，一、二类土，深度2m以内运距10km以内 | m² | 454000 | | |
| 2 | 010101003001 | 挖基础土方人工挖孔桩二类土深度6m以内运距10km以内 | m³ | 327000 | | |
| 3 | 010101003002 | 人工挖孔桩松石深度6m以内运距10km以内 | m³ | 10000 | | |
| 4 | 010101003003 | 人工挖孔桩松石深度8m以内运距10km以内 | m³ | 111000 | | |
| 5 | 010101003004 | 人工挖孔桩松石深度10m以内运距10km以内 | m³ | 30000 | | |
| 6 | 010102002001 | 石沟槽次坚石运距10km以内 | m³ | 94000 | | |
| 7 | 010102002002 | 凿石沟槽普坚石 | m³ | 13000 | | |
| 8 | 010103002001 | 土石方回填，回填土夯填 | m³ | 409000 | | |

清单以下部分因篇幅所限省略

## 措施项目清单表

| 序号 | 项目名称 | 合计/元 |
|---|---|---|
| 1 | 脚手架 | |
| 2 | 大型机械进出场及安拆 | |
| 3 | 垂直运输机械 | |
| ... | ... | |

## 其他项目清单表

| 序号 | 项目名称 | 合计/元 |
|---|---|---|
| 1 | 暂列金额 | |
| 2 | 暂估价 | |
| 2.1 | 材料暂估单价 | |
| 2.2 | 专业工程暂估价 | |
| 3 | 计日工 | |
| 4 | 总承包服务费 | |

## 规费项目清单

| 序号 | 项目名称 | 合计/元 |
|---|---|---|
| 1 | 工程排污费 | |
| 2 | 工程定额测定费 | |
| ... | ... | |

## 税金项目清单

| 序号 | 项目名称 | 合计/元 |
|---|---|---|
| 1 | 营业税 | |
| 2 | 城市维护建设税 | |
| 3 | 教育费附加 | |

# 第六部分 投标书及投标附表

投 标 书（封面）

工 程 名 称：_____

投 标 企 业 名 称：_____

（盖章）

企 业 法 定 代 表 人：_____

企 业 地 址：_____

电 话：_____

编 制 日 期： 年 月 日

投标书格式（略）

法定代表人资格证明书

单位名称：

地　　址：

姓　　名：　　　　　性　　别：　　　　　年　　龄：

职　　务：　　　　　身份证号：

系(投标人名称) 的法定代表人。为＿＿＿＿＿＿＿＿＿＿＿＿（招标编号）签署上述项目的投标文件，进行合同谈判，处理与之有关的一切事务。

特此证明。

投标单位（签章）
年　月　日

授权委托书

本授权委托书声明：

我，＿＿＿＿＿＿＿单位法定代表人，现授权委托＿＿＿＿＿＿＿同志为本公司授权代理人，以本公司名义参加＿＿＿＿＿＿＿＿＿工程投标，代理人在开标、评标、合同谈判过程中，所签署的一切文件和自理与之有关的一切事务，我均予承认。

代理人不得转让委托权，特此委托。

代理人：　　　　　性别：　　　年龄：　　　职称：
单　位：

法定代表人：　　　　　　　　　　投标单位：
（签字、盖章）　　　　　　　　　（盖章）

年　月　日

投入该项工程的主要机械设备表

| 主要机械名称 | 台　数 | 能　力 | 备　注 |
|---|---|---|---|
|  |  |  |  |
|  |  |  |  |

项目经理简历表

| 姓　名 |  | 性　别 |  | 年　龄 |  |
|---|---|---|---|---|---|
| 职　务 |  | 职　称 |  | 学　历 |  |
| 参加工作时间 |  | 从事项目经理年限 |  |  |  |

已完工程项目情况

| 建设单位 | 项目名称 | 建设规模 | 开、竣工日期 | 工程质量 |
|---|---|---|---|---|
|  |  |  |  |  |

### 现场施工的组织机构及人员配备表（略）

企业情况

| 企业名称 |  | 资质等级 |  |
|---|---|---|---|
| 企业地址 |  | 电　话 |  |
| 资质证书编号 |  | 成立时间 |  |
| 营业执照编号 |  | 联系人 |  |

主营范围：

1

2

3

4

企业简介：

项目经理近3年以来业绩及获奖情况表

| 建设单位及工程名称 | 建筑面积 | 结　构 | 层　数 | 开竣工日期 | 获奖情况 |
|---|---|---|---|---|---|
|  |  |  |  |  |  |
|  |  |  |  |  |  |

企业近3年以来业绩及获奖情况表

| 建设单位及工程名称 | 建筑面积 | 结　构 | 层　效 | 开竣工日期 | 获奖情况 | 项目经理 |
|---|---|---|---|---|---|---|
|  |  |  |  |  |  |  |
|  |  |  |  |  |  |  |

## 第七部分　相关资料（略）

## 复习思考题

1. 简述建设工程施工招标的概念。
2. 简述施工招标投标的程序。
3. 简述标底的编制依据和方法。
4. 简述标价的计算依据。
5. 简述投标报价的技巧与策略。
6. 简述投标标价的计算依据。
7. 简述建设工程施工投标的概念。
8. 简述施工招标文件的编制原则。

# 工程合同主要内容

# 第六章

**本章概要**

通过本章教学，使学生了解建设工程合同的定义特点及分类、勘察设计合同、监理合同、施工合同、造价咨询合同、工程总承包合同及与工程建设有关的其他合同的内容，当事人双方的权利义务，违约责任等。

## 第一节　工程合同概述

### 一、工程合同体系（结构）的含义

工程项目建设具有涉及面广、投资大、参与者多、周期长、不可逆等特点，因此涉及的合同种类繁多。凡与工程建设有关的合同都可以称为工程合同。为了实现项目的目标，项目各参与者之间需要订立许多合同，这些合同又彼此互相联系，构成复杂的合同网络，这个合同网络就是工程合同体系。通过对比我们可以看出，工程合同体系（结构）能够反映出工程项目的任务范围和划分方式以及工程项目的管理模式（图6-1）。

在工程合同体系中，业主作为工程的买方，尽管工程项目建设的需求和工程项目管理模式有所不同，但始终是整个合同体系的核心。通常业主按照工程项目实施的不同阶段和具体工作内容不同，可以订立咨询合同（可行性研究合同）、监理合同、勘察合同、设计合同、施工合同、设备订购合同和材料供应合同等。业主可以将上述合同分专业、分阶段委托，也可以将上述合同以各种形式合并委托。因此在实际工作中，每个项目不同，业主的管理方法不同，合同体系（结构）也会有很大差异。

### 二、建设工程合同的概念、种类及特征

#### （一）建设工程合同的概念

建设工程合同是指在工程建设过程中，发包人与承包人依法订立的，明确双方权利义务关系的协议。《合同法》第十六章第二百六十九条规定，建设工程合同是承包人进行工程建设，发包人支付价款的合同。建设工程合同包括工程勘察、设计、施工合同。在这里要强调，建设工程合同的范围比工程合同的范围要小，要注意两者在概念上的差别。

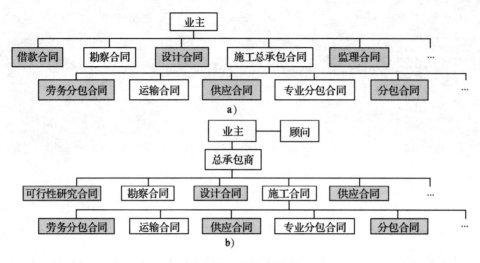

图 6-1 工程合同体系

**a**）施工总承包模式的合同体系 **b**）设计—建造总承包模式的合同体系

**（二）建设工程合同的种类**

**1. 按照承包范围分**

从承包范围分，建设工程合同可以分为建设工程总承包合同、建设工程承包合同、分包合同。建设工程总承包合同就是发包人将工程建设的全过程发包给一个承包人的合同；建设工程承包合同就是发包人将建设工程的勘察、设计、施工等每一项工作分别发包给一个承包人的合同；分包合同就是经过发包人认可和合同约定从承包人承包的工程中承包部分工程而订立的合同。

**2. 按照承包内容分**

从承包的内容分，建设工程合同可以分为建设工程勘察合同、建设工程设计合同和建设工程施工合同。

**（三）建设工程合同的特征**

建设工程具有承揽合同的一般特征，如诺成合同、双务合同、有偿合同等；但是，又具有其特殊性。

**1. 建设工程合同的主体只能是法人**

建设工程合同的标的是建设工程，作为公民个人是不能独立完成的，同时，作为法人，也不是每个法人都可以成为建设工程合同的主体。合同中的发包人只能是经过批准的建设工程法人，承包人也只能是具有相应勘察、设计、施工资质的法人。因此，建设工程合同的当事人必须是法人，而且应该是具有相应资格的法人。

**2. 建设工程合同的标的仅限于建设工程**

这里所说的建设工程指比较复杂的土木建筑工程，其工作要求比较高，价值较大。对于一些小型的、结构简单、价值较小的工程并不作为建设工程而适用建设工程合同的有关规定。建设工程合同的这一特征正是基于其标的的特殊性：投资大、周期长、固定性、不可逆性等形成的。

**3. 国家管理的特殊性**

由于建设工程的标的为建筑物等不动产，与土地密不可分，承包人所完成的最终工作成果不仅具有不可移动性，而且需要长期存在和发挥效益，所以国家对建设工程不仅进行建设规划，而且实行严格的管理和监督。从建设工程合同的订立到合同的履行都要受到国家机关严格的管理和监督。

**4. 建设工程合同具有次序性**

由于建设项目生命周期涉及多个阶段，而且各阶段之间的工作有一定的连续性，这就要求建设工程的建设必须符合建设程序的要求，因此建设工程合同也就具有次序性的特点。

**5. 建设工程合同为要式合同**

建设工程合同应当采用书面形式，这是国家对建设工程进行监督和管理的需要。不采用书面形式的建设工程合同不能有效成立，当事人无义务履行。但是，现实中，也有一些合同虽未采用书面形式订立，但是当事人已经开始履行的情况。根据《合同法》的有关规定，当一方已经履行主要义务，对方也已接受的情况下，合同仍然成立。

## 三、标准化的工程合同文本

工程合同文本是用来载明合同协议、合同条件和协议所列的其他文件的全套文书。由于工程建设及其履行过程的复杂性，如果工程合同文本每次都要从头起草，可能常常导致不符合惯例、内容不完备、风险分担不合理等对双方都不利的事件发生。为了适应不同的需要，既体现行业惯例和统一内容，又能满足每个项目的特定要求，经过多方论证，将某一类（建设工程类）合同的实质内容统一形成标准化、规范化的合同文本，使用起来就非常方便，而且也能减少订立合同中考虑不周的风险。这个过程就是合同文本标准化的过程。标准化的合同文本一般被称为合同范本。合同范本往往都是经过几十年甚至是上百年的工程实践总结和修订而产生，主要目的就是为了避免订立合同条款的不完善、责任划分不公、程序不严谨等问题的产生。标准化工程合同文本通常包括以下三方面内容。

**1. 通用条件**（通用条款）

将原来非标准化的合同中一些普遍的、具统一性、反映惯例的内容提炼出来，制定成一个独立的文本，作为标准合同条款或通用条件。它是标准化的合同文本的主要内容，它分别针对合同履行可能涉及的各方面情况，详细地、分条款地写明具体内容。它最突出的特点就是通用性强，对所有同类项目都适用。

**2. 协议书**

将非标准化的合同中的合同首部和尾部取出，主要是合同双方、项目名称、合同文件组成、双方签字和日期等内容，作为合同的协议书。协议书是一个内容非常简单的格式文件，主要确认了合同双方达成一致意见的合同主要内容和合同文件的组成部分，有利于双方正确理解和全面履行合同。

**3. 专用条件**（专用条款）

将非标准化的合同中的反映合同特殊性以及合同双方对项目、对合同的一些专门和特定的要求取出，作为特殊条款或专用条件，结合具体工程项目特点，用来对合同通用条件进行重新定义、补充、删除或修改，形成特殊要求。鉴于专用条件反映工程项目具体要求，因此该部分条款的内容与通用条件规定有矛盾或歧义时以专用条件为准。

## 第二节 建设工程勘察设计合同

### 一、勘察设计合同概念

建设工程勘察合同是指根据建设工程的要求，查明、分析、评价建设场地的地质地理环境特征和岩土工程条件，编制建设工程勘察文件的协议。

建设工程设计合同是指根据建设工程的要求，对建设工程所需的技术、经济、资源和环境等条件进行综合分析、论证，编制建设工程设计文件的协议。

建设工程勘察设计合同的签订除依据发包人提供的资料、技术要求、取费标准和期限外，还应遵循我国《合同法》《建筑法》和《建设工程勘察设计合同管理办法》的规定。此外，这类合同还要求勘察设计承包人必须是有民事权利能力和民事行为能力的特定法人资格的组织。勘察设计人必须有国家相关部门批准的勘察设计许可证和资质证书；某一资质等级的勘察设计人只能承接相应等级或投资限额的项目，越级承包者，勘察设计合同无效。建设工程勘察设计合同的订立必须符合国家规定的基本建设程序。

### 二、勘察设计合同示范文本

#### 1. 勘察合同示范文本

勘察合同示范文本按照委托勘察任务的不同可分为两个版本。其中，GF—2000—2003《建设工程勘察合同（一）示范文本》适用于为设计提供勘察工作的委托任务，包括岩土工程勘察、水文地质勘察、工程测量和工程物探等勘察；GF—2000—2004《建设工程勘察合同（二）示范文本》仅适用于委托工作为岩土工程的勘察任务，包括取得岩土工程的勘察资料、对项目岩土工程进行设计、治理和检测工作。

#### 2. 设计合同示范文本

设计合同示范文本按照委托设计任务的不同可分为两个版本。其中，GF—2000—0209《建设工程设计合同（一）示范文本》适用于民用建筑工程设计；GF—2000—0210《建设工程设计合同（二）示范文本》适用于委托专业工程设计。

### 三、勘察合同主要内容

#### （一）委托任务的工作范围

1）工程勘察任务。这一任务可能包括自然条件观测、地形图绘测、资源探测、岩土工程勘察、地震安全性评价、工程水文地质勘察、环境评价和模型试验等。

2）技术要求。

3）预计的勘察工程量。

4）勘察成果资料提交的份数。提交的勘察成果资料一般为四份。勘察人要注意约定好份数，因为勘察成果资料制作成本较高，发包人需要增加时，可以另行收取相应费用。

#### （二）发包人应提供的勘察依据文件和资料以及现场的工作条件

#### 1. 发包人提供的勘察依据文件和资料

1）提供工程批准文件（复印件）以及用地（附红线范围）、施工、勘察许可等批件

（复印件）。

2）提供工程勘察任务委托书、技术要求和工作范围的地形图、建筑总平面布置图。

3）提供勘察工作范围已有的技术资料及工程所需的坐标与标高资料。

4）提供勘察工作范围地下已有埋藏物的资料（如电力、电信电缆，各种管道，人防设施，洞室等）及具体位置分布图。

双方可以详细约定发包人提供的资料的份数、内容要求和提交时间，建议以表格的方式对上述内容加以罗列，见表6-1。

表6-1　发包人应提供的资料列表

| 序　号 | 资料文件名称 | 份　数 | 内容要求 | 提　交　时　间 |
|---|---|---|---|---|
|  |  |  |  |  |
|  |  |  |  |  |
|  |  |  |  |  |

发包人不能提供上述资料，由勘察人收集的，发包人需向勘察人支付相应费用；并且，发包人要对其提供的时间、进度和资料的可靠性负责。

**2. 发包人提供的现场工作条件**

在勘察人进入现场工作时，发包人应当为其提供必要的工作条件和生活条件，以保证其正常开展工作。根据项目的具体情况，双方可以在合同内约定由发包人负责用以保证勘察工作顺利开展所应提供的条件。这些条件可能包括落实土地征用、青苗树木赔偿、拆除地上地下障碍物、处理施工扰民及影响施工正常进行的有关问题，平整施工现场、修好通行道路、接通电源水源、挖好排水沟渠以及提供水上作业用船等。若发包人不能履行该项义务，应承担违约责任。

**（三）发包人和勘察人的责任**

**1. 发包人的责任**

1）发包人委托任务时，必须以书面形式向勘察人明确勘察任务及技术要求，并按合同约定提供文件资料。发包人应对文件资料的准确性、完整性和时限负责。

2）在勘察工作范围内，没有资料、图纸的地区（段），发包人应负责查清地下埋藏物，若因未提供上述资料、图纸，或提供的资料、图纸不可靠，地下埋藏物不清，致使勘察人在勘察工作过程中发生人身伤害或造成经济损失时，由发包人承担民事责任。

3）发包人应及时为勘察人提供勘察现场的工作条件并解决出现的问题，同时承担其费用。

4）若勘察现场需要看守，特别是在有毒、有害等危险现场作业时，发包人应派人负责安全保卫工作，按国家有关规定，对从事危险作业的现场人员进行保健防护，并承担费用。

5）工程勘察前，若发包人负责提供材料、设备的，应根据勘察人提出的使用计划，按时提供各种材料、设备及其产品合格证明，并承担费用和运到现场，派人与勘察方人员一起验收。

6）勘察过程中的任何变更，经办理正式变更手续后，发包人应按实际发生的工作量支付勘察费。

7）为勘察方的工作人员提供必要的生产、生活条件，并承担费用；如不能提供时，应一次性付给勘察人临时设施费。

8）由于发包人原因造成勘察人停、窝工，除工期顺延外，发包人应支付停、窝工费（计算方法可以在合同中约定）；发包人若要求在合同规定时间内提前完工（或提交勘察成果资料）时，发包人应按提前天数向勘察人支付加班费（加班费计算方法可以在合同中约定）。

9）发包人应保护勘察人的投标书、勘察方案、报告书、文件、资料图纸、数据、特殊工艺（方法）、专利技术和合理化建议，未经勘察人同意，发包人不得复制、不得泄露、不得擅自修改、传送或向第三人转让或用于本合同外的项目。如发生上述情况，发包人应负法律责任，勘察人有权索赔。发包人不得修改勘察文件；确需修改勘察文件的，应当由原勘察单位修改。勘察文件内容需要做重大修改的应报经原审批机关批准后方可修改。

**2. 勘察人的责任**

1）勘察人应按国家技术规范、标准、规程和发包人的任务委托书及技术要求进行工程勘察，按本合同规定的时间提交质量合格的勘察成果资料，并对其负责。

2）由于勘察人提供的勘察成果资料质量不合格，勘察人应负责无偿给予补充完善使其达到质量合格；若勘察人无力补充完善，需另委托其他单位时，勘察人应承担全部勘察费用；或因勘察质量造成重大经济损失或工程事故时，勘察人除应负法律责任和免收直接受损失部分的勘察费外，并根据损失程度向发包人支付赔偿金，赔偿金由发包人、勘察人商定（一般为实际损失的一定百分比）。

3）在工程勘察前，提出勘察纲要或勘察组织设计，派人与发包方的人员一起验收发包人提供的材料。

4）勘察过程中，根据岩土工程条件、工作现场地形地貌、地质和水文地质条件及技术规范要求，向发包人提出增减工作量或修改勘察工作的意见，并办理正式变更手续。

5）在现场工作的勘察方人员，应遵守发包人的安全保卫及其他有关的规章制度，承担其有关资料保密义务。

6）勘察人的责任还包括合同中有关条款规定和补充协议中勘察人应负的其他责任。

**（四）勘察费用的支付**

工程勘察可以按国家规定的现行收费标准计取费用，或按"预算包干""中标价加签证""实际完成工作量结算"等方式计取收费。国家规定的收费标准中没有规定的收费项目，由发包人、勘察人另行议定。

双方应在合同内约定工程勘察费预算。合同生效后3天内，发包人应向勘察人支付预算勘察费的20%作为定金；勘察规模大、工期长的大型勘察工程，发包人还应按实际完成工程进度向勘察人支付一定比例的预算勘察费；勘察工作外业结束后（时限由双方自行约定），发包人向勘察人支付一定比例的预算勘察费；提交勘察成果资料后（时限由双方自行约定），发包人应一次付清全部工程勘察费用。具体情况可以采用表格方式（见表6-2）加以明确。

表6-2　勘察费支付计划表

| 拨付工程费时间（工程进度） | 占合同总额百分比（%） | 金额人民币/元 |
| --- | --- | --- |
| | | |
| | | |
| | | |

**（五）勘察合同的工期**

双方应在合同内约定工程的勘察工作开工日期和提交勘察成果资料的日期。由于发包人或勘察人的原因未能按期开工或提交成果资料时，按违约责任的规定办理。

勘察工作有效期限以发包人下达的开工通知书或合同规定的时间为准，如遇特殊情况（设计变更、工作量变化、不可抗力影响以及非勘察人原因造成的停、窝工等）时，工期顺延。

### （六）勘察成果资料的检查验收

由发包人负责组织对勘察人交付的报告、成果、文件进行检查验收。发包人收到勘察人交付的报告、成果、文件后，在约定期限内检查验收完毕，并出具检查验收证明，以示勘察人已完成任务；发包人逾期未检查验收的，视为接受勘察人的报告、成果、文件。

隐蔽工程工序质量检查，由勘察人自检后，书面通知发包人检查。发包人接到通知后，当天组织质检，经检验合格，发包人、勘察人签字后方能进行下一道工序；检验不合格，勘察人在限定时间内修补后重新检验，直至合格；若发包人接通知后24小时内仍未能到现场检验，勘察人可以顺延工程工期，发包人应赔偿停、窝工的损失。

工程完工，勘察人向发包人提交勘察工作的原始记录、竣工图及报告、成果、文件，发包人应在约定期限内组织验收，如有不符合规定之处及存在质量问题，承包人应采取有效补救措施。工程未经验收，发包人提前使用和擅自动用，由此发生的质量、安全问题，由发包人承担责任，并以发包人开始使用日期为完工日期。

完工工程经验收符合合同要求和质量标准，自验收之日起在约定期限内，勘察人向发包人移交完毕；如发包人不能按时接管，致使已验收工程发生损失，应由发包人承担，如勘察人不能按时交付，应按逾期完工处理，发包人不得因此而拒付工程款。

### （七）违约责任

1）由于发包人未给勘察人提供必要的工作生活条件而造成停、窝工或来回进出场地，发包人除应付给勘察人停、窝工费（金额按预算的平均工日产值计算或双方约定），工期按实际工日顺延外，还应付给勘察人来回进出场费和调遣费。

2）由于勘察人原因造成勘察成果资料质量不合格，不能满足技术要求时，其增加的勘察费用由勘察人承担。

3）合同履行期间，由于工程停建而终止合同或发包人要求解除合同时，勘察人未进行勘察工作的，不退还发包人已付定金；已进行勘察工作的，完成的工作量在50%以内时，发包人应向勘察人支付预算额50%的勘察费；完成的工作量超过50%时，则应向勘察人支付预算额100%的勘察费。

4）发包人未按合同规定时间（日期）拨付勘察费，每超过一天，应偿付未支付勘察费的1‰逾期违约金。

5）由于勘察人原因未按合同规定时间（日期）提交勘察成果资料，每超过一天，应减收勘察费的1‰。

6）合同签订后，发包人不履行合同时，无权要求退还定金；勘察人不履行合同时，双倍返还定金。

### （八）合同争议解决方式

本合同发生争议，发包人、勘察人应及时协商解决，也可由当地建设行政主管部门调解；协商或调解不成时，可以由事先约定的仲裁委员会仲裁。发包人、勘察人未在本合同中约定仲裁机构，事后又未达成书面仲裁协议的，可向人民法院起诉。由于不可抗力因素致使合同无法履行时，双方应及时协商解决。

## 四、设计合同主要内容

### （一）委托任务的工作范围

1）设计范围。合同内应明确建设规模，详细列出工程分项的名称、层数和建筑面积（见表6-3）。

表6-3 设计范围列表

| 序号 | 分项名称 | 建 设 规 模 | | 设计阶段及内容 | | | 估算总投资/万元 | 费率（%） | 估算设计费/元 |
|---|---|---|---|---|---|---|---|---|---|
| | | 层数 | 建筑面积 | 方案 | 初步设计 | 施工图 | | | |
| | | | | | | | | | |
| | | | | | | | | | |

2）建筑物设计的合理使用年限要求。

3）委托的设计阶段和内容。可能包括方案设计、初步设计和施工图设计的全过程，也可能是其中的某一个或某几个阶段。

4）设计深度要求。国家颁布的设计规范属于设计强制性标准，即必须达到的最低标准。发包人可以要求设计标准高于规范标准，但不得要求设计人违反国家标准进行设计。

5）设计人配合施工工作要求。包括向发包人和施工承包人进行设计交底、处理有关设计问题、参加重要隐蔽工程部位验收和竣工验收等工作。

### （二）发包人应提供的文件和资料

发包人应向设计人提供有关的项目批准文件和工程勘察资料，以确保设计顺利进行。

委托初步设计的，在初步设计开始前，应提供经过批准的设计任务书、选址报告，原料、燃料、水、电、运输等方面的协议文件和能满足初步设计要求的勘察资料以及需要经过科研取得的技术资料、设计文件中选用的国家标准图、部标准图和地方标准图。

委托施工图设计的，在施工图设计开始前，应提供经过批准的初步设计文件和能满足施工图设计要求的勘察资料、施工条件以及有关设备的技术资料。

### （三）发包人和设计人的责任

#### 1. 发包人责任

1）发包人按合同约定向设计人提交基础资料及文件，并对其完整性、正确性及时限负责。发包人不得要求设计人违反国家有关标准进行设计。发包人提交上述资料及文件超过规定期限15天以内，设计人交付设计文件时间可以相应顺延；发包人交付上述资料及文件超过规定期限15天以上时，设计人有权重新确定提交设计文件的时间。进行专业工程设计时，如果设计文件中需要选用国家、部委或地方颁发的标准图，由发包人负责解决。

2）发包人变更委托设计项目、规模、条件或因提交的资料错误，或对所提交资料作较大修改，以致造成设计人设计返工时，双方除另行协商签订补充协议（或另订合同）、重新明确有关条款外，发包人应按设计人所耗工作量向设计人支付返工费。未签订合同前发包人已同意，确认了设计人为发包人所做的各项设计工作，发包人应支付相应设计费。

3）发包人应为设计人派驻现场的工作人员提供工作、生活及交通等方面的便利条件及必要的劳动保护装备。

4）发包人必须按合同规定支付定金，并以收到定金作为设计人设计开工的标志。未收到定金，设计人有权推迟设计工作的开工时间，同时交付设计文件的时间顺延。

5）发包人的上级或设计审批部门对设计文件不审批或本合同项目停缓建，发包人均应支付应付的设计费。

6）发包人要求设计人比合同规定时间提前交付设计文件时，须征得设计人同意，不得严重背离合理设计周期，且发包人应支付赶工费。

7）发包人应当保护设计人的投标书、设计方案、文件、资料图、数据、计算软件和专利技术。未经设计人同意，发包人对设计人交付的设计资料及文件不得擅自修改、复制或向第三人转让或用于本合同以外的项目。发生以上情况，发包人承担法律责任，设计人有权向发包人提出索赔。

8）设计的阶段成果完成后，应由发包人负责组织鉴定和验收，并负责向发包人的上级或有管理资质的设计审批部门完成报批手续。施工图设计完成后，发包人应将施工图报送建设行政主管部门，由建设行政主管部门委托的审查机构进行结构安全和强制性标准、规范执行情况等内容的审查。发包人和设计人应共同保证施工图设计满足以下条件：①建筑物的设计稳定、安全和可靠；②设计符合有关强制性标准和规范，如消防、节能、抗震等；③设计的施工图达到规定的设计深度；④不存在有可能损害公共利益的其他影响。

9）承担本项目外国专家的接待费（包括传真、电话、复印、办公等费用）。

**2. 设计人责任**

1）设计人应按国家规定和合同约定的技术规范、标准进行设计，按合同约定的内容、时间及份数向发包人交付设计文件（因发包人原因造成的交付设计文件顺延的情况除外），并对提交的设计文件的质量负责。

2）负责设计的建筑物需要注明设计合理使用年限。设计文件中选用的材料、构配件和设备等，应当注明规格、型号和性能等技术指标，其质量要求必须符合国家规定的标准。

3）负责对外商的设计资料进行审查，负责该合同项目的设计联络工作。

4）设计人对设计文件出现的遗漏或错误负责修改或补充。

5）设计人应配合设计交底和工程验收等工作，并持续解决施工中出现的设计问题。发包人要求设计人派专人留驻施工现场进行配合与解决有关问题时，双方应另行签订补充协议或技术咨询服务合同。

6）设计人应保护发包人的知识产权，不得向第三人泄露、转让发包人的产品设计图等技术经济资料。如发生以上情况并非发包人造成的损失，发包人有权向设计人索赔。

7）设计人交付设计文件后，按规定参加有关上级的设计审查，并根据审查结论负责对不超出原定范围的内容作必要调整补充。为了维护设计文件的严肃性，经过批准的设计文件不应随意变更。发包人、施工承包人和监理人均不得修改建设工程设计文件。如果发包人根据工程实际需要确需修改建设工程设计文件，应首先报经原审批机关批准，然后由原设计单位进行修改。在某些特殊情况下，发包人经原设计人同意后可以委托其他具有相应资质的设计单位进行修改，修改单位对修改的设计文件承担相应责任。修改后的设计文件仍需按设计管理程序，经有关部门审批后使用。

8）设计人按合同规定时限交付设计文件。一年内项目开始施工，负责向发包人及施工承包人进行设计交底、处理有关设计问题和参加竣工验收。在一年内项目尚未开始施工，设计人仍负责上述工作，可按所需工作量向发包人适当收取咨询服务费，收费额由双方商定。

（四）设计费用的支付管理

双方应在合同中约定设计费，收费依据和计算方法按国家和地方有关规定执行；国家和地方没有规定的，由双方商定。如果上述费用为估算设计费，则双方在初步设计审批后，按批准的初步设计概算核算设计费。工程建设期间如遇概算调整，则设计费也应作相应调整。实际设计费按初步设计概算（施工图设计概算）核定，多退少补。实际设计费与估算设计费出现差额时，双方另行签订补充协议。

合同生效后 3 天内，发包人支付设计费总额的 20% 作为定金（合同结算时，定金抵作设计费）。设计人提交相应报告、成果或阶段性设计文件后，发包人应在约定时限内支付约定比例的设计费。施工图完成后，发包人结清设计费，不留尾款。如果发包人委托设计人承担本合同以外的工作服务，应另行支付费用。

（五）设计合同生效、终止与设计期限

**1. 合同生效**

设计合同经双方当事人签字盖章后生效。发包人应在合同签字后 3 天内支付定金，设计人收到定金即为设计开工的标志。如果设计人未能按时收到定金，设计人有权推迟开工时间，且交付设计文件的时间也相应顺延。

**2. 设计期限**

设计期限是判定设计人是否按期履行合同义务的判定标准，除了合同约定的交付设计文件的时间外，还包括由于非设计人原因或由发包人应承担的风险造成的经过双方补充协议确定的顺延时间。

**3. 合同终止**

在合同正常履行情况下，工程施工完成竣工验收工作，或者委托专业建设工程设计完成施工安装验收，设计人为合同项目的服务至此结束，设计合同终止。

（六）违约责任

**1. 发包人违约**

（1）发包人延期支付设计费　发包人应按本合同规定的金额和日期向设计人支付设计费，每逾期支付一天，应承担应支付金额 2‰ 的逾期违约金，且设计人提交设计文件的时间顺延。逾期超过 30 天时，设计人有权暂停履行下阶段工作，并书面通知发包人。

（2）发包人要求终止合同　在合同履行期间，发包人要求终止或解除合同，设计人未开始设计工作的，不退还发包人已付的定金；已开始设计工作的，发包人应根据设计人已进行的实际工作量，不足一半时，按该阶段设计费的一半支付；超过一半时，按该阶段设计费的全部支付。

（3）审批工作延误或未通过　发包人的上级或设计审批部门对设计文件不审批或本合同项目停缓建，均视为发包人应承担的风险。设计人提交合同约定的设计文件和相关资料后，发包人均应支付应付的设计费。

**2. 设计人违约**

（1）设计质量　由于设计人设计错误导致工程质量事故而发生的损失，设计人除负责采取补救措施外，应免收受损失部分的设计费，并根据损失程度向发包人支付赔偿金，赔偿金数额由双方商定为实际损失的一定百分比。

（2）设计人延期交付设计文件　由于设计人原因，延误了设计文件交付时间，每延误一天，应减收该项目应收设计费的2‰。

（3）设计人要求终止合同　合同生效后，设计人要求终止或解除合同，设计人应双倍返还发包人已支付的定金。

**（七）合同争议解决方式**

本合同发生争议，发包人、设计人应及时协商解决，也可由当地建设行政主管部门调解，协商或调解不成时，可以由事先约定的仲裁委员会仲裁。发包人、设计人未在本合同中约定仲裁机构，事后又未达成书面仲裁协议的，可向人民法院起诉。由于不可抗力因素致使合同无法履行时，双方应及时协商解决。

# 第三节　建设工程监理合同

## 一、建设工程监理概述

### （一）建设工程监理合同的概念和特征

监理是指监理人受委托人的委托，根据法律、法规、有关建设工程标准及合同约定，代表委托人对工程的施工质量、进度、造价进行控制，对合同、信息进行管理，对施工承包人的安全生产管理实施监督，参与协调建设工程相关方的关系。

建设工程监理合同（简称监理合同），是指委托人与监理人就委托的工程项目管理内容签订的明确双方权利、义务的协议。委托人是指本合同中委托监理与相关服务的一方及其合法的继承人或受让人。监理人是指本合同中提供监理与相关服务的一方，及其合法的继承人。监理的标的可以是工程建设的全过程，也可以是工程建设的某个阶段（如设计阶段、施工阶段等）。目前实践中的监理大多数是指对施工阶段的监理。

建设工程监理合同具有以下几个方面的特征：

1）监理合同的当事人双方，应当是具有民事权利能力和民事行为能力、取得法人资格的企事业单位、其他社会组织，个人在法律允许范围内也可以成为监理合同当事人。作为委托人必须是有国家批准的建设项目，落实投资计划的企事业单位、其他社会组织及个人。作为监理人必须是依法成立的具有法人资格的监理单位，并且所承担的工程监理业务应与其单位资质相符合。

2）监理合同的订立必须符合工程项目建设程序。

3）委托监理合同的标的是服务，即监理人凭借自己的知识、经验、技能受发包人所委托为其所签订的其他合同的履行实施监督管理。

4）监理合同是双务合同，即合同成立后，委托人和监理人都要承担相应的义务。委托人有向监理人支付监理酬金等义务，监理人有向委托人报告委托事务、亲自处理委托事务等义务。

5）监理合同是有偿合同，因为监理人也是以营利为目的的企业，它通过自己的有偿服务取得相应的酬金。

### （二）监理人与发包人、承包人关系

建设施工合同的履行中，由于监理人的介入，形成了一种监理人与发包人、承包人既互

相协作又互相监督的三元格局。这种格局以建设施工合同和委托监理合同为纽带，以优质、高效、安全地完成建设工程为最终目标。正确认识三者之间的法律关系，有利于实践中理顺三者之间的关系，协调、统一地行动，提高工程的质量和效益。

**1. 监理人的性质**

监理人即建设监理单位是指经政府建设监理管理机构批准，具有法人资格的工程监理公司。它受建设单位委托，主要从事工程建设可行性研究、招标投标、组织与审查勘察设计、监督施工等服务活动。符合建设监理条件的工程设计、科研、工程咨询等单位，经政府建设监理管理机构批准，也可以兼营工程监理业务。建设监理单位是一种中介机构，委派监理工程师在建设工程施工合同施工活动中进行组织和监督。监理工程师的权限来源于其所属单位与建设单位订立的建设监理合同。即便是国家强制监理的工程，监理单位如果没有建设方项目法人的授权，也不能实施监理活动。

**2. 监理人与发包人的法律关系**

《合同法》第二百七十六条规定："建设工程实行监理的，发包人应当与监理人采用书面形式订立委托监理合同。发包人与监理人的权利和义务以及法律责任，应当依照本法委托合同以及其他有关法律、行政法规的规定。"工程建设监理合同是一种委托合同，因此，发包人与监理人是委托与被委托的关系。监理合同订立后，发包人把对工程建设项目的一部分管理权授予监理人，委托其代为行使。发包人的授权委托是监理人依法实施工程建设监理的直接依据，是工程建设实行监理制的本质要求。应该注意的是，这种授权委托关系不是代理关系，更不是雇佣与被雇佣的关系。委托关系与代理关系的区别主要在于受托人以自己的名义为受托的行为，而代理人则以被代理人的名义为代理行为。监理人是一种中介组织，是独立的民事主体，它在行使监理职能的时候以自己的名义进行。雇佣与被雇佣的关系不是平等的法律关系，表现在前者支配后者，后者的工作具有从属性。然而监理人接受发包人的委托后，并非唯命是从。监理人中介组织的地位和委托法律关系的性质，决定了监理人在从事工程建设建立活动时，应当遵循守法、诚信、公正、科学的准则，应当凭借自己的专业技能，依照法律、行政法规及有关技术标准、设计文件和建筑工程承包合同，对施工单位进行监督。

**3. 监理人与承包人的法律关系**

监理人与承包人之间则是监理与被监理的关系。两者之间虽然没有直接合同法律关系，但承包人要接受监理人的监督。因为，一方面，根据《合同法》的规定，发包人有权监督施工方的合同履行情况，承包人有义务接受发包人的监督。发包人通过监理合同授权监理人履行监理职责，监理人就取得了代替发包人监督承包人履行合同义务的权利，承包人则必须接受监理人的监督。另一方面，监理人是依法执业的机构，法律赋予了它对施工活动中的违法违规行为进行监督的权利和职责。换言之，监理人实施工程建设监理，其权力来源一是有关监理的法律规定，二是建设方的直接授权。

**（三）《建设工程监理合同（示范文本）》简介**

为规范建设工程监理活动，维护建设工程监理合同当事人的合法权益，住房和城乡建设部、国家工商行政管理总局对（GF—2000—0202）《建设工程委托监理合同（示范文本）》进行了修订，制定了（GF—2012—0202）《建设工程监理合同（示范文本）》。《建设工程监理合同（示范文本）》由协议书、通用条件、专用条件三个部分及附录 A 和附录 B 组成。

协议书是《建设工程监理合同（示范文本）》中的总纲领性文件。它规定了合同当事人最主要的权利和义务，规定了组成合同的文件及合同当事人对履行合同义务的承诺，并且合同当事人在这份文件上签字盖章，因此具有很高的法律效力。协议书的内容包括工程名称、地点、规模、工程概算投资额或建筑安装工程费、组成监理合同的文件、总监理工程师、签约酬金、期限、双方承诺、合同订立等。

通用条件是根据《合同法》等法律法规对委托人和监理人双方的权利和义务作出的规定，合同双方均必须执行。在签署合同之前，合同双方当事人可以协商一致，对其中的某些条款作修改、补充或取消。由于通用条件适用于所有的工程建设监理委托，因此其中的某些条款规定得比较笼统，需要在签订具体工程项目的监理合同时，就地域特点、专业特点和委托监理项目的特点，对通用条件中的某些条款进行补充、修改。

所谓"补充"是指在通用条件中某些条款明确规定，在该条款确定的原则下，在专用条件的条款中进一步明确具体内容，使两个条件中相同序号的条款共同组成一条内容完备的条款。比如通用条件中所谓"修改"是指通用条件中规定的程序方面的内容，如果合同双方认为不合适，可以通过协商修改，并写入专用条件中的相应序号条款。如通用条件中规定"委托人对监理人提交的支付申请书有异议时，应当在收到监理人提交的支付申请书后7天内，以书面形式向监理人发出异议通知"。如果委托人认为这个时间太长，在与监理人协商并达成一致意见后，可在专用条件的相同序号内缩短时效。通用条件是将建设工程施工合同中具有共性的内容抽出来编写的一份完整的合同文件。通用条件具有很强的通用性，适用于各类建设工程项目监理。通用条件由以下八部分组成：

1）定义与解释。

2）监理人的义务。

3）委托人的义务。

4）违约责任。

5）支付。

6）合同生效、变更、暂停、解除与终止。

7）争议解决。

8）其他。

## 二、监理合同主要内容

协议书是监理合同的关键部分，协议书的一般格式如下：

### （一）监理合同协议书

协 议 书

委托人（全称）：＿＿＿＿＿＿＿＿＿＿

监理人（全称）：＿＿＿＿＿＿＿＿＿＿

根据《中华人民共和国合同法》《中华人民共和国建筑法》及其他有关法律、法规，遵循平等、自愿、公平和诚信的原则，双方就下述工程委托监理与相关服务事项协商一致，订立本合同。

**一、工程概况**

1. 工程名称：＿＿＿＿＿＿＿＿＿＿＿＿＿＿；

2. 工程地点：_____；

3. 工程规模：_____；

4. 工程概算投资额或建筑安装工程费：_____。

## 二、词语限定

协议书中相关词语的含义与通用条件中的定义与解释相同。

## 三、组成本合同的文件

1. 协议书；

2. 中标通知书（适用于招标工程）或委托书（适用于非招标工程）；

3. 投标文件（适用于招标工程）或监理与相关服务建议书（适用于非招标工程）；

4. 专用条件；

5. 通用条件；

6. 附录，即：

附录 A　相关服务的范围和内容

附录 B　委托人派遣的人员和提供的房屋、资料、设备

本合同签订后，双方依法签订的补充协议也是本合同文件的组成部分。

## 四、总监理工程师

总监理工程师姓名：_____，身份证号码：_____，注册号：_____。

## 五、签约酬金

签约酬金（大写）：_____（¥_____）。

包括：

1. 监理酬金：_____。

2. 相关服务酬金：_____。

其中：

（1）勘察阶段服务酬金：_____。

（2）设计阶段服务酬金：_____。

（3）保修阶段服务酬金：_____。

（4）其他相关服务酬金：_____。

## 六、期限

1. 监理期限：

自_____年__月__日始，至_____年__月__日止。

2. 相关服务期限：

（1）勘察阶段服务期限自_____年__月__日始，至____年__月__日止。

（2）设计阶段服务期限自_____年__月__日始，至____年__月__日止。

（3）保修阶段服务期限自_____年__月__日始，至____年__月__日止。

（4）其他相关服务期限自_____年__月__日始，至____年__月__日止。

## 七、双方承诺

1. 监理人向委托人承诺，按照本合同约定提供监理与相关服务。

2. 委托人向监理人承诺，按照本合同约定派遣相应的人员，提供房屋、资料、设备，并按本合同约定支付酬金。

## 八、合同订立

1. 订立时间：_____年_____月_____日。

2. 订立地点：_____。

3. 本合同一式____份，具有同等法律效力，双方各执____份。

委托人：____(盖章)____　　　　监理人：____(盖章)____

住所：_____　住所：_____

邮政编码：_____　邮政编码：_____

法定代表人或其授权　　　　　　　法定代表人或其授权

的代理人：(签字)_____　的代理人：(签字)_____

开户银行：_____　开户银行：_____

账号：_____　账号：_____

电话：_____　电话：_____

传真：_____　传真：_____

电子邮箱：_____　电子邮箱：_____

### (二) 双方当事人的义务

**1. 委托人的义务**

(1) 告知　委托人应在委托人与承包人签订的合同中明确监理人、总监理工程师和授予项目监理机构的权限。如有变更，应及时通知承包人。

(2) 提供资料　委托人应按照合同附录B约定，无偿向监理人提供工程有关的资料。在合同履行过程中，委托人应及时向监理人提供最新的与工程有关的资料。

(3) 提供工作条件　委托人应为监理人完成监理与相关服务提供必要的条件。

1) 委托人应按照合同附录B约定，派遣相应的人员，提供房屋、设备，供监理人无偿使用。

2) 委托人应负责协调工程建设中所有外部关系，为监理人履行合同提供必要的外部条件。

(4) 委托人代表　委托人应授权一名熟悉工程情况的代表，负责与监理人联系。委托人应在双方签订监理合同后7天内，将委托人代表的姓名和职责书面告知监理人。当委托人更换委托人代表时，应提前7天通知监理人。

(5) 委托人意见或要求　在合同约定的监理与相关服务工作范围内，委托人对承包人的任何意见或要求应通知监理人，由监理人向承包人发出相应指令。

(6) 答复　委托人应在专用条件约定的时间内，对监理人以书面形式提交并要求作出决定的事宜，给予书面答复。逾期未答复的，视为委托人认可。

(7) 支付监理酬金　委托人应按本合同约定，向监理人支付酬金。

**2. 监理人的义务**

(1) 监理工作的范围　监理工作的范围是监理工程师为委托人提供服务的范围。除监理工作外，委托人委托监理业务的范围还包括相关服务，相关服务是指监理人按照监理合同约定，在勘察、设计、招标、保修等阶段提供的服务。

(2) 监理工作内容　具体如下。

1）收到工程设计文件后编制监理规划，并在第一次工地会议7天前报委托人。根据有关规定和监理工作需要，编制监理实施细则。

2）熟悉工程设计文件，并参加由委托人主持的图纸会审和设计交底会议。

3）参加由委托人主持的第一次工地会议；主持监理例会并根据工程需要主持或参加专题会议。

4）审查施工承包人提交的施工组织设计中的质量安全技术措施、专项施工方案与工程建设强制性标准的符合性。

5）检查施工承包人工程质量、安全生产管理制度及组织机构和人员资格。

6）检查施工承包人专职安全生产管理人员的配备情况。

7）审查施工承包人提交的施工进度计划，核查承包人对施工进度计划的调整。

8）检查施工承包人的实验室。

9）审核施工分包人资质条件。

10）查验施工承包人的施工测量放线成果。

11）审查工程开工条件，签发开工令。

12）审查施工承包人报送的工程材料、构配件、设备的质量证明资料，抽检进场的工程材料、构配件的质量。

13）审核施工承包人提交的工程款支付申请，签发或出具工程款支付证书，并报委托人审核、批准。

14）进行巡视、旁站和抽检，发现工程质量、施工安全生产存在隐患时，要求施工承包人整改并报委托人。

15）经委托人同意，签发工程暂停令和复工令。

16）审查施工承包人提交的采用新材料、新工艺、新技术、新设备的论证材料及相关验收标准。

17）验收隐蔽工程、分部分项工程。

18）审查施工承包人提交的工程变更申请，协调处理施工进度调整、费用索赔、合同争议等事项。

19）审查施工承包人提交的竣工验收申请，编写工程质量评估报告。

20）参加工程竣工验收，签署竣工验收意见。

21）审查施工承包人提交的竣工结算申请并报委托人。

22）编制、整理工程监理归档文件并报委托人。

（3）监理依据　具体如下。

1）适用的法律、行政法规及部门规章。

2）与工程有关的标准。

3）工程设计及有关文件。

4）本合同及委托人与第三方签订的与实施工程有关的其他合同。

双方根据工程的行业和地域特点，在专用条件中具体约定监理依据。

（4）监理人的职责　具体如下。

1）监理人应组建满足工作需要的项目监理机构，配备必要的检测设备。

项目监理机构的主要人员应具有相应的资格条件。监理人可根据工程进展和工作需要调整项目监理机构人员。监理人更换总监理工程师时，应提前 7 天向委托人书面报告，经委托人同意后方可更换；监理人更换项目监理机构其他监理人员，应以相当资格与能力的人员替换，并通知委托人。监理人应遵循职业道德准则和行为规范，严格按照法律法规、建设工程有关标准及本合同履行职责。

监理人应及时更换有下列情形之一的监理人员：①严重过失行为的；②有违法行为不能履行职责的；③涉嫌犯罪的；④不能胜任岗位职责的；⑤严重违反职业道德的；⑥专用条件约定的其他情形。

2）在监理与相关服务范围内，委托人和承包人提出的意见和要求，监理人应及时提出处置意见。当委托人与承包人之间发生合同争议时，监理人应协助委托人、承包人协商解决。当委托人与承包人之间的合同争议提交仲裁机构仲裁或人民法院审理时，监理人应提供必要的证明资料。

3）监理人应在专用条件约定的授权范围内，处理委托人与承包人所签订合同的变更事宜。如果变更超过授权范围，应以书面形式报委托人批准。在紧急情况下，为了保护财产和人身安全，监理人所发出的指令未能事先报委托人批准时，应在发出指令后的 24 小时内以书面形式报委托人。

4）提交报告。监理人应按专用条件约定的内容、时间和份数向委托人提交监理与相关服务的报告。

5）文件资料。在合同履行期内，监理人应在现场保留工作所用的施工图、报告及记录监理工作的相关文件。工程竣工后，应当按照档案管理规定将监理有关文件归档。

6）使用委托人的财产。监理人免费使用由委托人提供的人员、设备、设施。除专用条件另有约定外，委托人提供的设备、设施属于委托人的财产，监理人应妥善使用和保管，在监理合同终止时将这些设备、设施的清单提交委托人，并按专用条件约定的时间和方式移交。

### （三）双方当事人的违约责任

**1. 委托人的违约责任**

1）委托人违反本合同约定造成监理人损失的，委托人应予以赔偿。

2）委托人向监理人的索赔不成立时，应赔偿监理人由此引起的费用。

3）委托人未能按期支付酬金超过 28 天，应按专用条件约定支付逾期付款利息。

**2. 监理人的违约责任**

1）因监理人违反本合同约定给委托人造成损失的，监理人应当赔偿发包人损失。赔偿金额的确定方法在专用条件中约定。监理人承担部分赔偿责任的，其承担赔偿金额由双方协商确定。

2）监理人向委托人的索赔不成立时，监理人应赔偿委托人由此发生的费用。

**3. 除外责任**

因非监理人的原因，且监理人无过错，发生工程质量事故、安全事故、工期延误等造成的损失，监理人不承担赔偿责任。

因不可抗力导致监理合同全部或部分不能履行时，双方各自承担其因此而造成的损失、损害。

**4. 违约赔偿**

合同履行过程中，由于当事人一方的过错，造成合同不能履行或者不能完全履行，由有过错的一方承担违约责任，如属双方的过错，根据实际情况，由双方分别承担各自的违约责任。

在合同责任期内，如果监理人未按合同中要求的职责勤恳认真地服务，或委托人违背了对监理人的责任时，均应向对方承担赔偿责任。

因监理人过失造成经济损失，应向委托人进行赔偿。监理人赔偿金额按下列方法确定：

$$赔偿金 = \frac{直接经济损失}{工程概算投资额（或建筑工程安装费）} \times 正常工作酬金$$

**（四）监理酬金及支付**

**1. 监理酬金**

委托人应按约定，向监理人支付酬金。支付的酬金包括正常工作酬金、附加工作酬金、合理化建议奖励金额及费用。

（1）正常监理工作的酬金　正常监理工作的酬金的构成，是监理单位在工程项目监理中所需的全部成本，具体应包括直接成本、间接成本，再加上合理的利润和税金。

因非监理人原因造成工程投资额或建筑安装工程费增加时，正常工作酬金增加额按下列方法确定：

$$正常工作酬金增加额 = \frac{工程投资或建筑安装工程费增加额}{工程概算投资额（或建筑安装工程费）} \times 正常工作酬金$$

（2）附加监理工作酬金　具体如下。

1）监理合同期限延长时，附加工作酬金。

$$附加工作酬金 = \frac{监理合同期限延长时间（天）}{协议书约定的监理与相关服务期限（天）} \times 正常工作酬金$$

2）监理人完成善后工作以及恢复服务前准备工作的附加工作酬金。

$$附加工作酬金 = \frac{附加工作的时间（天）}{协议书约定的监理与相关服务期限（天）} \times 正常工作酬金$$

（3）奖金　监理人在监理过程中提出的合理化建议使委托人得到了经济效益，有权按专用条款的约定获得经济奖励。奖金的计算办法是：

$$奖励金额 = 工程投资节省额 \times 奖励金额的比率$$

**2. 支付申请**

监理人应在合同约定的每次应付款时间的7天前，向委托人提交支付申请书。支付申请书应当说明当期应付款总额，并列出当期应支付的款项及其金额。

**3. 有争议部分的付款**

委托人对监理人提交的支付申请书有异议时，应当在收到监理人提交的支付申请书后7天内，以书面形式向监理人发出异议通知。无异议部分的款项应按期支付，有异议部分的款项按通用条件第7条约定办理。

## 三、监理合同的生效、变更、暂停、解除与终止

**1. 监理合同的生效**

委托人和监理人的法定代表人或其授权代理人在协议书上签字并加盖单位公章后监理合

同生效。

**2. 监理合同的变更**

1）双方经协商一致后可进行变更。

2）除不可抗力外，因非监理人原因导致监理人履行合同期限延长、内容增加时，监理人应当将此情况与可能产生的影响及时通知委托人。增加的监理工作时间、工作内容应视为附加工作。附加工作酬金的确定方法在专用条件中约定。

3）合同生效后，如果实际情况发生变化使得监理人不能完成全部或部分工作时，监理人应立即通知委托人。除不可抗力外，其善后工作以及恢复服务的准备工作应为附加工作，附加工作酬金的确定方法在专用条件中约定。监理人用于恢复服务的准备时间不应超过28天。

4）合同签订后，遇有与工程相关的法律法规、标准颁布或修订的，双方应遵照执行。由此引起监理与相关服务的范围、时间、酬金变化的，双方应通过协商进行相应调整。

5）因非监理人原因造成工程概算投资额或建筑安装工程费增加时，正常工作酬金应作相应调整。调整方法在专用条件中约定。

6）因工程规模、监理范围的变化导致监理人的正常工作量减少时，正常工作酬金应作相应调整。调整方法在专用条件中约定。

**3. 暂停与解除**

当一方无正当理由未履行监理合同约定的义务时，另一方可以根据监理合同约定暂停履行监理合同直至解除监理合同。

1）由于双方无法预见和控制的原因导致监理合同全部或部分无法继续履行或继续履行已无意义，经双方协商一致，可以解除监理合同或监理人的部分义务。

因解除监理合同或解除监理人的部分义务导致监理人遭受的损失，除依法可以免除责任的情况外，应由委托人予以补偿，补偿金额由双方协商确定。

解除合同的协议必须采取书面形式，协议未达成之前，原合同仍然有效。

2）在监理合同有效期内，因非监理人的原因导致工程施工全部或部分暂停，委托人可以书面形式通知监理人要求暂停全部或部分工作。委托人通知暂停部分监理与相关服务且暂停时间超过182天，监理人可发出解除监理合同约定的该部分义务的通知；若委托人通知暂停全部工作且暂停时间超过182天，监理人可发出解除监理合同的通知，监理合同自通知到达委托人时解除。

3）当监理人无正当理由未履行监理合同约定的义务时，委托人应以书面形式通知监理人限期改正。若委托人在监理人接到通知后的7天内未收到监理人书面形式的合理解释，则可在7天内发出解除监理合同的通知，自通知到达监理人时监理合同解除。

4）监理人在专用条件中约定的支付之日起28天后仍未收到委托人按监理合同约定应付的款项，监理人可向委托人发出催付通知。委托人接到通知14天后仍未支付或未提出监理人可以接受的延期支付安排，监理人可向委托人发出暂停工作的通知并可自行暂停全部或部分工作。暂停工作后14天内监理人仍未获得委托人应付酬金或委托人的合理答复，监理人可向委托人发出解除监理合同的通知，自通知到达委托人时监理合同解除。

5）因不可抗力致使监理合同部分或全部不能履行时，一方应立即书面通知另一方，可暂停或解除监理合同。

6）本合同解除后，本合同约定的有关结算、清理、争议解决方式的条件仍然有效。

**4. 监理合同终止**

以下条件全部具备时，监理合同即告终止：

1）监理人完成监理合同约定的全部工作。

2）委托人与监理人结清并支付全部酬金。

## 案例1

某工程项目，发包人（业主）甲分别与监理人乙、施工承包人丙签订了施工阶段的监理合同和施工合同。在监理合同中对于发包人（甲方）和监理人（乙方）的权利、义务和违约责任的某些规定如下：

1. 乙方在监理工作中应维护甲方的利益。

2. 施工期间的任何设计变更必须经过乙方审查、认可并发布变更指令，方为有效并付诸实施。

3. 乙方应在甲方的授权范围内对委托的工程项目实施施工监理。

4. 乙方发现工程设计中的错误或不符合建筑工程质量标准的要求时，有权要求设计单位更改。

5. 乙方仅对本工程的施工质量实施监督控制；进度控制和费用控制的任务由甲方行使。

6. 乙方有审核批准索赔权。

7. 乙方对工程进度款支付有审核签认权；甲方有独立于乙方之外的自主支付权。

8. 在合同责任期内，乙方未按合同要求的职责认真服务，或甲方违背对乙方的责任时，均应向对方承担赔偿责任。

9. 由于甲方严重违约及非乙方责任而使监理工作停止半年以上的情况下，乙方有权终止合同。

10. 甲方违约应承担违约责任，赔偿乙方相应的经济损失。

11. 乙方有发布开工令、停工令、复工令等指令的权利。

【问题】

以上各条中有无不妥之处，怎样才正确？

【案例1】参考答案

1. 不妥。乙方应当在监理工作中公正地维护有关各方面的合法权益。

2. 不妥。正确的应当是：设计变更审批权在业主，任何设计变更须经乙方审查并报业主审查，批准、同意后，再由乙方发布变更令，实施变更。

3. 正确。

4. 不妥。正确的应当是：乙方发现设计错误或不符合质量标准要求时，应报告甲方，要求设计单位改正并向甲方提供报告。

5. 不妥。因为三大控制目标是相互联系、相互影响的。正确的应当是：监理人（乙方）有实施工程项目质量、进度和费用三方面的监督控制权。

6. 不妥。乙方仅有索赔审核权及建议权而无批准权。正确的应当是：乙方有审核索赔权，除非有专门约定外，索赔的批准、确认应通过甲方。

7. 不妥。正确的应当是：在工程承包合同议定的工程价格范围内，乙方对工程进度款的支付有审核签认权；未经乙方签字确认，甲方不得支付工程款。

8. 正确。

9. 正确。

10. 正确。

11. 不妥。正确的应当是：乙方在征得甲方同意后，有权发布开工令、停工令、复工令等指令。

# 第四节　建设工程施工合同

## 一、建设工程施工合同概述

### （一）建设工程施工合同的概念

建设工程施工合同即建筑安装工程承包合同，是发包人（建设单位、业主或总包单位）与承包人（施工单位）之间为完成商定的建设工程项目，明确双方权利和义务的协议。依据施工合同，承包人应完成一定的建筑、安装工程任务，发包人应提供必要的施工条件并支付工程价款。

建设工程施工合同是建设工程合同体系的主要合同，是建设工程质量控制、进度控制、投资控制的主要依据。通过合同关系，可以确定建设市场主体之间的相互权利义务关系，这对规范建筑市场有重要作用。

施工合同的当事人是发包人和承包人，双方是平等的民事主体，双方签订施工合同，必须具备相应资质条件和履行施工合同的能力。

发包人是在协议书中约定、具有工程发包主体资格和支付工程价款能力的当事人以及取得该当事人资格的合法继承人。发包人必须具备组织协调能力或委托给具备相应资质的监理人承担。

承包人是在协议书中约定、被发包人接受的具有工程施工承包主体资格的当事人以及取得该当事人资格的合法继承人。承包人必须具备有关部门核定的资质等级并持有营业执照等证明文件。

在施工合同实施过程中，监理人受发包人委托对工程进行管理。

### （二）建设工程施工合同的特点

**1. 合同标的物的特殊性**

施工合同的"标的物"是特定建筑产品，不同于其他一般商品。首先建筑产品的固定性和施工生产的流动性是区别于其他商品的根本特点。建筑产品是不动产，其基础部分与大地相连，不能移动，这就决定了每个施工合同相互之间具有不可替代性，而且施工队伍、施工机械必须围绕建筑产品不断移动。其次由于建筑产品各有其特定的功能要求，其实物形态千差万别，种类庞杂，其外观、结构、使用目的、使用人都各不相同，这就要求每一个建筑产品都需单独设计和施工，即使可重复利用标准设计或重复使用图纸，也应采取必要的修改设计才能施工，造成建筑产品的单体性和生产的单件性。再次建筑产品体积庞大，消耗的人力、物力、财力多，一次性投资额大。所有这些特点，必然在施工合同中表现出来，使得施工合同在明确标的物时，需要将建筑产品的幢数、面积、层数或高度、结构特征、内外装饰标准和设备安装要求等规定清楚。

**2. 合同内容的多样性和复杂性**

施工合同实施过程中涉及的主体有多种，且其履行期限长、标的额大；涉及的法律关系，除承包人与发包人的合同关系外，还涉及与劳务人员的劳动关系、与保险公司的保险关系、与材料设备供应商的买卖关系、与运输企业的运输关系，还涉及监理单位、分包人、保证单位等。施工合同除了应当具备合同的一般内容外，还应对安全施工、专利技术使用、地下障碍和文物发现、工程分包、不可抗力、工程设计变更、材料设备供应、运输和验收等内容作出规定。所有这些，都决定了施工合同的内容具有多样性和复杂性的特点，要求合同条款必须具体明确和完整。

**3. 合同履行期限的长期性**

由于建设工程结构复杂、体积大、材料类型多、工作量大，使得工程生产周期都较长。因为建设工程的施工应当在合同签订后才开始，且需加上合同签订后到正式开工前的施工准备时间和工程全部竣工验收后、办理竣工结算及保修期间。在工程的施工过程中，还可能因为不可抗力、工程变更、材料供应不及时、一方违约等原因而导致工期延误，因而施工合同的履行期限具有长期性，变更较频繁，合同争议和纠纷也比较多。

**4. 合同监督的严格性**

由于施工合同的履行对国家经济发展、公民的工作与生活都有重大的影响，因此，国家对施工合同的监督是十分严格的。具体表现在以下几个方面：

1）对合同主体监督的严格性。建设工程施工合同主体一般是法人。发包人一般是经过批准进行工程项目建设的法人，必须有国家批准的建设项目，落实投资计划，并且应当具备相应的协调能力；承包人则必须具备法人资格，而且应当具备相应的从事施工的资质。无营业执照或无承包资质的单位不能作为建设工程施工合同的主体，资质等级低的单位不能越级承包建设工程。

2）对合同订立监督的严格性。订立建设工程施工合同必须以国家批准的投资计划为前提，即使是国家投资以外的、以其他方式筹集的投资也要受到当年的贷款规模和批准限额的限制，纳入当年投资规模的平衡，并经过严格的审批程序。建设工程施工合同的订立，还必须符合国家关于建设程序的规定。考虑到建设工程的重要性和复杂性，在施工过程中经常会发生影响合同履行的各种纠纷，因此，《合同法》要求建设工程施工合同应当采用书面形式。

3）对合同履行监督的严格性。在施工合同的履行过程中，除了合同当事人应当对合同进行严格的管理外，合同的主管机关（工商行政管理部门）、建设主管部门、合同双方的上级主管部门、金融机构、解决合同争议的仲裁机关或人民法院，还有税务部门、审计部门及合同公证机关或鉴证机关等机构和部门，都要对施工合同的履行进行严格的监督。

**（三）《建设工程施工合同（示范文本）》简介**

住房和城乡建设部、国家工商行政管理总局总结了近几年施工合同示范文本推行的经验，结合我国建设工程施工的实际情况，并借鉴国际上通用的土木工程施工合同的成熟经验和有效作法，对 GF—1999—0201《建设工程施工合同（示范文本）》进行了修订，制定了 GF—2013—0201《建设工程施工合同（示范文本）》。使用了长达 14 年的 1999 版施工合同示范文本废止，新版施工合同示范文本自 2013 年 7 月 1 日起施行。该文本适用于房屋建筑工程、土木工程、线路管道和设备安装工程、装修工程等建设工程的施工承发包活动，《建设工程施工合同（示范文本）》为非强制性使用文本。合同当事人可结合建设工程具体情况，根据示范文本订立合同，并按照法律法规规定和合同约定承担相应的法律责任及合同权利义务。

《建设工程施工合同（示范文本）》可以规范和指导合同当事人双方的行为，完善合同管理制度，解决施工合同中存在的合同文本不规范、条款不完备、合同纠纷多等问题，示范文本从法律性质上并不具备强制性，但由于其通用条款较为公平合理地设定了合同双方的权利义务，因此得到了较为广泛的应用。

《建设工程施工合同（示范文本）》由"合同协议书""通用合同条款""专用合同条款"三部分组成，并附有 11 个附件。

**1. 合同协议书**

合同协议书是《建设工程施工合同（示范文本）》中总纲性文件，是发包人与承包人依据《合同法》《建筑法》及其他有关法律、法规，遵循平等、自愿、公平和诚实信用的原则，就建设工程施工中最基本、最重要的事项协商一致而订立的合同。虽然其文字量并不大，但它规定了合同当事人双方最主要的权利义务，规定了组成合同的文件及合同当事人对履行合同义务的承诺，并且合同当事人在这份文件上签字盖章，因此具有很高的法律效力，在所有施工合同文件组成中具有最优的解释效力。合同协议书共计 13 条，主要包括以下内容：

1）工程概况。工程名称、工程地点、工程内容、群体工程应附承包人承揽工程项目一览表（附件 1）、工程立项批准文号、资金来源、工程承包范围。

2）合同工期。计划开工日期、计划竣工日期、工期总日历天数。工期总日历天数与根据前述计划开竣工日期计算的工期天数不一致的，以工期总日历天数为准。

3）质量标准。

4）签约合同价与合同价格形式。

5）承包人项目经理。

6）合同文件构成。

7）发包人和承包人承诺。发包人承诺按照法律规定履行项目审批手续、筹集建设工程资金并按照合同约定的期限和方式支付合同价款。承包人承诺按照法律规定及合同约定组织完成工程施工，确保工程质量和安全，不进行转包及违法分包，并在缺陷责任期及保修期内承担相应的工程维修责任。发包人和承包人通过招投标形式签订合同的，双方理解并承诺不再就同一工程另行签订与合同实质性内容相背离的协议。

8）词语含义。合同协议书中词语含义与通用合同条款的定义相同。

9）签订时间。

10）签订地点。

11）补充协议。合同未尽事宜，合同当事人另行签订补充协议，补充协议是合同的组成部分。

12）合同生效。

13）合同份数。

**2. 通用合同条款**

通用合同条款是合同当事人就建设工程的实施及相关事项，对合同当事人的权利义务作出原则性约定，通用合同条款根据《合同法》《建筑法》等法律法规对承发包双方的权利义务作出的规定，除双方协商一致对其中的某些条款作了修改、补充或取消，双方都必须履行。它是将建设工程施工合同中共性的一些内容抽出编写的一份完整的合同文件。通用合同条款具有很强的通用性，基本适用于各类建设工程。

通用合同条款共计20条，具体条款分别为：一般约定、发包人、承包人、监理人、工程质量、安全文明施工与环境保护、工期和进度、材料与设备、试验与检验、变更、价格调整、合同价格、计量与支付、验收和工程试车、竣工结算、缺陷责任与保修、违约、不可抗力、保险、索赔和争议解决。

**3. 专用合同条款**

考虑到建设工程的内容各不相同，工期、造价等也随之变动，承包人发包人各自的能力、施工现场的环境和条件也各不相同，需要"专用合同条款"对"通用合同条款"进行必要的修改和补充，使两者成为双方当事人统一意愿的体现。"专用合同条款"也有20条，与"通用合同条款"条款序号一致，为承发包双方补充协议提供了一个可供参考的提纲或格式。合同当事人可以根据不同建设工程的特点及具体情况，通过双方的谈判、协商对相应的专用合同条款进行修改补充。

**4. 附件**

附件是对施工合同当事人的权利义务的进一步明确，使施工合同当事人的有关工作一目了然，便于执行和管理。共有11个附件。

协议书附件：

附件1　承包人承揽工程项目一览表

专用合同条款附件：

附件2　发包人供应材料设备一览表

附件3　工程质量保修书

附件4　主要建设工程文件目录

附件5　承包人用于本工程施工的机械设备表

附件6　承包人主要施工管理人员表

附件7　分包人主要施工管理人员表

附件8　履约担保格式

附件9　预付款担保格式

附件10　支付担保格式

附件11　暂估价一览表

**（四）施工合同文件的构成及解释顺序**

建设工程施工合同文件由两大部分组成，一部分是当事人双方签订合同时已经形成的文件，另一部分是双方在履行合同过程中形成的对双方具有约束力的修改或补充合同文件。

第一部分的文件包括：

1）施工合同协议书。

2）中标通知书（如果有）。

3）投标函及其附录（如果有）。

4）专用合同条款及其附件。

5）通用合同条款。

6）技术标准和要求。

7）施工图。

8）已标价工程量清单或预算书。

9）其他合同文件。

第二部分文件主要包括在合同履行过程中，当事人双方有关工程的洽商、变更、补充和修改等书面协议或文件，视为施工合同协议书的组成部分。

上述合同文件应能够互相解释，互为说明。属于同一类内容的文件，应以最新签署的为准。如果出现含糊不清或不一致时，其解释的原则是排在前面的顺序就是合同的优先解释顺序。

## 二、建设工程施工合同的一般约定

**（一）合同当事人及其他相关方**

（1）合同当事人　合同当事人指发包人和承包人。

（2）监理人　监理人是受发包人委托按照法律规定进行工程监督管理的法人或其他组织。发包人可以委托监理人，全部或者部分负责合同的履行。国家推行工程监理制度。对于国家规定实行强制监理的工程施工，发包人必须委托监理，对于国家未规定实施强制监理的工程施工，发包人也可以委托监理。不属于法定必须监理的工程，监理人的职权可以由发包人代表或发包人指定的其他人员行使。监理人代表发包人对承包人在施工质量、建设工期和建设资金使用等方面实施监督。发包人应在实施监理前将委托的监理人名称、监理内容及监理权限以书面形式通知承包人。

工程实行监理的，发包人和承包人应在专用合同条款中明确监理人的监理内容及监理权限等事项。监理人应当根据发包人授权及法律规定，代表发包人对工程施工相关事项进行检查、查验、审核、验收，并签发相关指示，但监理人无权修改合同，且无权减轻或免除合同约定的承包人的任何责任与义务。

发包人授予监理人对工程实施监理的权利由监理人派驻施工现场的监理人员行使，监理人员包括总监理工程师及监理工程师。监理人应将授权的总监理工程师和监理工程师的姓名及授权范围以书面形式提前通知承包人。更换总监理工程师的，监理人应提前7天书面通知承包人；更换其他监理人员，监理人应提前48小时书面通知承包人。

（3）设计人　设计人是指在专用合同条款中指明的，受发包人委托负责工程设计并具备相应工程设计资质的法人或其他组织。

（4）分包人　分包人是指按照法律规定和合同约定，分包部分工程或工作，并与承包人签订分包合同的具有相应资质的法人。

（5）发包人代表　发包人代表是指由发包人任命并派驻施工现场在发包人授权范围内行使发包人权利的人。发包人应在专用合同条款中明确其派驻施工现场的发包人代表的姓名、职务、联系方式及授权范围等事项。发包人代表在发包人的授权范围内，负责处理合同履行过程中与发包人有关的具体事宜。发包人代表在授权范围内的行为由发包人承担法律责任。发包人更换发包人代表的，应提前7天书面通知承包人。发包人代表不能按照合同约定履行其职责及义务，并导致合同无法继续正常履行的，承包人可以要求发包人撤换发包人代表。

（6）项目经理　项目经理是指由承包人任命并派驻施工现场，在承包人授权范围内负责合同履行，且按照法律规定具有相应资格的项目负责人。

（7）总监理工程师　总监理工程师是指由监理人任命并派驻施工现场进行工程监理的总负责人。

**（二）施工图和承包人文件**

建设工程施工应当按照施工图进行。在施工合同管理中的施工图是指由发包人提供或者由承包人提供经工程师批准、满足承包人施工需要的所有施工图（包括配套说明和有关资料）。按时、按质、按量提供施工所需施工图，也是保证工程施工质量的重要方面。

**1. 施工图的提供和交底**

发包人应按照约定的期限、数量和内容向承包人免费提供施工图，并组织承包人、监理人和设计人进行施工图会审和设计交底。发包人至迟不得晚于载明的开工日期前14天向承包人提供施工图。

因发包人未按合同约定提供施工图导致承包人费用增加和（或）工期延误的，按照因发包人原因导致工期延误约定办理。

**2. 施工图的错误**

承包人在收到发包人提供的施工图后，发现存在差错、遗漏或缺陷的，应及时通知监理人。监理人接到该通知后，应附具相关意见并立即报送发包人，发包人应在收到监理人报送的通知后的合理时间内作出决定。合理时间是指发包人在收到监理人的报送通知后，尽其努力且不懈怠地完成施工图修改和补充所需的时间。

**3. 施工图的修改和补充**

施工图需要修改和补充的，应经施工图原设计人及审批部门同意，并由监理人在工程或工程相应部位施工前将修改后的施工图或补充施工图提交给承包人，承包人应按修改或补充后的施工图施工。

**4. 承包人文件**

承包人应按照专用合同条款的约定提供应当由其编制的与工程施工有关的文件，并按照专用合同条款约定的期限、数量和形式提交监理人，并由监理人报送发包人。

监理人应在收到承包人文件后7天内审查完毕，监理人对承包人文件有异议的，承包人应予以修改，并重新报送监理人。监理人的审查并不减轻或免除承包人根据合同约定应当承担的责任。

**5. 施工图和承包人文件的保管**

承包人应在施工现场另外保存一套完整的施工图和承包人文件，供发包人、监理人及有关人员进行工程检查时使用。

**（三）工程量清单错误的修正**

发包人提供的工程量清单，应被认为是准确的和完整的。出现下列情形之一时，发包人应予以修正，并相应调整合同价格：

1）工程量清单存在缺项、漏项的。

2）工程量清单偏差超出专用合同条款约定的工程量偏差范围的。

3）未按照国家现行计量规范强制性规定计量的。

**（四）联络、化石、文物**

**1. 联络**

1）与合同有关的通知、批准、证明、证书、指示、指令、要求、请求、同意、意见、确定和决定等，均应采用书面形式，并应在合同约定的期限内送达接收人和送达地点。

2）发包人和承包人应在专用合同条款中约定各自的送达接收人和送达地点。任何一方合同当事人指定的接收人或送达地点发生变动的，应提前3天以书面形式通知对方。

3）发包人和承包人应当及时签收另一方送达至送达地点和指定接收人的来往信函。拒不签收的，由此增加的费用和（或）延误的工期由拒绝接收一方承担。

**2. 化石、文物**

在施工现场发掘的所有文物、古迹以及具有地质研究或考古价值的其他遗迹、化石、钱币或物品属于国家所有。一旦发现上述文物，承包人应采取合理有效的保护措施，防止任何人员移动或损坏上述物品，并立即报告有关政府行政管理部门，同时通知监理人。

发包人、监理人和承包人应按有关政府行政管理部门要求采取妥善的保护措施，由此增加的费用和（或）延误的工期由发包人承担。

承包人发现文物后不及时报告或隐瞒不报，致使文物丢失或损坏的，应赔偿损失，并承担相应的法律责任。

**（五）交通运输**

**1. 出入现场的权利**

发包人应根据施工需要，负责取得出入施工现场所需的批准手续和全部权利，以及取得因施工所需修建道路、桥梁以及其他基础设施的权利，并承担相关手续费用和建设费用。承包人应协助发包人办理修建场内外道路、桥梁以及其他基础设施的手续。

承包人应在订立合同前查勘施工现场，并根据工程规模及技术参数合理预见工程施工所需的进出施工现场的方式、手段、路径等。因承包人未合理预见所增加的费用和（或）延误的工期由承包人承担。

**2. 场外交通**

发包人应提供场外交通设施的技术参数和具体条件，承包人应遵守有关交通法规，严格按照道路和桥梁的限制荷载行驶，执行有关道路限速、限行、禁止超载的规定，并配合交通管理部门的监督和检查。场外交通设施无法满足工程施工需要的，由发包人负责完善并承担相关费用。

**3. 场内交通**

发包人应提供场内交通设施的技术参数和具体条件，并应按照专用合同条款的约定向承包人免费提供满足工程施工所需的场内道路和交通设施。因承包人原因造成上述道路或交通设施损坏的，承包人负责修复并承担由此增加的费用。

承包人负责修建、维修、养护和管理施工所需的其他场内临时道路和交通设施（发包人按照合同约定提供的场内道路和交通设施除外）。发包人和监理人可以为实现合同目的使用承包人修建的场内临时道路和交通设施。

场外交通和场内交通的边界由合同当事人在专用合同条款中约定。

**4. 超大件和超重件的运输**

由承包人负责运输的超大件或超重件，应由承包人负责向交通管理部门办理申请手续，发包人给予协助。运输超大件或超重件所需的道路和桥梁临时加固改造费用和其他有关费用，由承包人承担。

**5. 道路和桥梁的损坏责任**

因承包人运输造成施工场地内外公共道路和桥梁损坏的，由承包人承担修复损坏的全部费用和可能引起的赔偿。

**6. 水路和航空运输**

"交通运输"的各项条款适用于水路运输和航空运输，其中"道路"一词的含义包括河道、航线、船闸、机场、码头、堤防以及水路或航空运输中其他相似结构物；"车辆"一词的含义包括船舶和飞机等。

**（六）知识产权和保密**

**1. 知识产权**

1）发包人提供给承包人的图纸、发包人为实施工程自行编制或委托编制的技术规范，以及反映发包人要求的或其他类似性质的文件的著作权属于发包人，承包人可以为实现合同目的而复制、使用此类文件，但不能用于与合同无关的其他事项。未经发包人书面同意，承包人不得为了合同以外的目的而复制、使用上述文件或将之提供给任何第三方。

2）承包人为实施工程所编制的文件，除署名权以外的著作权属于发包人，承包人可因实施工程的运行、调试、维修、改造等目的而复制、使用此类文件，但不能用于与合同无关的其他事项。未经发包人书面同意，承包人不得为了合同以外的目的而复制、使用上述文件或将之提供给任何第三方。

3）合同当事人保证在履行合同过程中不侵犯对方及第三方的知识产权。承包人在使用材料、施工设备、工程设备或采用施工工艺时，因侵犯他人的专利权或其他知识产权所引起的责任，由承包人承担；因发包人提供的材料、施工设备、工程设备或施工工艺导致侵权的，由发包人承担责任。

4）承包人在合同签订前和签订时已确定采用的专利、专有技术、技术秘密的使用费已包含在签约合同价中。

**2. 保密**

未经发包人同意，承包人不得将发包人提供的图纸、文件以及声明需要保密的资料信息等商业秘密泄露给第三方。

未经承包人同意，发包人不得将承包人提供的技术秘密及声明需要保密的资料信息等商业秘密泄露给第三方。

### 三、发包人、承包人和监理人的一般规定

#### （一）发包人的一般规定

**1. 许可和批准**

发包人应遵守法律，并办理法律规定由其办理的许可、批准或备案。包括但不限于建设用地规划许可证、建设工程规划许可证、建设工程施工许可证、施工所需临时用水、临时用电、中断道路交通、临时占用土地等许可和批准。发包人应协助承包人办理法律规定的有关施工证件和批件。因发包人原因未能及时办理完毕前述许可、批准或备案，由发包人承担由此增加的费用和（或）延误的工期，并支付承包人合理的利润。

**2. 施工现场、施工条件和基础资料的提供**

（1）提供施工现场　发包人应最迟于开工日期 7 天前向承包人移交施工现场。

（2）提供施工条件　发包人应负责提供施工所需要的条件，包括：

1）将施工用水、电力、通信线路等施工所必需的条件接至施工现场内。

2）保证向承包人提供正常施工所需要的进入施工现场的交通条件。

3）协调处理施工现场周围地下管线和邻近建筑物、构筑物、古树名木的保护工作，并承担相关费用。

4）按照专用合同条款约定应提供的其他设施和条件。

（3）提供基础资料　发包人应当在移交施工现场前向承包人提供施工现场及工程施工所必需的毗邻区域内供水、排水、供电、供气、供热、通信、广播电视等地下管线资料，气象和水文观测资料，地质勘察资料，相邻建筑物、构筑物和地下工程等有关基础资料，并对所提供资料的真实性、准确性和完整性负责。

（4）逾期提供的责任　因发包人原因未能按合同约定及时向承包人提供施工现场、施工条件、基础资料的，由发包人承担由此增加的费用和（或）延误的工期。

**3. 资金来源证明及支付担保**

发包人应在收到承包人要求提供资金来源证明的书面通知后 28 天内，向承包人提供能够按照合同约定支付合同价款的相应资金来源证明。

**4. 支付合同价款**

发包人应按合同约定向承包人及时支付合同价款。

**5. 组织竣工验收**

发包人应按合同约定及时组织竣工验收。

**6. 现场统一管理协议**

发包人应与承包人、由发包人直接发包的专业工程的承包人签订施工现场统一管理协议，明确各方的权利义务。

#### （二）承包人的一般规定

**1. 义务**

1）办理法律规定应由承包人办理的许可和批准，并将办理结果书面报送发包人留存。

2）按法律规定和合同约定完成工程，并在保修期内承担保修义务。

3）按法律规定和合同约定采取施工安全和环境保护措施，办理工伤保险，确保工程及

人员、材料、设备和设施的安全。

4）按合同约定的工作内容和施工进度要求，编制施工组织设计和施工措施计划，并对所有施工作业和施工方法的完备性和安全可靠性负责。

5）在进行合同约定的各项工作时，不得侵害发包人与他人使用公用道路、水源、市政管网等公共设施的权利，避免对邻近的公共设施产生干扰。承包人占用或使用他人的施工场地，影响他人作业或生活的，应承担相应责任。

6）负责施工场地及其周边环境与生态的保护工作及治安保卫工作。

7）采取施工安全措施，确保工程及其人员、材料、设备和设施的安全，防止因工程施工造成的人身伤害和财产损失。

8）将发包人按合同约定支付的各项价款专用于合同工程，且应及时支付其雇用人员工资，并及时向分包人支付合同价款。

9）按照法律规定和合同约定编制竣工资料，完成竣工资料立卷及归档，并按要求移交发包人。

10）工程照管与成品、半成品保护。自发包人向承包人移交施工现场之日起，承包人应负责照管工程及工程相关的材料、工程设备，直到颁发工程接收证书之日止。

11）应履行的其他义务。

**2. 项目经理**

1）项目经理应为合同当事人所确认的人选，并在专用合同条款中明确项目经理的姓名、职称、注册执业证书编号、联系方式及授权范围等事项，项目经理经承包人授权后代表承包人负责履行合同。项目经理应是承包人正式聘用的员工，承包人应向发包人提交项目经理与承包人之间的劳动合同，以及承包人为项目经理缴纳社会保险的有效证明。承包人不提交上述文件的，项目经理无权履行职责，发包人有权要求更换项目经理，由此增加的费用和（或）延误的工期由承包人承担。

项目经理应常驻施工现场，且每月在施工现场时间不得少于专用合同条款约定的天数。项目经理不得同时担任其他项目的项目经理。项目经理确需离开施工现场时，应事先通知监理人，并取得发包人的书面同意。项目经理的通知中应当载明临时代行其职责的人员的注册执业资格、管理经验等资料，该人员应具备履行相应职责的能力。

承包人违反上述约定的，应按照专用合同条款的约定，承担违约责任。

2）项目经理按合同约定组织工程实施。在紧急情况下为确保施工安全和人员安全，在无法与发包人代表和总监理工程师及时取得联系时，项目经理有权采取必要的措施保证与工程有关的人、财产和工程的安全，但应在48小时内向发包人代表和总监理工程师提交书面报告。

3）承包人需要更换项目经理的，应提前14天书面通知发包人和监理人，并征得发包人书面同意。通知中应当载明继任项目经理的注册执业资格、管理经验等资料，继任项目经理继续履行第1）项约定的职责。未经发包人书面同意，承包人不得擅自更换项目经理。承包人擅自更换项目经理的，应按照专用合同条款的约定承担违约责任。

4）发包人有权书面通知承包人更换其认为不称职的项目经理，通知中应当载明要求更换的理由。承包人应在接到更换通知后14天内向发包人提出书面的改进报告。发包人收到改进报告后仍要求更换的，承包人应在接到第二次更换通知的28天内进行更换，并将新任命的项目经理的注册执业资格、管理经验等资料书面通知发包人。继任项目经理继续履行第1）项约定的职责。承包人无正当理由拒绝更换项目经理的，应按照专用合同条款的约定承担违约责任。

5）项目经理因特殊情况授权其下属人员履行其某项工作职责的，该下属人员应具备履行相应职责的能力，并应提前7天将上述人员的姓名和授权范围书面通知监理人，并征得发包人书面同意。

**3. 承包人人员**

1）承包人应在接到开工通知后7天内，向监理人提交承包人项目管理机构及施工现场人员安排的报告，其内容应包括合同管理、施工、技术、材料、质量、安全、财务等主要施工管理人员名单及其岗位、注册执业资格等，以及各工种技术工人的安排情况，并同时提交主要施工管理人员与承包人之间的劳动关系证明和缴纳社会保险的有效证明。

2）承包人派驻到施工现场的主要施工管理人员应相对稳定。施工过程中如有变动，承包人应及时向监理人提交施工现场人员变动情况的报告。承包人更换主要施工管理人员时，应提前7天书面通知监理人，并征得发包人书面同意。通知中应当载明继任人员的注册执业资格、管理经验等资料。

特殊工种作业人员均应持有相应的资格证明，监理人可以随时检查。

3）发包人对于承包人主要施工管理人员的资格或能力有异议的，承包人应提供资料证明被质疑人员有能力完成其岗位工作或不存在发包人所质疑的情形。发包人要求撤换不能按照合同约定履行职责及义务的主要施工管理人员的，承包人应当撤换。承包人无正当理由拒绝撤换的，应按照专用合同条款的约定承担违约责任。

4）承包人的主要施工管理人员离开施工现场每月累计不超过5天的，应报监理人同意；离开施工现场每月累计超过5天的，应通知监理人，并征得发包人书面同意。主要施工管理人员离开施工现场前应指定一名有经验的人员临时代行其职责，该人员应具备履行相应职责的资格和能力，且应征得监理人或发包人的同意。

5）承包人擅自更换主要施工管理人员，或前述人员未经监理人或发包人同意擅自离开施工现场的，应按照专用合同条款约定承担违约责任。

**4. 承包人现场查勘**

承包人应对发包人提交的基础资料所作出的解释和推断负责，但因基础资料存在错误、遗漏导致承包人解释或推断失实的，由发包人承担责任。

承包人应对施工现场和施工条件进行查勘，并充分了解工程所在地的气象条件、交通条件、风俗习惯以及其他与完成合同工作有关的其他资料。因承包人未能充分查勘、了解前述情况或未能充分估计前述情况所可能产生后果的，承包人承担由此增加的费用和（或）延误的工期。

**（三）监理人的一般规定**

**1. 监理人的工作内容与权利**

工程实行监理的，发包人和承包人应在专用合同条款中明确监理人的监理内容及监理权限等事项。监理人应当根据发包人授权及法律规定，代表发包人对工程施工相关事项进行检查、查验、审核、验收，并签发相关指示，但监理人无权修改合同，且无权减轻或免除合同约定的承包人的任何责任与义务。

监理人在施工现场的办公场所、生活场所由承包人提供，所发生的费用由发包人承担。

**2. 监理人员**

发包人授予监理人对工程实施监理的权利由监理人派驻施工现场的监理人员行使，监理人员包括总监理工程师及监理工程师。监理人应将授权的总监理工程师和监理工程师的姓名及授权范围以书面形式提前通知承包人。更换总监理工程师的，监理人应提前7天书面通知承包人；更换其他监理人员，监理人应提前48小时书面通知承包人。

**3. 监理人的指示**

监理人应按照发包人的授权发出监理指示。监理人的指示应采用书面形式，并经其授权的监理人员签字。紧急情况下，监理人员可以口头形式发出指示，该指示与书面形式的指示具有同等法律效力，但必须在发出口头指示后24小时内补发书面监理指示，补发的书面监理指示应与口头指示一致。

监理人发出的指示应送达承包人项目经理或经项目经理授权接收的人员。承包人对监理人发出的指示有疑问的，应向监理人提出书面异议，监理人应在48小时内对该指示予以确认、更改或撤销，监理人逾期未回复的，承包人有权拒绝执行指示。

监理人对承包人的任何工作、工程或其采用的材料和工程设备未在约定的或合理期限内提出意见的，视为批准，但不免除或减轻承包人对该工作、工程、材料、工程设备等应承担的责任和义务。

**4. 商定或确定**

合同当事人进行商定或确定时，总监理工程师应当会同合同当事人尽量通过协商达成一致，不能达成一致的，由总监理工程师按照合同约定审慎做出公正的确定。

总监理工程师应将确定以书面形式通知发包人和承包人，并附详细依据。合同当事人对总监理工程师的确定没有异议的，按照总监理工程师的确定执行。任何一方合同当事人有异议，按照争议解决约定处理。争议解决前，合同当事人暂按总监理工程师的确定执行；争议解决后，争议解决的结果与总监理工程师的确定不一致的，按照争议解决的结果执行，由此造成的损失由责任人承担。

## 四、建设工程施工合同质量条款

工程施工中的质量管理是施工合同履行中的重要环节。施工合同的质量管理涉及许多方面的因素，任何一个方面的缺陷和疏漏，都会使工程质量无法达到预期的标准。施工合同示范文本中的大量条款都与工程质量有关。

**（一）标准、规范**

按照我国《标准化法》的规定，为保障人体健康、人身财产安全的标准属于强制性标准。建设工程施工的技术要求和方法为强制性标准，施工合同当事人必须执行。工程质量应当达到协议书约定的质量标准，质量标准的评定以国家或专业的质量检验评定标准为依据。工程质量标准必须符合现行国家有关工程施工质量验收规范和标准的要求。有关工程质量的特殊标准或要求由合同当事人在专用合同条款中约定。

**（二）质量保证措施**

**1. 发包人的质量管理**

发包人应按照法律规定及合同约定完成与工程质量有关的各项工作。

**2. 承包人的质量管理**

承包人按照约定向发包人和监理人提交工程质量保证体系及措施文件,建立完善的质量检查制度,并提交相应的工程质量文件。对于发包人和监理人违反法律规定和合同约定的错误指示,承包人有权拒绝实施。

承包人应按照法律规定和发包人的要求,对材料、工程设备以及工程的所有部位及其施工工艺进行全过程的质量检查和检验,并作详细记录,编制工程质量报表,报送监理人审查。此外,承包人还应按照法律规定和发包人的要求,进行施工现场取样试验、工程复核测量和设备性能检测,提供试验样品、提交试验报告和测量成果以及其他工作。

**3. 监理人的质量检查和检验**

监理人按照法律规定和发包人授权对工程的所有部位及其施工工艺、材料和工程设备进行检查和检验。承包人应为监理人的检查和检验提供方便,监理人为此进行的检查和检验,不免除或减轻承包人按照合同约定应当承担的责任。

监理人的检查和检验不应影响施工正常进行。监理人的检查和检验影响施工正常进行的,且经检查检验不合格的,影响正常施工的费用由承包人承担,工期不予顺延;经检查检验合格的,由此增加的费用和(或)延误的工期由发包人承担。

**(三)隐蔽工程检查**

由于隐蔽工程在施工中一旦完成隐蔽,很难再对其进行质量检查,因此必须在隐蔽前进行检查验收。

**1. 承包人自检**

工程具备隐蔽条件承包人进行自检,确认是否具备覆盖条件。

**2. 检查程序**

经承包人自检确认具备覆盖条件的,承包人应在共同检查前48小时书面通知监理人检查,并应附有自检记录和必要的检查资料。

监理人应按时到场检查。经监理人检查确认质量符合隐蔽要求,并在验收记录上签字后,承包人才能进行覆盖。经监理人检查质量不合格的,承包人应在监理人指示的时间内完成修复,并由监理人重新检查,由此增加的费用和(或)延误的工期由承包人承担。

监理人不能按时进行检查的,应在检查前24小时向承包人提交书面延期要求,但延期不能超过48小时,由此导致工期延误的,工期应予以顺延。监理人未按时进行检查,也未提出延期要求的,视为隐蔽工程检查合格,承包人可自行完成覆盖工作,并作相应记录报送监理人,监理人应签字确认。

**3. 重新检验**

承包人覆盖工程隐蔽部位后,发包人或监理人对质量有疑问的,可要求承包人对已覆盖的部位进行钻孔探测或揭开重新检查,承包人应遵照执行,并在检查后重新覆盖恢复原状。经检查证明工程质量符合合同要求的,由发包人承担由此增加的费用和(或)延误的工期,并支付承包人合理的利润;经检查证明工程质量不符合合同要求的,由此增加的费用和(或)延误的工期由承包人承担。

**4. 承包人私自覆盖**

承包人未通知监理人到场检查,私自将工程隐蔽部位覆盖的,监理人有权指示承包人钻孔探测或揭开检查,无论工程隐蔽部位质量是否合格,由此增加的费用和(或)延误的工期均由承包人承担。

**（四）不合格工程的处理**

因承包人原因造成工程不合格的，发包人有权随时要求承包人采取补救措施，直至达到合同要求的质量标准，由此增加的费用和（或）延误的工期由承包人承担。

因发包人原因造成工程不合格的，由此增加的费用和（或）延误的工期由发包人承担，并支付承包人合理的利润。

**（五）质量争议检测**

合同当事人对工程质量有争议的，由双方协商确定的工程质量检测机构鉴定，由此产生的费用及因此造成的损失，由责任方承担。

## 五、材料设备供应的质量控制

**（一）材料设备的质量要求**

**1. 材料生产和设备供应单位应具备法定条件**

建筑材料、构配件生产及设备供应单位必须具备相应的生产条件、技术装备和质量保证体系，具备必要的检测人员和设备，做好产品看样、订货、储存、运输和核验工作。

**2. 材料设备质量应符合要求**

1）符合国家或者行业现行有关技术标准规定的合格标准和设计要求。

2）符合在建筑材料、构配件及设备或其包装上注明采用的标准，符合以建筑材料、构配件及设备说明、实物样品等方式表明的质量状况。

**3. 材料设备或者其包装上的标识应符合的要求**

1）有产品质量检验合格证明。

2）有中文标明的产品名称、生产厂家厂名和厂址。

3）产品包装和商标样式符合国家有关规定和标准要求。

4）设备应有产品详细的使用说明书，电气设备还应附有线路图。

5）实施生产许可证或使用产品质量认证标志的产品，应有许可证或质量认证的编号、批准日期和有效期限。

**（二）发包人供应材料与工程设备**

**1. 双方约定发包人供应材料设备的一览表**

对于由发包人供应的材料设备，双方应当约定发包人供应材料设备的一览表，作为合同附件。承包人应提前30天通过监理人以书面形式通知发包人供应材料与工程设备进场。

**2. 发包人供应材料设备的接收与拒收**

发包人应当向承包人提供其供应材料设备的产品合格证明及出厂证明，对其质量负责。发包人应提前24小时以书面形式通知承包人、监理人材料和工程设备到货的时间，承包人负责材料和工程设备的清点、检验和接收。

发包人提供的材料和工程设备的规格、数量或质量不符合合同约定的，或因发包人原因导致交货日期延误或交货地点变更等情况的，按照发包人违约约定办理。

**3. 发包人材料设备的保管与使用**

发包人供应的材料设备经承包人清点后由承包人妥善保管，发包人支付相应的保管费用。因承包人原因发生丢失毁损的，由承包人负责赔偿；监理人未通知承包人清点的，承包人不负责材料和工程设备的保管，由此导致丢失毁损的由发包人负责。

发包人供应的材料和工程设备使用前，由承包人负责检验，检验费用由发包人承担，不合格的不得使用。

### （三）承包人采购材料与工程设备

承包人负责采购材料、工程设备的，应按照设计和有关标准要求采购，并提供产品合格证明及出厂证明，对材料、工程设备质量负责。发包人不得指定生产厂家或供应商，发包人违反约定指定生产厂家或供应商的，承包人有权拒绝，并由发包人承担相应责任。

**1. 承包人采购材料设备的接收与拒收**

承包人应在材料和工程设备到货前 24 小时通知监理人检验。承包人进行永久设备、材料的制造和生产的，应符合相关质量标准，并向监理人提交材料的样本以及有关资料，并应在使用该材料或工程设备之前获得监理人同意。

承包人采购的材料和工程设备不符合设计或有关标准要求时，承包人应在监理人要求的合理期限内将不符合设计或有关标准要求的材料、工程设备运出施工现场，并重新采购符合要求的材料、工程设备，由此增加的费用和（或）延误的工期，由承包人承担。

**2. 承包人采购材料设备的保管与使用**

承包人采购的材料和工程设备由承包人妥善保管，保管费用由承包人承担。法律规定材料和工程设备使用前必须进行检验或试验的，承包人应按监理人的要求进行检验或试验，检验或试验费用由承包人承担，不合格的不得使用。

发包人或监理人发现承包人使用不符合设计或有关标准要求的材料和工程设备时，有权要求承包人进行修复、拆除或重新采购，由此增加的费用和（或）延误的工期，由承包人承担。

### （四）禁止使用不合格的材料和工程设备

监理人有权拒绝承包人提供的不合格材料或工程设备，并要求承包人立即进行更换。监理人发现承包人使用了不合格的材料和工程设备，承包人应按照监理人的指示立即改正，发包人提供的材料或工程设备不符合合同要求的，承包人有权拒绝，并可要求发包人更换。

### （五）样品

**1. 样品的报送与封存**

需要承包人报送样品的材料或工程设备，样品的种类、名称、规格、数量等要求均应在专用合同条款中约定。样品的报送程序如下：

1）承包人应在计划采购前 28 天向监理人报送样品。承包人报送的样品均应来自供应材料的实际生产地，且提供的样品的规格、数量足以表明材料或工程设备的质量、型号、颜色、表面处理、质地、误差和其他要求的特征。

2）承包人每次报送样品时应随附申报单，申报单应载明报送样品的相关数据和资料，并标明每件样品对应的图纸号，预留监理人批复意见栏。监理人应在收到承包人报送的样品后 7 天向承包人回复经发包人签认的样品审批意见。

3）经发包人和监理人审批确认的样品应按约定的方法封样，封存的样品作为检验工程相关部分的标准之一。承包人在施工过程中不得使用与样品不符的材料或工程设备。

4）发包人和监理人对样品的审批确认仅为确认相关材料或工程设备的特征或用途，不得被理解为对合同的修改或改变，也并不减轻或免除承包人任何的责任和义务。如果封存的样品修改或改变了合同约定，合同当事人应当以书面协议予以确认。

**2. 样品的保管**

经批准的样品应由监理人负责封存于现场，承包人应在现场为保存样品提供适当和固定的场所并保持适当和良好的存储环境条件。

需要承包人报送样品的材料或工程设备，样品的种类、名称、规格、数量等要求均应在专用合同条款中约定。按法定程序报送样品。

**（六）代用材料与工程设备**

1）出现下列情况需要使用替代材料和工程设备的，承包人应按照以下约定的程序执行：①基准日期后生效的法律规定禁止使用的；②发包人要求使用替代品的；③因其他原因必须使用替代品的。

2）承包人应在使用替代材料和工程设备28天前书面通知监理人，并附下列文件：①被替代的材料和工程设备的名称、数量、规格、型号、品牌、性能、价格及其他相关资料；②替代品的名称、数量、规格、型号、品牌、性能、价格及其他相关资料；③替代品与被替代产品之间的差异以及使用替代品可能对工程产生的影响；④替代品与被替代产品的价格差异；⑤使用替代品的理由和原因说明；⑥监理人要求的其他文件。

监理人应在收到通知后14天内向承包人发出经发包人签认的书面指示；监理人逾期发出书面指示的，视为发包人和监理人同意使用替代品。

3）发包人认可使用替代材料和工程设备的，替代材料和工程设备的价格，按照已标价工程量清单或预算书相同项目的价格认定；无相同项目的，参考相似项目价格认定；既无相同项目也无相似项目的，按照合理的成本与利润构成的原则，由合同当事人商量或确定替代品价格。

材料与工程设备的替代应符合法定要求及程序。承包人应在使用替代材料和工程设备28天前书面通知监理人，并附相关文件。监理人应在收到通知后14天内向承包人发出经发包人签认的书面指示；监理人逾期发出书面指示的，视为发包人和监理人同意使用替代品。

**（七）施工设备和临时设施**

**1. 承包人提供的施工设备和临时设施**

承包人应按合同进度计划的要求，及时配置施工设备和修建临时设施。进入施工场地的承包人设备需经监理人核查后才能投入使用。承包人更换合同约定的承包人设备的，应报监理人批准。

承包人应自行承担修建临时设施的费用，需要临时占地的，应由发包人办理申请手续并承担相应费用。

**2. 发包人提供的施工设备和临时设施**

发包人提供的施工设备或临时设施在专用合同条款中约定。

**3. 要求承包人增加或更换施工设备**

承包人使用的施工设备不能满足合同进度计划和（或）质量要求时，监理人有权要求承包人增加或更换施工设备，承包人应及时增加或更换，由此增加的费用和（或）延误的工期由承包人承担。

## 六、试验与检验

### 1. 试验设备与试验人员

1）承包人根据合同约定或监理人指示进行的现场材料试验，应由承包人提供试验场所、试验人员、试验设备以及其他必要的试验条件。监理人在必要时可以使用承包人提供的试验场所、试验设备以及其他试验条件，进行以工程质量检查为目的的材料复核试验，承包人应予以协助。

2）承包人应按专用合同条款的约定提供试验设备、取样装置、试验场所和试验条件，并向监理人提交相应进场计划表。

承包人配置的试验设备要符合相应试验规程的要求并经过具有资质的检测单位检测，且在正式使用该试验设备前，需要经过监理人与承包人共同校定。

3）承包人应向监理人提交试验人员的名单及其岗位、资格等证明资料，试验人员必须能够熟练进行相应的检测试验，承包人对试验人员的试验程序和试验结果的正确性负责。

### 2. 取样

试验属于自检性质的，承包人可以单独取样。试验属于监理人抽检性质的，可由监理人取样，也可由承包人的试验人员在监理人的监督下取样。

### 3. 材料、工程设备和工程的试验和检验

1）承包人应按合同约定进行材料、工程设备和工程的试验和检验，并为监理人对上述材料、工程设备和工程的质量检查提供必要的试验资料和原始记录。按合同约定应由监理人与承包人共同进行试验和检验的，由承包人负责提供必要的试验资料和原始记录。

2）试验属于自检性质的，承包人可以单独进行试验。试验属于监理人抽检性质的，监理人可以单独进行试验，也可由承包人与监理人共同进行。承包人对由监理人单独进行的试验结果有异议的，可以申请重新共同进行试验。约定共同进行试验的，监理人未按照约定参加试验的，承包人可自行试验，并将试验结果报送监理人，监理人应承认该试验结果。

3）监理人对承包人的试验和检验结果有异议的，或为查清承包人试验和检验成果的可靠性要求承包人重新试验和检验的，可由监理人与承包人共同进行。重新试验和检验的结果证明该项材料、工程设备或工程的质量不符合合同要求的，由此增加的费用和（或）延误的工期由承包人承担；重新试验和检验结果证明该项材料、工程设备和工程符合合同要求的，由此增加的费用和（或）延误的工期由发包人承担。

### 4. 现场工艺试验

承包人应按合同约定或监理人指示进行现场工艺试验。对大型的现场工艺试验，监理人认为必要时，承包人应根据监理人提出的工艺试验要求，编制工艺试验措施计划，报送监理人审查。

## 七、验收和工程试车

### （一）分部分项工程验收

分部分项工程质量应符合国家有关工程施工验收规范、标准及合同约定，承包人应按照施工组织设计的要求完成分部分项工程施工。

分部分项工程经承包人自检合格并具备验收条件的，承包人应提前 48 小时通知监理人

进行验收。监理人不能按时进行验收的，应在验收前 24 小时向承包人提交书面延期要求，但延期不能超过 48 小时。监理人未按时进行验收，也未提出延期要求的，承包人有权自行验收，监理人应认可验收结果。分部分项工程未经验收的，不得进入下一道工序施工。

分部分项工程的验收资料应当作为竣工资料的组成部分。

### （二）竣工验收

#### 1. 竣工验收条件

工程具备以下条件的，承包人可以申请竣工验收：

1）除发包人同意的甩项工作和缺陷修补工作外，合同范围内的全部工程以及有关工作，包括合同要求的试验、试运行以及检验均已完成，并符合合同要求。

2）已按合同约定编制了甩项工作和缺陷修补工作清单以及相应的施工计划。

3）已按合同约定的内容和份数备齐竣工资料。

#### 2. 竣工验收程序

承包人申请竣工验收的，应当按照以下程序进行：

1）竣工验收申请报告的报送。承包人向监理人报送竣工验收申请报告，监理人应在收到竣工验收申请报告后 14 天内完成审查并报送发包人。监理人审查后认为尚不具备验收条件的，应通知承包人在竣工验收前承包人还需完成的工作内容，承包人应在完成监理人通知的全部工作内容后，再次提交竣工验收申请报告。

2）发包人组织验收。监理人审查后认为已具备竣工验收条件的，应将竣工验收申请报告提交发包人，发包人应在收到经监理人审核的竣工验收申请报告后 28 天内审批完毕并组织监理人、承包人、设计人等相关单位完成竣工验收。

3）签发工程接收证书。竣工验收合格的，发包人应在验收合格后 14 天内向承包人签发工程接收证书。发包人无正当理由逾期不颁发工程接收证书的，自验收合格后第 15 天起视为已颁发工程接收证书。

4）不合格工程的补救。竣工验收不合格的，监理人应按照验收意见发出指示，要求承包人对不合格工程返工、修复或采取其他补救措施，由此增加的费用和（或）延误的工期由承包人承担。承包人在完成不合格工程的返工、修复或采取其他补救措施后，应重新提交竣工验收申请报告，并按本项约定的程序重新进行验收。

5）发包人擅自使用。工程未经验收或验收不合格，发包人擅自使用的，应在转移占有工程后 7 天内向承包人颁发工程接收证书；发包人无正当理由逾期不颁发工程接收证书的，自转移占有后第 15 天起视为已颁发工程接收证书。

除专用合同条款另有约定外，发包人不按照本项约定组织竣工验收、颁发工程接收证书的，每逾期一天，应以签约合同价为基数，按照中国人民银行发布的同期同类贷款基准利率支付违约金。

#### 3. 竣工日期

工程经竣工验收合格的，以承包人提交竣工验收申请报告之日为实际竣工日期，并在工程接收证书中载明；因发包人原因，未在监理人收到承包人提交的竣工验收申请报告 42 天内完成竣工验收，或完成竣工验收不予签发工程接收证书的，以提交竣工验收申请报告的日期为实际竣工日期；工程未经竣工验收，发包人擅自使用的，以转移占有工程之日为实际竣工日期。

**4. 拒绝接收全部或部分工程**

对于竣工验收不合格的工程，承包人完成整改后，应当重新进行竣工验收，经重新组织验收仍不合格的且无法采取措施补救的，则发包人可以拒绝接收不合格工程，因不合格工程导致其他工程不能正常使用的，承包人应采取措施确保相关工程的正常使用，由此增加的费用和（或）延误的工期由承包人承担。

**5. 移交、接收全部与部分工程**

合同当事人应当在颁发工程接收证书后 7 天内完成工程的移交。

发包人无正当理由不接收工程的，发包人自应当接收工程之日起，承担工程照管、成品保护、保管等与工程有关的各项费用，合同当事人可以在专用合同条款中另行约定发包人逾期接收工程的违约责任。

承包人无正当理由不移交工程的，承包人应承担工程照管、成品保护、保管等与工程有关的各项费用，合同当事人可以在专用合同条款中另行约定承包人无正当理由不移交工程的违约责任。

**6. 提前交付单位工程的验收**

1）发包人需要在工程竣工前使用单位工程的，或承包人提出提前交付已经竣工的单位工程且经发包人同意的，可进行单位工程验收，验收的程序按照竣工验收的约定进行。

验收合格后，由监理人向承包人出具经发包人签认的单位工程接收证书。已签发单位工程接收证书的单位工程由发包人负责照管。单位工程的验收成果和结论作为整体工程竣工验收申请报告的附件。

2）发包人要求在工程竣工前交付单位工程，由此导致承包人费用增加和（或）工期延误的，由发包人承担由此增加的费用和（或）延误的工期，并支付承包人合理的利润。

**（三）工程试车**

工程需要试车的，试车内容应与承包人承包范围相一致，试车费用由承包人承担。

**1. 试车组织**

1）单机无负荷试车，承包人组织试车，并在试车前 48 小时书面通知监理人，发包人根据承包人要求为试车提供必要条件。试车合格的，监理人在试车记录上签字。监理人在试车合格后不在试车记录上签字，自试车结束满 24 小时后视为监理人已经认可试车记录，承包人可继续施工或办理竣工验收手续。

监理人不能按时参加试车，应在试车前 24 小时以书面形式向承包人提出延期要求，但延期不能超过 48 小时，由此导致工期延误的，工期应予以顺延。监理人未能在规定期限内提出延期要求，又不参加试车的，视为认可试车记录。

2）无负荷联动试车，发包人组织试车，并在试车前 48 小时以书面形式通知承包人。承包人按要求做好准备工作。试车合格，合同当事人在试车记录上签字。承包人无正当理由不参加试车的，视为认可试车记录。

3）投料试车。发包人应在工程竣工验收后组织投料试车。投料试车合格的，费用由发包人承担；因承包人原因造成投料试车不合格的，承包人应按照发包人要求进行整改，由此产生的整改费用由承包人承担；非因承包人原因导致投料试车不合格的，由此产生的费用由发包人承担。

**2. 试车中的责任**

1）因设计原因导致试车达不到验收要求，发包人应要求设计人修改设计，承包人按修改后的设计重新安装。发包人承担修改设计、拆除及重新安装的全部费用，工期相应顺延。

2）因承包人原因导致试车达不到验收要求，承包人按监理人要求重新安装和试车，并承担重新安装和试车的费用，工期不予顺延。

3）因工程设备制造原因导致试车达不到验收要求的，由采购该工程设备的合同当事人负责重新购置或修理，承包人负责拆除和重新安装，由此增加的修理、重新购置、拆除及重新安装的费用及延误的工期由采购该工程设备的合同当事人承担。

**（四）施工期运行**

1）施工期运行是指合同工程尚未全部竣工，其中某项或某几项单位工程或工程设备安装已竣工，根据专用合同条款约定，需要投入施工期运行的，经发包人按提前交付单位工程的验收的约定验收合格，证明能确保安全后，才能在施工期投入运行。

2）在施工期运行中发现工程或工程设备损坏或存在缺陷的，由承包人按缺陷责任期约定进行修复。

**（五）竣工退场**

**1. 清理退场**

颁发工程接收证书后，承包人应按以下要求对施工现场进行清理：①施工现场内残留的垃圾已全部清除出场；②临时工程已拆除，场地已进行清理、平整或复原；③按合同约定应撤离的人员，承包人施工设备和剩余的材料，包括废弃的施工设备和材料，已按计划撤离施工现场；④施工现场周边及其附近道路、河道的施工堆积物，已全部清理；⑤施工现场其他场地清理工作已全部完成。

施工现场的竣工退场费用由承包人承担。承包人应在专用合同条款约定的期限内完成竣工退场，逾期未完成的，发包人有权出售或另行处理承包人遗留的物品，由此支出的费用由承包人承担，发包人出售承包人遗留物品所得款项在扣除必要费用后应返还承包人。

**2. 地表还原**

承包人应按发包人要求恢复临时占地及清理场地，承包人未按发包人的要求恢复临时占地，或者场地清理未达到合同约定要求的，发包人有权委托其他人恢复或清理，所发生的费用由承包人承担。

## 八、缺陷责任与保修

缺陷是指建设工程质量不符合建设工程强制性标准、设计文件，以及承包合同的约定。

在工程移交发包人后，因承包人原因产生的质量缺陷，承包人应承担质量缺陷责任和保修义务。缺陷责任期届满，承包人仍应按合同约定的工程各部位保修年限承担保修义务。

**（一）缺陷责任期**

缺陷责任期自实际竣工日期起计算，合同当事人应在专用合同条款约定缺陷责任期的具体期限，但该期限最长不超过24个月。

1）单位工程先于全部工程进行验收，经验收合格并交付使用的，该单位工程缺陷责任期自单位工程验收合格之日起算。因发包人原因导致工程无法按合同约定期限进行竣工验收的，缺陷责任期自承包人提交竣工验收申请报告之日起开始计算；发包人未经竣工验收擅自使用工程的，缺陷责任期自工程转移占有之日起开始计算。

2）工程竣工验收合格后，因承包人原因导致的缺陷或损坏致使工程、单位工程或某项主要设备不能按原定目的使用的，则发包人有权要求承包人延长缺陷责任期，并应在原缺陷责任期届满前发出延长通知，但缺陷责任期最长不能超过24个月。

3）任何一项缺陷或损坏修复后，经检查证明其影响了工程或工程设备的使用性能，承包人应重新进行合同约定的试验和试运行，试验和试运行的全部费用应由责任方承担。

4）承包人应于缺陷责任期届满后7天内向发包人发出缺陷责任期届满通知，发包人应在收到缺陷责任期满通知后14天内核实承包人是否履行缺陷修复义务，承包人未能履行缺陷修复义务的，发包人有权扣除相应金额的维修费用。发包人应在收到缺陷责任期届满通知后14天内，向承包人颁发缺陷责任期终止证书。

**（二）质量保证金**

**1. 质量保证金的含义**

质量保证金（保修金）是指发包人与承包人在建设工程承包合同中约定，从应付的工程款中预留，用以保证承包人在缺陷责任期内对工程项目出现的缺陷进行维修的资金。经合同当事人协商一致可以扣留质量保证金。

**2. 承包人提供质量保证金的方式**

承包人提供质量保证金的方式有三种，即：

①质量保证金保函；②相应比例的工程款；③双方约定的其他方式。

质量保证金原则上采用上述第①种方式。

**3. 质量保证金的扣留**

1）在支付工程进度款时逐次扣留，在此情形下，质量保证金的计算基数不包括预付款的支付、扣回以及价格调整的金额。

2）工程竣工结算时一次性扣留质量保证金。

3）双方约定的其他扣留方式。

质量保证金的扣留原则上采用上述第1）种方式。

发包人累计扣留的质量保证金不得超过结算合同价格的5%，如承包人在发包人签发竣工付款证书后28天内提交质量保证金保函，发包人应同时退还扣留的作为质量保证金的工程价款。

**4. 质量保证金的退还**

缺陷责任期终止后，发包人应按最终结清约定退还剩余的质量保证金。

**（三）保修**

工程保修期从工程竣工验收合格之日起算，具体分部分项工程的保修期由合同当事人约定，但不得低于法定最低保修年限。发包人未经竣工验收擅自使用工程的，保修期自转移占有之日起算。

**1. 工程质量保修范围和内容**

质量保修范围包括地基基础工程、主体结构工程、屋面防水工程和双方约定的其他土建工程，以及电气管线、上下水管线的安装工程，供热、供冷系统工程等项目。工程质量保修范围是国家强制性的规定，合同当事人不能约定减少国家规定的工程质量保修范围。工程质量保修的内容由当事人在合同中约定。

**2. 质量保修期**

1）基础设施工程、房屋建筑的地基基础工程和主体结构工程，为设计文件规定的该工程合理使用年限。

2）屋面防水工程、有防水要求的卫生间、房间和外墙面的防渗漏，为5年。

3）供热与供冷系统，为2个采暖期、供冷期。

4）电气管线、给水排水管道、设备安装和装修工程为2年，其他项目的保修期限由发包人和承包人约定。

**3. 修复费用**

保修期内，修复的费用按照以下约定处理：

1）保修期内，因承包人原因造成工程的缺陷、损坏，承包人应负责修复，并承担修复的费用以及因工程的缺陷、损坏造成的人身伤害和财产损失。

2）保修期内，因发包人使用不当造成工程的缺陷、损坏，可以委托承包人修复，但发包人应承担修复的费用，并支付承包人合理利润。

3）因其他原因造成工程的缺陷、损坏，可以委托承包人修复，发包人应承担修复的费用，并支付承包人合理的利润，因工程的缺陷、损坏造成的人身伤害和财产损失由责任方承担。

**4. 修复通知**

在保修期内，发包人发现已接收的工程存在缺陷或损坏的，应书面通知承包人予以修复，情况紧急必须立即修复缺陷或损坏的，发包人可以口头通知承包人并在口头通知后48小时内书面确认，承包人应在约定的合理期限内到达工程现场并修复缺陷或损坏。

**5. 未能修复**

因承包人原因造成工程的缺陷或损坏，承包人拒绝维修或未能在合理期限内修复缺陷或损坏，且经发包人书面催告后仍未修复的，发包人有权自行修复或委托第三方修复，所需费用由承包人承担。但修复范围超出缺陷或损坏范围的，超出范围部分的修复费用由发包人承担。

## 九、建设工程施工合同的进度条款

### （一）施工准备阶段

施工准备阶段的许多工作都对施工的开始和进度有直接的影响，包括双方对合同工期的约定、承包方提交进度计划、施工图的提供、材料设备的采购、延期开工的处理等。

**1. 施工组织设计的提交和修改**

承包人应在合同签订后14天内，但至迟不得晚于开工日期前7天，向监理人提交详细的施工组织设计，并由监理人报送发包人。除专用合同条款另有约定外，发包人和监理人应在监理人收到施工组织设计后7天内确认或提出修改意见。对发包人和监理人提出的合理意见和要求，承包人应自费修改完善。根据工程实际情况需要修改施工组织设计的，承包人应向发包人和监理人提交修改后的施工组织设计。

**2. 施工进度计划**

（1）施工进度计划编制　承包人应按照施工组织设计约定提交详细的施工进度计划，施工进度计划的编制应当符合国家法律规定和一般工程实践惯例，施工进度计划经发包人批准后实施。施工进度计划是控制工程进度的依据，发包人和监理人有权按照施工进度计划检查工程进度情况。

（2）施工进度计划的修订 施工进度计划不符合合同要求或与工程的实际进度不一致的，承包人应向监理人提交修订的施工进度计划，并附具有关措施和相关资料，由监理人报送发包人。发包人和监理人应在收到修订的施工进度计划后 7 天内完成审核和批准或提出修改意见。发包人和监理人对承包人提交的施工进度计划的确认，不能减轻或免除承包人根据法律规定和合同约定应承担的任何责任或义务。

### 3. 开工

（1）开工准备 承包人应按施工组织设计约定的期限，向监理人提交工程开工报审表，经监理人报发包人批准后执行。开工报审表应详细说明按施工进度计划正常施工所需的施工道路、临时设施、材料、工程设备、施工设备、施工人员等落实情况以及工程的进度安排。

（2）开工通知 发包人应按照法律规定获得工程施工所需的许可。经发包人同意后，监理人发出的开工通知应符合法律规定。监理人应在计划开工日期 7 天前向承包人发出开工通知，工期自开工通知中载明的开工日期起算。

因发包人原因造成监理人未能在计划开工日期之日起 90 天内发出开工通知的，承包人有权提出价格调整要求，或者解除合同。发包人应当承担由此增加的费用和（或）延误的工期，并向承包人支付合理利润。

### 4. 测量放线

1）发包人应在最迟不得晚于开工通知载明的开工日期前 7 天通过监理人向承包人提供测量基准点、基准线和水准点及其书面资料。发包人应对其提供的测量基准点、基准线和水准点及其书面资料的真实性、准确性和完整性负责。

承包人发现发包人提供的测量基准点、基准线和水准点及其书面资料存在错误或疏漏的，应及时通知监理人。监理人应及时报告发包人，并会同发包人和承包人予以核实。发包人应就如何处理和是否继续施工作出决定，并通知监理人和承包人。

2）承包人负责施工过程中的全部施工测量放线工作，并配置具有相应资质的人员、合格的仪器、设备和其他物品。承包人应矫正工程的位置、标高、尺寸或准线中出现的任何差错，并对工程各部分的定位负责。

施工过程中对施工现场内水准点等测量标志物的保护工作由承包人负责。

### （二）施工阶段

工程开工后，合同履行即进入施工阶段，直至工程竣工，施工任务在协议书规定的合同工期内完成。

### 1. 监督进度计划的执行

施工进度计划不符合合同要求或与工程的实际进度不一致的，承包人应向监理人提交修订的施工进度计划，并附具有关措施和相关资料，由监理人报送发包人。发包人和监理人应在收到修订的施工进度计划后 7 天内完成审核和批准或提出修改意见。发包人和监理人对承包人提交的施工进度计划的确认，不能减轻或免除承包人根据法律规定和合同约定应承担的任何责任或义务。

### 2. 工期延误

承包人应当按照合同约定完成工程施工，如果由于其自身的原因造成工期延误，应当承担违约责任。

（1）工期可以顺延的工期延误  在合同履行过程中，因下列情况导致工期延误和（或）费用增加的，由发包人承担由此延误的工期和（或）增加的费用，且发包人应支付承包人合理的利润。

1）发包人未能按合同约定提供图纸或所提供图纸不符合合同约定的。

2）发包人未能按合同约定提供施工现场、施工条件、基础资料、许可、批准等开工条件的。

3）发包人提供的测量基准点、基准线和水准点及其书面资料存在错误或疏漏的。

4）发包人未能在计划开工日期之日起7天内同意下达开工通知的。

5）发包人未能按合同约定日期支付工程预付款、进度款或竣工结算款的。

6）监理人未按合同约定发出指示、批准等文件的。

7）专用合同条款中约定的其他情形。

因发包人原因未按计划开工日期开工的，发包人应按实际开工日期顺延竣工日期，确保实际工期不低于合同约定的工期总日历天数。

这些情况工期可以顺延的根本原因在于这些情况属于发包人违约或者是应当由发包方承担的风险。

（2）因承包人原因导致工期延误  因承包人原因造成工期延误的，可以在专用合同条款中约定逾期竣工违约金的计算方法和逾期竣工违约金的上限。承包人支付逾期竣工违约金后，不免除承包人继续完成工程及修补缺陷的义务。

**3. 不利物质条件**

不利物质条件是指有经验的承包人在施工现场遇到的不可预见的自然物质条件、非自然的物质障碍和污染物，包括地表以下物质条件和水文条件以及专用合同条款约定的其他情形，但不包括气候条件。

承包人遇到不利物质条件时，应采取克服不利物质条件的合理措施继续施工，并及时通知发包人和监理人。通知应载明不利物质条件的内容以及承包人认为不可预见的理由。监理人经发包人同意后应当及时发出指示，指示构成变更的，按变更约定执行。承包人因采取合理措施而增加的费用和（或）延误的工期由发包人承担。

**4. 异常恶劣的气候条件**

异常恶劣的气候条件是指在施工过程中遇到的，有经验的承包人在签订合同时不可预见的，对合同履行造成实质性影响的，但尚未构成不可抗力事件的恶劣气候条件。合同当事人可以在专用合同条款中约定异常恶劣的气候条件的具体情形。

承包人应采取克服异常恶劣的气候条件的合理措施继续施工，并及时通知发包人和监理人。监理人经发包人同意后应当及时发出指示，指示构成变更的，按约定办理。承包人因采取合理措施而增加的费用和（或）延误的工期由发包人承担。

**5. 暂停施工**

（1）发包人原因引起的暂停施工  因发包人原因引起暂停施工的，监理人经发包人同意后，应及时下达暂停施工指示。情况紧急且监理人未及时下达暂停施工指示的，按照紧急情况下的暂停施工执行。

因发包人原因引起的暂停施工，发包人应承担由此增加的费用和（或）延误的工期，并支付承包人合理的利润。

（2）承包人原因引起的暂停施工　因承包人原因引起的暂停施工，承包人应承担由此增加的费用和（或）延误的工期，且承包人在收到监理人复工指示后84天内仍未复工的，视为承包人无法继续履行合同的违约情形。

（3）指示暂停施工　监理人认为有必要时，并经发包人批准后，可向承包人作出暂停施工的指示，承包人应按监理人指示暂停施工。

（4）紧急情况下的暂停施工　因紧急情况需暂停施工，且监理人未及时下达暂停施工指示的，承包人可先暂停施工，并及时通知监理人。监理人应在接到通知后24小时内发出指示，逾期未发出指示，视为同意承包人暂停施工。监理人不同意承包人暂停施工的，应说明理由，承包人对监理人的答复有异议，按照争议解决约定处理。

（5）暂停施工后的复工　暂停施工后，发包人和承包人应采取有效措施积极消除暂停施工的影响。在工程复工前，监理人会同发包人和承包人确定因暂停施工造成的损失，并确定工程复工条件。当工程具备复工条件时，监理人应经发包人批准后向承包人发出复工通知，承包人应按照复工通知要求复工。

承包人无故拖延和拒绝复工的，承包人承担由此增加的费用和（或）延误的工期；因发包人原因无法按时复工的，按照因发包人原因导致工期延误约定办理。

（6）暂停施工持续56天以上　监理人发出暂停施工指示后56天内未向承包人发出复工通知，除该项停工属于承包人原因引起的暂停施工及不可抗力约定的情形外，承包人可向发包人提交书面通知，要求发包人在收到书面通知后28天内准许已暂停施工的部分或全部工程继续施工。发包人逾期不予批准的，则承包人可以通知发包人，将工程受影响的部分视为按变更的范围的可取消工作。

暂停施工持续84天以上不复工的，且不属于承包人原因引起的暂停施工及不可抗力约定的情形，并影响到整个工程以及合同目的实现的，承包人有权提出价格调整要求，或者解除合同。解除合同的，按照因发包人违约解除合同执行。

（7）暂停施工期间的工程照管　暂停施工期间，承包人应负责妥善照管工程并提供安全保障，由此增加的费用由责任方承担。

（8）暂停施工的措施　暂停施工期间，发包人和承包人均应采取必要的措施确保工程质量及安全，防止因暂停施工扩大损失。

### 6. 提前竣工

发包人要求承包人提前竣工的，发包人应通过监理人向承包人下达提前竣工指示，承包人应向发包人和监理人提交提前竣工建议书，提前竣工建议书应包括实施的方案、缩短的时间、增加的合同价格等内容。发包人接受该提前竣工建议书的，监理人应与发包人和承包人协商采取加快工程进度的措施，并修订施工进度计划，由此增加的费用由发包人承担。

承包人认为提前竣工指示无法执行的，应向监理人和发包人提出书面异议，发包人和监理人应在收到异议后7天内予以答复。任何情况下，发包人不得压缩合理工期。合同当事人可以约定提前竣工的奖励。

例如，某土建工程项目，经计算工期为1080天，实际合同工期为661天，合同金额为4320万元。合同规定土建工程工期提前30%以内的，按土建合同总额的2%计算赶工措施费；如再提前，每天应按其合同总额的万分之四加付工期奖，两项费用在签订合同时一次定死。两项费用计算如下：

工期提前 30% 时的工期 = $[1080 \times (1 - 30\%)]$ 天 = 756 天

实际合同工期 = 661 天

赶工措施费 = $(4320 \times 2\%)$ 万元 = 86.4 万元

工期奖 = $[(756 - 661) \times 4320 \times 4/10000]$ 万元 = 164.16 万元

两项合计 = 250.56 万元

## 十、建设工程施工合同的费用条款

### （一）施工合同价格及调整

**1. 施工合同价格种类**

施工合同价格，按有关规定和协议条款约定的各种取费标准计算，用以支付发包人按照合同要求完成工程内容的价款总额。

施工合同可分为单价合同、总价合同和其他形式。

（1）单价合同　单价合同是指合同当事人约定以工程量清单及其综合单价进行合同价格计算、调整和确认的建设工程施工合同，在约定的范围内合同单价不作调整。合同当事人应在专用合同条款中约定综合单价包含的风险范围和风险费用的计算方法，并约定风险范围以外的合同价格的调整方法，其中因市场价格波动引起的调整按约定执行。

（2）总价合同　总价合同是指合同当事人约定以施工图、已标价工程量清单或预算书及有关条件进行合同价格计算、调整和确认的建设工程施工合同，在约定的范围内合同总价不作调整。合同当事人应在专用合同条款中约定总价包含的风险范围和风险费用的计算方法，并约定风险范围以外的合同价格的调整方法。因市场价格波动引起的调整和因法律变化引起的调整按约定执行。

（3）其他价格形式　合同当事人可在专用合同条款中约定其他合同价格形式。

**2. 施工合同价格调整**

（1）市场价格波动引起的调整　合同当事人可以约定选择以下一种方式对合同价格进行调整：

1）采用价格指数进行价格调整。

2）采用造价信息进行价格调整。

3）双方约定的其他方式。

（2）法律变化引起的调整　基准日期后，法律变化导致承包人在合同履行过程中所需要的费用发生除市场价格波动引起的调整约定以外的增加时，由发包人承担由此增加的费用；减少时，应从合同价格中予以扣减。基准日期后，因法律变化造成工期延误时，工期应予以顺延。

因承包人原因造成工期延误，在工期延误期间出现法律变化的，由此增加的费用和（或）延误的工期由承包人承担。

### （二）工程预付款

预付款是在工程开工前发包人预先支付给承包人用来进行工程准备的一笔款项。工程预付款主要是用于采购建筑材料、工程设备、施工设备的采购及修建临时工程、组织施工队伍进场等。预付时间不迟于约定的开工日期前 7 天，预付款在进度付款中同比例扣回。发包人逾期支付预付款超过 7 天的，承包人有权向发包人发出要求预付的催告通知，发包人收到通知后 7 天内仍未支付的，承包人有权暂停施工，发包人承担违约责任。

### （三）工程进度款

**1. 工程量的确认**

对承包人已完成工程量进行计量、核实与确认，是发包人支付工程款的前提。

（1）计量原则　工程量计量按照合同约定的工程量计算规则、图纸及变更指示等进行计量。

（2）计量周期　工程量的计量按月进行。

（3）单价合同的计量　具体如下。

1）承包人应在每月 25 日向监理人报送上月 20 日至当月 19 日已完成的工程量报告，并附具进度付款申请单、已完成工程量报表和有关资料。

2）监理人应在收到承包人提交的工程量报告后 7 天内完成对承包人提交的工程量报表的审核并报送发包人，以确定当月实际完成的工程量。监理人对工程量有异议的，有权要求承包人进行共同复核或抽样复测。承包人应协助监理人进行复核或抽样复测，并按监理人要求提供补充计量资料。承包人未按监理人要求参加复核或抽样复测的，监理人复核或修正的工程量视为承包人实际完成的工程量。

3）监理人未在收到承包人提交的工程量报表后的 7 天内完成审核的，承包人报送的工程量报告中的工程量视为承包人实际完成的工程量，据此计算工程价款。

（4）总价合同的计量　具体如下。

1）按月计量支付的总价合同，其计量约定与单价合同的相同。

2）采用支付分解表计量支付的总价合同，可以按照总价合同的计量约定进行计算，但合同价款按照支付分解表进行支付。

（5）其他价格形式合同的计量　合同当事人可在专用合同条款中约定其他价格形式合同的计量方式和程序。

**2. 工程进度款支付**

（1）提交进度付款申请单　具体如下。

1）单价合同进度付款申请单的提交。单价合同的进度付款申请单，按照单价合同的计量约定的时间按月向监理人提交，并附上已完成工程量报表和有关资料。单价合同中的总价项目按月进行支付分解，并汇总列入当期进度付款申请单。

2）总价合同进度付款申请单的提交。总价合同按月计量支付的，承包人按照总价合同的计量约定的时间按月向监理人提交进度付款申请单，并附上已完成工程量报表和有关资料。

总价合同按支付分解表支付的，承包人应按照支付分解表及进度付款申请单的编制的约定向监理人提交进度付款申请单。

3）其他价格形式合同的进度付款申请单的提交。合同当事人可在专用合同条款中约定其他价格形式合同的进度付款申请单的编制和提交程序。

（2）进度款审核和支付　具体如下。

1）监理人应在收到承包人进度付款申请单以及相关资料后 7 天内完成审查并报送发包人，发包人应在收到后 7 天内完成审批并签发进度款支付证书。发包人逾期未完成审批且未提出异议的，视为已签发进度款支付证书。

2）发包人和监理人对承包人的进度付款申请单有异议的，有权要求承包人修正和提供补充资料，监理人应在收到承包人修正后的进度付款申请单及相关资料后7天内完成审查并报送发包人，发包人应在收到监理人报送的进度付款申请单及相关资料后7天内，向承包人签发无异议部分的临时进度款支付证书。存在争议的部分，按照争议解决的约定处理。

3）发包人应在进度款支付证书或临时进度款支付证书签发后14天内完成支付，发包人逾期支付进度款的，应按照中国人民银行发布的同期同类贷款基准利率支付违约金。

**3. 进度付款的修正**

在对已签发的进度款支付证书进行阶段汇总和复核中发现错误、遗漏或重复的，发包人和承包人均有权提出修正申请。经发包人和承包人同意的修正，应在下期进度付款中支付或扣除。

**（四）工程变更**

**1. 变更的范围**

合同履行过程中发生以下情形的，应进行变更：

1）增加或减少合同中任何工作，或追加额外的工作。

2）取消合同中任何工作，但转由他人实施的工作除外。

3）改变合同中任何工作的质量标准或其他特性。

4）改变工程的基线、标高、位置和尺寸。

5）改变工程的时间安排或实施顺序。

**2. 变更权**

发包人和监理人均可以提出变更。变更指示均通过监理人发出，监理人发出变更指示前应征得发包人同意。承包人收到经发包人签认的变更指示后，方可实施变更。未经许可，承包人不得擅自对工程的任何部分进行变更。涉及设计变更的，应由设计人提供变更后的图纸和说明。如变更超过原设计标准或批准的建设规模时，发包人应及时办理规划、设计变更等审批手续。

**3. 变更程序**

（1）发包人提出变更　发包人提出变更的，应通过监理人向承包人发出变更指示。

（2）监理人提出变更建议　监理人提出变更建议的，需要向发包人以书面形式提出变更计划，发包人同意变更的，由监理人向承包人发出变更指示。发包人不同意变更的，监理人无权擅自发出变更指示。

（3）变更执行　承包人收到监理人下达的变更指示后，认为不能执行，应立即提出不能执行该变更指示的理由。

**4. 变更估价**

（1）变更估价原则

1）已标价工程量清单或预算书有相同项目的，按照相同项目单价认定。

2）已标价工程量清单或预算书中无相同项目，但有类似项目的，参照类似项目的单价认定。

3）变更导致实际完成的变更工程量与已标价工程量清单或预算书中列明的该项目工程量的变化幅度超过15%的，或已标价工程量清单或预算书中无相同项目及类似项目单价的，按照合理的成本与利润构成的原则，由合同当事人按照约定确定变更工作的单价。

（2）变更估价程序  承包人应在收到变更指示后 14 天内，向监理人提交变更估价申请。监理人应在收到承包人提交的变更估价申请后 7 天内审查完毕并报送发包人，监理人对变更估价申请有异议，通知承包人修改后重新提交。发包人应在承包人提交变更估价申请后 14 天内审批完毕。发包人逾期未完成审批或未提出异议的，视为认可承包人提交的变更估价申请。

**5. 承包人的合理化建议**

监理人应在收到承包人提交的合理化建议后 7 天内审查完毕并报送发包人，发现其中存在技术上的缺陷，应通知承包人修改。发包人应在收到监理人报送的合理化建议后 7 天内审批完毕。合理化建议经发包人批准的，监理人应及时发出变更指示，由此引起的合同价格调整按照变更估价约定执行。发包人不同意变更的，监理人应书面通知承包人。

合理化建议降低了合同价格或者提高了工程经济效益的，发包人可对承包人给予奖励，奖励的方法和金额在专用合同条款中约定。

**6. 变更引起的工期调整**

因变更引起工期变化的，合同当事人均可要求调整合同工期，由合同当事人商量或确定工期调整。

**7. 暂估价**

暂估价是指发包人在工程量清单中给定的用于支付必然发生但暂时不能确定价格的材料、设备以及专业工程的金额。暂估价专业分包工程、服务、材料和工程设备的明细由合同当事人在专用合同条款中约定。区分依法必须招标的项目和非依法必须招标的项目确定暂估价项目的具体实施方式。

**8. 暂列金额**

暂列金额是招标人在工程量清单中暂定并包括在合同价款中的一笔款项。用于施工合同签订时尚未确定或者不可预见的所需材料、设备、服务的采购，施工中可能发生的工程变更、合同约定调整因素出现时的工程价款调整以及发生的索赔、现场签证确认等的费用，暂列金额相当于业主的备用金，其所有权属于业主。

**9. 计日工**

需要采用计日工方式的，经发包人同意后，由监理人通知承包人以计日工计价方式实施相应的工作，其价款按列入已标价工程量清单或预算书中的计日工计价项目及其单价进行计算；已标价工程量清单或预算书中无相应的计日工单价的，按照合理的成本与利润构成的原则，由合同当事人商量或确定计日工单价。

**（五）竣工结算**

工程竣工验收报告经发包人认可后，承发包双方应当进行工程竣工结算。

**1. 竣工结算申请**

承包人应在工程竣工验收合格后 28 天内向发包人和监理人提交竣工结算申请单，并提交完整的结算资料。

**2. 竣工结算审核**

1）监理人应在收到竣工结算申请单后 14 天内完成核查并报送发包人。发包人应在收到监理人提交的经审核的竣工结算申请单后 14 天内完成审批，并由监理人向承包人签发经发包人签认的竣工付款证书。监理人或发包人对竣工结算申请单有异议的，有权要求承包人进行修正和提供补充资料，承包人应提交修正后的竣工结算申请单。

发包人在收到承包人提交竣工结算申请书后 28 天内未完成审批且未提出异议的，视为同意对方的申请。并自发包人收到承包人提交的竣工结算申请单后第 29 天起视为已签发竣工付款证书。

2）发包人应在签发竣工付款证书后的 14 天内，完成对承包人的竣工付款。发包人逾期支付的，按照中国人民银行发布的同期同类贷款基准利率支付违约金；逾期支付超过 56 天的，按照中国人民银行发布的同期同类贷款基准利率的两倍支付违约金。

3）承包人对发包人签认的竣工付款证书有异议的，应在收到发包人签认的竣工付款证书后 7 天内提出异议，对于无异议部分，发包人应签发临时竣工付款证书，完成付款。承包人逾期未提出异议的，视为认可发包人的审批结果。

**3. 甩项竣工协议**

发包人要求甩项竣工的，合同当事人应签订甩项竣工协议。在甩项竣工协议中应明确，合同当事人按照竣工结算申请及竣工结算审核的约定，对已完合格工程进行结算，并支付相应合同价款。

**4. 最终结清**

（1）最终结清申请单　具体如下。

1）承包人应在缺陷责任期终止证书颁发后 7 天内，按专用合同条款约定的份数向发包人提交最终结清申请单，并提供相关证明材料（专用合同条款另有约定除外）。

最终结清申请单应列明质量保证金、应扣除的质量保证金、缺陷责任期内发生的增减费用。

2）发包人对最终结清申请单内容有异议的，有权要求承包人进行修正和提供补充资料，承包人应向发包人提交修正后的最终结清申请单。

（2）最终结清证书和支付　具体如下。

1）发包人应在收到承包人提交的最终结清申请单后 14 天内完成审批并向承包人颁发最终结清证书。发包人逾期未完成审批，又未提出修改意见的，视为发包人同意承包人提交的最终结清申请单，且自发包人收到承包人提交的最终结清申请单后 15 天起视为已颁发最终结清证书。

2）发包人应在颁发最终结清证书后 7 天内完成支付。发包人逾期支付的，按照中国人民银行发布的同期同类贷款基准利率支付违约金；逾期支付超过 56 天的，按照中国人民银行发布的同期同类贷款基准利率的两倍支付违约金。

3）承包人对发包人颁发的最终结清证书有异议的，按争议解决的约定办理。

# 十一、施工合同的管理

## （一）违约

### 1. 发包人违约

（1）发包人违约的情形　在合同履行过程中发生的下列情形，属于发包人违约：

1）因发包人原因未能在计划开工日期前 7 天内下达开工通知的。

2）因发包人原因未能按合同约定支付合同价款的。

3）发包人违反取消合同中任何工作的约定，自行实施被取消的工作或转由他人实施的。

4）发包人提供的材料、工程设备的规格、数量或质量不符合合同约定，或因发包人原因导致交货日期延误或交货地点变更等情况的。

5）因发包人违反合同约定造成暂停施工的。

6）发包人无正当理由没有在约定期限内发出复工指示，导致承包人无法复工的。

7）发包人明确表示或者以其行为表明不履行合同主要义务的。

8）发包人未能按照合同约定履行其他义务的。

发包人发生明确表示或者以其行为表明不履行合同主要义务的违约情况时，承包人可向发包人发出通知，要求发包人采取有效措施纠正违约行为。发包人收到承包人通知后 28 天内仍不纠正违约行为的，承包人有权暂停相应部位工程施工，并通知监理人。

（2）发包人违约的责任　发包人应承担因其违约给承包人增加的费用和（或）延误的工期，并支付承包人合理的利润。此外，合同当事人可在专用合同条款中另行约定发包人违约责任的承担方式和计算方法。

（3）因发包人违约解除合同　承包人按发包人违约的情形约定暂停施工满 28 天后，发包人仍不纠正其违约行为并致使合同目的不能实现的，或出现发包人明确表示或者以其行为表明不履行合同主要义务的约定的违约情况，承包人有权解除合同，发包人应承担由此增加的费用，并支付承包人合理的利润。

（4）因发包人违约解除合同后的付款　承包人按照本款约定解除合同的，发包人应在解除合同后 28 天内支付下列款项，并解除履约担保：

1）合同解除前所完成工作的价款。

2）承包人为工程施工订购并已付款的材料、工程设备和其他物品的价款。

3）承包人撤离施工现场以及遣散承包人人员的款项。

4）按照合同约定在合同解除前应支付的违约金。

5）按照合同约定应当支付给承包人的其他款项。

6）按照合同约定应退还的质量保证金。

7）因解除合同给承包人造成的损失。

合同当事人未能就解除合同后的结清达成一致的，按照争议解决的约定处理。

承包人应妥善做好已完工程和与工程有关的已购材料、工程设备的保护和移交工作，并将施工设备和人员撤出施工现场，发包人应为承包人撤出提供必要条件。

**2. 承包人违约**

（1）承包人违约的情形　在合同履行过程中发生的下列情形，属于承包人违约：

1）承包人违反合同约定进行转包或违法分包的。

2）承包人违反合同约定采购和使用不合格的材料和工程设备的。

3）因承包人原因导致工程质量不符合合同要求的。

4）承包人违反材料与设备专用要求的约定，未经批准，私自将已按照合同约定进入施工现场的材料或设备撤离施工现场的。

5）承包人未能按施工进度计划及时完成合同约定的工作，造成工期延误的。

6）承包人在缺陷责任期及保修期内，未能在合理期限对工程缺陷进行修复，或拒绝按发包人要求进行修复的。

7）承包人明确表示或者以其行为表明不履行合同主要义务的。

8）承包人未能按照合同约定履行其他义务的。

承包人发生明确表示或者以其行为表明不履行合同主要义务的约定以外的其他违约情况时，监理人可向承包人发出整改通知，要求其在指定的期限内改正。

（2）承包人违约的责任　承包人应承担因其违约行为而增加的费用和（或）延误的工期。此外，合同当事人可在专用合同条款中另行约定承包人违约责任的承担方式和计算方法。

（3）因承包人违约解除合同　出现承包人发生明确表示或者以其行为表明不履行合同主要义务约定的违约情况时，或监理人发出整改通知后，承包人在指定的合理期限内仍不纠正违约行为并致使合同目的不能实现的，发包人有权解除合同。合同解除后，因继续完成工程的需要，发包人有权使用承包人在施工现场的材料、设备、临时工程、承包人文件和由承包人或以其名义编制的其他文件，合同当事人应在专用合同条款约定相应费用的承担方式。发包人继续使用的行为不免除或减轻承包人应承担的违约责任。

（4）因承包人违约解除合同后的处理　因承包人原因导致合同解除的，则合同当事人应在合同解除后28天内完成估价、付款和清算，并按以下约定执行：

1）合同解除后，按商定或确定承包人实际完成工作对应的合同价款，以及承包人已提供的材料、工程设备、施工设备和临时工程等的价值。

2）合同解除后，承包人应支付的违约金。

3）合同解除后，因解除合同给发包人造成的损失。

4）合同解除后，承包人应按照发包人要求和监理人的指示完成现场的清理和撤离。

5）发包人和承包人应在合同解除后进行清算，出具最终结清付款证书，结清全部款项。

因承包人违约解除合同的，发包人有权暂停对承包人的付款，查清各项付款和已扣款项。发包人和承包人未能就合同解除后的清算和款项支付达成一致的，按照争议解决的约定处理。

（5）采购合同权益转让　因承包人违约解除合同的，发包人有权要求承包人将其为实施合同而签订的材料和设备的采购合同的权益转让给发包人，承包人应在收到解除合同通知后14天内，协助发包人与采购合同的供应商达成相关的转让协议。

**3. 第三人造成的违约**

在履行合同过程中，一方当事人因第三人的原因造成违约的，应当向对方当事人承担违约责任。一方当事人和第三人之间的纠纷，依照法律规定或者按照约定解决。

**（二）不可抗力**

**1. 不可抗力的确认**

不可抗力是指合同当事人在签订合同时不可预见，在合同履行过程中不可避免且不能克服的自然灾害和社会性突发事件，如地震、海啸、瘟疫、骚乱、戒严、暴动、战争和专用合同条款中约定的其他情形。

不可抗力发生后，发包人和承包人应收集证明不可抗力发生及不可抗力造成损失的证据，并及时认真统计所造成的损失。合同当事人对是否属于不可抗力或其损失的意见不一致的，由监理人按照商定或确定的约定处理。发生争议时，按争议解决的约定处理。

**2. 不可抗力的通知**

合同一方当事人遇到不可抗力事件，使其履行合同义务受到阻碍时，应立即通知合同另一方当事人和监理人，书面说明不可抗力和受阻碍的详细情况，并提供必要的证明。

不可抗力持续发生的，合同一方当事人应及时向合同另一方当事人和监理人提交中间报告，说明不可抗力和履行合同受阻的情况，并于不可抗力事件结束后 28 天内提交最终报告及有关资料。

**3. 不可抗力后果的承担**

不可抗力导致的人员伤亡、财产损失、费用增加和（或）工期延误等后果，由合同当事人按以下原则承担：

1）永久工程、已运至施工现场的材料和工程设备的损坏，以及因工程损坏造成的第三人人员伤亡和财产损失由发包人承担。

2）承包人施工设备的损坏由承包人承担。

3）发包人和承包人承担各自人员伤亡和财产的损失。

4）因不可抗力影响承包人履行合同约定的义务，已经引起或将引起工期延误的，应当顺延工期，由此导致承包人停工的费用损失由发包人和承包人合理分担，停工期间必须支付的工人工资由发包人承担。

5）因不可抗力引起或将引起工期延误，发包人要求赶工的，由此增加的赶工费用由发包人承担。

6）承包人在停工期间按照发包人要求照管、清理和修复工程的费用由发包人承担。

不可抗力发生后，合同当事人均应采取措施尽量避免和减少损失的扩大，任何一方当事人没有采取有效措施导致损失扩大的，应对扩大的损失承担责任。

因合同一方迟延履行合同义务，在迟延履行期间遭遇不可抗力的，不免除其违约责任。

**4. 因不可抗力解除合同**

因不可抗力导致合同无法履行连续超过 84 天或累计超过 140 天的，发包人和承包人均有权解除合同。合同解除后，由双方当事人按照 GF—2013—0201《建设工程施工合同（示范文本）》第 4.4 款（商定或确定）商定或确定发包人应支付的款项，该款项包括：

1）合同解除前承包人已完成工作的价款。

2）承包人为工程订购的并已交付给承包人，或承包人有责任接受交付的材料、工程设备和其他物品的价款。

3）发包人要求承包人退货或解除订货合同而产生的费用，或因不能退货或解除合同而产生的损失。

4）承包人撤离施工现场以及遣散承包人人员的费用。

5）按照合同约定在合同解除前应支付给承包人的其他款项。

6）扣减承包人按照合同约定应向发包人支付的款项。

7）双方商定或确定的其他款项。

合同解除后，发包人应在商定或确定上述款项后 28 天内完成上述款项的支付。

**（三）保险**

**1. 工程保险**

除专用合同条款另有约定外，发包人应投保建筑工程一切险或安装工程一切险；发包人委托承包人投保的，因投保产生的保险费和其他相关费用由发包人承担。

**2. 工伤保险**

1）发包人应依照法律规定参加工伤保险，并为在施工现场的全部员工办理工伤保险，缴纳工伤保险费，并要求监理人及由发包人为履行合同聘请的第三方依法参加工伤保险。

2）承包人应依照法律规定参加工伤保险，并为其履行合同的全部员工办理工伤保险，缴纳工伤保险费，并要求分包人及由承包人为履行合同聘请的第三方依法参加工伤保险。

**3. 其他保险**

发包人和承包人可以为其施工现场的全部人员办理意外伤害保险并支付保险费，包括其员工及为履行合同聘请的第三方的人员，具体事项由合同当事人在专用合同条款约定。

除专用合同条款另有约定外，承包人应为其施工设备等办理财产保险。

**4. 持续保险**

合同当事人应与保险人保持联系，使保险人能够随时了解工程实施中的变动，并确保按保险合同条款要求持续保险。

**5. 保险凭证**

合同当事人应及时向另一方当事人提交其已投保的各项保险的凭证和保险单复印件。

**6. 未按约定投保的补救**

1）发包人未按合同约定办理保险，或未能使保险持续有效的，则承包人可代为办理，所需费用由发包人承担。发包人未按合同约定办理保险，导致未能得到足额赔偿的，由发包人负责补足。

2）承包人未按合同约定办理保险，或未能使保险持续有效的，则发包人可代为办理，所需费用由承包人承担。承包人未按合同约定办理保险，导致未能得到足额赔偿的，由承包人负责补足。

**7. 通知义务**

除专用合同条款另有约定外，发包人变更除工伤保险之外的保险合同时，应事先征得承包人同意，并通知监理人；承包人变更除工伤保险之外的保险合同时，应事先征得发包人同意，并通知监理人。

保险事故发生时，投保人应按照保险合同规定的条件和期限及时向保险人报告。发包人和承包人应当在知道保险事故发生后及时通知对方。

**（四）安全文明施工与环境保护**

**1. 安全文明施工**

（1）安全生产要求　合同履行期间，合同当事人均应当遵守国家和工程所在地有关安全生产的要求，合同当事人有特别要求的，应在专用合同条款中明确施工项目安全生产标准化达标目标及相应事项。承包人有权拒绝发包人及监理人强令承包人违章作业、冒险施工的任何指示。

在施工过程中，如遇到突发的地质变动、事先未知的地下施工障碍等影响施工安全的紧急情况，承包人应及时报告监理人和发包人，发包人应当及时下令停工并报政府有关行政管理部门采取应急措施。

（2）安全生产保证措施　承包人应当按照有关规定编制安全技术措施或者专项施工方案，建立安全生产责任制度、治安保卫制度及安全生产教育培训制度，并按安全生产法律规定及合同约定履行安全职责，如实编制工程安全生产的有关记录，接受发包人、监理人及政府安全监督部门的检查与监督。

（3）特别安全生产事项　承包人应按照法律规定进行施工，开工前做好安全技术交底工作，施工过程中做好各项安全防护措施。承包人为实施合同而雇用的特殊工种的人员应受过专门的培训并已取得政府有关管理机构颁发的上岗证书。

承包人在动力设备、输电线路、地下管道、密封防震车间、易燃易爆地段以及临街交通要道附近施工时，施工开始前应向发包人和监理人提出安全防护措施，经发包人认可后实施。

实施爆破作业，在放射、毒害性环境中施工（含储存、运输、使用）及使用毒害性、腐蚀性物品施工时，承包人应在施工前7天以书面形式通知发包人和监理人，并报送相应的安全防护措施，经发包人认可后实施。

需单独编制危险性较大分部分项专项工程施工方案的，及要求进行专家论证的超过一定规模的危险性较大的分部分项工程，承包人应及时编制和组织论证。

（4）治安保卫　除专用合同条款另有约定外，发包人应与当地公安部门协商，在现场建立治安管理机构或联防组织，统一管理施工场地的治安保卫事项，履行合同工程的治安保卫职责。

发包人和承包人除应协助现场治安管理机构或联防组织维护施工场地的社会治安外，还应做好包括生活区在内的各自管辖区的治安保卫工作。

除专用合同条款另有约定外，发包人和承包人应在工程开工后7天内共同编制施工场地治安管理计划，并制定应对突发治安事件的紧急预案。在工程施工过程中，发生暴乱、爆炸等恐怖事件，以及群殴、械斗等群体性突发治安事件的，发包人和承包人应立即向当地政府报告。发包人和承包人应积极协助当地有关部门采取措施平息事态，防止事态扩大，尽量避免人员伤亡和财产损失。

（5）文明施工　承包人在工程施工期间，应当采取措施保持施工现场平整，物料堆放整齐。工程所在地有关政府行政管理部门有特殊要求的，按照其要求执行。合同当事人对文明施工有其他要求的，可以在专用合同条款中明确。

在工程移交之前，承包人应当从施工现场清除承包人的全部工程设备、多余材料、垃圾和各种临时工程，并保持施工现场清洁整齐。经发包人书面同意，承包人可在发包人指定的地点保留承包人履行保修期内的各项义务所需要的材料、施工设备和临时工程。

（6）安全文明施工费　安全文明施工费由发包人承担，发包人不得以任何形式扣减该部分费用。因基准日期后合同所适用的法律或政府有关规定发生变化，增加的安全文明施工费由发包人承担。

承包人经发包人同意采取合同约定以外的安全措施所产生的费用，由发包人承担。未经发包人同意的，如果该措施避免了发包人的损失，则发包人在避免损失的额度内承担该措施费。如果该措施避免了承包人的损失，由承包人承担该措施费。

除专用合同条款另有约定外，发包人应在开工后28天内预付安全文明施工费总额的

50%，其余部分与进度款同期支付。发包人逾期支付安全文明施工费超过7天的，承包人有权向发包人发出要求预付的催告通知，发包人收到通知后7天内仍未支付的，承包人有权暂停施工，并按发包人违约的情形执行。

承包人对安全文明施工费应专款专用，承包人应在财务账目中单独列项备查，不得挪作他用，否则发包人有权责令其限期改正；逾期未改正的，可以责令其暂停施工，由此增加的费用和（或）延误的工期由承包人承担。

（7）紧急情况处理　在工程实施期间或缺陷责任期内发生危及工程安全的事件，监理人通知承包人进行抢救，承包人声明无能力或不愿立即执行的，发包人有权雇佣其他人员进行抢救。此类抢救按合同约定属于承包人义务的，由此增加的费用和（或）延误的工期由承包人承担。

（8）事故处理　工程施工过程中发生事故的，承包人应立即通知监理人，监理人应立即通知发包人。发包人和承包人应立即组织人员和设备进行紧急抢救和抢修，减少人员伤亡和财产损失，防止事故扩大，并保护事故现场。需要移动现场物品时，应作出标记和书面记录，妥善保管有关证据。发包人和承包人应按国家有关规定，及时如实地向有关部门报告事故发生的情况，以及正在采取的紧急措施等。

（9）安全生产责任

1）发包人的安全责任。发包人应负责赔偿以下各种情况造成的损失：①工程或工程的任何部分对土地的占用所造成的第三者财产损失；②由于发包人原因在施工场地及其毗邻地带造成的第三者人身伤亡和财产损失；③由于发包人原因对承包人、监理人造成的人员人身伤亡和财产损失；④由于发包人原因造成的发包人自身人员的人身伤害以及财产损失。

2）承包人的安全责任。由于承包人原因在施工场地内及其毗邻地带造成的发包人、监理人以及第三者人员伤亡和财产损失，由承包人负责赔偿。

**2. 职业健康**

（1）劳动保护　承包人应按照法律规定安排现场施工人员的劳动和休息时间，保障劳动者的休息时间，并支付合理的报酬和费用。承包人应依法为其履行合同所雇用的人员办理必要的证件、许可、保险和注册等，承包人应督促其分包人为分包人所雇用的人员办理必要的证件、许可、保险和注册等。

承包人应按照法律规定保障现场施工人员的劳动安全，并提供劳动保护，并应按国家有关劳动保护的规定，采取有效的防止粉尘、降低噪声、控制有害气体和保障高温、高寒、高空作业安全等劳动保护措施。承包人雇用人员在施工中受到伤害的，承包人应立即采取有效措施进行抢救和治疗。

承包人应按法律规定安排工作时间，保证其雇佣人员享有休息和休假的权利。因工程施工的特殊需要占用休假日或延长工作时间的，应不超过法律规定的限度，并按法律规定给予补休或付酬。

（2）生活条件　承包人应为其履行合同所雇用的人员提供必要的膳宿条件和生活环境；承包人应采取有效措施预防传染病，保证施工人员的健康，并定期对施工现场、施工人员生活基地和工程进行防疫和卫生的专业检查和处理，在远离城镇的施工场地，还应配备必要的伤病防治和急救的医务人员与医疗设施。

### 3. 环境保护

承包人应在施工组织设计中列明环境保护的具体措施。在合同履行期间，承包人应采取合理措施保护施工现场环境。对施工作业过程中可能引起的大气、水、噪声以及固体废物污染采取具体可行的防范措施。

承包人应当承担因其原因引起的环境污染侵权损害赔偿责任，因上述环境污染引起纠纷而导致暂停施工的，由此增加的费用和（或）延误的工期由承包人承担。

### （五）争议解决

### 1. 和解

合同当事人可以就争议自行和解，自行和解达成协议的经双方签字并盖章后作为合同补充文件，双方均应遵照执行。

### 2. 调解

合同当事人可以就争议请求建设行政主管部门、行业协会或其他第三方进行调解，调解达成协议的，经双方签字并盖章后作为合同补充文件，双方均应遵照执行。

### 3. 争议评审

合同当事人在专用合同条款中约定采取争议评审方式解决争议以及评审规则，并按下列约定执行：

（1）争议评审小组的确定 合同当事人可以共同选择一名或三名争议评审员，组成争议评审小组。合同当事人应当自合同签订后 28 天内，或者争议发生后 14 天内，选定争议评审员（专用合同条款另有约定除外）。

选择一名争议评审员的，由合同当事人共同确定；选择三名争议评审员的，各自选定一名，第三名成员为首席争议评审员，由合同当事人共同确定或由合同当事人委托已选定的争议评审员共同确定，或由专用合同条款约定的评审机构指定第三名首席争议评审员。

评审员报酬由发包人和承包人各承担一半（专用合同条款另有约定除外）。

（2）争议评审小组的决定 合同当事人可在任何时间将与合同有关的任何争议共同提请争议评审小组进行评审。争议评审小组应秉持客观、公正原则，充分听取合同当事人的意见，依据相关法律、规范、标准、案例经验及商业惯例等，自收到争议评审申请报告后 14 天内作出书面决定，并说明理由。合同当事人可以在专用合同条款中对本项事项另行约定。

（3）争议评审小组决定的效力 争议评审小组作出的书面决定经合同当事人签字确认后，对双方具有约束力，双方应遵照执行。

任何一方当事人不接受争议评审小组决定或不履行争议评审小组决定的，双方可选择采用其他争议解决方式。

### 4. 仲裁或诉讼

因合同及合同有关事项产生的争议，合同当事人可以在专用合同条款中约定以下一种方式解决争议：

1）向约定的仲裁委员会申请仲裁。

2）向有管辖权的人民法院起诉。

### 5. 争议解决条款效力

合同有关争议解决的条款独立存在，合同的变更、解除、终止、无效或者被撤销均不影响其效力。

## 案例2

某宾馆装修改造项目采用工程量清单计价方式进行招标投标，该项目装修合同工期为3个月，合同总价为400万元，合同约定实际完成工程量超过估计工程量15%以上时调整单价，调整后的综合单价为原综合单价的90%。合同约定客房地面铺地毯工程量为3800m²，单价为140元/m²；墙面贴壁纸工程量为7500m²，单价为88元/m²。

施工过程中发生以下事件：装修进行2个月后，发包人以设计变更的形式通知承包人将公共走廊作为增加项目进行装修改造。走廊地面装修标准与客房装修标准相同，工程量为980m²；走廊墙面装修为高级乳胶漆，工程量为2300m²，因工程量清单中无项目，发包人与承包人依据合同约定协商后确定的乳胶漆的综合单价为15元/m²。由于走廊设计变更等待新图造成承包方停工待料5天，造成窝工50工日（每工日工资20元）。施工图中浴厕间毛巾环为不锈钢材质，但由发包人编制的工程量清单中无此项目，故承包人投标时未进行报价。施工过程中，承包人自行采购了不锈钢毛巾环并进行安装。工程结算时，承包人按毛巾环实际采购价要求发包人进行结算。

【问题】

1. 因工程量变更，施工合同中综合单价应如何确定？

2. 客房及走廊地面、墙面装修的结算工程款应为多少？

3. 由于走廊设计变更造成的工期及费用损失，承包人是否应得到补偿？

4. 承包人关于毛巾环的结算要求是否合理？为什么？

【案例2】参考答案

1. 工程量清单漏项或设计变更引起新的工程量清单项目，其相应综合单价由承包人提出，经发包人确认后作为结算的依据。由于工程量清单的工程数量有误或设计变更引起工程量增减，属合同约定幅度以内的，应执行原有的综合单价；属合同约定幅度以外的，其增加部分的工程量或减少后的剩余部分的工程量的综合单价由承包人提出，经发包人确认后，作为结算的依据。

2. 客房及走廊地面、墙面装修结算工程款为：

$3800m^2 \times 140 \, 元/m^2 + 7500m^2 \times 88 \, 元/m^2 = 1192000 \, 元$

走廊地面地毯按原单价计算的工程量为：$3800m^2 \times 15\% = 570m^2$

走廊地面装修结算工程款为：

$570m^2 \times 140 \, 元/m^2 + (980m^2 - 570m^2) \times 140元/m^2 \times 90\% = 131460元$

走廊墙面装修结算工程款为：$2300m^2 \times 15 \, 元/m^2 = 34500 \, 元$

客房及走廊墙面、地面装修结算工程为：

$1192000 \, 元 + 131460 \, 元 + 34500 \, 元 = 1357960 \, 元$

3. 由于等待新图造成暂时停工的责任在于发包人，因此发包人应对承包人的损失予以补偿，并顺延工期。

4. 承包人的要求不合理。对于工程量清单漏项的项目，承包人应在施工前向发包人提出其综合单价，经发包人确认后作为结算的依据。

## 案例3

某项目发包人与承包人签订了工程施工合同,合同中含两个子项工程,估算工程量甲项为2300m³,乙项为3200m³,经协商合同价甲项为180元/m³,乙项为160元/m³。承包合同规定:

1. 开工前发包人应向承包人支付合同价20%的预付款。

2. 业主自第一个月起,从承包人的工程款中,按5%的比例扣留滞留金。

3. 当子项工程实际工程量超过估算工程量10%时,可进行调价,调整系数为0.9。

4. 根据市场情况规定价格调整系数平均按1.2计算。

5. 监理人签发月度付款最低金额为25万元。

6. 预付款在最后两个月扣除,每月扣50%。

承包人每月实际完成并经监理人签证确认的工程量见下表。

承包人实际完成工程量表　　　　　　　　　　　　　(单位:m³)

| 月份 | 1 | 2 | 3 | 4 |
|---|---|---|---|---|
| 甲项 | 500 | 800 | 800 | 600 |
| 乙项 | 700 | 900 | 800 | 600 |

第一个月完成工程量价款为23.028万元。

【问题】

1. 预付款是多少?

2. 从第二个月起每月工程量价款是多少?监理人应签证的工程款是多少?实际签发的付款凭证金额是多少?

【案例3】参考答案

1. 预付款金额为:$(2300 \times 180 + 3200 \times 160)$元$\times 20\% = 185200$元$= 18.52$万元

2. 第二个月工程量的计算如下:

工程量价款为:$(800 \times 180 + 900 \times 160)$元$= 288000$元$= 28.8$万元

应签证的工程款为:$28.8$万元$\times 1.2 \times 0.95 = 32.832$万元

本月监理人实际签发的付款凭证金额为:

$(23.028 + 32.832)$万元$= 55.86$万元

第三个月工程量的计算如下:

工程量价款为:

$800\text{m}^3 \times 180$元$/\text{m}^3 + 800\text{m}^3 \times 160$元$/\text{m}^3 = 272000$元$= 27.2$万元

应签证的工程款为:$27.2$万元$\times 1.2 \times 0.95 = 31.008$万元

应扣预付款为:$18.52$万元$\times 50\% = 9.26$万元

应付款为:$(31.008 - 9.26)$万元$= 21.748$万元

监理人签发月度付款最低金额为25万元,所以本月监理人不予签发付款凭证。

第四个月工程量的计算如下:

甲项工程累计完成工程量为2700m³,比原估算工程量2300m³超出400m³,已超过估算工程量的10%,超出部分的单价应进行调整。

超过估算工程量10%的工程量为：

$$2700m^3 - 2300m^3 \times (1 + 10\%) = 170m^3$$

这部分工程量单价应调整为：180 元/m³×0.9 = 162 元/m³

甲项工程工程量价款为：

$$(600 - 170)m^3 \times 180 \text{ 元}/m^3 + 170m^3 \times 162 \text{ 元}/m^3 = 104940 \text{ 元} = 10.494 \text{ 万元}$$

乙项工程累计完成工程量为：3000m³，比原估算工程量3200m³减少200m³，不超过估算工程量，其单价不予进行调整。

乙项工程工程量价款为：600m³×160 元/m³ = 96000 元 = 9.6 万元

本月完成甲、乙两项工程量价款合计为：(10.494 + 9.6)万元 = 20.094 万元

应签证的工程款为：20.094 万元×1.2×0.95 = 22.907 万元

本月监理人实际签发的付款凭证金额为：

21.748 万元 + 22.907 万元 - 18.52 万元×50% = 35.395 万元

## 案例 4

某综合办公大楼工程建设项目，合同价为3856 万元，工期为2 年。发包人通过招标选择了某施工单位作为承包人进行该项目的施工。

在正式签订工程施工承包合同前，发包人和承包人草拟了一份建设工程施工合同，供双方再斟酌。其中包括如下条款：

(1) 承包人必须按工程师批准的进度计划组织施工，接受监理人对进度的检查、监督。工程实际进度与计划进度不符时，承包人应按监理人的要求提出改进措施，经监理人确认后执行。承包人有权就改进措施提出追加合同价款。

(2) 发包人向承包人提供施工场地的工程地质和地下主要管网线路资料，供承包人参考使用。

(3) 承包人不能将工程转包，但允许分包，也允许分包人将分包的工程再次分包给其他分包人。

(4) 无论监理人是否进行验收，当其要求对已经隐蔽的工程重新检验时，承包人应按要求进行剥离或开孔，并在检查后重新覆盖或修复。检验合格，发包人承担由此发生的全部追加合同价款，赔偿承包人损失，并相应顺延工期。检验不合格，承包人承担发生的全部费用，工期予以顺延。

(5) 承包人应按协议条款约定的时间向监理人提交实际完成工程量的报告。监理人接到报告3 天内按承包人提供的实际完成的工程量报告核实工程量（计量），并在计量24 小时前通知承包人。

(6) 工程未经竣工验收或竣工验收未通过的，发包人不得使用。发包人强行使用时，发生的质量问题及其他问题，由发包人承担责任。

(7) 因不可抗力事件导致的费用及延误的工期由双方共同承担。

【问题】

请逐条指出上述合同条款中不妥之处，并提出如何改正。

【案例4】参考答案

1. 第（1）条中"承包人有权就改进措施提出追加合同价款"不妥。应改正为"因承包人的原因导致实际进度与计划进度不符，承包人无权就改进措施提出追加合同价款"。

2. 第（2）条中"供承包人参考使用"不妥。应改为"对资料的真实准确性负责"。

3. 第（3）条中"也允许分包单位将分包的工程再次分包"不妥。应改为"不允许分包人再分包"。

4. 第（4）条中"检验不合格，……，工期予以顺延"不妥。应改为"检验不合格，……，工期不予顺延"。

5. 第（5）条中"监理人接到报告3天内按承包人提供的实际完成的工程量报告核实工程量（计量），并在计量24小时前通知承包人"不妥。根据《建设工程价款结算暂行办法》的规定，应改正为："监理人接到报告后7天内按设计图核实已完工程量（计量），并在计量前24小时通知承包人"。

6. 第（6）条不妥，工程未经竣工验收或竣工验收未通过的，发包人强行使用时，不能免除承包人应承担的保修责任。应改为"发包人强行使用时，由此发生的质量问题及其他问题，由发包人承担责任，但不能免除承包人应承担的保修责任"。

7. 第（7）条不妥，不可抗力导致的人员伤亡、财产损失、费用增加和（或）工期延误等后果，由合同当事人按以下原则承担：

1）永久工程、已运至施工现场的材料和工程设备的损坏，以及因工程损坏造成的第三者人员伤亡和财产损失由发包人承担。

2）承包人施工设备的损坏由承包人承担。

3）发包人和承包人承担各自人员伤亡和财产的损失。

4）因不可抗力影响承包人履行合同约定的义务，已经引起或将引起工期延误的，应当顺延工期，由此导致承包人停工的费用损失由发包人和承包人合理分担，停工期间必须支付的工人工资由发包人承担。

5）因不可抗力引起或将引起工期延误，发包人要求赶工的，由此增加的赶工费用由发包人承担。

6）承包人在停工期间按照发包人要求照管、清理和修复工程的费用由发包人承担。

## 案例5

某年4月A单位拟建一栋办公楼，工程地址位于已建成的X小区附近。A单位就勘察任务与B单位签订了工程合同。合同规定勘察费15万元。该工程经过勘察、设计等阶段于10月20日开始施工。施工承包人为D建筑公司。

【问题】

1. 委托方A应预付勘察定金数额是多少？

2. 该工程签订勘察合同几天后，委托方A单位通过其他渠道获得X小区业主C单位提供的X小区的勘察报告。A单位认为可以借用该勘察报告，A单位即通知B单位不再履行合同。在上述事件中，哪些单位的做法是错误的？为什么？A单位是否有权要求返还定金？

3. 若A单位和B单位双方都按期履行勘察合同，并按B单位提供的勘察报告进行设计与施工。但在进行基础施工阶段，发现其中有部分地段地质情况与勘察报告不符，出现软弱地基，而在原报告中并未指出。此时B单位应承担什么责任？

4. 问题3中，施工承包人D由于进行地基处理，施工费用增加20万元，工期延误20天，对于这种情况，施工承包人D应怎样处理？A单位应承担哪些责任？

【案例5】参考答案

1. 委托方A单位应向B单位支付定金：（15×20%）万元＝3万元。

2. ①A单位和C单位的做法都是错误的。A单位不履行勘察合同，属违约行为；C单位应维护他人的勘察成果和设计文件，不得擅自转让给第三方，也不得用于合同以外的项目。而C单位将他人的勘察报告擅自提供给A单位，并用于合同外项目，这种做法是错误的。②委托方A单位不履行勘察合同，无权要求返回定金。

3. 若勘察合同继续履行，B单位完成勘察任务，对于因勘察质量低劣造成的损失，应视造成损失的大小，减收或免收勘察费。

4. 施工承包人D应在出现软弱地基后，及时以书面形式通知A单位，同时提出处置方案或请求A单位组织勘察人、设计人共同制定处理方案，并于28天内就延误的工期和因此发生的经济损失，向A单位代表提出索赔意向通知，在随后的28天内提出索赔报告及有关资料。A单位应于28天内答复，或要求承包人D进一步补充索赔理由和证据，逾期不作答复，视为默认。由于变更计划，提供的资料不准确而造成施工方的窝工、停工，委托方A单位应按承包人D的实际消耗的工作量增付费用。因此，A单位应承担地基处理所需的20万元，顺延工期20天。

# 第五节　建设工程造价咨询合同

GF—2002—0212《建设工程造价咨询合同示范文本》包括《建设工程造价咨询合同标准条件》和《建设工程造价咨询合同专用条件》（以下简称《标准条件》《专用条件》）。

《标准条件》适用于各类建设工程项目造价咨询委托，委托人和咨询人都应当遵守。《专用条件》是根据建设工程项目特点和条件，由委托人和咨询人协商一致后进行填写。双方如果认为需要，还可在其中增加约定的补充条款和修正条款。《专用条件》应当对应《标准条件》的顺序进行填写。

## 一、咨询人的义务

1）向委托人提供与工程造价咨询业务有关的资料，包括工程造价咨询的资质证书及承担合同业务的专业人员名单、咨询工作计划等，并按合同专用条件中约定的范围实施咨询业务。

2）咨询人在履行合同期间，向委托人提供的服务包括正常服务、附加服务和额外服务。

"正常服务"是指双方在专用条件中约定的工程造价咨询工作；"附加服务"是指在

"正常服务"以外，经双方书面协议确定的附加服务；"额外服务"是指不属于"正常服务"和"附加服务"，由于委托人或第三人的原因使咨询人工作受到阻碍或延误以致增加了工作量或持续时间，由于非咨询人自身原因暂停或终止执行建设工程造价咨询业务，咨询人有权得到额外的时间和酬金。

3）在履行合同期间或合同规定期限内，不得泄露与合同规定业务活动有关的保密资料。

### 二、委托人的义务

1）委托人应负责与建设工程造价咨询业务有关的第三人的协调，为咨询人工作提供外部条件。委托人应当授权胜任本咨询业务的代表，负责与咨询人联系。

2）委托人应当在约定的时间内，免费向咨询人提供与项目咨询业务有关的资料。

3）委托人应当在约定的时间内就咨询人书面提交并要求答复的事宜作出书面答复。咨询人要求第三人提供有关资料时，委托人应负责转达及资料转送。

### 三、咨询人的权利

委托人在委托的建设工程造价咨询业务范围内，授予咨询人以下权利：

1）咨询人在咨询过程中，如委托人提供的资料不明确时可向委托人提出书面报告。

2）咨询人在咨询过程中，有权对第三人提出与本咨询业务有关的问题进行核对或查问。

3）咨询人在咨询过程中，有到工程现场勘察的权利。

### 四、委托人的权利

1）委托人有权向咨询人询问工作进展情况及相关的内容。

2）委托人有权阐述对具体问题的意见和建议。

3）当委托人认定咨询专业人员不按咨询合同履行其职责，或与第三人串通给委托人造成经济损失的，委托人有权要求更换咨询专业人员，直至终止合同并要求咨询人承担相应的赔偿责任。

### 五、咨询人的责任

1）咨询人的责任期即建设工程造价咨询合同有效期。如因非咨询人的责任造成进度的推迟或延误而超过约定的日期，双方应进一步约定相应延长合同有效期。

2）咨询人在责任期内，应当履行建设工程造价咨询合同中约定的义务，因咨询人的单方过失造成的经济损失，应当向委托人进行赔偿。累计赔偿总额不应超过建设工程造价咨询酬金总额（除去税金）。

3）咨询人对委托人或第三人所提出的问题不能及时核对或答复，导致合同不能全部或部分履行，咨询人应承担责任。

4）咨询人向委托人提出赔偿要求不能成立时，则应补偿由于该赔偿或其他要求所导致委托人的各种费用的支出。

### 六、委托人的责任

委托人应当履行建设工程造价咨询合同约定的义务，如有违反则应当承担违约责任，赔偿给咨询人造成的损失。委托人如果向咨询人提出赔偿或其他要求不能成立时，则应补偿由于该赔偿或其他要求所导致咨询人的各种费用的支出。

### 七、合同的变更与终止

1）由于委托人或第三人的原因使咨询人工作受到阻碍或延误以致增加了工作量或持续时间，则咨询人应当将此情况与可能产生的影响及时书面通知委托人。由此增加的工作量视为额外服务，完成建设工程造价咨询工作的时间应当相应延长，并得到额外的酬金。

2）咨询人由于非自身原因暂停或终止执行建设工程造价咨询业务，由此而增加的恢复执行建设工程造价咨询业务的工作，应视为额外服务，有权得到额外的时间和酬金。

3）当事人一方要求变更或解除合同时，则应当在14天前通知对方；因变更或解除合同使一方遭受损失的，由责任方负责赔偿。变更或解除合同的通知或协议应当采取书面形式，新的协议未达成之前，原合同仍然有效。

### 八、咨询业务的酬金

1）正常的建设工程造价咨询业务，附加工作和额外工作的酬金，按照建设工程造价咨询合同专用条件约定的方法计取，并按约定的时间和数额支付。支付建设工程造价咨询酬金所采取的货币币种、汇率由合同专用条件约定。

2）如果委托人在规定的支付期限内未支付建设工程造价咨询酬金，自规定支付之日起，应当向咨询人补偿应支付的酬金利息。利息额按规定支付期限最后一日银行活期贷款利息率乘以拖欠酬金时间计算。

3）如果委托人对咨询人提交的支付通知书中酬金或部分酬金项目提出异议，应当在收到支付通知书2天内向咨询人发出异议的通知，但委托人不得拖延其无异议酬金项目的支付。

4）因建设工程造价咨询业务的需要，咨询人在合同约定外的外出考察，经委托人同意，其所需费用由委托人负责。咨询人如需外聘专家协助，在委托的建设工程造价咨询业务范围内，其费用由咨询人承担；在委托的建设工程造价咨询业务范围以外，经委托人认可其费用由委托人承担。

### 九、合同争议的解决

因违约或终止合同而引起的损失和损害的赔偿，委托人与咨询人之间应当协商解决；如未能达成一致，可提交有关主管部门调解；协商或调解不成的，根据双方约定提交仲裁或向人民法院提起诉讼。

## 第六节　工程建设有关的其他合同

### 一、建设工程物资采购合同

#### （一）建设工程物资采购合同的概念

建设工程物资采购合同是指具有平等主体的自然人、法人、其他组织之间为实现建设工程物资买卖，设立、变更、终止相互权利义务关系的协议。依照协议，出卖人转移建设工程物资的所有权于买受人，买受人接受该项建设工程物资并支付价款。建设工程物资采购合同，一般分为材料采购合同和设备采购合同。建设工程物资采购合同属于买卖合同，它具有买卖合同的一般特点，具体如下：

1）买卖合同以转移财产的所有权为目的。

2）买卖合同中的买受人取得财产所有权，必须支付相应的价款；出卖人转移财产所有权，必须以买受人支付价款为对价。

3）买卖合同是双务、有偿合同。

4）买卖合同是诺成合同。

5）买卖合同是不要式合同。除法律有特别规定外，买卖合同的成立和生效并不需要具备特别的形式或履行审批手续。

**（二）建设工程物资采购合同的特征**

**1. 建设工程物资采购合同应依据施工合同订立**

施工合同中确立了关于物资采购的协商条款，无论是发包人供应材料和设备，还是承包人供应材料和设备，都应依据施工合同采购物资。承发包双方都需要根据施工合同的工程量来确定所需物资的数量，根据施工合同的类别来确定物资的质量要求。因此，施工合同一般是订立建设工程物资采购合同的前提。

**2. 建设工程物资采购合同以转移财物和支付价款为基本内容**

建设工程物资采购合同内容繁多，条款复杂，涉及物资的数量和质量、包装、运输方式、结算方式等。但最为根本的是双方应尽的义务，即卖方按质、按量、按时地将建设物资的所有权转归买方；买方按时、按量地支付货款，这两项主要义务构成了建设工程物资采购合同的最主要的内容。

**3. 建设工程物资采购合同的标的品种繁多，供货条件复杂**

建设工程物资采购合同的标的是建筑材料和设备，它包括钢材、木材、水泥和其他辅助材料以及机电成套设备。这些建设物资的特点在于品种、质量、数量和价格差异较大，根据建设工程的需要，有的数量庞大，有的技术条件要求较高，因此，在合同中必须对各种所需物资逐一明细，以确保工程施工的需要。

**4. 建设工程物资采购合同应实际履行**

由于物资采购合同是依据施工合同订立的，物资采购合同的履行直接影响施工合同的履行，因此建设工程物资采购合同一旦订立，卖方义务一般不能解除，不允许卖方以支付违约金和赔偿金的方式代替合同的履行，除非合同的延迟履行对买方成为不必要。

**5. 建设工程物资采购合同采用书面形式**

根据《合同法》的规定，订立合同依照法律、行政法规或当事人约定采用书面形式的，应当采用书面形式。建设工程物资采购合同中的标的物用量大，质量要求复杂，且需根据工程进度计划分期分批均衡履行，同时还涉及售后维修服务工作，因此合同履行周期长，应当采用书面形式。

**（三）材料采购合同**

**1. 材料采购合同的主要条款**

依《合同法》规定，材料采购合同的主要条款如下：

1）双方当事人的名称、地址，法定代表人的姓名，委托代订合同的，应有授权委托书并注明代理人的姓名、职务等。

2）合同标的。材料的名称、品种、型号、规格等应符合施工合同的规定。

3）技术标准和质量要求。质量条款应明确各类材料的技术要求、试验项目、试验方法、试验频率以及国家法律规定的国家强制性标准和行业强制性标准。

4）材料数量及计量方法。材料数量的确定由当事人协商，应以材料清单为依据，并规定交货数量的正负尾差、合理磅差和在途自然减（增）量及计量方法。计量单位采用国家规定的度量衡标准，计量方法按国家的有关规定执行，没有规定的，可由当事人协商执行。

5）材料的包装。材料的包装是保护材料在储运过程中免受损坏不可缺少的环节。包装质量可按国家和有关部门规定的标准签订，当事人有特殊要求的，可由双方商定标准，但应保证材料包装适合材料的运输方式，并根据材料特点采取防潮、防雨、防锈、防震、防腐蚀的保护措施。双方还应在合同内约定提供包装物的当事人及包装品回收等。

6）材料交付方式。材料交付可采取送货、自提和代运三种不同方式。由于工程用料数量大、体积大、品种繁杂、时间性较强，当事人应采取合理的交付方式，明确交货地点，以便及时、准确、安全、经济地履行合同。

7）材料的交货期限。

8）材料的价格。材料的价格应在订立合同时明确定价，可以是约定价格，也可以是政府定价或指导价。

9）违约责任。在合同中，当事人应对违反合同所负的经济责任作出明确规定。

10）特殊条款。如果双方当事人对一些特殊条件或要求达成一致意见，也可在合同中明确规定，成为合同的条款。当事人对以上条款达成一致意见形成书面协议后，经当事人签名盖章即产生法律效力，若当事人要求鉴证或公证的，则经鉴证机关或公证机关盖章后方可生效。

11）争议解决的方式。

**2. 材料采购合同的履行**

材料采购合同订立后，应依《合同法》的规定予以全面地、实际地履行。

（1）按约定的标的履行　卖方交付的货物必须与合同规定的名称、品种、规格、型号相一致，除非买方同意，不允许以其他货物代替合同中规定的货物，也不允许以支付违约金或赔偿金的方式代替履行合同。

（2）按合同规定的期限、地点交付货物　交付货物的日期应在合同规定的交付期限内，交付的地点应在合同指定的地点。实际交付的日期早于或迟于合同规定的交付期限，即视为提前或逾期交货。提前交付，买方可拒绝接受；逾期交付的，卖方应承担逾期交付的责任。如果逾期交货，买方不再需要，应在接到卖方交货通知后15天内通知卖方，逾期不答复的，视为同意延期交货。

（3）按合同规定的数量和质量交付货物　对于交付货物的数量应当场检验，清点账目后，由双方当事人签字。对质量的检验，外在质量可当场检验；内在质量需作物理或化学试验的，试验的结果为验收的依据。卖方在交货时，应将产品合格证随同产品交买方据以验收。

（4）按约定的价格及结算条款履行　买方在验收材料后，应按合同规定履行付款义务，否则承担法律责任。

（5）违约责任　卖方不能交货的，应向买方支付违约金；卖方所交货物与合同规定不符的，应根据情况由卖方负责包换、包退、包赔以及由此造成的买方损失；卖方承担不能按合同规定期限交货的责任或提前交货的责任。买方中途退货，应向卖方偿付违约金；逾期付款，应按中国人民银行关于延期付款的规定向卖方偿付逾期付款的违约金。

**（四）设备采购合同**

设备采购合同是指平等主体的自然人、法人、其他组织之间，以工程项目所需设备为标的，以设备买卖为目的，出卖人（简称卖方）转移设备的所有权于买受人（简称买方），买受人支付设备价款的合同。

**1. 设备采购合同的内容**

设备采购合同通常采用标准合同格式，其内容可分为三部分：第一部分是约首，即合同开头部分，包括项目名称、合同号、签约日期、签约地点、双方当事人名称或者姓名和住所等条款；第二部分为正文，即合同的主要内容，包括合同文件、合同范围及条件、货物及数量、合同金额、付款条件、交货时间和交货地点以及合同生效等条款。其中，合同文件包括合同条款、投标格式和投标人提交的投标报价表、要求一览表、技术规范、履约保证金、规格响应表、买方授权通知书等；货物及数量、交货时间和交货地点等均在要求一览表中明确；合同金额指合同的总价，分项价格则在投标报价表中确定；第三部分为约尾，即合同生效条款，规定合同生效条件，具体包括双方的名称、签字盖章及签字时间、地点等。

**2. 设备采购合同主要条款**

（1）技术规范　提供和交付的货物和技术规范应与合同文件的规定相一致。

（2）专利权　卖方应保证买方在使用该货物或其他任何一部分时不受第三方提出侵犯其专利权、商标权和工业设计权的起诉。

（3）包装要求　卖方提供货物的包装应适应于运输、装卸、仓储的要求，确保货物安全无损运抵现场，并在每份包装箱内附一份详细装箱单和质量合格证，在包装箱表面作醒目的标识。

（4）装运条件及装运通知　卖方应在合同规定的交货期前30天以电报或电传形式将合同号、货物名称、数量、包装箱号、总毛重、总体积和备妥交货日期通知买方，同时应用挂号信将详细交货清单以及对货物运输和仓储的特殊要求和注意事项通知买方。如果卖方交货超过合同的数量或重量，产生的一切法律后果由卖方负责。卖方在货物装完24小时内以电报或电传的方式通知买方。

（5）保险　出厂价合同，货物装运后由买方办理保险。目的地交货价合同，由卖方办理保险。

（6）支付　卖方按合同规定履行完义务后，卖方可按买方提供的单据和交付资料一套寄给买方，并在发货时另行随货物发运一套。

（7）质量保证　卖方须保证货物是全新的、未使用过的，并完全符合合同规定的质量、规格和性能的要求，在货物最终验收后的质量保证期内，卖方应对由于设计、工艺或材料的缺陷而发生的任何不足或故障负责，费用由卖方负担。

（8）检验与保修　在发货前，卖方应对货物的质量、规格、性能、数量和重量等进行准确而全面的检验，并出具证书，但检验结果不能视为最终检验。成套设备是否保修、保修期限、费用负担都应在合同中明确规定。

（9）违约罚款　在履行合同过程中，如果卖方遇到不能按时交货或提供服务的情况，应及时以书面形式通知买方，并说明不能交货的理由及延误时间。买方在收到通知后，经分析，可通过修改合同，酌情延长交货时间。如果卖方毫无理由地拖延交货，买方可没收履约保证金，加收罚款或终止合同。

（10）不可抗力　发生不可抗力事件后，受事故影响一方应及时书面通知另一方，双方协商延长合同履行期限或解除合同。

（11）履约保证金　卖方应在收到中标通知书30天内，通过银行向买方提供相当于合同总价10%的履约保证金，其有效期到货物保证期满为止。

（12）争议的解决　执行合同中所发生的争议，双方友好协商解决，如协商不能解决时，当事人应选择仲裁解决或诉讼解决，具体解决方式应在合同中明确规定。

（13）破产终止合同　卖方破产或无清偿能力时，买方可以书面形式通知卖方终止合同，并有权请求卖方赔偿有关损失。

（14）转包或分包　双方应就卖方能否完全或部分转让其应履行的合同义务达成一致意见。

（15）其他　合同生效时间，合同正本份数，修改或补充合同的程序等。

**3. 设备采购合同的履行**

（1）交付货物　卖方应按合同规定，按时、按质、按量地履行供货义务，并做好现场服务工作，及时解决有关设备的技术质量、缺损件等问题。

（2）验收　买方对卖方交货应及时进行验收，依据合同规定，对设备的质量及数量进行核实检验，如有异议，应及时与卖方协商解决。

（3）结算　买方对卖方交付的货物检验没有发现问题，应按合同的规定及时付款；如果发现问题，在卖方及时处理达到合同要求后，也应及时履行付款义务。

（4）违约责任　在合同履行过程中，任何一方都不应借故延迟履约或拒绝履行合同义务，否则应追究违约当事人的法律责任。

1）由于卖方交货不符合合同规定，如交付的设备不符合合同的标的，或交付设备未达到质量技术要求，或数量、交货日期等与合同规定不符时，卖方应承担违约责任。

2）由于卖方中途解除合同，买方可采取合理的补救措施，并要求卖方赔偿损失。

3）买方在验收货物后，不能按期付款的，应按中国人民银行有关延期付款的规定交付违约金。

4）买方中途退货，卖方可采取合理的补救措施，并要求买方赔偿损失。

## 二、建设工程施工分包合同

### （一）合同文件及解释顺序

除本合同专用条款另有约定外，组成分包合同的文件及优先解释顺序如下：

1）本合同协议书。

2）中标通知书（如有时）。

3）分包人的投标函及报价书。

4）除总包合同工程价款之外的总包合同文件。

5）本合同专用条款。

6) 本合同通用条款。

7) 本合同工程建设标准及施工图。

8) 合同履行过程中，承包人和分包人协商一致的其他书面文件。

当合同文件内容出现含糊不清或不相一致时，应在不影响工程正常进行的情况下，由分包人和承包人协商解决。双方协商不成时，按合同中有关争议的约定处理。

### （二）语言文字和适用法律、行政法规及工程建设标准

**1. 语言文字**

除专用条款中另有约定，分包合同文件使用的语言文字应与总包合同文件使用的语言文字相同。

**2. 适用法律和行政法规**

除专用条款中另有约定，分包合同适用的法律、法规应与总包合同中规定适用的法律、法规相同。需要明示的法律、行政法规在专用条款内约定。

**3. 适用工程建设标准**

双方在专用条款内约定适用的工程建设标准的名称；专用条款没有具体约定的，应使用总包合同中所规定的与分包工程有关的工程建设标准。承包人应按专用条款约定的时间向分包人提供一式两份约定的工程建设标准。没有相应工程建设标准的，应由承包人按照专用条款约定的时间向分包人提出施工技术要求，分包人按约定的时间和要求提出施工工艺，经承包人确认后执行。

### （三）双方的工作

**1. 承包人的工作**

承包人应按本合同专用条款约定的内容和时间，一次或分阶段完成下列工作：

1) 向分包人提供根据总包合同由发包人办理的与分包工程相关的各种证件、批件、各种相关资料，向分包人提供具备施工条件的施工场地。

2) 按本合同专用条款约定的时间，组织分包人参加发包人组织的图纸会审，向分包人进行施工图交底。

3) 提供本合同专用条款中约定的设备和设施，并承担因此发生的费用。

4) 随时为分包人提供确保分包工程的施工所要求的施工场地和通道等，满足施工运输的需要，保证施工期间的畅通。

5) 负责整个施工场地的管理工作，协调分包人与同一施工场地的其他分包人之间的交叉配合，确保分包人按照经批准的施工组织设计进行施工。

6) 承包人应做的其他工作，双方在本合同专用条款内约定。

承包人未履行前款各项义务，导致工期延误或给分包人造成损失的，承包人赔偿分包人的相应损失，顺延延误的工期。

**2. 分包人的工作**

分包人应按本合同专用条款约定的内容和时间，完成下列工作：

1) 分包人应按照分包合同的约定，对分包工程进行设计（分包合同有约定时）、施工、竣工和保修。分包人在审阅分包合同和（或）总包合同时，或在分包合同的施工中，如发现分包工程的设计或工程建设标准、技术要求存在错误、遗漏、失误或其他缺陷，应立即通知承包人。

2）按照本合同专用条款约定的时间，完成规定的设计内容，报承包人确认后在分包工程中使用。承包人承担由此发生的费用。

3）在本合同专用条款约定的时间内，向承包人提供年、季、月度工程进度计划及相应进度统计报表。分包人不能按承包人批准的进度计划施工时，应根据承包人的要求提交一份修订的进度计划，以保证分包工程如期竣工。

4）分包人应在专用条款约定的时间内，向承包人提交一份详细施工组织设计，承包人应在专用条款约定的时间内批准，分包人方可执行。

5）遵守政府有关主管部门对施工场地交通、施工噪声以及环境保护和安全文明生产等的管理规定，按规定办理有关手续，并以书面形式通知承包人，承包人承担由此发生的费用，因分包人责任造成的罚款除外。

6）分包人应允许承包人、发包人、工程师及其三方中任何一方授权的人员在工作时间内，合理进入分包工程施工场地或材料存放的地点，以及施工场地以外与分包合同有关的分包人的任何工作或准备的地点，分包人应提供方便。

7）已竣工工程未交付承包人之前，分包人应负责已完分包工程的成品保护工作，保护期间发生损坏，分包人自费予以修复；承包人要求分包人采取特殊措施保护的工程部位和相应的追加合同价款，双方在本合同专用条款内约定。

8）分包人应做的其他工作，双方在本合同专用条款内约定。

分包人未履行前款各项义务，造成承包人损失的，分包人赔偿承包人有关损失。

### （四）开工与延期开工

#### 1. 开工

分包人应当按照分包合同协议书约定的开工日期开工。分包人不能按时开工，应当不迟于协议书约定的开工日期前5天，以书面形式向承包人提出延期开工的理由。承包人应当在接到延期开工申请后的48小时内以书面形式答复分包人。承包人在接到延期开工申请后48小时内不答复，视为同意分包人要求，工期相应顺延。承包人不同意延期要求或分包人未在规定时间内提出延期开工要求，工期不予顺延。因承包人原因不能按照协议书约定的开工日期开工，项目经理应以书面形式通知分包人，推迟开工日期。承包人赔偿分包人因延期开工造成的损失，并相应顺延工期。

#### 2. 工期延误

因下列原因之一造成分包工程工期延误，经项目经理确认，工期相应顺延：

1）承包人根据总包合同从工程师处获得与分包合同相关的竣工时间延长。

2）承包人未按分包合同专用条款的约定提供施工图、开工条件、设备设施、施工场地。

3）承包人未按约定日期支付工程预付款、进度款，致使分包工程施工不能正常进行。

4）项目经理未按分包合同约定提供所需的指令、批准或所发出的指令错误，致使分包工程施工不能正常进行。

5）非分包人原因的分包工程范围内的工程变更及工程量增加。

6）不可抗力的原因。

7）分包合同专用条款中约定的或项目经理同意工期顺延的其他情况。

分包人应在上述情况发生后14天内，就延误的工期以书面形式向承包人提出报告。承包人在收到报告后 14 天内予以确认，逾期不予确认也不提出修改意见，视为同意顺延工期。

### 3. 暂停施工

发包人或工程师认为确有必要暂停施工时，应以书面形式通过承包人向分包人发出暂停施工指令，并在提出要求后 48 小时内提出书面处理意见。分包人停工和复工程序以及暂停施工所发生的费用，按总包合同相应条款履行。

### 4. 工程竣工

分包人应按照本合同协议书约定的竣工日期或承包人同意顺延的工期竣工。因分包人原因不能按照本合同协议书约定的竣工日期或承包人同意顺延的工期竣工的，分包人承担违约责任。提前竣工程序按总包合同相应条款履行。

## （五）质量与安全

### 1. 质量检查与验收

分包工程质量应达到分包合同协议书和专用条款约定的工程质量标准，质量评定标准按照总包合同相应条款履行。因分包人原因工程质量达不到约定的质量标准，分包人应承担违约责任，违约金计算方法或额度在专用条款内约定。双方对工程质量的争议、分包工程的检查、验收及工程试车等按照总包合同相应的条款履行。分包人应就分包工程向承包人承担总包合同约定的承包人应承担的义务，但并不免除承包人根据总包合同应承担的总包质量管理的责任。分包人应允许并配合承包人或工程师进入分包人施工场地检查工程质量。

### 2. 安全施工

分包人应遵守工程建设安全生产有关管理规定，严格按照安全标准组织施工，承担由于自身安全措施不力造成事故的责任和因此发生的费用。在施工场地涉及危险地区或需要安全防护措施施工时，分包人应提出安全防护措施，经承包人批准后实施，发生的相应费用由承包人承担。发生安全事故，按照总包合同相应条款处理。

## （六）合同价款与支付

### 1. 合同价款及调整

招标工程的合同价款由承包人与分包人依据中标通知书中的中标价格在协议书内约定；非招标工程的合同价款由承包人与分包人依据工程预算书在协议书内约定。分包工程合同价款在合同协议书内约定后，任何一方不得擅自改变。确定合同价款的方式以及调价因素与总包合同相同。

分包人应当在可以调价的情况发生后 10 天内，将调整原因、金额以书面形式通知承包人，承包人确认调整金额后作为追加合同价款，与工程价款同期支付。承包人收到通知后 10 天内不予确认也不提出修改意见，视为已经同意该项调整。分包合同价款与总包合同相应部分价款无任何连带关系。

### 2. 工程量的确认

分包人应按专用条款约定的时间向承包人提交已完工程量报告，承包人接到报告后 7 天内自行按设计图计量或报经工程师计量。承包人在自行计量或由工程师计量前 24 小时应通知分包人，分包人为计量提供便利条件并派人参加。分包人未按本合同专用条款约定的时间向承包人提交已完工程量报告，或其所提交的报告不符合承包人要求且未做整改的，承包人不予计量。对分包人自行超出施工图范围和因分包人原因造成返工的工程量，承包人不予计量。

分包人收到通知后不参加计量，计量结果有效，作为工程价款支付的依据；承包人不按约定时间通知分包人，致使分包人未能参加计量，计量结果无效。承包人在收到分包人报告后7天内未进行计量或因工程师的原因未计量的，从第8天起，分包人报告中开列的工程量即视为被确认，作为工程价款支付的依据。

**3. 合同价款的支付**

在确认计量结果后10天内，承包人应按专用条款约定的时间和方式，向分包人支付工程款（进度款）。承包人超过约定的支付时间不支付工程款（预付款、进度款），分包人可向承包人发出要求付款的通知。承包人不按分包合同约定支付工程款（预付款、进度款），导致施工无法进行，分包人可停止施工，由承包人承担违约责任。

分包合同中的工程预付款、工程变更调整的合同价款、合同价款的调整、索赔的价款或费用以及其他约定的追加合同价款的调整与支付与总包合同相同。

**（七）工程变更**

分包人应根据工程师和承包人根据总包合同作出的指令以更改、增补或省略的方式对分包工程进行变更。但是，分包人不执行从发包人或工程师处直接收到的未经承包人确认的有关分包工程变更的指令。如分包人直接收到此类变更指令，应立即通知项目经理并向项目经理提供一份该直接指令的复印件。项目经理应在24小时内提出关于对该指令的处理意见。

分包工程变更价款的确定应按照总包合同的相应条款履行。分包人应在工程变更确定后11天内向承包人提出变更分包工程价款的报告，经承包人确认后调整合同价款。分包人在双方确定变更后11天内不向承包人提出变更分包工程价款的报告，视为该项变更不涉及合同价款的变更。承包人在收到变更分包工程价款报告之日起17天内予以确认，无正当理由逾期未予确认时，视为该报告已被确认。

**（八）竣工验收及结算**

**1. 竣工验收**

分包工程具备竣工验收条件的，分包人应向承包人提供完整的竣工资料及竣工验收报告。双方约定由分包人提供竣工图的，应在专用条款内约定提交日期和份数。承包人应在收到分包人提供的竣工验收报告之日起3日内通知发包人进行验收，分包人应配合承包人进行验收。根据总包合同无须由发包人验收的部分，承包人应按照总包合同约定的验收程序自行验收。发包人未能按照总包合同及时组织验收的，承包人应按照总包合同规定的发包人验收的期限及程序自行组织验收，并视为分包工程竣工验收通过。

分包工程竣工验收未能通过且属于分包人原因的，分包人负责修复相应缺陷并承担相应的质量责任。分包工程竣工日期为分包人提供竣工验收报告之日；需要修复的，为提供修复后竣工报告之日。

**2. 竣工结算及移交**

分包工程竣工验收报告经承包人认可后14天内，分包人向承包人递交分包工程竣工结算报告及完整的结算资料，双方按照分包合同协议书约定的合同价款及专用条款约定的合同价款调整内容，进行工程竣工结算。

承包人收到分包人递交的分包工程竣工结算报告及结算资料后28天内进行核实，给予确认或者提出明确的修改意见。承包人确认竣工结算报告后7天内向分包人支付分包工程竣工结算价款。分包人收到竣工结算价款之日起7天内，将竣工工程交付承包人。

承包人收到分包工程竣工结算报告及结算资料后 28 天内无正当理由不支付工程竣工结算价款，从第 29 天起向分包人按同期银行贷款利率支付拖欠工程价款的利息，并承担违约责任。

### （九）违约与索赔

**1. 违约**

当发生下列情况之一时，视为承包人违约：

1）承包人不按分包合同的约定支付工程预付款、工程进度款，导致施工无法进行。

2）承包人不按分包合同的约定支付工程竣工结算价款。

3）承包人不履行分包合同义务或不按分包合同约定履行义务的其他情况。

承包人承担违约责任，赔偿因其违约给分包人造成的经济损失，顺延延误的工期。双方在合同专用条款内约定承包人赔偿分包人损失的计算方法或承包人应当支付违约金的数额。

当发生下列情况之一时，视为分包人违约：

1）分包人与发包人或工程师发生直接工作联系。

2）分包人将其承包的分包工程转包或再分包。

3）因分包人原因不能按照合同协议书约定的竣工日期或承包人同意顺延的工期竣工的。

4）因分包人原因工程质量达不到约定的质量标准。

5）分包人不履行分包合同义务或不按分包合同约定履行义务的其他情况。

分包人承担违约责任，赔偿因其违约给承包人造成的经济损失。双方在合同专用条款内约定分包人赔偿承包人损失的计算方法或分包人应当支付违约金的数额。如分包人有违反分包合同的行为，分包人应保障承包人免于承担因此违约造成的工期延误、经济损失及根据总包合同承包人将负责的任何赔偿费，在此情况下，承包人可从本应支付分包人的任何价款中扣除此笔经济损失及赔偿费，并且不排除采用其他补救方法的可能。

**2. 索赔**

当一方向另一方提出索赔时，要有正当的索赔理由，且有索赔事件发生时的有效证据。承包人未能按分包合同的约定履行自己的各项义务或发生错误以及应由承包人承担责任的其他情况，造成工期延误和（或）分包人不能及时得到合同价款或分包人的其他经济损失，分包人可按总包合同约定的程序以书面形式向承包人索赔。

在承包人收到分包人索赔报告后 21 天内给予分包人明确的答复，或要求进一步补充索赔理由和证据。索赔成功后，承包人应将相应部分转交分包人。分包人应按照总包合同的规定及时向承包人提交分包工程的索赔报告，以保证承包人可以及时向发包人进行索赔。承包人在 35 天内未能对分包人的索赔报告给予答复，视为分包人的索赔报告已经得到批准。

承包人根据总包合同的约定向工程师递交任何索赔意向通知或其他资料，要求分包人协助时，分包人应就分包工程方面的情况，以书面形式向承包人发出相关通知或其他资料以及保持并出示同期施工记录，以便承包人能遵守总包合同有关索赔的约定。分包人未予积极配合，使得承包人涉及分包工程的索赔未获成功，则承包人可在按分包合同约定应从支付给分包人的金额中扣除上述本应获得的索赔款项中适当比例的部分。

### （十）合同生效与终止

承包人分包人在合同协议书中约定合同生效方式。承包人分包人履行合同全部义务，竣工结算价款支付完毕，分包人向承包人交付竣工的分包工程后，分包合同即告终止。分包合同的权利义务终止后，承包人分包人应遵循诚实信用原则，履行通知、协助、保密等义务。

有关保险、担保和保障、材料设备供应的数量和程序以及责任、文物、不可抗力包括的范围以及事件处理、合同解除、争议等约定与总包合同相应条款相同或相似。

# 第七节　工程总承包合同

## 一、工程总承包合同的概念

业主方把建设工程项目的设计任务和施工任务进行综合委托的模式可称为建设工程项目总承包或工程总承包，这是一种新型的建设任务委托模式。建设工程项目总承包模式起源于欧洲，是对传统承发包模式的变革，是为了解决设计与施工分离的弊端而产生的一种新模式。建设工程项目总承包的基本出发点是借鉴工业生产组织的经验，实现建设生产过程的组织集成化，以克服由于设计与施工的分离致使投资增加，以及克服由于设计和施工的不协调而影响建设进度等弊端。

工程总承包是指从事工程总承包的企业受业主委托，按照合同约定对工程项目的勘察、设计、采购、施工、试运行（交工验收）等实行全过程或若干阶段的承包。其主要模式有两种，一种是设计、采购、施工（EPC，即 Engineering Procurement Construction）交钥匙总承包形式，另一种是设计、施工 DB（Design-Build）总承包形式。目前国外项目普遍采取工程总承包形式，我国也正在推广这种工程总承包形式。

积极推行工程总承包，是深化我国工程建设项目组织实施方式改革，提高工程建设管理水平，保证工程质量和投资效益，规范建筑市场秩序的重要措施。本书现将 GF - 2011 - 0216《建设项目工程总承包合同示范文本（试行）》的通用条款中关于进度、质量、付款等内容进行简单介绍。

## 二、合同主要内容

建设工程项目总承包与施工承包的最大不同之处在于承包商要负责全部或部分的设计，并负责物资设备的采购。

**1. 项目总承包的任务**

建设工程项目项目总承包的任务应该明确规定。从时间范围上，一般可包括从工程立项到交付使用的工程建设全过程，具体可包括：勘察设计、设备采购、施工、试车等内容。从具体的工程范围看，可包括所有的主体和附属工程、工艺、设备等。

**2. 开展项目总承包的依据**

合同中应该将业主对工程项目的各种要求描述清楚，承包商可以据此开展设计、采购和施工。开展项目总承包的依据可能包括以下几个方面：

1）业主的功能要求。

2）业主提供的部分施工图。

3）业主自行采购设备清单。

4）业主采用的工程技术标准和各种工程技术要求。

5）工程所在地有关工程建设的国家标准、地方标准或者行业标准。

## 三、合同当事人权利和义务

### （一）发包人的义务和权利

1）负责办理项目的审批、核准或备案手续，取得项目用地的使用权，完成拆迁补偿工作，使项目具备法律规定的开工条件。并提供立项文件。

2）履行合同中约定的合同价格调整、付款、竣工结算义务。

3）有权根据合同约定，及国家法律对安全、质量、标准、环境保护和职业健康等强制性规定，对承包人的设计、采购、施工等实施工作提出建议、修改和变更。但不得违反国家强制性标准、规范的规定。

4）有权根据合同约定，对因承包人原因给发包人带来的任何损失和损害提出赔偿。

5）发包人认为必要时，有权发出书面形式的暂停通知。该类暂停给承包人造成的费用增加时，由发包人承担。或造成工程关键路径延误的，竣工日期相应延长。

6）发包人负责协调处理施工现场周围的地下、地上已有设施和邻近建筑物、构筑物、古树名木、文物及坟墓等的安全保护工作，维护现场周围的正常秩序，并承担相关费用。

7）发包人负责工程现场临近正在使用、生产或运行的建筑物、构筑物、生产装置、设施、设备等，要设置隔离设施，竖立禁止入内、禁止动火的明显标志，并以书面形式通知承包人须遵守的安全规定和位置范围。因发包人的原因给承包人造成的损失和伤害，由发包人负责。

8）合同未作约定，而在工程主体结构或工程主要装置完成后，发包人要求进行涉及建筑主体及承重结构变动或涉及重大工艺变化的装修工程时，双方另行签订委托合同，作为本合同附件。

9）发包人自行决定此类装修或发包人与第三方签订委托合同，由发包人或发包人另行委托的第三方提出设计方案及施工的，由此造成的损失、损害由发包人负责。

10）发包人负责对其代表、雇员、监理人及其委托的其他人员进行安全教育，并遵守承包人工程现场的安全规定。承包人应在工程现场以标牌明示相关安全规定，或将安全规定发送给发包人。因发包人的代表、雇员、监理人及其委托的其他人员未能遵守承包人工程现场的安全规定所发生的人身伤害、安全事故，由发包人负责。

11）发包人与承包人商定工程实施阶段及区域的保安责任划分，并编制各自的相关保安制度、责任制度和报告制度，作为合同附件。

发包人按合同约定占用的区域、接收的单项工程和工程，由发包人承担相关保安工作，及因此产生的费用、损害和责任。

### （二）承包人的义务和权利

1）承包人应按照合同约定的标准、规范、工程的功能、规模、考核目标和竣工日期，完成设计、采购、施工、竣工试验和（或）指导竣工后试验等工作，不得违反国家强制性标准、规范的规定。

2）承包人应按合同约定，自费修复因承包人原因引起的设计、文件、设备、材料、部件、施工中存在的缺陷或在竣工试验和竣工后试验中发现的缺陷。

3）承包人应按合同约定和发包人的要求，提交相关报表。报表的类别、名称、内容、报告期、提交时间和份数，在专用条款中约定。

4）承包人有权根据4.6.4款承包人的复工要求、14.9款付款时间延误和17条不可抗力的约定，以书面形式向发包人发出暂停通知。除此之外，凡因承包人原因的暂停，造成承包人的费用增加由其自负，造成关键路径延误的应自费赶上。

5）对因发包人原因给承包人带来任何损失或造成工程关键路径延误的，承包人有权要求赔偿和（或）延长竣工日期。

### 四、进度计划、延误和暂停

#### （一）设计进度计划

承包人根据批准的项目进度计划和约定的设计审查阶段及发包人组织的设计阶段审查会议的时间安排，编制设计进度计划。设计进度计划经发包人认可后执行。发包人的认可并不能解除承包人的合同责任。

承包人收到发包人提供的项目基础资料、现场障碍资料及预付款后的第5日，作为设计开工日期。因发包人未能按约定提供设计基础资料、现场障碍资料等相关资料，造成设计开工日期延误的，设计开工日期和工程竣工日期相应顺延；因承包人原因造成设计开工日期延误的，应自费赶上。

#### （二）采购进度计划

承包人的采购进度计划应符合项目进度计划的时间安排，并与设计、施工、和（或）竣工试验及竣工后试验的进度计划相衔接。采购进度计划的提交份数和日期，在专用条款约定。采购开始日期在专用条款约定。因承包人的原因导致采购延误，造成的停工、窝工损失和竣工日期延误，由承包人负责。因发包人原因导致采购延误，给承包人造成的停工、窝工损失，由发包人承担，若造成关键路径延误的，竣工日期相应顺延。

#### （三）施工进度计划

承包人应在现场施工开工15日前向发包人提交1份包括施工进度计划在内的总体施工组织设计。施工进度计划的开竣工时间，应符合合同协议书对施工开工和工程竣工日期的约定，并与项目进度计划的安排协调一致。发包人需承包人提交关键单项工程和（或）关键分部分项工程施工进度计划的，在专用条款中约定提交的份数和时间。

#### （四）暂停

因发包人原因通知的暂停，应列明暂停的日期及预计暂停的期限。因不可抗力造成工程暂停时，双方根据不可抗力发生时的义务和不可抗力的后果的条款的约定，安排各自的工作。

当发生发包人的暂停和因不可抗力约定的暂停时，承包人应立即停止现场的实施工作。并根据合同约定负责在暂停期间，对工程、工程物资及承包人文件等进行照管和保护。因承包人未能尽到照管、保护的责任，造成损坏、丢失等，使发包人的费用增加，和（或）竣工日期延误的，由承包人负责。

### 五、质量与检验

承包人及其分包人随时接受发包人、监理人所进行的安全、质量的监督和检查。承包人应为此类监督、检查提供方便。

发包人委托第三方对施工质量进行检查、检验、检测和试验时，应以书面形式通知承包人。第三方的验收结果视为发包人的验收结果。

承包人应遵守施工质量管理的有关规定，负有对其操作人员进行培训、考核、图纸交底、技术交底、操作规程交底、安全程序交底和质量标准交底，及消除事故隐患的责任。

承包人应按照设计文件、施工标准和合同约定，负责编写施工试验和检测方案，对工程物资（包括建筑构配件）进行检查、检验、检测和试验，不合格的不得使用，并有义务自费修复和（或）更换不合格的工程物资，因此造成竣工日期延误的，由承包人负责；发包人提供的工程物资经承包人检查、检验、检测和试验不合格的，发包人应自费修复和（或）更换，因此造成关键路径延误的，竣工日期相应顺延。承包人因此增加的费用，由发包人承担。

承包人的施工应符合合同约定的质量标准。施工质量评定以合同中约定的质量检验评定标准为依据。对不符合质量标准的施工部位，承包人应自费修复、返工、更换等，因此造成竣工日期延误的，由承包人负责。

## 六、合同总价和付款

总承包合同为总价合同除变更和合同价格的调整以及合同中其他相关增减金额的约定外，合同价格不作调整。发包人依据合同约定的应付款类别和付款时间安排，向承包人支付合同价款。

发包人同意将按合同价格的一定比例作为预付款金额，具体金额在专用条件中约定。合同约定了预付款保函时，在合同生效后，发包人收到承包人提交的预付款保函后 10 日内，根据约定的预付款金额一次支付给承包人；未约定预付款保函时，发包人在合同生效后 10 日内根据约定的预付款金额一次支付给承包人。

工程进度款包括设计进度款、采购进度款、施工进度款、竣工试验进度款以及竣工后试验服务费和工程总承包管理费等，支付方式、支付条件和支付时间等，在专用条件中约定。付款方式可以选择按月付款或按付款计划表付款。

按月申请付款，以合同协议书约定的合同价格为基础，按每月实际完成的工程量（含设计、采购、施工、竣工试验和竣工后试验等）的合同金额提交付款申请。承包人提交付款申请报告的格式、内容、份数和时间，在专用条件中约定。按月付款申请报告中的款项包括按工程进度款约定的款项类别、按合同价格调整约定的增减款项、按预付款约定的支付及扣减的款项、按质量保修金额约定的暂扣及支付的款项、根据索赔结果所增减的款项、根据另行签订的本合同的补充协议增减的款项。

按付款计划表申请付款，以合同协议书约定的合同价格为基础，按照在专用条件约定的付款期数、计划每期达到的主要形象进度或（和）完成的主要计划工程量（含设计、采购、施工、竣工试验和竣工后试验等）及每期付款金额，并依据专用条件约定的格式、内容、份数和提交时间，由承包人提交当期付款申请报告。每期付款申请报告中的款项包括按约定的当期计划申请付款的金额、合同价款调整约定的增减款项、预付款约定的，支付及扣减的款项、按质量保修金额约定的暂扣及支付的款项、根据索赔结果所增减的款项、根据另行签订的本合同的补充协议增减的款项。

因发包人的原因未能按约定的时间向承包人支付工程进度款的，应从发包人收到付款申请报告后的第 26 日开始，以中国人民银行颁布的同期同类贷款利率向承包人支付延期付款的利息，作为延期付款的违约金额。发包人延误付款 15 日以上，承包人有权向发包人发出要求付款的通知，发包人收到通知后仍不能付款，承包人可暂停部分工作，视为发包人导致的暂停，并遵照发包人暂停的约定执行。

双方协商签订延期付款协议书的，发包人应按延期付款协议书中约定的期数、时间、金额和利息付款；当双方未能达成延期付款协议，导致工程无法实施，承包人可停止部分或全部工程，发包人应承担违约责任，导致工程关键路径延误时，竣工日期顺延。

发包人的延误付款达 60 日以上，并影响到整个工程实施的，承包人有权根据约定向发包人发出解除合同的通知，并有权就因此增加的相关费用向发包人提出索赔。

## 复习思考题

1. 监理合同示范文本的通用条件与专用条件有何关系？
2. 监理合同当事人双方都有哪些义务？
3. 监理合同要求监理人必须完成的工作有哪些？
4. 发包人应为勘察人提供哪些现场条件？
5. 设计合同履行时，发包人和设计人各应履行哪些义务？
6. 设计合同履行过程中哪些属于违约行为？当事人双方各应如何承担违约责任？
7. 施工合同中对双方有约束力的条款都包括哪些？
8. 施工进度计划的作用如何？监理人如何对施工进度进行控制？
9. 监理人如何处理设计变更？
10. 如何进行隐蔽工程验收？
11. 发生哪些情况时应给施工承包人合理顺延工期？

# 工程合同管理

# 第七章

 本章概要

　　通过本章教学，使学生熟悉建设工程合同管理的基本内容，掌握合同管理的方法，施工阶段合同管理的主要工作，合同风险管理内容和方法以及合同分析与交底，合同文档资料管理，使学生初步具备合同管理的能力。

## 第一节　合同管理的地位

　　按《合同法》的定义，"合同是平等主体的自然人、法人、其他组织之间设立、变更、终止民事权利义务关系的协议"。

　　在我国现行经济体制下，项目管理日益成为建筑施工企业经营管理的重心所在。项目管理的过程，就是一个完整的合同履行过程，它既包括质量、工期、资源和安全的管理，也包括了分包和预算的管理。而这些管理都是以合同管理为前提条件的，离开了合同管理，项目管理无法进行，施工项目成本的预测、计划、控制、核算和分析等一整套成本管理的系统无法运行。所以说，合同管理是其他一切项目管理的基础，有着极其重要的地位和作用。

　　**1. 合同是工程承包各方的最高行为准则**

　　市场经济是一种法制经济，我国正在开展的依法治国就是规范市场经济体制运行的重要手段。有序的市场经济必须有合同作为基础。对于工程承包来说，它是一份总设计、总蓝图。它不仅规定了工程的内容、工期、质量、费用，而且还规定了技术标准和仲裁办法，只有双方认真履行合同，才能保证工程的顺利实施，各自达到各自的目的。

　　**2. 合同管理是工程项目管理的灵魂**

　　合同管理是工程项目成本管理的基础。工程承包人必须认真仔细研读合同条文，按合同的要求控制材料、设备的性能、数量、价格，合理把控，杜绝浪费。同时，认真分析合同条件，了解工程承包的风险，特别是对不利因素了如指掌，如不利的地质条件、材料性质（甲供材料）、地理交通、气候、经济波动、政治因素等及时分析、跟踪、记录、整理、反馈才能及时地化解风险、变不利为有利。同时，也只有认真领会了这些合同条件，证实了客观实际与合同的出入（包括设计施工图变更、监理签证、气象记录、工程量表、价格依据、计算依据），才能做到有理有据，进行施工索赔，从而挽回经济损失。

**3. 合同管理是项目进度管理的手段**

通过认真领会合同条件，合理安排工序，找到影响工程进度的关键因素，提早分析安排，发现不利的合同条件，必须及早会同发包人、监理人协调解决，从而安排有效的人力、物力、财力，按期完成任务。

**4. 合同管理是工程项目质量管理的基础**

只有领会了合同具体要求，按合同规定的国家、行业、地方施工技术标准、材料设备标准、质量验收标准进行施工，才可能一次通过验收。任何一个小环节出现问题，或因合同规定不具体、各方理解有误、标准本身不具备备忘说明且未及时沟通确认，都可能造成返工甚至报废。这不仅影响了发包人的利益，也影响了承包人的效益。

# 第二节  工程合同管理概述

## 一、工程合同管理的概念

工程合同管理指工程承包合同双方当事人在合同实施过程中自觉地、认真严格地遵守所签订的合同的各项规定和要求，按照各自的权利履行各自的义务、维护各自的权利，发扬协作精神，处理好"伙伴关系"，做好各项管理工作，使项目目标得到完整的体现。

虽然工程合同是发包人和承包人双方的一个协议，包括若干合同文件，但合同管理的深层含义，应该引申到合同协议签订之前，从下面三个方面来理解合同管理，才能做好合同管理工作。

**1. 做好合同签订前的各项准备工作**

虽然合同尚未签订，但合同签订前各方的准备工作，对做好合同管理至关重要。

发包人的准备工作包括合同文件草案的准备、各项招标工作的准备，做好评标工作，特别是要做好合同签订前的谈判和合同文稿的最终定稿。

合同中既要体现出在商务上和技术上的要求，有严谨明确的项目实施程序，又要明确合同双方的义务和权利。对风险的管理要按照合理分担的精神体现在合同条件中。

发包人的另一个重要准备工作就是选好监理人（或发包人代表，CM 经理等）。最好能提前选定监理人，以使监理人能够参与合同文件的制定（包括谈判、签约等）过程，依据其经验，提出合理化建议，使合同的各项规定更为完善。

承包人一方在合同签订前的准备工作主要是制定投标战略，作好市场调研，在买到招标文件之后，要认真细心地分析研究招标文件，以便比较好地理解发包人方的招标要求。在此基础上，一方面可以对招标文件中不完善以至错误之处向发包人方提出建议，另一方面也必须做好风险分析，对招标文件中不合理的规定提出自己的建议，并力争在合同谈判中对这些规定进行适当的修改。

**2. 加强合同实施阶段的合同管理**

这一阶段是实现合同内容的重要阶段，也是一个相当长的时期。在这个阶段中合同管理的具体内容十分丰富，而合同管理的好坏直接影响到合同双方的经济利益。

**3. 提倡协作精神**

合同实施过程中应该提倡项目中各方的协作精神，共同实现合同的既定目标。在合同条件中，合同双方的权利和义务有时表现为相互矛盾、相互制约的关系，但实际上，实现合同标的必然是一个相互协作解决矛盾的过程，在这个过程中工程师起着十分重要的协调作用。一个成功的项目，必定是发包人、承包人以及监理人按照一种项目伙伴关系，以协作的团队精神来共同努力完成的。

## 二、工程合同管理的一般特点

### （一）合同管理期限长

由于工程承包活动是一个渐进的过程，工程施工工期长的特点决定承包合同生命期较长。它不仅包括施工期，而且包括招标投标和合同谈判以及保修期，所以一般为1～2年，长的可达5年或更长。合同管理必须在从领取招标文件直到合同完成并失效这么长的时间内连续地、不间断地进行。

### （二）合同管理的效益性

工程合同价格高，因此，合同管理对工程经济效益影响很大。合同管理得好，可使项目避免亏本，赢得利润；否则，就要蒙受较大的经济损失。工程实践证明，对于正常的工程，合同管理成功和失误对工程经济效益产生的影响之差可达工程造价的20%。

### （三）合同管理的动态性

由于工程过程中内外因素引起的干扰事件较多，合同变更频繁。常常一个稍大型的工程，合同实施中的变更能有几百项。合同实施必须按变化的情况不断地调整，因此，在合同实施过程中，合同控制和合同变更管理显得极为重要，这要求合同管理必须是动态的。

### （四）合同管理的复杂性

合同管理工作极为复杂、繁琐，是高度准确和精细的管理。其原因是：

1）现代工程体积庞大，结构复杂，技术标准和质量标准高，要求相应的合同实施的技术水平和管理水平高。

2）现代工程合同条件越来越复杂，这不仅表现在合同条款多，所属的合同文件多，而且与主合同相关的其他合同也多。例如，在工程合同范围内可能有许多分包、供应、劳务、租赁、保险等合同。它们之间存在极为复杂的关系，形成一个严密的合同网络。

3）工程的参加单位和协作单位多，即使一个简单的工程就涉及发包人、总包人、分包人、材料供应商、设备供应商、设计单位、监理单位、运输单位、保险公司、银行等十几家甚至几十家单位。各方面责任界限的划分，在时间上和空间上的衔接与协调极为重要，同时又极为复杂和困难。

4）合同实施过程复杂，从合同准备到合同结束必须经历多个过程。要完整地履行一个承包合同，必须完成从局部完成到全部完成的几百个甚至几千个相关的合同事件。在整个过程中，稍有疏忽就会导致经济损失。所以必须保证合同在工程的全过程和每一个环节上都顺利实施。

5）在工程施工过程中，与合同事件相对应的是各种合同相关文件和工程资料。在合同管理中必须做好这些文件和资料的取得、处理、使用和保存工作。

### （五）合同管理的风险性

一是由于工程实施时间长，涉及面广，受外界环境的影响大，如经济条件、社会条件、法律和自然条件的变化等。这些因素有些是承包人难以预测和不能控制的，而且大多会妨碍合同的正常实施，造成经济损失。

二是合同本身常常隐藏着许多难以预测的风险。建筑市场竞争激烈，在施工、设计领域投标时，投标人不仅要压低报价，而且常常要面对提出的苛刻的合同条款，如单方面约束性条款和责权利不平衡条款，投标人对此必须高度重视并调整对策，否则会导致工程失败。

### （六）合同管理的特殊性

合同管理作为工程项目管理的一项管理职能，有它自己的职责和任务，但它又有其特殊性：

1）由于合同管理对项目的进度控制、质量管理、成本管理有总控制和总协调作用，所以它又是综合性的全面的高层次的管理工作。

2）合同管理要处理与发包人、与其他方面的经济关系，所以它又必须服从企业经营管理，服从企业战略，特别在投标报价、合同谈判、合同执行战略的制定和处理索赔问题时，更要注意这个问题。

## 三、工程合同各方的合同管理

### （一）发包人对合同的管理

发包人对合同的管理主要体现在施工合同的前期策划和合同签订后的监督方面。发包人要为承包人的合同实施提供必要的条件，向施工现场派驻具备相应资质的代表或聘请监理人及具备相应资质的人员负责监督承包人履行合同。

### （二）承包人的合同管理

承包人的工程承包合同管理工作是最细致、最复杂，也是最困难的。在市场经济中，承包人的总体目标是通过工程承包来盈利，这个目标必须通过两步来实现：

1）通过投标竞争战胜竞争对手，承接工程，并签订一个有利的合同。

2）在合同规定的工期和预算成本范围内完成合同规定的工程任务，全面地正确地履行自己的合同义务，争取盈利。同时，通过双方圆满的合作，工程的顺利实施，赢得信誉，为将来在新的项目上的合作和扩展业务奠定基础。

这要求承包人在合同生命期的每个阶段都必须有详细的计划和有力的控制，以减少失误，减少与发包人或监理人的争执，减少延误和不可预见费用支出。这一切都必须通过合同管理来实现。

### （三）监理人的合同管理

发包人和承包人是合同的双方，监理人受发包人雇佣为其监理工程，进行合同管理，负责进行工程的进度控制、质量控制、投资控制以及做好协调工作。监理人是发包人和承包人合同之外的第三方，是独立的法人单位。

监理人对合同的监督管理与承包人的合同管理方法和要求有所不同。承包人是工程的具体实施者，需要制订详细的施工进度计划，确定施工方法，研究人力、机械的配合和调度，安排各个部位施工的先后次序以及按照合同要求进行质量管理，以保证高速优质地完成工程。监理人则不具体安排施工和研究如何保证质量的具体措施，而是从宏观上控制施工进度，按承包人在开工时提交的施工进度计划进行检查督促，对施工质量按照合同中技术规范和施工图的要求进行检查验收。监理人可以向承包人提出建议，但并不对如何保证质量和进度负责，承包人自己决定是否采纳其建议。对于成本问题，承包人要精心研究如何降低成本、提高利润率，而监理人主要是按照合同规定特别是工程量表的规定，严格为发包人支付工程款把关，并且防止承包人的不合理索赔要求。监理人的具体职责是在合同条件中规定的，如果发包人要对监理人的某些职权作出限制，应在合同专用条件中作出明确规定。

### 四、合同管理组织机构的设置

要提高合同管理水平，必须使合同管理工作专门化和专业化，在承包企业和工程项目组织中设立专门的机构和人员负责合同管理工作。

对不同的企业组织和工程项目组织形式，合同管理组织的形式不一样，通常有如下几种情况。

**1. 工程承包企业设置合同管理部门（科室）**

由合同管理部门专门负责企业所有工程合同的总体管理工作。主要包括：

1）收集市场和工程信息。

2）参与投标，对招标文件和合同草案进行审查和分析。

3）对工程合同进行总体策划。

4）参与合同谈判与合同的签订。

5）向工程项目派遣合同管理人员。

6）对工程项目的合同履行情况进行汇总、分析，对工程项目的进度、成本和质量进行总体计划和控制。

7）协调各个项目的合同实施。

8）处理与发包人及其他方面的重大合同关系。

9）具体地组织重大索赔工作。

10）对合同实施进行总的指导、分析和诊断。

**2. 设立专门的项目合同管理小组**

对于大型的工程项目，设立项目的合同管理小组，专门负责与该项目有关的合同管理工作。

**3. 聘请合同管理专家**

对一些合同关系复杂、风险大、争执多的特大型项目（如国际工程项目），有些承包人聘请合同管理专家或将整个工程的合同管理工作委托给专业咨询公司或管理公司，这样可大大提高工程合同管理水平和工程经济效益，但花费也比较高。

### 五、合同管理与企业管理的关系

企业管理都是以盈利为目的的，而盈利来自于所实施的各个项目，各个项目的利润来自于每一个合同的履行过程，而在合同的履行过程中能否获利，又取决于合同管理的好坏。因此说，合同管理是企业管理的一部分，并且其主线应围绕着合同管理，否则就会与企业的盈利目标不一致。

## 第三节　施工阶段合同管理的主要工作

工程施工过程是工程项目的实施过程。要使合同顺利实施，合同双方必须共同完成各自的合同责任，实现合同目标。由于施工阶段合同管理的大量工作由施工承包人完成，下面就主要以承包人的工作来论述。

在这一阶段，承包人合同管理人员的主要工作包括：建立合同实施的保证体系；监督工程小组和分包人按合同施工，并做好各分包合同的协调和管理工作；对合同实施情况进行跟踪；进行合同变更管理；日常的索赔和反索赔。

## 一、建立合同实施的保证体系

### （一）落实合同责任，实行目标管理

合同和合同分析的资料是工程实施管理的依据。合同组人员的职责是根据合同分析的结果，把合同责任具体地落实到各责任人和合同实施的具体工作上。

1）组织项目管理人员和各工程小组负责人学习合同条文和合同总体分析结果，对合同的主要内容作出解释和说明，使其熟悉合同的主要内容、各种规定、管理程序，了解承包人的合同责任和工程范围，各种行为的法律后果等。

2）将各种合同事件的责任分解落实到各工程小组或分包人，分解落实：合同事件表（任务单，分包合同）；施工图；设备安装图；详细的施工说明等合同和合同分析文件，并对这些活动实施的技术的和法律的问题进行解释和说明，最重要的是以下几方面内容：工程的质量、技术要求和实施中的注意点；工期要求；消耗标准；相关事件之间的搭接关系；各工程小组（分包人）责任界限的划分；不能完成责任的影响和法律后果等。

3）在合同实施过程中，定期进行检查、监督，解释合同内容。

4）通过其他经济手段保证合同责任的完成。

对分包人，主要通过分包合同确定与其的责权利关系，以保证分包人能及时地按质按量地完成合同责任。如果出现分包人违约或未完成合同，可对其进行合同处罚和索赔。

### （二）建立合同管理工作制度和程序

#### 1. 建立协商会办制度

发包人、监理人和各承包人之间，项目经理部和分包人之间以及项目经理部的项目管理职能人员和各工程小组负责人之间都应有定期的协商会议。通过会议可以解决以下问题：

1）检查合同实施进度和各种计划落实情况。

2）协调各方面的工作，对后期工作作安排。

3）讨论和解决目前已经发生的和以后可能发生的各种问题，并作出相应的决议。

4）讨论合同变更问题，作出合同变更决议，落实变更措施，决定合同变更的工期和费用的补偿数量等。

承包人与发包人，总包和分包之间会谈中的重大议题和决议，应用会谈纪要的形式确定下来。各方签署的会谈纪要，作为有约束力的合同变更，是合同的一部分。合同管理人员负责会议资料的准备，提出会议的议题，起草各种文件，提出对问题解决的意见或建议，组织会议，会后起草会谈纪要（有时，会谈纪要由发包人指派的工程师起草），对会谈纪要进行合同法律方面的检查。

对工程中出现的特殊问题可不定期地召开特别会议讨论解决方法，保证合同实施一直得到很好的协调和控制。

#### 2. 建立合同管理的工作程序

对于一些经常性工作应订立工作程序，如各级别文件的审批、签字制度，使合同管理人员的工作有章可循，不必进行经常性的解释和指导。

具体的有：施工图批准程序；工程变更程序；分包人的索赔程序；分包人的账单审查程

序；材料、设备、隐蔽工程、已完工程的检查验收程序；工程进度付款账单的审查批准程序；工程问题的请示报告程序等。

**（三）建立文档管理系统，实现各种文件资料的标准化管理**

工程的原始资料在合同实施过程中产生，它必须由各职能人员、工程小组负责人、分包人提供。合同管理人员负责各种合同资料和工程资料的收集、整理和保存工作。这项非常繁琐和复杂的工作，要花费大量时间和精力，因此要将责任明确落实下去。

1）各种数据、资料的标准化，规定各种文件、报表、单据等的格式和规定的数据结构要求。

2）将原始资料收集整理的责任落实到人，如工程小组负责人应提供小组工作日记、记工单、小组施工进度计划、工程问题报告等。分包人应提供分包工程进度表、质量报告、分包工程款进度表等。

3）规定各种资料的提供时间。

4）确定各种资料、数据的准确性要求。

5）建立工程资料的索引系统，便于查询。

**（四）建立严格的质量检查验收制度**

合同管理人员应主动地抓好工程和工作质量，协助做好全面质量管理工作，建立一整套质量检查和验收制度，例如，每道工序结束应有严格的检查和验收；工序之间、工程小组之间应有交接制度；材料进场和使用应有一定的检验措施等。

**（五）建立报告和行文制度**

承包人和发包人、监理人、分包人之间的沟通都应以书面形式进行，或以书面形式作为最终依据。这是合同的要求，也是经济法律的要求，也是工程管理的需要，而实际工作中这点特别容易被忽略。建立报告和行文制度，使合同文件和双方往来函件的内部、外部运行程序化。报告和行文制度包括以下几方面内容：

1）定期的工程实施情况报告，如日报、周报、旬报、月报等。应规定报告内容、格式、报告方式、时间以及负责人。

2）工程过程中发生的特殊情况及其处理，如特殊的气候条件，工程环境的突然变化等，应有书面记录，并由监理人签署。工程实施中合同双方的任何协商、意见、请示、指示等都应落实为书面文字。

发包人、承包人和监理人之间要保持经常联系，出现问题应经常向监理人请示、汇报。

3）工程中所有涉及双方的工程活动，如材料、设备、各种工程的检查验收，场地、施工图的交接，各种文件（如会议纪要、索赔和反索赔报告、账单）的交接，都应有相应的手续，应有签收证据。

**（六）建立实施过程的动态控制系统**

工程实施过程中，合同管理人员要进行跟踪、检查监督，收集合同实施的各种信息和资料，并进行整理和分析，将实际情况与合同计划资料进行对比分析。在出现偏差时，分析产生偏差的原因，提出纠偏建议。分析结果及时呈报相关责任人审阅和决策。

## 二、合同实施控制

**（一）工程目标控制**

合同确定的目标必须通过具体的工程实施实现。由于在工程施工中有各种干扰，常常使工程实施过程偏离总目标。控制就是为了保证工程实施按预定的计划进行，顺利地实现预定的目标。

**1. 工程中的目标控制程序**

（1）工程实施监督　目标控制，首先应表现在对工程活动的监督上，即保证按照预先确定的各种计划、设计、施工方案实施工程。工程实施状况反映在原始的工程资料（数据）上，例如，质量检查报告、分项工程进度报告、记工单、用料单、成本核算凭证等。

工程实施监督是工程管理的日常事务性工作。

（2）跟踪检查、分析、对比，发现问题　将收集到的工程资料和实际数据进行整理，得到能反映工程实施状况的信息，如各种质量报告、各种实际进度报表、各种成本和费用收支报表。

将这些信息与工程目标，如合同文件、合同分析的资料、各种计划、设计等，进行对比分析。这样可以发现两者的差异。差异的大小，即为工程实施偏离目标的程度。如果没有差异，或差异较小，则可以按原计划继续实施工程。

（3）诊断　即分析差异的原因，采取调整措施。差异表示工程实施偏离了工程目标，必须详细分析差异产生的原因，并对症下药；采取措施进行调整，否则这种差异会逐渐积累，越来越大，最终导致工程实施远离目标，使承包人或合同双方受到很大的损失，甚至可能导致工程的失败。

所以，在工程实施过程中要不断地进行调整，使工程实施一直围绕合同目标进行。

**2. 合同控制**

在上述的控制内容中，合同控制有它的特殊性。

1）工程过程中，合同实施常常受到外界干扰而偏离目标，要不断地进行调整。

2）合同目标本身不断地变化。例如，在工程施工过程中不断出现合同变更，使工程的质量、工期、合同价格变化，使合同双方的责任和权益发生变化。

因此，合同控制必须是动态的，合同实施必须随变化了的情况和目标不断调整。

项目层次的合同控制不仅针对施工合同，而且包括与施工合同相关的其他合同，如分包合同、供应合同、运输合同、租赁合同等，而且包括这些合同之间的协调控制。

**（二）实施有效的合同监督**

合同责任是通过具体的合同实施工作完成的。合同监督可以保证合同实施按合同和合同分析的结果进行。施工承包人的合同监督的主要工作有以下几方面。

**1. 现场监督各工程小组、分包人的工作**

合同管理人员与项目的其他职能人员一齐检查合同实施计划的落实情况，如施工现场的安排，人工、材料、机械等计划的落实，工序间的搭接关系的安排和其他一些必要的准备工作。对照合同要求的数量、质量、技术标准和工程进度等，认真检查核对，发现问题及时采取措施。

对各工程小组和分包人进行工作指导，作经常性的合同解释，使各工程小组都有全局观念，对工程中发现的问题提出意见、建议或警告。

**2. 对发包人、监理人进行合同监督**

在工程施工过程中，发包人、监理人常常变更合同内容，包括本应由其提供的条件未及时提供，本应及时参与的检查验收工作不及时参与；有时还提出合同内容以外的要求。对这些问题，合同管理人员应及时发现，及时解决或提出补偿要求。此外，承包人与发包人或监理人会就合同中一些未明确划分责任的工程活动发生争执，对此，合同管理人员要协助项目部及时进行判定和调解工作。

**3. 对其他合同方的合同监督**

在工程施工过程中，不仅与发包人打交道，还要与材料、设备的供应、运输以及供用水、电、气，租赁、保管、筹集资金等众多企业或单位发生合同关系，这些关系在很大程度上影响着施工合同的履行，因此，合同管理部门和人员对这类合同的监督也不能忽视。

工程活动之间时间上和空间上的不协调。合同责任界面争执是工程实施中很常见的，常常出现互相推卸一些合同中或合同事件表中未明确划定的工程活动的责任。这会引起内部和外部的争执，对此合同管理人员必须作出判定和调解。

**4. 会同监理人对工程及所用材料和设备质量进行检查监督**

按合同要求，对工程所用材料和设备进行开箱检查或验收，检查其是否符合质量、符合施工图和技术规范等的要求。进行隐蔽工程和已完工程的检查验收，负责验收文件的起草和验收的组织工作。

**5. 对工程款申报表进行检查监督**

会同造价工程师对向发包人提出的工程款申报表和分包人提交来的工程款申报表进行审查和确认。

**6. 处理工程变更事宜**

合同管理工作一经进入施工现场后，合同的任何变更，都应由合同管理人员负责提出；向分包人提出的任何指令，向发包人的任何请示、文字答复，都须经合同管理人员审查并记录在案。承包人与发包人、与总（分）包人的任何争议的协商和解决都必须有合同管理人员的参与，并对解决结果进行合同和法律方面的审查、分析和评价。这样不仅保证工程施工一直处于严格的合同控制中，而且使承包人的各项工作更有预见性，能及早地预计行为的法律后果。

**7. 对各种书面文件作合同方面的审查和控制**

由于工程实施中的许多文件，如发包人和监理人的指令、会谈纪要、备忘录、修正案、附加协议等也是合同的一部分，所以要求必须完备，没有缺陷、错误、矛盾和二义性，同时也应接受合同审查。在实际工程中这方面存在的问题也比较多。例如，某项目发包人与承包人协商签署了加速协议，确定若工期提前 3 个月，发包人支付一笔工期奖（包括赶工费用）。承包人采取了加速措施，但由于气候、发包人其他方面的干扰等原因总工期未能提前。由于在加速协议中未能详细分清双方责任，特别是发包人的合作责任，也没有写明承包人权益保护条款（发包人要求加速，承包人只要采取加速措施就应获得最低补偿），而且协议中没有赶工费的支付时间的规定，结果承包人未能获得工期奖。

**（三）进行合同跟踪**

**1. 合同跟踪的作用**

合同跟踪可以不断地找出偏离，不断地调整合同实施，使之与总目标一致，这是合同控制的主要手段。合同跟踪的作用有：

1）通过合同实施情况分析，找出偏离，以便及时采取措施，调整合同实施过程，达到合同总目标。

2）使项目管理人员在整个工程过程中清楚地了解合同实施现状、趋向和结果。

**2. 合同跟踪的依据**

1）合同和合同分析的成果，各种计划、方案、合同变更文件等。

2）各种实际的工程文件，如原始记录，各种工程报表、报告、验收结果等。

3）工程管理人员每天对现场情况的直观了解，如巡视施工现场、与各种人谈话、召集小组会议、检查工程质量等。这种直观的方式通常可比通过报表、报告更快地发现问题，更能透彻地了解问题，有助于迅速采取措施，减少损失。

**3. 合同跟踪的对象**

（1）对具体的合同活动或事件进行跟踪　对具体的合同活动或事件进行跟踪是一项非常细致的工作，对照合同事件表的具体内容，分析该事件的实际完成情况。一般包括完成工作的数量、完成工作的质量、完成工作的时间以及完成工作的费用等情况，这样可以检查每个合同活动或合同事件的执行情况。对一些有异常情况的特殊事件，即实际与计划存在较大偏差的事件，应作进一步的分析，找出偏差的原因和责任。这样也可以发现索赔机会。

以设备安装事件为例，主要分析以下几方面：

1）安装质量是否符合合同要求，如标高、位置、安装精度、材料质量，安装过程中设备是否有损坏。

2）工程数量，如是否全都安装完毕，是否有合同规定以外的设备安装工程量，是否有其他附加工程。

3）工期，如是否在预定期限内施工，工期有无延长，延长的原因是什么。

4）成本的增加或减少。

（2）对工程小组或分包人的工程和工作进行跟踪　一个工程小组或分包人可能承担许多专业相同、工艺相近的分项工程或许多合同事件，必须对它们实施的总情况进行检查分析。在实际工程中常因某一工程小组或分包人的工作质量差或进度拖延而影响整个工程施工。合同管理人员应在这方面给他们提供帮助，例如，对工程缺陷提出意见、建议或警告，责成其在一定时间内提高质量，加快工程进度等。

作为分包合同的发包人，总承包人必须对分包合同的实施进行有效的控制，这是总承包人合同管理的重要任务之一。分包合同控制的目的如下：

1）严格控制分包人的工作，严格监督其按分包合同完成工程责任。分包合同是总承包合同的一部分，如果分包人不能完成合同责任，总包就不能顺利完成总包合同责任，因此，分包人的工作对工程总承包工作的完成影响很大。

2）为与分包人之间的索赔和反索赔作准备。总包和分包之间利益是不一致的，双方之间常有利益争执。在合同实施中，双方都通过合同管理寻求向对方索赔的机会。合同跟踪可以在发现问题时及时提出索赔或反索赔。

3）对分包人的工程和工作，总承包人负有协调和管理的责任，并承担由此造成的损失，所以分包人的工程和工作必须纳入总承包工程的计划和控制中，防止因分包人工程管理失误而影响全局。

（3）对发包人和监理人的工作进行跟踪　发包人和监理人是承包人的主要合同伙伴，对他们的工作进行监督和跟踪是十分重要的。

1）发包人和监理人必须正确地、及时地履行合同责任，及时提供各种工程实施条件，如及时发布施工图，提供场地，及时下达指令，作出答复，及时支付工程款。

2）在工程中承包人应积极主动地做好工作，如提前催要施工图、材料，对工作事先通知；及时收集各种工程资料，有问题及时与监理人沟通。

（4）对总工程进行跟踪　在工程施工中，对总工程项目的跟踪也非常重要。一些工程常常会出现以下问题：

1）工程整体施工秩序问题，如实施现场混乱，拥挤不堪；合同事件之间和工程小组之间协调困难；出现事先未考虑到的情况和局面；发生较严重的工程事故等。

2）已完工程未能通过验收，出现大的工程质量问题，工程试生产不成功，或达不到预定的生产能力等。

3）施工进度未能达到预定计划要求，主要的工程活动出现拖期，在工程周报和月报上计划和实际进度出现大的偏差。

4）计划和实际的成本曲线出现大的偏离。

这些问题的存在，要求合同管理人员将合同的跟踪贯穿于整个施工过程中，而不是一时一事。在工程管理中，可以采用累计成本曲线（S形曲线）对合同的实施进行跟踪分析。

**（四）进行合同诊断**

在合同跟踪的基础上可以进行合同诊断。合同诊断是对合同执行情况的评价、判断和趋向分析、预测，不论是对正在进行的，还是对将要进行的工程施工都有重要的影响。合同诊断可以对实际工程资料进行分析、整理，或通过对现场的直接了解，获得反映工程实施状况的信息，分析工程实施状况与合同文件的差异及其原因、影响因素、责任等；确定各个影响因素的责任者和发生原因，以及合同所规定的责任承担责任及承担责任的多少；提出解决这些差异和问题的措施、方法。

**1. 合同执行差异的原因分析**

合同管理人员通过对不同监督和跟踪对象的计划值和实际值的对比分析，不仅可以得到合同执行的差异情况，而且可以探究引起差异的原因。

例如，通过计划成本和实际成本累计曲线的对比分析，不仅可以得到总成本的偏差值，而且可以进一步分析差异产生的原因。通常，导致计划和实际成本累计曲线偏离的原因可能有以下几方面：

1）整个工程加速或延缓。

2）工程施工次序被打乱。

3）工程费用支出增加，如材料费、人工费上升。

4）增加新的附加工程，主要工程的工程量增加。

5）工作效率低下，资源消耗增加等。

进一步分析，还可以发现更具体的原因，如引起工作效率低下的原因可能有：①内部干扰：施工组织不周，夜间加班或人员调遣频繁；机械效率低，操作人员不熟悉新技术，违反操作规程，缺少培训；经济责任不落实，工人劳动积极性不高等。②外部干扰：施工图出错，设计修改频繁，气候条件差，场地狭窄，现场混乱，施工条件（如水、电、道路等）受到影响。

再进一步可以分析各个原因的影响量大小。

**2. 合同差异责任分析**

合同分析的目的是要明确责任，即这些原因由谁引起以及该由谁承担责任，这常常是索赔的理由。责任分析必须以合同为依据，按合同规定落实双方的责任。

**3. 合同实施趋向预测**

对于合同实施中出现的偏差，分别考虑是否采取调控措施以及采取不同的调控措施下合同的最终执行后果，并以此指导后续的合同管理工作。

最终的工程状况包括总工期的延误，总成本的超支，质量标准，所能达到的生产能力（或功能要求）等。

承包人将承担的结果包括罚款，被清算甚至被起诉，对承包人资信、企业形象、经营战略产生的影响等。

还要考虑工程最终的经济效益（利润）水平。

综合上述各方面，即可以对合同执行情况作出综合评价和判断。

**（五）合同实施后评估**

由于合同管理工作比较偏重于经验，只有不断总结经验，才能不断提高管理水平，才能通过工程不断培养出高水平的合同管理者。所以，在合同执行后必须进行合同实施后评价，将合同签订和执行过程中的利弊得失、经验教训总结出来，作为以后工程合同管理的借鉴，这项工作十分重要。

合同实施后评价包括以下内容。

**1. 合同签订情况评价**

合同签订情况评价包括：①预定的合同战略和策略是否正确，是否已经顺利实现；②招标文件分析和合同风险分析的准确程度；③该合同环境调查、实施方案、工程预算以及价格方面的问题及经验教训；④合同谈判的问题及经验教训，以后签订同类合同的注意点；⑤各个相关合同之间的协调问题等。

**2. 合同执行情况评价**

合同执行情况评价包括：①合同执行战略是否正确，是否符合实际，是否达到预想的结果；②在合同执行中出现了哪些特殊情况，事先可以采取什么措施防止、避免或减少损失；③合同风险控制的利弊得失；④各个相关合同在执行中协调的问题等。

**3. 合同管理工作评价**

这是对合同管理本身，如工作职能、程序、工作成果的评价，包括：①合同管理工作对工程项目的总目标的贡献或影响；②合同分析的准确程度；③在招标投标和工程实施中，合同管理子系统与其他职能的协调问题，需要改进的地方；④索赔处理和纠纷处理的经验教训等。

**4. 合同条款分析**

合同条款分析包括：①合同的具体条款的表达和执行利弊得失，特别是对工程有重大影响的合同条款及其表达；②合同签订和执行过程中所遇到的特殊问题的分析结果；③对具体的合同条款如何表达更为有利等。

合同条款的分析可以按合同结构分析中的子目进行，并将其分析结果存入计算机中，供以后签订合同时参考。

合同变更管理及索赔管理将在其他章节详细讨论。

## 第四节　工程合同风险分析与管理

### 一、风险管理概述

风险是指危险发生的意外性和不确定性，以及这种危险导致的损失发生与否及损失程度大小的不确定性。或者说，风险是人们因对未来行为的决策及客观条件的不确定性而可能引起的后果与预定目标发生多种负偏离的综合。

要深刻理解风险，还必须了解风险的以下特点：

1）风险存在的客观性和普遍性。作为损失发生的不确定性，风险是不以人们的意志为转移的客观存在。

2）单一具体风险发生的偶然性和大量风险发生的必然性。正是由于存在着这种偶然性和必然性，人们才要去研究风险，才有可能去计算风险发生的概率和损失程度。

3）风险的多样性和多层次性。

4）风险的可变性。

风险管理是人们对潜在的意外损失进行辨识、评估、预防和控制的过程，是用最低的费用把项目中可能发生的各种风险控制在最低限度的一种管理体系。建设工程由于其投资的巨大性、地点的固定性、生产的单件性以及规模大、周期长、施工过程复杂等特点，比一般产品生产具有更大的风险。建设工程项目的立项及其可行性研究、设计与计划都是基于可预见的技术、管理与组织条件以及对工程项目的环境（政治、经济、社会、自然等各方面）理性预测的基础上作出的，而在工程项目实施以及项目建成后运行的过程中，这些因素都有可能会产生变化，都存在着不确定性。风险会造成工程项目实施的失控现象，如工期延长、成本增加、计划修改等，最终导致工程经济效益降低，甚至项目失败。

但风险和机会同在，往往是风险大的项目才有较高的盈利机会。风险管理不仅能使建设工程项目获得很高的经济效益，还能促进建设工程项目的管理水平和竞争能力的提高。每个建设工程项目都存在风险，对于项目管理者的主要挑战就是将这种损失发生的不确定性减至一个可以接受的程度，然后再将剩余不确定性的责任分配给最适合承担它的一方，这个过程构成了建设工程项目的风险管理。

风险管理者的任务是识别与评估风险、制定风险处置对策和风险管理预算、制定落实风险管理措施、风险损失发生后的处理与索赔管理。风险管理是对项目目标的主动控制，是建立项目风险的管理程序及应对机制，以有效降低项目风险发生的可能性，或使风险对于项目的冲击能够最小。

风险管理主要包括风险识别、风险分析与评估和风险处置。

### 1. 风险识别

工程项目建设过程存在着风险，管理者的任务就是防范、化解与控制这些风险，使之对项目目标产生的负面影响最小。要做好风险的处置，首先就要了解风险，了解其产生的原因及其后果，才能有的放矢地进行处置。风险识别是指找出影响项目质量、进度、投资等目标顺利实现的主要风险，这既是项目风险管理的第一步，也是最重要的一步。这一阶段主要侧重于对风险的定性分析。风险识别应从风险分类、风险产生的原因入手。

（1）风险分类　风险可分为以下几种。

1）政治风险。如政局的不稳定性，战争、动乱、政变，国家对外关系的变化，国家政策的变化等。

2）法律风险。如法律修改，但更多的风险是法律不健全，有法不依、执法不严，对有关法律理解不当以及工程中可能有触犯法律的行为等。

3）经济风险。如国家经济政策的变化，产业结构调整，银根紧缩，物价上涨，关税提高，外汇汇率变化，通货膨胀速度加快，发生金融风波等。

4）自然风险。如地震、台风、洪水、干旱；反常的恶劣的雨、雪天气；特殊的、未探测到的恶劣地质条件，如流沙、泉眼等。

5）社会风险。社会风险包括宗教信仰的影响和冲击、社会治安的稳定性、社会的禁忌、劳动者的文化素质、社会风气等。

6）合同风险。由于合同条款的不完备或合同欺诈导致合同履行困难或合同无效。

7）人员风险。人员风险是主观风险，主要是关系人的恶意行为、不良企图或重大过失造成的破坏。

（2）风险识别步骤　具体如下。

1）项目状态的分析。这是一个将项目原始状态与可能状态进行比较及分析的过程。项目原始状态是指项目立项、可行性研究及建设计划中的预想状态，是一种比较理想化了的状态；可能状态则是基于现实、基于变化的一种估计。比较这两种状态下的项目目标值的变化，如果这种变化是恶化的，则为风险。

理解项目原始状态是识别项目风险的基础。只有深刻理解了项目的原始状态，才能正确认定项目执行过程中可能发生的状态变化，进而分析状态的变化可能导致的项目目标的不确定性。

2）对项目进行结构分解。通过对项目的结构分解，可以使存在风险的环节和子项变得容易辨认。

3）历史资料分析。对以前若干个相似项目情况的历史资料分析，有助于识别目前项目的潜在风险。

4）确认不确定性的客观存在。风险管理者不仅要辨识所发现或推测的因素存在不确定性，而且要确认这种不确定性是客观存在的，只有符合这两个条件的因素才可以视做风险。

5）建立风险清单。已经确认的风险需一一列出，建立一个关于本项目的风险清单。开列风险清单必须做到科学、客观、全面，尤其是不能遗漏主要风险。

6）进行风险分类。将风险清单中的风险进行分类，可使风险管理者更彻底地了解风险，管理风险时更有目的性、更有效果，并为下一步评估风险做好准备。

（3）风险识别的方法　风险识别的方法有许多，在实践中用得较多的是头脑风暴法、德尔菲法、因果分析法和情景分析法。

1）头脑风暴法。头脑风暴法是通过专家会议，发挥专家的创造性思维来获取未来信息的一种直观预测和识别方法。

2）德尔菲法。德尔菲法又称专家调查法，具体操作是通过函询收集若干位与该项目相关领域的专家的意见，然后加以综合整理，再匿名反馈给各位专家，再次征询意见。这样经过几次反复，逐步使专家的意见趋向一致，作为最后预测和识别的根据。

3）因果分析法。因果分析图因其图形像鱼刺，故也称鱼刺图分析法。图中主干是风险的后果，枝是风险因素和风险事件，分支为相应的小原因。用因果分析图来分析风险，可以从原因预见结果，也可以从可能的后果中找出将诱发结果的原因。

4）情景分析法。情景分析法又称幕景分析法，是根据发展趋势的多样性，通过对系统内外相关问题的系统分析，设计出多种可能的未来前景，然后用类似于撰写电影剧本的手法，对系统发展态势作出自始至终的情景和画面的描述。情景分析法是一种适用于对可变因素较多的项目进行风险预测和识别的系统技术，它在假定关键影响因素有可能发生的基础上，构造出多重情景，提出多种未来的可能结果，以便采取适当措施防患于未然。

**2. 风险分析与评估**

（1）风险评估　风险评估是指采用科学的评估方法将辨识并经分类的风险进行评估，再根据其评估值大小予以排队分级，为有针对性、有重点地管理好风险提供科学依据。风险评估的对象是项目的所有风险，而非单个风险。风险评估可以有许多方法，如方差与变异系数分析法、层次分析法（简称 AHP 法）、强制评分法及专家经验评估法等。经过风险评估，将风险分为几个等级，如重大风险、一般风险、轻微风险、没有风险。

对于重大风险要进一步分析其原因和发生条件，采取严格的控制措施或将其转移，即使多付出些代价也在所不惜；对于一般风险，只要给予足够的重视即可，当采取化解措施时，要较多地考虑成本费用因素；对于轻微风险，只要按常规管理就可以了。

（2）风险分析　为了准确、深入地了解风险产生的原因和事件，尤其是重大风险，就需对其作进一步的分析。风险分析是指应用各种风险分析技术，用定性、定量或两者相结合的方式处理不确定性的过程。风险分析的定量方法有敏感性分析、概率分析、决策树分析、影响图技术、模糊数学法、灰色系统理论、模拟法、外推法等；风险分析的定性方法主要有德尔菲法、头脑风暴法、流程图法、层次分析法、情景分析法等。风险分析方法必须与使用这种方法的环境相适应，具体问题应作具体分析。

风险分析的对象包括风险因素和潜在的风险事件。风险因素是指一系列可能影响项目向好或向坏的方向发展的因素的总和；潜在的风险事件是指如自然灾害或政治动乱等能影响项目的不连续事件。风险分析的内容主要是分析项目风险因素或潜在风险事件发生的可能性、预期的结果范围、可能发生的时间及发生的频率。

风险分析可协助风险管理者分析风险，但不能代替风险管理者的判断，对风险分析的结果，风险管理者必须有自己的判断。

**3. 风险处置**

风险处置就是根据风险评估以及风险分析的结果，采取相应的措施，也就是制订并实施风险处置计划。通过风险评估以及风险分析，可以知道项目发生各种风险的可能性及其危害程度，将此与公认的安全指标相比较，就可确定项目的风险等级及应采取的措施。在实施风险处置计划时应随时反馈变化的情况，以便及时结合新的情况对项目风险进行预测、识别、评估和分析，并调整风险处置计划，实现风险的动态管理，尽量减少风险所导致的损失。

常用的风险处置措施主要有四种。

（1）风险回避　风险回避就是考虑到项目的风险及其所致损失都很大时，主动放弃或终止该项目以避免与该项目相联系的风险及其所致损失的一种处置风险的方式。它是一种最彻底的风险处置技术，在风险事件发生之前将风险因素完全消除，从而完全消除了这些风险可能造成的各种损失。

风险回避是一种消极的风险处置方法，因为再大的风险也都只是一种可能，既可能发生，也可能不发生。采取回避的方法，虽然能彻底消除风险，但同时也失去了实施项目可能带来的收益，所以这种方法一般只在存在以下情况之一时才会采用：

1）某风险所致的损失频率和损失幅度都相当高。

2）应用其他风险管理方法的成本超过了其产生的效益。

（2）风险控制　对损失小、概率大的风险，可采取控制措施来降低风险发生的概率，如风险事件已经发生则尽可能降低风险事件的损失，也就是风险降低。所以，风险控制就是为了最大限度地降低风险事故发生的概率和减小损失幅度而采取的风险处置技术。为了控制工程项目的风险，首先要对实施项目的人员进行风险教育以增强其风险意识，同时采取相应的技术措施。

1）根据风险因素的特性，采取一定措施使其发生的概率降至接近于零，从而预防风险因素的产生。

2）减少已存在的风险因素。

3）防止已存在的风险因素释放能量。

4）改善风险因素的空间分布从而限制其释放能量的速度。

5）在时间和空间上把风险因素与可能遭受损害的人、财、物隔离。

6）借助人为设置的物质障碍将风险因素与人、财、物隔离。

7）改变风险因素的基本性质，加强风险部门的防护能力。

8）做好救护受损人、物的准备。

9）制定严格的操作规程，减少错误的作业造成不必要的损失。

风险控制是一种最积极、最有效的处置方式，它不仅能有效地减少项目由于风险事故所造成的损失，而且能使全社会的物质财富少受损失。

（3）风险转移　对损失大、概率小的风险，可通过保险或合同条款将责任转移。风险转移是指借用合同或协议，在风险事件发生时将损失的一部分或全部转移到有相互经济利益关系的另一方。风险转移主要有保险风险转移和非保险风险转移两种方式。

1）保险风险转移。保险是最重要的风险转嫁方式，通过购买保险的办法将风险转移给保险公司或保险机构。

2）非保险风险转移。非保险风险转移是指通过保险以外的其他手段将风险转移出去。非保险风险转移主要有：担保合同、租赁合同、委托合同、分包合同、无责任约定、合资经营、实行股份制。

通过转嫁方式处置风险，风险本身并没有减少，只是风险承担者发生了变化，因此转移出去的风险，应尽可能让最有能力的承受者分担，否则就有可能给项目带来意外的损失。

保险和担保是风险转移最有效、最常用的方法，是工程合同履约风险管理的重要手段，也是国际通用的做法。工程保险着重解决"非预见的意外情况"，包括自然灾害或意外事故造成的物质损失或人身伤亡。工程担保着重解决"可为而不为者"，是通过市场化的方式来解决合同约定问题。工程担保属于工程保障机制的范畴，通过工程担保，在被担保人违约、失败、负债时，使债权人的权益得到保障，这是保险和担保最重要、最根本的区别。另外，工程保证担保中，保证人要求被保证人签订一项赔偿协议，在被保证人不能完成合同时，被保证人须同意赔偿保证人；而在工程保险中，作为保险人的保险公司将按期收取一定数额的保险费，事故发生后，保险公司负担全部或部分费用，投保人无须再作任何补偿。在工程保证担保中，保证人所承担的风险小于被保证人，只有当被保证人的所有资产都付给保证人后，仍然无法还清保证人代为履约所支付的全部费用时，保证人才会蒙受损失；而在工程保险中，保险人（保险公司）作为唯一的责任者，将为投保人所造成的事故负责，与工程保证担保相比，保险人所承担的风险明显增加。

（4）风险保留　对损失小、概率小的风险保留给自己承担，这种方法通常在下列情况下采用：

1）处理风险的成本大于承担风险所付出的代价。

2）预计某一风险造成的最大损失项目可以安全承担。

3）当风险回避、风险控制、风险转移等风险处置措施均不可行时。

4）没有识别出风险，错过了采取积极措施处置的时机。

综上所述，不难看出风险保留有主动保留和被动保留之分。主动保留是指在对项目风险进行预测、识别、评估和分析的基础上，明确风险的性质及其后果，风险管理者认为主动承担某些风险比其他处置方式更好，于是筹措资金将这些风险保留，如上述前三种情况。被动保留则是指未能准确识别和评估风险及损失后果的情况下，被迫采取自身承担后果的风险处置方式。被动保留是一种被动的、无意识的处置方式，往往会造成严重的后果，使项目遭受重大损失。被动保留是管理者应该力求避免的。

## 二、施工合同示范文本的风险分析与管理

《建设工程施工合同（示范文本）》（以下简称《合同范本》）已在国内建设工程项目中广泛采用。签订合同的基本目的是为了确定合同双方的权利、义务与职责，《合同范本》必然通过合同条款在合同双方之间进行风险的合理分配。承包人应分析识别合同条款中明示和暗示的风险因素。通过合同风险识别，承包人可以在投标、合同谈判到执行合同的全过程中对风险采取慎重有效的措施加以监视和防范，从而保护自己的权益。

**1. 不同的合同价款约定方式带来的风险**

《合同范本》规定施工合同分为单价合同、总价合同和其他形式。其中总价合同给承包人带来的风险最大，合同范本通用条款规定：对总价合同，双方在专用条款内约定合同价款包含的风险范围和风险费用的计算方法，在约定的风险范围内合同价款调整方法，应当在专用条款内约定。可见，按照总价合同签约后，承包人将完全承担约定风险范围内的风险费用。对总价合同，承包人可从以下三个方面加以规避风险：

1）在合同谈判时，将合同价款中包括的风险范围通过专用条款加以具体明确，在专用条款中风险范围的界面越明确，就会相应地使该范围外可作价格调整的风险越清楚。明确的风险界面可以使承包人清楚自己究竟要承担哪些无费用补偿的风险并加以防范，同时明确的风险界面可以使承包人预防因风险范围界定的模糊而承担更多的得不到补偿的风险。

2）风险费用计算方法和风险范围以外合同价款的调整方法亦应明确细化，避免日后合同双方因理解不同而产生纠纷。

3）承包人应通过调研并结合过去的工程实践经验，将风险按可能发生的概率和造成损失的大小进行分类，尽可能通过合同谈判，将发生概率高、造成损失大的风险纳入合同的风

险范围条款内。由于承包人自由报价，可以按风险程度调整价格，因此若不能谈判，则应在投标价款中考虑适度的风险预备费用。

**2. 合同文件不同解释引起的风险**

由于建设工程施工合同文件组成较多，各组成文件间可能会出现矛盾或歧义，给承包人带来风险。因此，承包人应投入足够的技术力量对合同组成文件进行前后对照、逐条逐字详细分析检查。《合同范本》规定，发包人承包人有关工程的洽商、变更等书面协议或文件视为合同的组成部分，这些变更的协议或文件效力高于其他合同文件，签署在后的协议或文件效力高于签署在先的。这就要求承包人在工程实施的整个过程中，即使是在工程后期也要十分慎重地对待与发包人和监理人签署的任何文件，尽量避免在双方共同签署的文件中出现与早期文件相悖的不利内容，致使通过合同谈判争取到的有利条款不能发挥作用。

**3. 延期开工和工期延误风险**

延期开工会造成承包人原定人、机、料调配计划的变更风险，分包人的报价有效期到期风险，物价上涨风险等。因此，大多数情况下承包人都希望及时开工，缩短投标和开工之间的时间。《合同范本》通用条款规定，因发包人原因不能按照协议书约定的日期开工，发包人应以书面形式通知承包人推迟开工的日期，赔偿承包人因延期开工造成的损失，并相应顺延工期。但承包人对延期开工的通知没有否决权。承包人只能获得因延期开工造成直接经济损失的全部或部分赔偿，间接损失一般不容易得到赔偿。

通用条款明确了七种原因造成的工期延误，经监理人确认，工期可相应顺延。规定发包人未能履行义务，导致工期延误或给承包人造成损失的，发包人赔偿承包人有关损失，顺延延误的工期。显然，工期延误会打乱承包人原定的施工计划，造成劳动力、设备效率的损失，增加现场管理费用和总部管理费用。承包人可从以下三个方面着手化解工期延误风险：

1) 在工程计划中应留有余地，使工期有一定弹性，提高工期的抗延能力。

2) 加强与发包人、设计人、供货人等的日常联系沟通，尽力消除可能造成工期延误的隐患，特别是努力避免关键线路工作停工。

3) 在工期延误不可避免的情况下，收集有力证据，科学合理地计算因发包人责任导致工期延误给自己造成的损失，利用合同有关条款及时向发包人提出索赔。

**4. 发包人对承包人的认可检查权风险**

《合同范本》通用条款规定，工程质量达不到约定标准的部分，承包人应按发包人的要求拆除和重新施工，直到符合约定标准。这一条款的关键是"约定标准"具体化、明确化，承包人要对国内没有相应标准规范时的约定仔细研究，检查约定是否含糊不清，是否有可操作性，避免由于发包人与承包人对约定标准有不同理解而导致可能的返工等损失。

通用条款还规定承包人采购并使用不符合设计或标准要求的材料设备时，由承包人负责修复、拆除或重新采购，并承担费用，不顺延工期。可见在采购材料设备方面，标准不明确就无形中增大了承包人风险，因此也应在相关专用条款中明确标准要求。

**5. 工程变更风险**

通用条款分别从两方面对工程设计变更作了规定。一方面规定承包人不得对原设计进行变更，另一方面规定承包人在施工中提出的合理化建议涉及对设计的更改及对材料、设备的换用须经发包人同意，未经同意擅自更改或换用时，承包人承担由此发生的费用，赔偿损失，不顺延工期。显然，未经发包人的同意，承包人不能擅自对设计进行变更，不能换用原定的材料设备，即便承包人自己认定这些变更或换用是合适的、优化的。承包人应严格掌握承包人提出设计变更时要经过的关键程序，即：要经发包人的同意，谨防未经发包人同意的更改或换用导致被发包人索赔。

在工程量的确认上也有类似的问题，通用条款规定对承包人超过施工图范围的工程量，监理人不予计量。可见严格遵守施工图是承包人减少麻烦规避风险的基本原则。

### 6. 分包风险

分包一直是建设工程施工合同中一个复杂棘手的问题。无论对发包人还是承包人，分包都是一把双刃剑。对发包人而言，一方面，分包可能使投标报价降低、分工专业化；另一方面，发包人对分包人的资质不了解、担心管理环节的增多和责任的分散。对承包人而言也有类似的问题：合理使用分包可以优化总包的资源配置，如使用机电工程专业分包可以弥补土建总包在机电方面的专业不足，降低成本，保证工期，将一些风险大的分项工程分包出去，向分包人转嫁风险，也是总包规避风险的常用策略；但从另一方面看，分包也给总承包人带来风险，如分包的管理问题：一个工程的分包过多，易造成工序搭接配合困难，引起许多干扰和连锁反应，还常有分包出现隐瞒缺陷、变更设计、代换材料、拖延工期等违约行为或疏忽导致工程损害或给发包人造成损失，承包人承担连带责任。

因此，作为承包人，要规避分包风险就必须在遵照执行总承包合同的前提下制定分包合同。如在机电工程分包合同中规定，机电设备及其安装的进度和技术要求应在符合总承包合同要求的大前提下，避免分包合同与总承包合同矛盾给各方带来的风险和麻烦，将分包合同的责权利条款与总承包合同挂钩，分包人要认真研究总承包合同，以利于工程总体控制和管理。对于重要的分包人，承包人应要求其开出以承包人为收益人的有关保函，通过保函获得经济担保，制约分包，规避风险。

### 7. 几个限定期限给承包人带来的风险

（1）对发包人指令提出修改意见的限定期限　《合同范本》通用条款规定，承包人认为发包人指令不合理，应在收到指令后24小时内向发包人提出修改指令的书面报告。

（2）确定变更价款的限定期限　通用条款规定，承包人在双方确定工程变更后14天内不向发包人提出变更工程价款报告时，视为该项变更不涉及合同价款的变更。

（3）索赔的期限　通用条款规定，索赔事件发生后28天内，向发包人发出索赔意向通知；当该索赔事件持续进行时，承包人应当阶段性向发包人发出索赔意向，在索赔事件终了后28天内，向发包人送交索赔的有关资料和最终索赔报告。

（4）不可抗拒力的期限　通用条款规定，不可抗拒力事件结束后48小时内，承包人向发包人通报受害情况和损失情况以及预计清理和修复的费用。

承包人应十分清楚《合同范本》中类似上述条款的期限规定，严格遵守期限要求，防止发包人以超出期限为由不受理承包人的补偿要求，减少麻烦。

总的来看，《建设工程施工合同（示范文本）》条款严谨，符合我国国情，可以通过通用条款和专用条款按公平的原则在发包人和承包人之间合理分配工程建设风险，并通过风险分配，明确各自责任和管理重点。但施工企业必须树立风险意识，在投标时透彻理解各条合同条款，考虑风险预备费用；在谈判时细化明晰合同内容，争取有利条款；在项目执行中采取技术、经济和组织措施制定风险对策，规避风险并加强索赔管理，以取得良好的经济效益和社会效益。

# 第五节　工程合同分析与交底

合同是平等主体的自然人、法人和其他组织之间设立、变更、终止民事权利义务关系的协议。项目合同管理就是为保证参与工程建设的合同双方（发包人与承包人、发包人与监理人）全面地、有序地完成合同规定的责任和义务，行使合同赋予的合法权利所进行的一系列的管理活动。

工程建设管理水平的提高体现在工程质量、进度和投资的三大控制目标上，这三大目标的水平主要体现在合同中。在合同中规定三大目标的控制任务后，要求合同当事人在工程管理中细化这些内容，在工程建设过程中严格执行这些规定。

加强建设工程合同管理，要求建设工程合同当事人各方的内部要建立合同管理机构，配备合同管理人员，设立建设工程合同管理目标，建立合同台账、合同分析、合同交底以及合同执行、检查、报告和评估制度，依据合同进行有效的管理，保障自己的合法权益，提高工程建设的经济效益。

由于参与工程建设的各方缺乏合同管理人才，合同管理工作薄弱，技术管理人员合同管理意识不强，致使合同履行过程中的纠纷和违约现象时有发生，给合同当事人造成了许多可避免或减少的经济损失。不少国内一、二级施工企业以及监理单位，往往只重视签订合同，而忽视合同签订后的合同分析和合同交底，使合同签订与合同执行脱节，导致除项目负责人外，其他人员只知其相关工作职责，而对合同总体情况知之甚少，甚至完全不了解合同的具体内容，给日后的合同管理留下了隐患。如某公司某项目部的材料员因不熟悉合同，发生安装材料采购不符合合同规定导致重大损失的事故，就是因为项目部缺乏合同管理人员且项目负责人事先未进行严格的合同交底所造成的。

## 一、合同分析

### （一）合同分析的必要性

进行合同分析是基于以下原因：

1）合同条文繁杂，内含意义深刻，法律语言不容易理解。

2）同在一个工程中，往往几份、十几份甚至几十份合同交织在一起，相互间有复杂的关系。

3）合同文件和工程活动的具体要求（如工期、质量、费用等）的衔接处理容易产生不一致。

4）工程小组、项目管理职能人员等所涉及的活动和问题不是合同文件的全部，而仅为合同的部分内容，全面理解合同将会有利于合同的具体实施。

5）合同条款的要求需要具体落实到项目部每个人员。

6）合同中存在问题和风险，包括合同审查时已经发现的风险和还可能隐藏着的尚未发现的风险。

7）在合同实施过程中，由于合同的执行中有很多不确定因素，合同双方将很容易产生争议。

**（二）建设工程合同分析的内容**

合同分析在不同的时期，因不同的目的而有不同的内容，主要有以下几点。

**1. 合同的法律基础**

分析订立合同所依据的法律、法规，通过分析，承包人了解适用于合同的法律的基本情况（范围、特点等），用以指导整理合同实施和索赔工作。对合同中明示的法律应重点分析。

**2. 承包人的主要任务**

1）明确承包人的总任务，即合同标的。承包人在设计、采购、生产、试验、运输、土建工程、安装工程、验收、试生产、缺陷责任期维修等方面的主要责任，施工现场的管理，给发包人的管理人员提供生活和工作条件等责任。

2）明确合同中的工程量清单、施工图、工程说明、技术规范的定义。工程范围的界限应很清楚，否则会影响工程变更和索赔，特别对固定总价合同；在合同实施中，如果监理人指令的工程变更属于合同规定的工程范围，则承包人必须无条件执行；如果工程变更超过承包人应承担的风险范围，则可向发包人提出工程变更的补偿要求。

3）明确工程变更的补偿范围，通常以合同金额一定的百分比表示。通常这个百分比越大，承包人的风险越大。

4）明确工程变更的索赔有效期，由合同具体规定，一般为28天，也有14天的。一般这个时间越短，对承包人管理水平的要求越高，对承包人越不利。

**3. 发包人责任**

1）发包人委托监理人履行发包人的全部合同责任或其中一部分。

2）发包人和监理人有责任对平等的各承包人和供应商之间的责任界限作出划分，对这方面的争执作出裁决，对他们的工作进行协调，并承担管理和协调失误造成的损失。

3）及时作出承包人履行合同所必需的决策，如下达指令，履行各种批准手续，作出认可，答复请示，完成各种检查和验收手续等。

4）提供施工条件，如及时提供设计资料、施工图、施工场地、道路等。

5）按合同规定及时支付工程款，接收已完工程等。

**4. 合同价格分析**

1）合同所采用的计价方法有固定价格合同、可调价格合同和成本加酬金合同，分析合同价格所包括的风险范围、计价方法、调整方式。

2）工程量计量程序，工程款结算（包括预付款、进度款、竣工结算）方法和程序。

3）合同价格的调整，即费用索赔的条件、价格调整方法、计价依据、索赔有效期的规定。

4）拖欠工程款的合同责任。

**5. 施工工期**

在实际工程中，工期拖延极为常见和频繁，而且对合同实施和索赔的影响很大，所以要特别重视。

**6. 违约责任**

如果合同一方未遵守合同规定，造成对方损失，应受到相应的合同处罚：

1）承包人不能按合同规定工期完成工程的违约金或承担发包人损失的条款。

2）由于管理上的疏忽造成对方人员和财产损失的赔偿条款。

3）由于预谋或故意行为造成对方损失的处罚和赔偿条款等。

4）由于承包人不履行或不能正确地履行合同责任或出现严重违约的处理规定。

5）由于发包人不履行或不能正确履行合同责任，或者出现严重违约的处理规定，特别是对发包人不及时支付工程款的处理规定。

**7. 验收、移交及保修**

验收包括许多内容，如材料和机械设备的现场验收、隐蔽工程验收、单项工程验收、全部工程竣工验收等。在合同分析中，应对重要的验收要求、时间、程序以及验收所带来的法律后果作说明。

竣工验收合格即办理移交。移交作为一个重要的合同事件和法律概念，它表示：①发包人认可并接收工程，承包人工程施工任务的完结；②工程所有权的转让；③承包人工程照管责任的结束和发包人工程照管责任的开始；④保修责任的开始；⑤合同规定的工程款支付条款有效。

保修条款应该注重保修时限，预留保修金的数量及扣回的时间，保修人如果不履行合同保修义务应该如何处理等。

**8. 索赔程序和争执的解决**

索赔程序和争执的解决决定着索赔的解决。这里主要分析：①索赔的程序；②争执的解决方式和程序；③仲裁条款，包括仲裁所依据的法律，仲裁地点、方式和程序仲裁结果的约束力等。

合同分析的资料是工程实施合同管理的依据。合同分析后，应由合同管理人员向各层次管理者作合同交底，把合同责任具体地落实到各责任人和合同实施的具体工作上。

## 二、合同交底

### （一）合同交底的必要性

**1. 合同交底是项目部技术和管理人员了解合同、统一理解合同的需要**

合同是当事人正确履行义务、保护自身合法利益的依据。因此首先应该了解合同内容，并对合同条款有一个统一的理解和认识，以避免不了解或对合同理解不一致带来的问题。由于项目部成员知识结构和水平的差异，加之合同条款繁多，条款之间的联系复杂，合同语言难以理解，因此难于保证每个成员都能透彻理解整个合同内容和合同关系，这样势必影响其在遇到实际问题时处理办法的有效性和正确性，影响合同的全面顺利实施。因此，在合同签订后，合同管理人员对项目部全体成员进行合同交底是必要的，特别是针对合同工作范围、合同条款的交叉点和理解的难点的交底。

**2. 合同交底是规范项目部全体成员工作的需要**

界定合同双方当事人（委托人与监理人、发包人与承包人）的权利义务界限，规范各项工程活动，提醒项目部全体成员注意执行各项工程活动的依据和法律后果，以便对合同实施进行有效控制和处理，是合同交底的基本内容之一，对规范项目部工作也是必要的。由于不同的公司对其所属项目部成员的职责分工要求不尽一致，工作性质和组织管理方法也不尽相同，但面对某一特定的项目，所有工作都必须符合合同的基本要求和合同的特殊要求，并且必须用合同规范自己的工作。要达到这一点，合同交底也是必不可少的工作。

**3. 合同交底有利于发现合同问题，并利于合同风险的事前控制**

合同交底就是合同管理人员向项目部全体成员介绍合同意图、合同关系、合同基本内容、业务工作的合同约定和要求等内容。它包括合同分析、合同交底、交底的对象提出问题、再分析、再交底的过程。因此，它有利于项目部成员领会意图，集思广益，思考并发现合同中的问题，如合同中可能隐藏着的各类风险、合同中的矛盾条款、用词含糊及界限不清条款等。合同交底可以避免因合同实施过程中发生始料不及的问题造成的失措和失控，同时也有利于调动全体项目成员完善合同风险防范措施，提高合同风险防范意识。

**4. 合同交底有利于提高项目部工作人员的合同意识**

合同交底有利于提高项目部全体成员的合同意识，使合同管理的程序、制度及保证体系落到实处。合同管理工作包括建立合同管理组织、保证体系、管理工作程序、工作制度等内容，其中比较重要的是建立诸如合同文档管理、合同跟踪管理、合同变更管理、合同争议处理等工作制度，其执行过程是一个随实施情况变化的动态过程，也是全体项目成员有序参与实施的过程。每个人的工作都与合同能否按计划执行完成密切相关，因此项目部管理人员都必须有较强的合同意识，在工作中自觉地执行合同管理的程序和制度，并采取积极的措施防止和减少工作失误和偏差。为达到这一目标，在合同实施前进行详细的合同交底是必要的。

**（二）合同交底的程序**

合同交底通常可以分层次按一定程序进行。层次一般可分为三级，即公司向项目部负责人及项目合同管理人员交底，项目部负责人或由其委派的合同管理人员向项目职能部门负责人交底，项目职能部门负责人向其所属执行人员交底。这三个层次的交底内容和重点可根据被交底人的职责不同有所不同。项目合同交底可以按以下程序进行：

1）公司合同管理人员向项目负责人及项目合同管理人员进行合同交底，全面陈述合同背景、合同工作范围、合同目标、合同执行要点及特殊情况处理，并解答项目负责人及项目合同管理人员提出的问题，最后形成书面合同交底记录。

2）项目负责人或由其委派的合同管理人员向项目部职能部门负责人进行合同交底，陈述合同基本情况、合同执行计划、各职能部门的执行要点、合同风险防范措施等，并解答各职能部门提出的问题，最后形成书面交底记录。

3）职能部门负责人向其所属执行人员进行合同交底，陈述合同基本情况、本部门的合同责任及执行要点、合同风险防范措施等，并解答所属人员提出的问题，最后形成书面交底记录。

4）各部门将交底情况反馈给项目合同管理人员，由其对合同执行计划、合同管理程序、合同管理措施及风险防范措施进行进一步修改完善，最后形成合同管理文件，下发给各执行人员，指导其活动。

合同交底是合同管理的一个重要环节，需要各级管理和技术人员在合同交底前，认真阅读合同，分析合同，发现合同问题，提出合理建议，避免走形式，以使合同管理有个良好的开端。

**（三）合同交底的内容**

合同交底是以合同分析为基础、以合同内容为核心的交底工作，因此涉及合同的全部内容，特别是关系到合同能否顺利实施的核心条款。合同交底的目的是将合同目标和责任具体落实到各级人员的工程活动中，并指导管理及技术人员以合同作为行为准则。合同交底一般包括以下主要内容：

1）工程概况及合同工作范围。

2）合同关系及合同涉及各方之间的权利、义务与责任。

3）合同工期控制总目标及阶段控制目标，目标控制的网络表示及关键线路说明。

4）合同质量控制目标及合同规定执行的质量管理的规范、标准和验收程序。

5）合同对本工程的材料、设备采购、验收的规定。

6）投资及成本控制目标，特别是合同价款的支付及调整的条件、方式和程序。

7）合同双方争议问题的处理方式、程序和要求。

8）合同双方的违约责任。

9）索赔的机会和处理策略。

10）合同风险的内容及防范措施。

11）合同进展文档管理的要求。

# 第六节　工程合同资料文档管理

## 一、工程合同资料文档管理概述

建设工程合同资料是工程质量的客观反映，是评价工程质量的前提和基础，也是处理工程的质量事故、合同纠纷等问题的重要依据。因此，在建设工程施工活动中，做好施工合同资料的收集和整理，就显得尤为重要。

### （一）工程合同资料的种类

**1. 合同资料**

合同资料包括各种合同文本、招标文件、投标文件、设计施工图、技术规范；合同分析资料，如合同总体分析、网络图、横道图等。

**2. 工程实施中产生的各种资料**

工程实施中产生的各种资料包括发包人或监理人的各种工作指令、签证、信函、会谈纪要和其他协议，各种变更指令、申请、变更记录，各种检查报告、鉴定报告等；还包括承包人在工程实施中的各种记录、施工日记等，官方的各种文件、批件，反映工程实施情况的各种报表、报告、图片等。

### （二）工程合同资料文档管理的内容

**1. 资料的收集**

资料收集的对象包括：合同资料、文件；合同分析产生的分析文件；合同实施中产生的记工单、领料单、施工图、报告、指令、信件等资料。

**2. 资料的整理**

原始资料必须经过信息加工才能成为可供决策的信息，成为工程报表或报告文件。

**3. 资料的归档**

所有合同管理中涉及的资料不仅当时要使用，而且必须保存，直到合同结束。为了查找和使用方便必须建立资料的文档系统。

#### 4. 资料的使用

合同管理人员有责任向项目经理、发包人作工程实施情况报告；向各职能部门、各工程小组、分包人提供资料；为工程的各种验收、索赔和反索赔提供资料和证据。

### 二、工程合同资料文档管理各阶段具体工作

根据建设工程施工阶段的不同，可把合同文档资料的收集分为四个阶段，即项目前期、施工准备阶段、施工阶段、竣工验收及备案阶段。

#### （一）项目前期资料的收集

项目前期资料是指工程开工以前在立项、审批、招投标、勘察、设计以及工程准备过程中形成的文件材料。项目前期资料是合同资料的重要组成部分，是工程建设的凭证性和基础性文件材料，是能够永久保存的法律性原始凭证。只有规范前期资料文档管理，明确归档范围，保证前期资料的齐全、完整，才能为主体工程资料管理打下良好的基础。

**1. 确定工程项目前期文档归档范围**

（1）综合性文件　分为以下几种：

1）可行性研究文件。项目建设书及其报批文件，项目选址意见书及其报批文件，可行性研究报告及其评估、报批文件，项目评估、贷款评估及贷款承诺、论证文件，环境预测、调查报告环境影响报告书及其批复、设计任务书、计划任务书及报批文件。

2）征地移民文件。征用土地申请、批准文件，红线图、坐标图、行政区域图，移民拆迁、安置、补偿批准文件、协议书，建设前原始地形、地貌、状况图、照片。

3）招投标文件。招标书、招标修改文件、招标补遗及答疑文件，投标书、资质材料、履约类保函、委托授权书和投标澄清文件、修正文件，开标议程、开标大会签字表、报价表、评标纪律、评标人员签字表、评标记录、评标报告，中标通知书，合同谈判纪要、合同审批文件、合同书、合同变更文件。

（2）设计性文件　分为以下几种：

1）基础性文件。工程地质水文地质、勘察报告、地质图、勘察记录、化验、试验报告、重要土样和岩样及说明，地形、地貌、控制点、建筑物、构筑物及重要设备安装测量定位、观测记录，水文、气象、地震等其他设计基础资料。

2）设计文件。总体规划设计、方案设计，预可行性研究及其报批文件，可行性研究及其报批文件，设计招标文件，施工图设计，工程设计计算书、关键技术试验，技术秘密材料、专利文件，设计评价、鉴定审批。

**2. 明确工程项目前期资料归档的基本要求**

1）工程项目前期资料必须真实、准确、与实际相符。

2）工程项目前期资料应为原件。

3）工程项目前期资料必须字迹清楚，签字盖章规范。

4）工程项目前期形成的录音、录像文件应保证载体的有效性。

**3. 建立健全规章制度，明确各岗位职责**

前期资料的归档要经历很长一段时间，所涉及的部门和人员很多，因此，要把工程项目前期资料的归档纳入管理日程，建立健全规章制度，明确各个部门、各个岗位的职责，增强参建人员的档案意识，使工程项目前期资料在形成过程中就符合档案管理的要求，为前期资

料归档奠定基础。

#### 4. 提前介入，规范管理

工程项目前期资料采取提前介入的方法，对于规范档案管理至关重要。如招标投标等档案，从发售标书开始，档案管理人员就应要求主管招标投标的部门和人员严格按照档案整理的要求，用笔、用纸规范，签字、日期完整；在评标过程中，档案管理人员和招标人员应一起核对投标文件；合同谈判结束后，及时将合同及整个招标投标过程资料归档。以此确保招标、投标档案的完整、准确、系统。

#### 5. 其他载体资料的归档

工程项目前期管理要经过可行性研究报告审查会，贷款评估，项目评估，各种合同、协议签字仪式等大事件，除了要有文字材料外，还形成大量的声像材料。对于设计基础材料，除了各种报告、记录外，还应有重要土、岩样及说明。只有将工程所涉及的各种载体资料全部归档，才能确保项目前期档案资料完整、系统。

### （二）施工准备阶段资料的收集

本阶段的资料收集主要是工程开工前的准备工作方面的资料，主要有以下几方面。

#### 1. 施工图审查文件

施工图审查应由有资质的施工图审查机构出具施工图审查意见书，设计单位应根据施工图审查意见进行修改，并出具设计变更文件。

#### 2. 施工组织设计

施工组织设计是施工单位进行施工的指导性文件，是履行施工合同和监理单位监理的重要依据，施工组织设计的编制应有针对性、可操作性，技术方案应有先进性。施工组织设计必须经上一级技术负责人进行审批并加盖公章方为有效，并须填写施工组织设计审批表（合同另有规定的按合同要求办理），由总监理人审定后方可实施。在施工过程中发生变更时，应有变更审批手续。

#### 3. 开工报告、开工令

工程开工前承包人必须提交工程开工复工报审表，由监理人审查承包人的准备工作，符合要求后由总监理人签署开工令。对于已停工程，则须有总监理人的复工指令才复工，对于工程规模较小或监理范畴以外，而未实行监理的工程，承包人在开工前应填写开工报告，经建设单位及建设行政主管部门批准后方可实施。

#### 4. 分包单位资格审批资料

涉及需要分包的分项工程，在工程开工前，总承包人应提交分包单位资格报审表及相关证明文件供监理人审查，审查通过后由总监理人签署意见。

#### 5. 工程定位、测量放线记录

工程开工前，承包人对发包人（或其委托的单位）给定的原始基准点、基准线和标高等测量控制点进行复核，并将复测结果进行报验，经监理人批准后承包人才能据以进行准确的测量放线，并填写测量放线记录。

城市规划区内的建设工程，在开工前还应报请规划管理部门复核建筑红线。

#### 6. 施工图设计文件会审、设计交底、施工技术交底

工程开工前，应由发包人组织监理、施工等有关单位对施工图设计文件进行会审，按单位工程填写施工图设计文件会审记录，并提交设计单位。

设计单位应进行设计交底,设计交底主要包括设计依据、设计要点、补充说明、注意事项及针对施工图会审记录提及问题的回复意见等,并做设计交底纪要。

承包人应在施工前进行施工技术交底。施工技术交底包括施工组织设计交底、分项工程施工方案交底、工程施工技术交底。各种技术交底均应有交底双方签认手续。

**7. 施工机械、设备、计量器具的相关资料**

对于进入施工现场的机械、设备、计量器具、施工单位应填写工程材料构配件设备报审表,并附上相关质量证明材料,主要有自检结果、合格证、机械的使用保养记录、法定计量部门对计量器具的标定证明文件、测量工的上岗证明等,监理人审查后签署意见。对于现场使用的起重机及有安全要求的设备,还须经当地劳动安全部门鉴定,符合要求后办理相关手续。

**8. 施工现场质量管理检查记录**

工程开工前,承包人应填写施工现场质量管理检查记录,主要包括现场质量管理制度、质量责任制等11项内容(详见《建筑工程施工质量验收统一标准》),总监理人(或建设单位项目负责人)对其进行检查,并做出检查结论。

**(三)施工阶段资料的收集和整理**

施工阶段是形成工程实体质量的主要阶段,也是施工资料收集最集中、最全面的阶段,本阶段的资料是评价工程质量的基础,因此,本阶段资料的收集一定要及时、准确、真实、完整,应能客观反映工程质量状况。本阶段的资料主要包括以下几个方面。

**1. 用于工程的建筑原材料**

凡用于工程的建筑原材料在进入施工现场时,承包人均应填报工程材料构配件设备报审表,并附上相关质量证明材料,主要有产品出厂合格证及技术说明书、质保书原件和有检验要求的检验或试验报告,也就是通常所说的"三证"齐全,部分影响结构安全、使用功能的材料(如水泥、钢筋、防水卷材等)需进行见证取样检验的,还应按有关规定进行见证取样检验。这里需要注意的是,进场材料的"三证"均应注明使用工程的名称、部位、代表数量,质保书复印件注明原件存放地并加盖公章,质保书抄件应有抄件人签字并加盖公章。每一批次的"三证"填写内容应一致,并应与施工日记记录的进场材料数据相吻合,任一材料的各批次进场数量之和,应为该材料在该工程的使用数量,这是资料闭合的要求。否则,资料就不完整。

新材料的应用应有鉴定和试验资料。进口材料还要会同国家商检部门检查验收并签证,对供货方及商检人员签署的商务记录予以保存。

**2. 施工试验报告**

(1)水泥混凝土抗压、抗折强度,抗冻、抗渗性能试验资料 有试配申请单和相应资质的实验室签发的配合比通知单,并应报验。施工中如果材料发生变化,应有修改配合比的通知单。

(2)砂浆试块强度试验资料 有砂浆试配申请单、配合比通知单和强度试验报告;有按规定要求的强度评定资料,评定人资格要符合;掺用外加剂时,应有配合比通知单和试验报告。

(3)钢筋焊、连接检(试)验资料 钢筋接头采用机械连接时,应进行现场条件下的连接性能试验,试验报告应对抗弯、抗拉实验结果有明确结论。钢筋采用焊接时,应从外观检查合格的成品中切取（即原位测试），试验报告应附有效的电焊工上岗证。

（4）桩基及复合地基载荷试验　主要按照《建筑基桩检测技术规范》进行桩的完整性和承载力试验，检测方法和数量要满足规范要求，检测单位要有资质。特别需要强调的是专家论证会不能代替桩基检测。

**3. 隐蔽工程验收记录**

隐蔽工程验收要强调全面性。凡被下道工序、部位所隐蔽或覆盖的工序都是隐蔽工程，均应进行隐蔽前的检查验收并填写隐蔽工程验收记录。隐蔽检查的内容应具体，结论应明确。验收手续应及时办理，不得后补。需复验的应办理复验手续。

**4. 施工记录**

施工记录是施工单位对工程施工情况的详细记录，主要有施工日记、重要分项工程（如桩基工程、混凝土工程等）施工记录、施工测温记录、构筑物沉降观测记录等。施工记录要求完整、全面、有可追溯性，应详细记录每天施工的工程部位、工程量、施工人员、"三检"和验收、材料设备进场等情况，以便出现施工问题时能够追溯到具体部位的施工情况来解决问题。

**5. 测量复核记录**

测量复核记录也可称位线复核记录，很多工程虽然实际操作中进行了该项工作，但资料中却未反映。因此，在施工过程中，要求施工至任一结构层均应进行轴线、标高、结构几何尺寸的复核，填写复核记录并报检，测量人、审核人、监理人均应签证。

**6. 工程质量验收记录**

检验批、分项工程由专业监理人（建设单位项目技术负责人）组织施工单位项目专业技术负责人共同验收并签证；分部工程总监理人或发包人项目技术负责人组织承包人项目负责人和技术、质量负责人及勘察、设计单位项目负责人参加验收。

从检验批、分项工程到分部工程（子分部工程）、单位工程（子单位工程）的验收，验收记录应汇总，并保证齐全，避免漏项。

**7. 工程安全和功能性检验记录**

这项资料不但要确保不能漏项，还要保证出具报告的检测单位及人员的资质、资格符合规定，根据工程特点对照《建筑工程施工质量验收统一标准》的内容进行检查。

**8. 质量问题、质量事故调查和处理记录**

在施工过程中出现的质量问题，承包人应拿出针对问题进行检查的检查报告、处理问题的处理方案（需要有关单位审核的还必须要有关单位及人员的审核签字）、问题整改的验收记录，这是资料闭合的又一表现。

发生质量事故的，施工单位应立即填写工程质量事故报告，质量事故处理完毕后须填写质量事故处理记录。

**9. 设计变更通知单、洽商记录**

设计变更通知单、洽商记录要强调有效性，凡涉及施工图的变更必须由设计单位出具，并加盖设计变更专用章或出图章，否则为无效变更。洽商记录必须由参建各方共同签认方为有效。

**（四）竣工验收及备案阶段资料的收集**

工程竣工验收阶段主要是参建单位和有关部门对该工程实施过程的总结和成品验收的结

论性意见，本阶段的资料并不多，但这些资料的编制却是建立在前期的资料基础上的，而且，该阶段的资料对该工程能否交付使用并尽快发挥效益，起着至关重要的作用。因此收集时要做到及时、准确、完整。根据资料来源的对象可分为以下几个方面：

（1）工程参建责任主体的资料　主要有施工承包人的工程竣工总结、竣工图、工程竣工报告、工程质量保修书；监理人的监理总结及工程质量评估报告；勘察、设计单位的勘察设计文件检查报告；发包人组织验收的工程竣工验收报告。

（2）其他部门对本工程的验收资料　主要有规划、公安消防、环保部门出具的认可文件或准许使用文件，还有工程质量监督部门出具的工程质量监督报告。

## 复习思考题

1. 简述工程承包合同管理的一般特点。
2. 施工阶段合同管理的主要工作有哪些？
3. 合同分析的内容包括哪些？
4. 合同交底的必要性体现在哪些方面？
5. 发包人和承包人防范合同风险的措施有哪些？

# 工程索赔管理

# 第八章

**本章概要**

　　本章主要讲授索赔的概念、原因、作用、分类，索赔报告的内容及索赔证据，编制索赔报告的方法和要求，工期索赔的计算、费用索赔的计算，索赔处理程序、发包人的反索赔，列举了相关的索赔案例分析。

　　建设工程，尤其是规模大、工期长、结构复杂的工程，由于受到水文气象、地质条件变化的影响，以及规划变更和其他一些人为因素的干扰，超出合同约定的条件及相关事项的事情时有发生，当事人尤其是承包方往往会遭受意料之外的损失，这时，从合同公平原则及诚实信用原则出发，法律应该对当事人提供保护，允许当事人通过索赔对合同约定的条件进行公正、适当的调整，以弥补其不应承担的损失。在国际工程承包中，工程索赔额往往占到工程总造价的7%左右。在我国，《合同法》《建筑法》中都对工程索赔作出了相应规定，各种合同示范文本中也有相应的索赔条款。

## 第一节　索赔的基本理论

### 一、索赔的基本概念

#### （一）索赔的含义

　　索赔（Claim）一词具有较为广泛的含义，其一般含义是指对某事、某物权利的一种主张、要求、坚持等。

　　工程索赔通常是指在工程合同履行过程中，合同当事人一方因非自身责任或对方不履行或未能正确履行合同而受到经济损失或权利损害时，通过一定的合法程序向对方提出经济或时间补偿的要求。

#### （二）索赔与违约责任的区别

　　1）索赔事件的发生，不一定在合同文件中有约定；而工程合同的违约责任，则必然是合同所约定的。

　　2）索赔事件的发生，既可以是一定行为造成的（包括作为和不作为），也可以是不可抗力事件所引起的；而追究违约责任，必须要有合同不能履行或不能完全履行的违约事实的存在，发生不可抗力可以免除追究当事人的违约责任。

3）索赔事件的发生，可以是合同当事人一方引起的，也可以是任何第三人行为引起的；而违约责任则是由于当事人一方或双方的过错造成的。

4）一定要有造成损失的结果才能提出索赔，因此索赔具有补偿性；而合同违约不一定要造成损失结果，因为违约（如违约金）具有惩罚性。

5）索赔的损失结果与被索赔人的行为不一定存在法律上的因果关系。

## 二、索赔的分类

### （一）按索赔有关当事人分类

（1）承包人与发包人间的索赔 这类索赔大多是有关工程量计算、变更、工期、质量和价格方面的争议，也有中断或终止合同等其他违约行为的索赔。

（2）总承包人与分包人间的索赔 其内容与第（1）项大致相似，但大多数是分包人向总承包人索要付款或赔偿及总承包人向分包人罚款或扣留支付款等。

以上两种涉及工程项目建设过程中施工条件或施工技术、施工范围等变化引起的索赔，一般发生频率高，索赔费用大，有时也称为施工索赔。

（3）发包人或承包人与供货人、运输人间的索赔 其内容多为商贸方面的争议，如货品质量不符合技术要求、数量短缺、交货拖延、运输损坏等。

（4）发包人或承包人与保险人间的索赔 此类索赔多是被保险人受到灾害、事故或其他损害或损失，按保险合同向其投保的保险人索赔。

以上两种在工程项目实施过程中的物资采购、运输、保管、工程保险等方面活动引起的索赔事项，又称商务索赔。

### （二）按索赔依据分类

（1）合同内索赔 合同内索赔是指索赔所涉及的内容可以在合同文件中找到依据，并可根据合同规定明确划分责任。一般情况下，合同内索赔的处理和解决要顺利一些。

（2）合同外索赔 合同外索赔是指索赔所涉及的内容和权利难以在合同文件中找到依据，但可从合同条文引申含义和合同适用法律或政府颁发的有关法规中找到索赔的依据。

（3）道义索赔 道义索赔是指承包人在合同内或合同外都找不到可以索赔的依据，因而没有提出索赔的条件和理由，但承包人认为自己有要求补偿的道义基础，而对其遭受的损失提出具有优惠性质的补偿要求，即道义索赔。道义索赔的主动权在发包人手中，发包人一般在以下四种情况时，会同意并接受这种索赔：①若另找其他承包人，费用会更大；②为了树立自己的形象；③出于对承包人的同情和信任；④谋求与承包人更理解或更长久的合作。

### （三）按索赔目的分类

（1）工期索赔 即由于非承包人自身原因造成拖期的，承包人要求发包人延长工期，推迟原规定的竣工日期，避免违约误期罚款等。

（2）费用索赔 即要求发包人补偿费用损失，调整合同价格，弥补经济损失。

### （四）按索赔事件的性质分类

（1）工程延期索赔 因发包人未按合同要求提供施工条件，如未及时交付设计图、施工现场、道路等，或因发包人指令工程暂停或不可抗力事件等原因造成工期拖延的，承包人对此提出索赔。

（2）工程变更索赔　由于发包人或监理人指令增加或减少工程量或增加附加工程、修改设计、变更施工顺序等，造成工期延长和费用增加，承包人对此提出索赔。

（3）工程终止索赔　由于发包人违约或发生了不可抗力事件等造成工程非正常终止，承包人因蒙受经济损失而提出索赔。

（4）工程加速索赔　由于发包人或监理人指令承包人加快施工速度，缩短工期，引起承包人额外开支而提出的索赔。

（5）意外风险和不可预见因素索赔　在工程实施过程中，因人力不可抗拒的自然灾害、特殊风险以及一个有经验的承包人通常不能合理预见的不利施工条件或客观障碍，如地下水、地质断层、溶洞、地下障碍物等引起的索赔。

（6）其他索赔　如因货币贬值、汇率变化、物价、工资上涨、政策法令变化等原因引起的索赔。

### （五）按索赔处理方式分类

（1）单项索赔　单项索赔就是采取一事一索赔的方式，即在每一件索赔事件发生后，报送索赔意向通知，编报索赔报告，要求单项解决支付，不与其他的索赔事项混在一起。单项索赔是针对某一干扰事件提出的，在影响原合同正常运行的干扰事件发生时或发生后，由合同管理人员立即处理，并在合同规定的索赔有效期内向发包人或监理人提交索赔意向通知和报告。

（2）综合索赔　综合索赔又称一揽子索赔，即将整个工程（或某项工程）中所发生的索赔。一般在工程竣工前和工程移交前，承包人将工程实施过程中因各种原因未能及时解决的单项索赔集中起来进行综合考虑，提出一份综合索赔报告，由合同双方在工程交付前后进行最终谈判，以一揽子方案解决索赔问题。

## 三、索赔的原因与依据

### （一）工程索赔的原因

在建设工程合同实施过程中，可以引起索赔的原因是很多的，主要的有：

（1）合同风险分担不均　建设工程合同的风险，理应由双方共同承担，但受"买方市场"规律的制约，合同的风险主要落在承包人一方。作为补偿，法律允许其通过索赔来减少风险，有经验的承包人在签订建设工程合同中事先就会设定自己索赔的权利，一旦条件成熟，就可依据合同约定提起索赔。

（2）施工条件变化　建设工程施工是现场露天作业，现场条件的变化对工程施工影响很大。对于工程地质条件，如地下水、地质断层、熔岩孔洞、地下文物遗址等，发包人提供的勘察资料往往是不完全准确的，预料之外的情况经常发生。不利的自然条件及一些人为的障碍导致设计变更、工期延长和工程成本大幅度增加时，可提起索赔。

（3）监理人指令　监理人指令通常表现为监理人指令承包人加速施工、进行某项工作、更换某些材料、采取某种措施或停工等。监理人是受发包人委托来进行工程建设监理的，其作用是监督所有工作按合同规定进行，督促承包人和发包人完全合理地履行合同，保证合同顺利实施。为了保证合同工程达到既定目标，监理人可以发布各种必要的现场指令。相应地，因这种指令（包括错误指令）而造成的成本增加和（或）工期延误，承包人当然有权进行索赔。

（4）工程变更　建设工程施工过程中，发包人或监理人为确保工程质量及进度，或由于其他原因，往往会发出更换建筑材料、增加新的工作、加快施工进度或暂停施工等相关指令，造成工程不能按原定设计及计划进行，并使工期延长、费用增加，此时，承包人即可提出索赔要求。

（5）工期拖延 工程施工中，由于天气、水文或地基等原因的影响，使施工无法正常进行，从而导致工期延误、费用增加时，即可提起索赔。

（6）发包人违约 当发包人未按合同约定提供施工条件及未按时支付工程款，监理人未按规定时间提交施工图、指令及批复意见等违约行为发生时，承包人即可提起索赔。

（7）合同缺陷 由于合同约定不清，或合同文件中出现错误、矛盾、遗漏的情况时，承包人应按发包人或监理人的解释执行，但可对因此而增加的费用及工期提出索赔。

（8）其他承包人干扰 其他承包人干扰通常是指其他承包人未能按时、按序进行并完成某项工作，各承包人之间配合协调不好等而给本承包人的工作带来的干扰。大中型土木工程，往往会有若干承包人在现场施工。由于各承包人之间没有合同关系，监理人作为发包人委托人，有责任组织协调好各个承包人之间的工作。否则，将会给整个工程和各承包人的工作带来严重影响，引起承包人索赔。例如，某承包人不能按期完成其工作，其他承包人的相应工作也会因此延误。在这种情况下，被迫延迟的承包人就有权向发包人提出索赔。在其他方面，如场地使用、现场交通等，各承包人之间也都有可能发生相互干扰的问题。

（9）国家法令的变更 国家有关法律、政策的变更是当事人无法预见和左右但又必须执行的。当有关法律和政策的变更如法定休息日增加、进口限制、税率提高等造成承包人损失时，承包人都可提出索赔并理应得到赔偿。

（10）其他第三方面原因 其他第三方面的原因通常表现为因与工程有关的其他第三方的问题而引起的对本工程的不利影响。例如，发包人在规定时间内按规定方式向银行寄出了要求向承包人支付款项的付款申请，但由于邮递延误，银行迟迟没有收到该付款申请，因而导致承包人没有在合同规定的期限内收到工程款。在这种情况下，承包人往往会向发包人索赔；对于第三方原因造成的索赔，发包人给予补偿之后，应根据其与第三方签订的合同或有关法律规定再向第三方追偿。

（11）其他 其他情况，如不可抗力的发生、因发包人原因造成的暂停施工或终止合同等，都可成为索赔的起因。

**（二）建设工程索赔的依据**

在索赔原因发生时，当事人一方应该有充分的依据，才能通过索赔的方式取得赔偿。在实践中，无论是索赔，还是反索赔，基本上都是围绕着索赔事实是否存在、索赔原因是否成立这一前提进行的。索赔的依据包括如下几个方面：

（1）构成合同的原始文件 构成合同的文件一般包括合同协议书、中标函、投标书、合同条款（专用条件）、合同条款（通用条件）、规范、设计图以及标价的工程量清单等。

合同的原始文件是承包人投标报价的基础，承包人在投标书中对合同涉及费用的内容均进行了详细的计算分析，是施工索赔的主要依据。

承包人提出施工索赔时，必须明确说明所依据的具体合同条款。

（2）监理人的指示 监理人在施工过程中会根据具体情况随时发布一些书面或口头指示，承包人必须执行监理人的指示，同时也有权获得执行该指示而发生的额外费用。但应注意，在合同规定的时间内，承包人必须要求监理人以书面形式确认其口头指示。否则，将视为承包人自动放弃索赔权利。监理人的书面指示是索赔的有力证据。

(3) 施工现场记录 施工现场记录包括施工日志、施工质量检查验收记录、施工设备记录、现场人员记录、进料记录、施工进度记录等。施工质量检查验收记录要有监理人或监理人授权的相应人员签字。

(4) 会议记录 从商签施工合同开始,各方会定期或不定期地召开会议,商讨解决合同实施中的有关问题,监理人在每次会议后,应向各方送发会议纪要。会议纪要的内容涉及很多敏感性问题,各方均需核签。

(5) 现场气候记录 在施工过程中,如果遇到恶劣的气候条件,除提供施工现场的气候记录外,承包人还应向发包人提供政府气象部门有关恶劣气候的证明文件。

(6) 工程财务记录 在施工索赔中,承包人的财务记录非常重要,尤其是在按实际发生的费用计算索赔时。因此,承包人应记录工程进度款支付情况,各种进料单据及各种工程开支收据等。

(7) 往来函件 合同实施期间,参与项目各方会有大量往来函件,涉及的内容多、范围广。但最多的还是工程技术问题,这些函件是承包人与发包人进行费用结算和向发包人提出索赔所依据的基础资料。

(8) 市场信息资料 市场信息资料主要收集国际、工程市场劳务、施工材料的价格变化资料等。

(9) 政策法令文件 国家的政策法令变化,可能给承包人带来益处,也可能带来损失。应收集这方面的资料,作为索赔的依据。一般来说,与工程项目建设有关的公司法、海关法、税法、劳动法、环境保护法等法律及建设法规都会直接影响工程建设活动。当任何一方违背这些法律或法规时,或在某一规定日期之后发生法律或法规变更时,均可引起索赔。

## 四、工程索赔的作用

随着世界经济全球化和一体化进程的加快以及我国加入 WTO 以后,我国引进外资和涉外工程要求按照国际惯例进行工程索赔管理,同时,我国的建筑业要走向国际建筑市场也需要在工程建设中按国际惯例进行工程索赔管理。工程索赔的健康开展,对于培育和发展建筑市场,促进建筑业的发展,提高工程建设的效益,将发挥非常重要的作用。工程索赔的作用主要表现在以下方面:

1) 索赔可以保证合同的正确实施。索赔的权利是施工合同法律效力的具体体现,如果没有索赔的权利和有关索赔的法律规定,则施工合同的法律效力会大大减弱,并且难以对发包人、承包人双方形成约束,合同的正确实施也难以得到保证。索赔能对违约者起警戒作用,使其能充分考虑到违约的后果,并可以尽力避免违约事件的发生。

2) 索赔是合同和法律赋予合同当事人的权利。索赔是合同和法律赋予正确履行合同者免受意外损失的权利,索赔是当事人保护自己、避免损失、增加利润、提高效益的一种重要手段。事实证明,不精通索赔业务往往要蒙受较大的损失,直至不能进行正常的生产经营,导致破产。

3) 索赔既是落实和调整合同当事人双方权利义务关系的有效手段,也是合同双方承担风险比例的合理再分配。离开了索赔,合同当事人双方的权利义务关系便难以平衡。索赔促使工程造价更合理,索赔的正常开展,可以把原来计入工程报价中的一些不可预见费用,改为实际发生的损失支付,有助于降低工程报价,使工程造价更为实事求是。

4）索赔对提高承发包双方和工程项目管理水平起着重要的促进作用。索赔有利于促进双方加强内部管理，严格履行合同，有助于双方提高管理素质，加强合同管理，维护市场正常秩序。

5）索赔有助于承发包双方更快地熟悉国际惯例。熟练掌握索赔和处理索赔的方法与技巧，有助于对外开放和对外工程承包的开展，有助于建筑企业提高国际竞争力。

## 第二节　常见的工程索赔

### 一、常见的承包人提出的索赔事件

在施工合同履行过程中，承包人的索赔内容主要包括以下几个方面：

1）发包人没有按合同规定交付设计文件，致使工程延期。在施工合同履行过程中由于上述原因引起索赔的现象经常发生，如发包人延迟交付设计资料、设计图，提供的资料有误或合同规定应一次性交付时，发包人分批交付等。

2）发包人没按合同规定的日期交付施工场地、行驶的道路，接通水电等，使承包人的施工人员和设备不能进场，工程不能按期开工而延误工期。

3）不利的自然条件与客观障碍。不利的自然条件和客观障碍是指一般有经验的承包人无法合理预料到的不利的自然条件和客观障碍。"不利的自然条件"中不包括气候条件，而是指投标时经过现场调查及根据发包人所提供的资料都无法预料到的其他不利自然条件，如地下水、地质断层、溶洞、沉陷等。"客观障碍"是指经现场调查无法发现、发包人提供的资料中也未提到的地下（上）人工建筑物及其他客观存在的障碍物，如下水道、公共设施、坑、井、隧道、废弃的旧建筑物、其他水泥砖砌物以及埋在地下的树木等。由于不利的自然条件及客观障碍，常常导致涉及变更、工期延长或成本大幅度增加，承包人可以据此向发包人提出索赔要求。

4）发包人或监理人发布指令改变原合同规定的施工顺序，打乱施工部署。

5）工程变更。在合同履行过程中，发包人或监理人指令增加、减少或删除部分工程，或指令提高工程质量标准、变更施工顺序等，造成工期延长和费用增加，承包人可对此提出索赔。注意，由于工程变更减少了工作量，也要进行索赔。

6）附加工程。在施工合同履行过程中，发包人指令增加附加工程项目，要求承包人提供合同规定以外的服务项目。

7）由于设计变更或设计错误，发包人或监理人错误的指令造成工程修改、报废及返工、窝工等。由于设计错误、发包人或监理人错误的指令或提供错误的数据等造成工程修改、停工、返工、窝工，发包人或监理人变更原合同规定的施工顺序，打乱了工程施工计划等，承包人可以索赔。由于发包人和监理人原因造成的临时停工或施工中断，特别是根据发包人和监理人不合理指令造成了工效的大幅度降低，从而导致费用支出增加，承包人可提出索赔。

8）由于非承包人的原因，发包人或监理人指令终止合同施工。由于发包人不正当地终止工程，承包人有权要求赔偿损失，其数额是承包人在被终止工程上的人工、材料、机械设备的全部支出，以及各项管理费用、保险费、贷款利息、保函费用的支出（减去已结算的工程款），并有权要求赔偿其盈利损失。

9）由于发包人或监理人的特殊要求，如指令承包人进行合同规定以外的检查、试验，造成工程损坏或费用增加，而最终承包人的工程质量符合合同要求的。

10）发包人拖延合同责任范围内的工作，造成工程停工。比如，发包人拖延施工图的批准，拖延隐蔽工程验收，拖延对承包人所提问题的答复，造成工程停工。

11）发包人未按合同规定的时间和数量支付工程款。一般合同中都有支付预付款和工程款的时间限制及延期付款计息的利率要求；如果发包人不按时支付，承包人可据此规定向发包人索要拖欠的款项并索赔利息，督促发包人迅速偿付。对于严重拖欠工程款，导致承包人资金周转困难，影响工程进度，甚至引起终止合同的严重后果，承包人则必须严肃地提出索赔。

12）合同缺陷。合同缺陷常常表现为合同文件规定不严谨甚至前后矛盾、合同规定过于笼统、合同中的遗漏或错误。这不仅包括商务条款中的缺陷，也包括技术规范和施工图中的缺陷。在这种情况下，一般监理人有权作出解释，但如果承包人执行监理人的解释后引起成本增加或工期延长，则承包人可以索赔，监理人应给予证明，发包人应给予补偿。一般情况下，发包人作为合同起草人，要对合同中的缺陷负责，除非其中有非常明显的含糊或其他缺陷，根据法律可以推定承包人有义务在投标前发现并及时向发包人指出。

13）物价大幅度上涨。由于物价的上涨，引起人工费、材料费、施工机械费的不断增加，导致工程成本大幅度上升，承包人的利润受到严重影响，也会引起承包人提出索赔要求。

14）国家法令和计划修改，如提高工资税、海关税等。国家政策及法律法规变更，通常是指直接影响到工程造价的某些政策及法律法规的变更，如税收及其他收费标准的提高。因国务院各有关部门、各级建设行政主管部门或其授权的工程造价管理部门公布的价格调整，如定额、取费标准、税收、上缴的各种费用等，可以调整合同价款；如未予调整，承包人可以要求索赔。

15）在保修期间，由于发包人使用不当或其他非承包人施工质量原因造成损坏，发包人要求承包人予以修理。

16）发包人在验收前或交付使用前，使用已完或未完工程，造成工程损坏。

17）不可抗力的发生，对承包人的工期和成本造成了影响。

18）发包人应该承担的风险发生。由于发包人承担的风险发生而导致承包人的费用损失增大时，承包人可据此提出索赔。许多合同规定，承包人不仅对由此而造成工程、发包人或第三人的财产的破坏和损失及人身伤亡不承担责任，而且发包人应保护和保障承包人不受上述特殊风险后果的损害，并免于承担由此而引起的与之有关的一切索赔、诉讼及其费用，而且承包人还可以得到由此损害引起的任何永久性工程及其材料的付款与合理的利润，以及一切修复费用、重建费用及上述特殊风险而导致的费用增加。如果由于特殊风险而导致合同终止，承包人除可以获得应付的一切工程款和损失费用外，还可以获得施工机械设备的撤离费用和人员遣返费用等。

## 案例1

　　A公司承建一栋大型办公楼。承包人计划将基础开挖的松土倒在需要填高修建停车场的地方，但由于开工的头8个月当地下了大雨，土质非常潮湿，实际上无法采用这种施工方法，承包人几次口头或书面要求发包人给予延长工期。如果延长工期，可待土质干燥后按原计划实施以挖补填的施工方法。但发包人坚持按承包人提交认可部门确认该气候属非常恶劣的证明文件后，才可批准延期。为按期完成工程，承包人只得将基础开挖的湿土运走，再运来干土填筑停车场。承包人因此而向发包人提出了额外成本索赔。在承包人第一次提出延期要求的 16 个月以后，发包人同意因大雨和湿土而延长工期，但拒绝承包人的上述额外成本补偿索赔，因为合同中并没有保证以挖补填法一定是可行的。承包人则坚持认为自己按发包人的要求进行了加速施工，双方就此提交仲裁。

仲裁人考查了下列三个方面因素，同意承包人的意见：

（1）承包人遇到了可原谅延误。仲裁人并不是依据天气情况是否已经构成合理的延期因素这一点本身来考虑，而是从发包人最终批准了延期，从而承认了气候条件特别恶劣这一点来推论。

（2）承包人已经及时提出了延长工期的要求。仲裁人认为承包人的口头要求及随后与发包人的会议已满足这一要求，而且之后又提交了书面材料。

（3）承包人在投标时已将自己的施工方案列入投标书中，而发包人没有提出异议，那么实际上已形成合同条件。现在遇到的情况实际上属于不可预料的情况，而承包人已及时通报发包人，因此引起的工期延长和额外费用的增加，发包人应给予赔偿。具体数额可按实际损失双方协商确定。

## 案例2

某独立大桥工程进行桥梁的水下地基基础施工。承包人使用的钢筋混凝土沉井在挖土下沉时，遇到了原招标钻探资料中未显示的倾斜岩层，使沉井基础的一边基脚已抵到岩层上，而另一边仍为粗砂岩土，且不停地抽水，也无法排尽沉井的水和泥沙，使沉井严重倾斜，难以纠偏。经承包人上报发包人和监理人，并召集有关专家开会，确定使用矿井冷冻技术对桥梁基础施行冷冻，封住地下水和泥沙，制止沉井继续偏斜，然后对先遇到岩石的一侧进行炸挖，直至所有的沉井基脚下至岩层为止。不可预料的地质条件使该沉井工程延期了 3 个月才完成，且在工期的关键线路上采用了非常施工技术，使承包人的工程施工成本大增。因此，承包人提出了索赔要求。监理人批准了该索赔。

### 二、发包人可以提出的索赔事件

根据我国《建设工程施工合同（示范文本）》规定，因承包人原因不能按照协议书约定的竣工日期或监理人同意顺延的工期竣工，或因承包人原因工程质量达不到协议书约定的质量标准，或承包人不履行合同义务或不按合同约定履行义务或发生错误给发包人造成损失时，发包人也应按合同约定的索赔时限要求，向承包人提出索赔。发包人可以提出的索赔事件通常有以下几种：

1）由于承包人的原因造成的工期延期。在工程项目的施工过程中，由于承包人的原因，使竣工日期拖后，影响到发包人对该工程的使用，给发包人带来经济损失时，发包人有权对承包人进行索赔，即由承包人支付延期竣工违约金。建设工程施工合同中的误期违约金，通常是由发包人在招标文件中确定的。

2）由于承包人的原因造成的施工质量低劣或使用功能不足。当承包人的施工质量不符合施工技术规程的要求，或在保修期未满以前未完成应该负责修补的工程时，发包人有权向承包人追究责任。如果承包人未在规定的时限内完成修补工作，发包人有权雇用他人来完成工作，发生的费用由承包人负担。

3）由于承包人的原因给第三方造成了影响。

4）属于承包人应该承担的风险发生。

5）承包人未按合同要求保险。如果承包人未能按合同条款指定的项目投保，并保证保险有效，发包人可以投保并保证保险有效，发包人所支付的必要的保险费可在应付给承包人的款项中扣回。

6）发包人合理终止合同或承包人不正当地放弃工程。如果发包人合理地终止承包人的承包，或者承包人不合理地放弃工程，则发包人有权从承包人手中收回由新的承包人完成工程所需的工程款与原合同未付部分的差额。

7）其他。由于工伤事故给发包方人员和第三方人员造成的人身或财产损失的索赔，以及承包人运送建筑材料及施工机械设备时损坏公路、桥梁或隧洞时，交通管理部门提出的索赔等。

上述这些事件能否作为索赔事件进行有效的索赔，还要看具体的工程和合同背景、合同条件，不可一概而论。

## 案例3

某工业厂房建设项目于2010年3月15日开工，2010年11月15日竣工，验收合格后即投产使用。2013年2月该厂房供热系统的供热管道部分出现漏水，发包人进行了停产检修，经检查发现漏水的原因是原施工所用管材管壁太薄，与原设计文件要求不符。监理人进一步查证施工承包人报验的材料与其交给监理人的日志记录也不相符。如果全部更换厂房供热管道需工程费30万元，并可造成该厂部分车间停产损失20万元。

发包人就此事件提出如下索赔要求：

（1）要求承包人全部返工更换厂房供热管道，并赔偿停产损失的60%（计12万元）。

（2）要求监理人对全部返工工程免费监理，并对停产损失承担连带赔偿责任，赔偿停产损失的40%（计8万元）。

承包人对发包人的索赔要求答复为：

该厂房供热系统已超过国家规定的保修期，不予保修，也不同意返工，更不同意赔偿停产损失。

监理人对发包人的索赔要求答复为：

监理人已对承包人报验的管材进行了检查，符合质量标准，已履行了监理职责。承包人擅自更换管材，应由承包人负责，监理人不承担任何责任。

【问题】

依据现行法律和行政法规，请指出发包人的要求和承包人、监理人的答复中各有哪些错误，为什么？承包人和监理人各应负哪些责任，为什么？

本问题正确处理的答复应为：

（1）发包人要求承包人全部返工更换厂房供热管道是正确的，但要求"赔偿停产损失的60%（计12万元）"是错误的，应要求承包人赔偿停产的全部损失（计20万元）。

发包人要求监理人对停产损失"承担连带赔偿责任"也是错误的，关于"赔偿停产损失的40%（计8万元）"的计算也是错误的。

（2）承包人对发包人的索赔要求答复"该厂房供热系统已超过国家规定的保修期，不予保修"是错误的，"也不同意返工，更不同意赔偿停产损失"也是错误的。按我国《合同法》及相关国家法律的要求，因承包人使用不合格材料而造成的工程质量不合格，承包人应承担全部责任并返工，还应赔偿发包人全部损失。

（3）监理人对发包人的索赔要求答复是错误的，因为监理人未检查出承包人擅自更换管材，虽然由承包人负责，但是监理人也应承担其失职的过错责任。

## 案例4　竣工时间延误的发包人索赔

某发包人与承包人按我国《建设工程施工合同（示范文本）》签订了施工承包合同，合同总金额1200万元，合同工期为1年。合同约定延误竣工时间罚款50000元/天，但罚款总额不得超过合同价款的10%。结果工程拖期1.5个月，其中监理人按照合同规定批准的工期顺延时间为0.5个月。

工程竣工时，发包人向承包人索赔竣工时间延误的费用：

按罚款额计算为　　50000元/天×30天=150万元

按合同总额计算的罚款限额为　　1200万元×10%=120万元

故索赔额为120万元。

## 案例5　与施工缺陷有关的索赔

某发包人与承包人按《建设工程施工合同（示范文本）》签订了某高层住宅的施工合同。施工过程中，监理人在检查时发现已施工完毕的12层和13层钢筋混凝土楼板出现严重裂缝，于是书面指示承包人上报处理方案，待批准后进行裂缝处理。2天后，监理人发现裂缝处已用水泥砂浆抹上。监理人向承包人发出监理指令，指出此处理方法无法满足质量要求，必须进行补强处理，但是，承包人拒不执行指示。经与发包人协商，聘请双方合同中约定的质量检测机构进行鉴定，结论是楼板施工质量缺陷需要补强处理。对于此缺陷带来的鉴定和补强处理费用，发包人向承包人提出索赔，从支付给承包人的进度款中扣回。

# 第三节　索赔的处理与解决

## 一、索赔证据及基本要求

### 1. 索赔证据

索赔证据是当事人用来支持其索赔成立或和索赔有关的证明文件和资料。索赔证据作为索赔文件的组成部分，在很大程度上关系到索赔的成功与否。证据不全、不足或没有证据，索赔是很难获得成功的。

在工程项目的实施过程中，会产生大量的工程信息和资料，这些信息和资料是开展索赔的重要依据。如果项目资料不完整，索赔就难以顺利进行。因此，在施工过程中应始终做好资料积累工作，建立完善的资料记录和科学管理制度，认真系统地积累和管理合同文件、质量、进度及财务收支等方面的资料。对于可能会发生索赔的工程项目，从开始施工时就要有目的地收集证据资料，系统地拍摄现场，妥善保管开支收据，有意识地为索赔积累必要的证据材料。常见的索赔证据主要有：

1）各种合同文件，包括工程合同及附件、中标通知书、投标书、标准和技术规范、设计施工图、工程量清单、工程报价单或预算书、有关技术资料和要求等。

具体的如发包人提供的水文地质、地下管网资料，施工所需的证件、批件、临时用地占地证明手续、坐标控制点资料等。

2）经监理人批准的承包人施工进度计划、施工方案、施工组织设计和具体的现场实施情况记录。各种施工报表有：①工程施工记录表，这种记录能提供关于气候、施工人数、设备使用情况和部分工程局部竣工等情况；②施工进度表；③施工人员计划表和人工日报表；④施工用材料和设备报表。

3）施工日志及工长工作日志、备忘录等。施工中发生的影响工期或工程资金的所有重大事情均应写入备忘录存档，备忘录应按年、月、日顺序编号，以便查阅。

4）工程有关施工部位的照片及录像等。保存完整的工程照片和录像能有效地显示工程进度，因而除了合同中规定需要定期拍摄的工程照片和录像外，承包人自己应经常注意拍摄工程照片和录像，注明日期，作为自己查阅的资料。

5）工程各项往来信件、电话记录、指令、信函、通知、答复等。有关工程的来往信件内容常常包括某一时期工程进展情况的总结以及与工程有关的当事人，尤其是这些信件的签发日期对计算工程延误时间具有很大的参考价值。因而来往信件应妥善保存，直到合同全部履行完毕，所有索赔均获解决时为止。

6）工程各项会议纪要、协议及其他各种签约、定期与发包人代表或监理人代表的谈话资料等。

7）发包人或监理人发布的各种书面指令书和确认书，以及承包人要求、请求、通知书。

8）气象报告和资料。如有关天气的温度、风力、雨雪的资料等。

9）投标前发包人提供的参考资料和现场资料。

10）施工现场记录。工程各项有关设计交底记录、变更图、变更施工指令等，施工图及其变更记录、交底记录的送达份数及日期记录，工程材料和机械设备的采购、订货、运输、进场、验收、使用等方面的凭据及材料供应清单、合格证书，工程送电、送水，道路开通、封闭的日期及数量记录，工程停电、停水和干扰事件影响的日期及恢复施工的日期等。

11）工程各项经发包人或监理人签认的签证。如承包人要求预付通知、工程量核实确认单。

12）工程结算资料和有关财务报告。如工程预付款、进度款拨付的数额及日期记录、工程结算书、保修单等。

13）各种检查验收报告和技术鉴定报告。监理人签字的工程检查和验收报告反映出某一单项工程在某一特定阶段竣工的程度，并记录了该单项工程竣工的时间和验收的日期，应该妥为保管。如质量验收单、隐蔽工程验收单、验收记录、竣工验收资料、竣工图等。

14）各类财务凭证。承包人应注意保管和分析工程项目的会计核算资料，以便及时发现索赔机会，准确地计算索赔的款额，争取合理的资金回收。

15）其他。包括分包合同，官方的物价指数以及国家、省、市有关影响工程造价、工期的文件、规定等。

**2. 索赔证据的基本要求**

（1）真实性 索赔证据必须是在实施合同过程中确实存在和实际发生的，是施工过程中产生的真实资料，能经得住推敲。

（2）及时性 索赔证据的取得及提出应当及时，这种及时性反映了承包人的态度和管理水平。

（3）全面性 所提供的证据应能说明事件的全部内容。索赔报告中涉及的索赔理由、事件过程、影响、索赔值等都应有相应证据，不能零乱和支离破碎。

（4）关联性 索赔的证据应当与索赔事件有必然联系，并能够互相说明、符合逻辑，不能互相矛盾。

（5）有效性 索赔证据必须具有法律效力。一般要求证据必须是书面文件，有关记录、协议、纪要必须是双方签署的，工程中重大事件、特殊情况的记录、统计必须由监理人签证认可。

## 二、施工索赔的程序

承包人向发包人索赔，应遵循以下程序：

### （一）发出索赔意向通知

索赔意向通知是一种维护自身索赔权利的文件。在工程实施过程中，承包人发现索赔或意识到存在潜在的索赔机会后，要做的第一件事，就是要在合同规定的时间内将自己的索赔意向用书面形式及时通知发包人或监理人，亦即向发包人或监理人就某一个或若干个索赔事件表示索赔愿望、要求或声明保留索赔的权利。索赔意向的提出是索赔工作程序中的第一步，其关键是要抓住索赔机会，及时提出索赔意向。

承包人应在知道或应当知道索赔事件发生后的 28 天内，将其索赔意向以正式函件通知监理人。如果承包人没有在合同规定的期限内提出索赔意向或通知，承包人则会丧失在索赔中的主动和有利地位，丧失要求追加付款和（或）延长工期的权利，监理人也有权拒绝承包人的索赔要求，这是索赔成立的有效的、必备的条件之一。因此，在实际工作中，承包人应避免合理的索赔要求由于未能遵守索赔时限的规定而导致无效。在实际的工程承包合同中，对索赔意向提出的时间限制不尽相同，只要双方经过协商达成一致并写入合同条款即可。

索赔期限规定：承包人按约定接收竣工付款证书后，应被视为已无权再提出在工程接收证书颁发前所发生的任何索赔；承包人提交的最终结清申请单中，只限于提出工程接收证书颁发后发生的索赔。提出索赔的期限自接收最终结清证书时终止。

### （二）索赔资料的准备

从提出索赔意向到提交索赔文件，是属于承包人索赔的内部处理阶段和索赔资料准备阶段。此阶段的主要工作有以下几项。

**1. 事态调查**

事态调查即寻找索赔机会。通过对合同实施的跟踪、分析、诊断，如发现索赔机会，则应进行详细的调查和跟踪，以了解事件经过、前因后果、掌握事件详细情况。

**2. 损害事件原因分析**

损害事件原因分析即分析这些损害事件是由谁引起的，责任应由谁来承担。一般只有非承包商责任的损害事件才有可能提出索赔。在实际工作中，损害事件的责任往往是多方面的，故必须进行责任分解，划分责任范围，按责任大小，承担损失，否则极易引起合同双方的争执。

**3. 索赔根据**

索赔根据即索赔理由，主要指合同文件。必须按合同判断这些索赔事件是否违反合同，是否在合同规定的索赔范围之内。只有符合合同规定的索赔要求才有合法性，才能成立。例如，某合同规定，在工程总价15%的范围内的工程变更属于承包人承担的风险，则发包人指令增加的工程量在此范围内时，承包人不能提出索赔。

**4. 损失调查**

损失调查即为索赔事件的影响分析。它主要表现为工期的延长和费用的增加。如果索赔事件不造成损失，则无索赔可言。损失调查的重点是收集、分析、对比实际和计划的施工进度、工程成本和费用方面的资料，在此基础上计算索赔值。

**5. 收集证据**

索赔事件发生后，承包人就应抓紧收集证据，并在索赔事件持续期间一直保持有完整的同期记录。同样，这也是索赔要求有效的前提条件。如果在索赔报告中提不出证明其索赔理由、索赔事件的影响、索赔值的计算等方面的详细资料，索赔要求是不能成立的。在实际工作中，许多索赔要求都因没有或缺少书面证据而得不到合理的解决。因此，承包人必须对这个问题有足够的重视。通常，承包人应按监理人的要求做好并保持同期记录，同时接受监理人的审查。

**6. 起草索赔报告**

索赔报告是上述各项工作的结果和总括。它表达了承包人的索赔要求和支持这个要求的详细依据。它决定了承包人索赔的地位，是索赔要求能否获得有利和合理解决的关键。

**7. 索赔报告的递交**

（1）索赔报告的递交时间　在承包人递交索赔意向通知28天内，承包人应向监理人递交一份充分详细的索赔报告，包括索赔的依据、要求延长的时间和（或）追加付款的全部详细资料，说明索赔款额和索赔的依据。如果索赔事件的影响持续存在，28天内还不能算出索赔额和工期延展天数时，承包人应按监理人合理要求的时间间隔（一般为一个月），定期陆续报出每一个时间段内的索赔证据资料和索赔要求。在该项索赔事件的影响结束后的28天内，报出最终详细报告，提出索赔依据资料和累计索赔额。

（2）索赔报告的编写　承包人的索赔可分为工期索赔和费用索赔。一般地，对大型、复杂工程的索赔报告应分别编写和报送，对小型工程可合二为一。一个完整的索赔报告应包括如下内容：

1）题目。索赔报告的标题要简要、准确地概括索赔的中心内容，如"关于……事件的索赔"。

2）事件。详细描述事件过程，主要包括事件发生的工程部位、发生的时间、原因和经过、影响的范围以及承包人当时采取的防止事件扩大的措施、事件持续时间、承包人已经向发包人或监理人报告的次数及日期、最终结束影响的时间、事件处置过程中的有关主要人员办理的有关事项等，也包括双方信件交往、会谈，并指出对方如何违约、证据的编号等。

3）理由。指索赔的依据，主要是法律依据和合同条款的规定。合理引用法律和合同的有关规定，建立事实与损失之间的因果关系，说明索赔的合理、合法性。

4）结论。指出事件造成的损失或损害及其大小，主要包括要求补偿的金额及工期，这部分只需列举各项明细数字及汇总数据即可。

5）详细计算书（包括损失估价和延期计算两部分）。为了证实索赔金额和工期的真实性，必须指明计算依据及计算资料的合理性，包括损失费用、工期延长的计算基础、计算方法、计算公式及详细的计算过程及计算结果。

6）附件。包括索赔报告中所列举的事实、理由、影响等各种编过号的证明文件和证据、图表。例如，往来函件、施工日志、会议记录、施工现场记录、监理人的指示等。

**（三）监理人审核索赔报告**

监理人是受发包人的委托和聘请，对工程项目的实施进行组织、监督和控制工作。在发包人与承包人之间的索赔事件发生、处理和解决过程中，监理人是个核心人物。监理人在接到承包人的索赔文件后，必须以完全独立的身份，站在客观公正的立场上审查索赔要求的正当性，必须对合同条款、协议条款等有详细的了解，以合同为依据来公平处理合同双方的利益纠纷。监理人应该建立自己的索赔档案，密切关注事件的影响和发展，有权检查承包人的有关同期记录材料，随时就记录内容提出他的不同意见或他认为应予以增加的记录项目。

监理人根据发包人的委托或授权，对承包人索赔的审核工作主要分为判定索赔事件是否成立和核查承包人的索赔计算是否正确、合理两个方面，并可在发包人授权的范围内作出自己独立的判断。

承包人索赔要求的成立必须同时具备如下四个条件：

1）与合同相比较，事件已经造成了承包人实际的额外费用增加或工期损失。

2）费用增加或工期损失的原因不是由于承包人自身的责任所造成。

3）这种经济损失或权利损害不是由承包人应承担的风险所造成。

4）承包人在合同规定的期限内提交了书面的索赔意向通知和索赔文件。

上述四个条件没有先后主次之分，并且必须同时具备，承包人的索赔才能成立。其后，监理人对索赔文件的审查重点主要有两步：

第一步，重点审查承包人的申请是否有理有据，即承包人的索赔要求是否有合同依据，所受损失确属不应由承包人负责的原因造成的，提供的证据是否足以证明索赔要求成立，是否需要提交其他补充材料等。

第二步，监理人应以公正的立场、科学的态度，重点审查并核算索赔值的计算是否正确、合理，分清责任，对不合理的索赔要求或不明确的地方提出反驳和质疑，或要求承包人作出进一步的解释和补充，并拟定监理人计算的合理索赔款项和工期延展天数。

**（四）监理人与承包人协商补偿额和索赔处理意见**

监理人核查后初步确定应予以补偿的额度，往往与承包人索赔报告中要求的额度不一致，甚至差额较大，主要原因大多为对承担事件损害责任的界限划分不一致、索赔证据不充分、索赔计算的依据和方法分歧较大等，因此双方应就索赔的处理进行协商。通过协商达不成共识的，监理人有权单方面作出处理决定，承包人仅有权得到监理人认可索赔成立部分的付款和工期延展。不论监理人通过协商与承包人达成一致，还是他单方面作出的处理决定，批准给予补偿的款额和延展工期的天数如果在授权范围之内，则可将此结果通知承包人，并抄送发包人。补偿款将计入下月支付工程进度款的支付证书内，发包人应在合同规定的期限内支付，延展的工期应加入原合同工期中。如果批准的额度超过监理人的权限，则应报请发包人批准。

对于持续影响时间超过 28 天以上的工期延误事件，当工期索赔条件成立时，对承包人每隔 28 天报送的阶段索赔临时报告审查后，每次均应作出批准临时延长工期的决定，并于事件影响结束后 28 天内承包人提出最终的索赔报告后，批准延展工期总天数。应当注意的是，最终批准的总延展天数，不应少于以前各阶段已同意延展天数之和。规定承包人在事件影响期间每隔 28 天提出一次阶段报告，可以使监理人能及时根据同期记录批准该阶段应予延展工期的天数，避免事件影响时间太长而不能准确确定索赔值。

监理人应在收到索赔报告后 14 天内完成审查并报送发包人。监理人对索赔报告存在异议的，有权要求承包人提交全部原始记录副本；发包人应在监理人收到索赔报告或有关索赔的进一步证明材料后的 28 天内，由监理人向承包人出具经发包人签认的索赔处理结果。发包人逾期答复的，则视为认可承包人的索赔要求。

**（五）发包人审查索赔处理**

当索赔数额超过监理人权限范围时，由发包人直接审查索赔报告，并与承包人谈判解决，监理人应参加发包人与承包人之间的谈判，监理人也可以作为索赔争议的调解人。发包人首先根据事件发生的原因、责任范围、合同条款审核承包人的索赔文件和监理人的处理报告，再依据工程建设的目的、投资控制、竣工投产日期要求以及针对承包人在施工中的缺陷或违反合同规定等的有关情况，决定是否批准监理人的处理决定。例如，承包人某项索赔理由成立，监理人根据相应条款的规定，既同意给予一定的费用补偿，也批准延展相应的工期，但发包人权衡了施工的实际情况和外部条件的要求后，可能不同意延展工期，而宁愿给承包人增加费用补偿额，要求其采取赶工措施，按期或提前完工，这样的决定只有发包人才有权作出。索赔报告经发包人批准后，监理人即可签发有关证书。对于数额比较大的索赔，一般需要发包人、承包人和监理人三方反复协商才能作出最终处理决定。

**（六）承包人索赔结果的处理**

如果承包人同意接受最终的处理决定，索赔事件的处理即告结束。如果承包人不同意，则可根据合同约定，将索赔争议提交仲裁或诉讼，使索赔问题得到最终解决。在仲裁或诉讼过程中，监理人作为工程全过程的参与者和管理者，可以作为见证人提供证据。

应该强调，合同各方应该争取尽量在最早的时间、最低的层次，尽可能以友好协商的方式解决索赔问题，不要轻易提交仲裁或诉讼。因为对工程争议的仲裁或诉讼往往是非常复杂的，可能对工程建设带来不利甚至是严重的影响。

## 第四节 费用索赔和工期索赔的计算方法

### 一、费用索赔的计算

#### （一）可索赔费用的组成

（1）人工费 该费用包括人员闲置费、加班工资、额外工作所需人工费用、劳动效率降低和人工费的价格上涨等费用。但不能简单地用计日工费计算。

（2）材料费 该费用包括额外材料使用费、增加的材料运杂费、增加的材料采购及保管费用和材料价格上涨费用等。

（3）施工机械使用费 该费用包括机械闲置费、额外增加的机械使用费和机械作业效率降低费等。

（4）现场管理费 该费用包括承包方现场管理人员食宿设施、交通设施费等。

（5）企业管理费 该费用包括办公费、通信费、差旅费和职工福利费等。

（6）利润 该费用包括合同变更利润、工程延期利润机会损失、合同解除利润和其他利润补偿等。

（7）其他应予以补偿的费用 该费用包括利息、分包费、保险费及各种担保费等。

有关索赔费用的组成及其可索赔内容参见表8-1。

表8-1 索赔费用的组成及其可索赔内容

| 施工索赔计价的组成部分 | 索赔的内容 | | | |
|---|---|---|---|---|
| | 工程拖期索赔 | 施工范围变更索赔 | 加速施工索赔 | 施工条件变化索赔 |
| 工程量增加 | ○ | √ | ○ | √ |
| 因工效降低而增加直接工时 | √ | * | √ | * |
| 增加的人工费 | √ | * | √ | * |
| 新增的材料数量 | ○ | √ | * | * |
| 新增的材料单价 | √ | √ | * | * |
| 新增的分包工程量 | ○ | √ | ○ | * |
| 新增的分包工程费用 | √ | * | * | √ |
| 租赁设备费 | * | √ | √ | √ |
| 自有设备使用费 | √ | √ | * | √ |
| 承包人新增设备费 | * | ○ | * | * |
| 现场管理费（可变部分） | * | √ | * | √ |
| 现场管理费（固定部分） | √ | ○ | ○ | * |
| 企业管理费（可变部分） | * | * | * | * |
| 企业管理费（固定部分） | √ | * | ○ | * |
| 投资费用利息 | √ | √ | * | * |
| 利润 | * | √ | * | √ |
| 可能的利润损失 | * | * | * | * |

上表中采用的三种符号表示是否将该项列入索赔费用中："√"表示应列入，"*"表

示有时可列入；"〇"表示不应列入。

**（二）费用索赔值的计算**

**1. 单项索赔值的计算**

（1）人工费的计算　人工费中的各项费率取值分别为：

$$人员闲置费费率 = 工程量表中适当折减后的人工单价$$

$$加班费率 = 人工单价 × 法定加班系数$$

$$额外工作所需人工费率 = 合同中的人工单价或计日工单价$$

$$劳动效率降低索赔额 = （该项工作实际支出工时 - 该项工作计划工时）× 人工单价$$

（2）材料费计算　材料费用的索赔包括两方面：实际材料用量超过计划用量部分的费用（即额外材料的费用）索赔和材料价格上涨费用的索赔。在材料费索赔计算中，要考虑材料运输费、仓储费以及合理损耗费用。其中：

$$额外材料使用费 = （实际用量 - 计划用量）× 材料单价$$

增加的材料运杂费、材料采购及保管费用按实际发生的费用与报价费用的差值计算。

$$某种材料价格上涨费用 = （现行价格 - 基本价格）× 材料用量$$

基本价格是指在递交投标书截止日期以前第28天该种材料的价格；现行价格是指在递交投标书截止日期前第28天后的任何日期通行的该种材料的价格；材料用量是指在现行价格有效期内所采购的该种材料的数量。

（3）施工机械使用费的计算　施工机械使用费包括以下几方面：

$$机械闲置费 = 计日工表中机械单价 × 闲置持续时间$$

$$增加的机械使用费 = 计日工表或租赁机械单价 × 持续时间$$

$$机械作业效率降低费 = 机械作业发生的实际费用 - 投标报价的计划费用$$

（4）现场管理费的计算　现场管理费的索赔费用是指承包人完成额外工程，可进行索赔的工作和工期延长期间的现场管理费用，包括现场管理人员、办公、通信、交通等多项费用。

1）根据计算出的索赔直接费款额计算现场管理费索赔值，即

$$增加的现场管理费 = （现场管理费总额 ÷ 工程直接费总额）× 直接费索赔总额$$

2）根据工期延长值计算现场管理费索赔值，即

$$每周现场管理费 = 投标时计算出的现场管理费总额 ÷ 要求工期（周）$$

$$现场管理费索赔值 = 每周现场管理费 × 工期延长周数$$

其中，要求工期是指合同中监理人最后批准的项目工期。

（5）企业管理费的计算　企业管理费的索赔计算类同于现场管理费的索赔计算。具体如下：

1）根据工期延长值计算企业管理费索赔值，即

$$每周企业管理费 = 投标时计算出的企业管理费总额 ÷ 要求工期（周）$$

$$企业管理费索赔值 = 每周企业管理费 × 工期延长周数$$

其中，要求工期是指合同中监理人最后批准的项目工期。

2）根据计算出的索赔直接费款额计算企业管理费索赔值。该方法是按照投标报价书中的企业管理费占合同直接费的比例（如3%～9%）计算企业管理费索赔值，即

$$企业管理费索赔值 = 索赔直接费款额 × 合同中企业管理费比例$$

（6）利润　利润索赔通常是指由于工程变更、工程延期、中途终止合同等使承包人产生利润损失。

利润索赔值的计算方法如下：

利润索赔值＝利润百分比×（索赔直接费＋索赔现场管理费＋索赔企业管理费）

（7）利息　利息索赔主要分为两种情况：一是指由于工程变更和工程延期，使承包人不能按原来计划收到合同款，造成资金占用，产生利息；二是延迟支付工程款利息。在计算利息索赔值时，可根据合同条款中规定的利率，或根据当时银行的贷款利率进行计算。

**2. 总费用索赔计算**

总费用索赔方法是用承包人在施工过程中发生的总费用减去承包人的投标价格来计算项目的费用索赔值，该方法要求承包人必须出示足够的证据，证明其全部费用是合理的，否则，发包人将不接受承包人提出的索赔款额。而承包人要想证明全部费用是合理支出，并非一件易事。因此，该方法不宜过多采用，只有在无法按分项方法计算索赔费用时才可使用。

总费用索赔方法在实际应用中，又衍生出一些改进的方法，其总的思路是承包人易于证明其索赔款额（提交索赔证明资料），同时，便于发包人和监理人进行核实，确定索赔费用。这些具体方法是：

1）按多个索赔事件发生的时段，分别计算每时段的索赔费用，再汇总出总费用。

2）按单一索赔事件计算索赔的总费用。

上述两种方法，由于时段的限制或单一事件的限制，其索赔总费用额较小，在处理索赔时，发包人也较易接受，同时承包人也能尽快得到索赔款。

**（三）不允许索赔的费用**

在工程施工索赔过程中，有些费用是不允许索赔的。常见的不允许索赔费用如下：

（1）由于承包人的原因而增大的经济损失　如果发生了发包人或其他原因造成的索赔事件发生，而承包人未采取适当的措施防止或减少经济损失，并由于承包人的原因使经济损失增大，则不允许进行这些经济损失的补偿索赔。这些措施可以包括保护未完工程，合理及时地重新采购器材，重新分配施工力量，如人员、材料和机械设备等。若承包人采取了措施花费了额外的人力、物力，则可向发包人要求对其"所采取的减少损失措施"的费用予以补偿。因为这对发包人也是有利的。

（2）因合同或工程变更等事件引起的费用　因合同或工程变更等事件引起的工程施工计划调整，取消材料等物品订单以及修改分包合同等，这些费用的发生一般不允许单独索赔，可以放在现场管理费中予以补偿。

（3）承包人的索赔准备费用　承包人的每一项索赔要获得成功，必须从索赔机会的预测与把握，保持原始记录，及时提交索赔意向通知和索赔账单进行索赔具体分析和论证，到承包人与监理人和发包人之间的索赔谈判已达成协议，承包人需要花费大量的人力和精力去进行认真细致的准备工作。有些复杂的索赔情况承包人还需要聘请索赔专家来进行索赔的咨询工作等。所有这些索赔的准备和聘请专家都要开支款额，但这种款额的花费是不允许从索赔费用里得到补偿的。

（4）索赔金额在索赔处理期间的利息　对于某些工程项目的索赔事件所发生的索赔费用是很大的金额。而索赔处理的周期总是一个比较长的过程，这就存在承包人应索赔款额的利息问题。一般情况下，不允许对索赔款额再另加入利息，除非有确凿证据证明发包人或监理人故意拖延了对索赔事件的处理。

有关索赔费用的具体计算和归类是灵活多变的，有些不允许索赔的费用，在其他方面亦可得到补偿；有些允许索赔的费用，若承包人对索赔注意不够或处理不当，也可能无法得到相应的费用补偿。另外，在处理索赔事件的过程中，往往由于承包人和监理人对索赔的看法、经验和计算方法等不同，双方所计算的索赔金额差距会较大，承包人应注意这一点。

## 案例6　人工费索赔

某框架结构工程有钢筋混凝土柱 $68m^3$，测算模板 $547m^2$，支模工作内容包括现场运输、安装、拆除、清理、刷油等。由于发生许多干扰事件，造成人工费的增加。现承包人对人工费索赔如下：

预算支模用工　$3.5h/m^2$，工资单价为 35 元/天。

模板报价中人工费　$\dfrac{3.5h/m^2 \times 547m^2}{8h/天} \times 35$ 元/天 $= 8376$ 元

在实际工程施工中按照监理人测量、用工记录、承包人的工资报表记录：由于监理人指令工程变更，实际钢筋混凝土柱工程量为 $76m^3$，模板工程量为 $610m^2$，模板小组 18 人共工作了 16 天（8h/天）。

实际模板工资应支出　35 元/天 $\times 16$ 天 $\times 18 = 10080$ 元

实际工作人工费增加　$10080$ 元 $- 8376$ 元 $= 1704$ 元

承包人工人等待变更停工6h，增加人工费：$18 \times 35$ 元/天 $\times \dfrac{6h}{8h/天} = 472.5$ 元

人工费共增加　$1704$ 元 $+ 472.5$ 元 $= 2176.5$ 元

监理人对承包人的索赔进行分析、核实如下：

由于设计变更和等待变更指令属于发包人的责任和风险，所以设计变更所引起的人工费变化　$\dfrac{3.5h/m^2 \times (610 - 547)m^2}{8h/天} \times 35$ 元/天 $= 964.7$ 元

停工等待变更指令引起的人工费增加　$18 \times 35$ 元/天 $\times \dfrac{6h}{8h/天} = 472.5$ 元

人工费增加总额　$964.7$ 元 $+ 472.5$ 元 $= 1437.2$ 元

承包人有理由提出费用索赔的数量为1437.2元，另外，

由于劳动效率降低承包人多用人工　$18 \times 16$ 天 $- \dfrac{610m^2 \times 3.5h/m^2}{8h/天} = 21.13$ 天

相应多用人工费　35 元/天 $\times 21.13$ 天 $= 739.6$ 元

## 案例7　综合案例

某输变电线路工程，合同工期 20 个月，合同价 8600 万元。在施工过程中，先后发生如下事件：

（1）挡土墙增加　按照工程联系单和设计变更汇总后，护坡挡土墙的工程量增加 $2500m^3$。

（2）电力线改造　按设计运行要求，高压线所跨越的部分电力线路电气距离不能满足安全要求，新增电力线改线。

（3）新增跨越线路　由于农网改造的实施及当地电业部门新建一些供电及通信线路，使所施工标段新增加需跨越的线路共85条。

（4）光缆供货延迟　由于发包人供应光缆不及时，导致承包人不得不在放完导地线以后重新组织人员展放光缆，从而发生二次调遣、二次跨越等费用。

（5）停电损失　由于施工路段需跨越多条小水电主干输电线路，尽管采用了带电跨越方式，但在搭拆跨越载体时仍需停电作业，因所停电的线路是地方水电企业的经济命脉线，地方向承包人索要巨额停电损失。

（6）临时占地及青苗赔偿　由于光缆工程的二次进场及当地政府要求的赔偿次数增加，使青苗赔偿金额超过了投标时的数量。

（7）房屋拆迁　由于投标时间为2000年，房屋拆迁单价参照的是当时的实际水平。但2001年当地下发了新的有关拆迁补偿的通知，其赔偿标准已大大超过投标时的水平，赔偿内容也发生了较大变化，并且线路实际拆迁面积及户数也超过投标时的数量，导致拆迁费增加。

这些索赔事项在施工过程中接连出现，对工期和成本造成很大影响，实际工期增加15个月。承包人经和监理人协商采用总索赔方式，提出索赔要求。监理人经过仔细审查，确定最后索赔款额，详见表8-2。

表8-2　承包人索赔费汇总表

| 序　号 | 项　目 | 索赔费用/万元 | 监理人确认费用/万元 |
|---|---|---|---|
| 1 | 挡土墙增加 | 275.12 | 209.82 |
| 2 | 电力线改造 | 69.9 | 53.5 |
| 3 | 新增跨越线路 | 25.6 | 25.6 |
| 4 | 光缆供货延迟 | 104.05 | 73.9 |
| 5 | 停电损失 | 121.8 | 80 |
| 6 | 临时占地及青苗赔偿 | 52.53 | 32 |
| 7 | 房屋拆迁 | 498.89 | 428.89 |
| 8 | 工期索赔 | 18个月 | 15个月 |

承包人接受了监理人的意见。

## 二、工期索赔的计算

### 1. 工期索赔的原因

在施工过程中，由于各种因素的影响，使承包人不能在合同规定的工期内完成工程，造成工程拖期。造成拖期的一般原因有以下几方面。

（1）非承包人原因　由于下列非承包人原因造成的工程拖期，承包人有权获得工期延长。

1）合同文件含义模糊或歧义。

2）监理人未在合同规定的时间内颁发施工图和指示。

3）承包人遇到一个有经验的承包人无法合理预见到的障碍或条件。

4）处理现场发掘出的具有地质或考古价值的遗迹或物品。

5）监理人指示进行合同中未规定的检验。

6）监理人指示暂时停工。

7）发包人未能按合同规定的时间提供施工所需的现场和道路。

8）发包人违约。

9）工程变更。

10）异常恶劣的气候条件。

11）不可抗力事件。

上述原因可归结为三大类，即发包人的原因、监理人的原因和不可抗力原因。

（2）承包人原因　承包人在施工过程中可能由于下列原因造成工程延误。

1）对施工条件估计不充分，制订的进度计划过于乐观。

2）施工组织不当。

3）其他承包人自身的原因。

**2. 工程拖期的分类及处理措施**

工程拖期可分为如下三种情况。

（1）由于承包人原因造成的工程拖期　由于承包人原因造成的工程拖期，称为工程延误，承包人必须向发包人支付误期损害赔偿费。工程延误，也称为不可原谅的工程拖期。在这种情况下，承包人无权获得工期延长。

（2）由于非承包人原因造成的工程拖期　由于非承包人原因造成的工程拖期，称为工程延期，承包人有权要求发包人给予工期延长。工程延期也称为可原谅的工程拖期。它是由于发包人、监理人或其他客观因素造成的，承包人有权获得工期延长，但是否能获得经济补偿要视具体情况而定。因此，可原谅的工程拖期下又分为可原谅并给予补偿的拖期和可原谅但不给予补偿的拖期，前者的责任者是发包人或监理人，而后者往往是由于客观因素造成的。

上述两种情况下的工期索赔可按表8-3所示的原则处理。

（3）共同延误下工期索赔的有效期处理　承包人、监理人或发包人，或某些客观因素均可造成工程拖期，但在实际施工过程中，工程拖期经常是由上述两种以上的原因共同作用产生的，称为共同延误。

在共同延误情况下，要具体分析哪一种延误是有效的，即承包人可以得到工期延长，或既可延长工期，又可得到经济补偿。在确定拖期索赔的有效期时，可依据以下原则：

1）首先判别造成拖期的哪一种原因是最先发生的，即确定"初始延误"者，它应对工程拖期负责。在初始延误发生作用期间，其他并发的延误者不承担拖期责任。

2）如果初始延误者是发包人，则在发包人造成的延误期内，承包人既可得到工期延长，也可得到经济补偿。

表 8-3 工期索赔处理原则

| 索赔原因 | 是否可原谅 | 拖期原因 | 责任者 | 处理原则 | 索赔结果 |
|---|---|---|---|---|---|
| 工程进度拖延 | 可原谅拖期 | (1) 修改设计<br>(2) 施工条件变化<br>(3) 发包人原因拖期<br>(4) 监理人原因拖期 | 发包人/<br>监理人 | 可给予工期延长<br>可补偿经济损失 | 工期/经济补偿 |
| | | (1) 异常恶劣气候<br>(2) 工人罢工<br>(3) 天灾 | 客观原因 | 可给予工期延长<br>不给予经济补偿 | 工期补偿 |
| | 不可原谅拖期 | (1) 工效不高<br>(2) 施工组织不好<br>(3) 设备材料供应不及时 | 承包人 | 不延长工期，不补偿经济损失 | 无权索赔 |

3）如果初始延误者是客观因素，则在客观因素发生影响的时间段内，承包人可以得到工期延长，但很难得到经济补偿。

## 案例8 案例分析

　　某建筑公司作为承包人于某年 5 月 20 日签订了建筑面积为 4600m² 工业厂房的施工合同。承包人编制的施工方案和进度计划已获监理人批准。该工程的基坑开挖土方量 5000m³，每天开挖土方量 500m³，假设开挖土方直接费单价为 5 元/m³，基础混凝土浇筑量为 3000m³，每天混凝土浇筑量为 200m³，假设基础混凝土浇筑直接费单价为 250 元/m³，综合费率为直接费的 20%。该基坑施工方案规定：土方工程租赁一台斗容量为 1m³ 的反铲挖掘机施工（租赁费 400 元/天（台班），土方开挖当天进场）。甲、乙双方合同约定 6 月 11 日开工，6 月 20 日完工。在实际施工中发生了以下几项事件：

　　（1）在施工过程中，因租赁的挖掘机出现故障，造成停工 2 天、人员窝工 10 个工日。

　　（2）因发包人延迟 8 天提交施工图，造成停工 8 天、人员窝工 200 个工日。

　　（3）在基坑土方开挖过程中，因遇软土层，接到监理人停工 5 天的指令，进行地质复查，配合用工 20 个工日。

　　（4）接到监理人的复工令，同时提出基坑开挖深度加深 2m 的设计变更通知单，由此增加土方开挖量 1000m³。

　　（5）接到监理人的指令，同时提出混凝土基础加深 2m 的设计变更通知单，由此增加基础混凝土浇筑量 800m³。

【问题】

　　1. 上述哪些事件建筑公司可以向厂方要求索赔？哪些事件不可以向厂方要求索赔？并说明原因。

　　2. 每项事件工期索赔各是多少天？工期索赔总计多少天？

　　3. 假设人工费单价为 20 元/工日，窝工损失为 10 元/工日，因增加用工所需的管理费为增加人工的 30%，则合理的费用索赔总额是多少？

【案例8】参考答案

● 问题1

事件（1）：不能提出索赔要求，因为租赁的挖掘机出现故障导致的延迟属于承包人应承担的责任。

事件（2）：可提出索赔要求，因为延迟提交施工图属于发包人应承担的责任。

事件（3）：可提出索赔要求，因为地质条件变化属于发包人应承担的责任。

事件（4）：可提出索赔要求，因为这是由设计变更引起的。

事件（5）：可提出索赔要求，因为这是由设计变更引起的。

● 问题2

事件（2）：可索赔工期8天。

事件（3）：可索赔工期5天。

事件（4）：可索赔工期2天。

事件（5）：可索赔工期4天。

可索赔工期总计为19天（8天 + 5天 + 2天 + 4天 = 19天）。

● 问题3

事件（2）：人工费　200工日 × 10元/工日 = 2000元

事件（3）：①人工费　20工日 × 20元/工日 × (1 + 30%) = 520元

②机械费　400元/天（台班）× 5天 = 2000元

事件（4）：增加费用为1000m³ × 5元/m³ × (1 + 20%) = 6000元

事件（5）：增加费用为800m³ × 250元/m³ × (1 + 20%) = 240000元

可索赔费用总额为2000元 + 520元 + 2000元 + 6000元 + 240000元 = 250520元

# 案例9

某发包人与承包人（某建筑公司）签订了某工程项目施工合同，同时与某降水公司订立了工程降水合同。双方合同规定：采用单价合同，每一分项工程的实际工程量增加（或减少）超过招标文件中工程量的10%以上时调整单价；主导施工机械一台（建筑公司自备），台班费为400元/台班，其中台班折旧费为50元/台班。施工网络计划如图8-1所示。

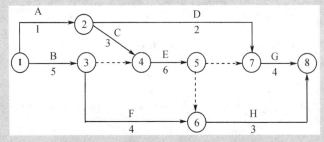

图8-1　施工网络计划图（单位：天）

双方合同约定8月15日开工。工程施工中发生如下事件：

（1）降水方案错误，致使工作D推迟2天，建筑公司人员配合用工5个工日，窝工6个工日。

（2）8月21日至22日，场外停电，停工2天，造成人员窝工16个工日。

（3）因设计变更，工作E工程量由招标文件中的300m³增至350m³，超过了10%；合同中该工作的综合单价为55元/m³，经协商调整后综合单价为50元/m³。

（4）为保证施工质量，建筑公司在施工中将工作B原设计尺寸扩大，增加工程量15m³，该工作综合单价为78元/m³。

（5）在工作D、E均完成后，某厂指令增加一项临时工作K，经核准，完成该工作需要1天时间，机械1台班，人工10工日。

【问题】

1. 上述哪些事件承包人（建筑公司）可以提出索赔要求？哪些事件不能提出索赔要求？说明其原因。

2. 每项事件工期索赔各是多少？

3. 工作E结算价应是多少？

4. 假设人工工日单价为25元/工日，合同规定窝工人工费补偿标准为12元/工日，因增加用工所需管理费为增加人工费的20%。试计算除事件（3）外合理的费用索赔总额。

【案例9】参考答案

问题1：

事件（1）可提出索赔要求，因为降水工程由发包人另行发包，是发包人的责任。

事件（2）可提出索赔要求，因为因停水、停电造成的人员窝工是发包人的责任。

事件（3）可提出索赔要求，因为设计变更是发包人的责任，且工作E的工程量增加了50m³，超过了招标文件中工程量的10%。

事件（4）不可提出索赔要求，因为保证工程施工质量的技术措施费用应由承包人承担。

事件（5）可提出索赔要求，因为发包人指令增加工作，是发包人的责任。

问题2：

事件（1）：工作D总时差为8天，推迟2天，尚有总时差6天，不影响工期，因此可索赔工期0天。

事件（2）：8月21~22日停工，工期延长，可索赔工期2天。

事件（3）：因工作E为关键工作，可索赔工期：$(350-300)\div(300\div6\,天)=1\,天$。

事件（5）：因工作G是关键工作，在此之前增加K，则K也为关键工作，可索赔工期1天。

问题3：

按原单价结算的工程量　$300m³\times(1+10\%)=330m³$

按新单价结算的工程量　$350m³-330m³=20m³$

总结算价　$330m³\times55\,元/m³+20m³\times50\,元/m³=19150\,元$

**问题4:**

　　事件（1）：人工费　6工日×12元/工日+5工日×25元/工日×（1+20%）=222元

　　事件（2）：人工费　16工日×12元/工日=192元

　　　　　　　机械费　2台班×50元/台班=100元

　　事件（5）：人工费　10工日×25元/工日×（1+20%）=300元

　　　　　　　机械费　1台班×400元/台班=400元

　　合计费用索赔总额为（222+192+100+300+400）元=1214元

## 案例10

　　某承包人与发包人按《建设工程施工合同（示范文本）》签订了固定总价施工承包合同，合同工期390天，合同总价5000万元。施工前承包人向监理人提交了施工组织设计和施工进度计划，如图8-2所示。

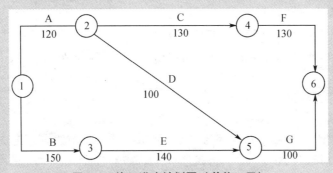

图8-2　施工进度计划图（单位：天）

　　该工程在施工过程中出现了如下事件：

　　（1）因地质勘探报告不详，出现图中未标明的地下障碍物，处理该障碍物导致工作A持续时间延长10天，增加人工费2万元、材料费4万元、机械费3万元。

　　（2）基坑开挖时因边坡支撑失稳坍塌，造成工作B持续时间延长15天，增加人工费1万元、材料费1万元、机械费2万元。

　　（3）因不可抗力而引起承包人的供电设施发生火灾，使工作C持续时间延长10天，停工损失1.5万元、场地清理费5万元。

　　（4）结构施工阶段因发包人提出工程变更，导致承包人增加人工费4万元、材料费6万元、机械费5万元，工作E持续时间延长30天。

　　（5）因施工期间钢材涨价而增加材料费7万元。

　　承包人租赁土方施工机械用于工作A、B，日租金为1500元/天。合同规定承包人的企业管理费不予索赔。承包人按程序提出了工期索赔和费用索赔。

【问题】

　　1. 按照图8-2的施工进度计划，确定工程的关键线路和计算工期，并说明按此计划该工程是否能按合同工期要求完工。

2. 对于施工过程中发生的事件, 承包人是否可以获得工期和费用补偿, 分别说明。

| 事件 | 如果索赔成立 | | 如果索赔不成立 |
|---|---|---|---|
| | 可批准的工期/天 | 可批准的费用/万元 | 理由 |
| 1 | | | |
| 2 | | | |
| 3 | | | |
| 4 | | | |

【案例10】参考答案

1. 关键路线: ①→③→⑤→⑥; 计算工期为390天; 按此计划该工程可以按合同工期要求完工。

2. 工期和费用补偿如下:

| 事件 | 如果索赔成立 | | 如果索赔不成立 |
|---|---|---|---|
| | 可批准的工期/天 | 可批准的费用/万元 | 理由 |
| 1 | 0 | 10.5 | |
| 2 | | | 基坑边坡支撑失稳坍塌属于施工单位施工方案有误, 应由承包人承担该风险 |
| 3 | 0 | 5 | |
| 4 | 30 | 15 | |
| 5 | | | 因该工程是固定总价合同, 物价上涨风险应由施工单位承担 |

# 第五节 索 赔 管 理

## 一、索赔管理的特点和原则

### (一)索赔管理的特点

开展索赔工作, 必须全面认识索赔, 完整理解索赔, 端正索赔动机, 这样才能正确对待索赔, 规范索赔行为, 合理地处理索赔事件。因此, 发包人、监理人和承包人应对索赔工作的特点有全面的认识和理解。索赔管理的特点有以下几点。

### 1. 索赔工作贯穿于工程项目始终

合同当事人要做好索赔工作, 必须从签订合同起, 直至履行合同的全过程中, 要注意采取预防保护措施, 建立健全索赔业务的各项管理制度。

在工程项目的招标、投标和合同签订阶段, 作为承包人应仔细研究国家的法律、法规及合同条件，特别是关于合同范围、义务、付款、工程变更、违约及罚款、特殊风险、索赔时限和争议解决等条款，必须在合同中明确规定当事人各方的权利和义务，以便为将来可能的索赔提供合法的依据和基础。

在合同执行阶段，合同当事人应密切注视对方的合同履行情况，不断地寻求索赔机会；同时，自身应严格履行合同义务，防止被对方索赔。

一些缺乏工程承包经验的承包人，由于对索赔工作的重要性认识不够，往往在工程开始时并不重视，等到发现不能获得应当得到的偿付时才匆忙研究合同中的索赔条款，汇集所需要的数据和论证材料，但已经陷入被动局面；有的经过旷日持久的争执、交涉乃至诉诸法律程序，仍难以索回应得的补偿或损失，影响了自身的经济效益。

**2. 索赔是一门融工程技术和法律于一体的综合学问和艺术**

索赔问题涉及的层面相当广泛，既要求索赔人员具备丰富的工程技术知识与实际施工经验，使得索赔问题的提出具有科学性和合理性，符合工程实际情况，又要求索赔人员通晓法律与合同知识，使得提出的索赔具有法律依据和事实证据，而且还要求在索赔文件的准备、编制和谈判等方面具有一定的艺术性，使索赔的最终解决表现出一定程度的伸缩性和灵活性。这就对索赔人员的素质提出了很高的要求，他们的个人品格和才能对索赔能否成功的影响很大。索赔人员应当是头脑冷静、思维敏捷、处事公正、性格刚毅且有耐心，并具有多种才能的综合人才。

**3. 影响索赔成功的相关因素多**

索赔能否获得成功，除了以上所述的条件外，还与企业的项目管理基础工作密切相关，主要有以下四个方面：

（1）合同管理　合同管理与索赔工作密不可分，有的学者认为索赔就是合同管理的一部分。从索赔角度看，合同管理可分为合同分析和合同日常管理两部分。合同分析的主要目的是为索赔提供法律依据。合同日常管理则是收集、整理施工中发生事件的一切记录，包括施工图、订货单、会谈纪要、来往信件、变更指令、气象图表、工程照片等，并加以科学归档和管理，形成一个能清晰描述和反映整个工程全过程的数据库，其目的是为索赔及时提供全面、正确、合法有效的各种证据。

（2）进度管理　工程进度管理不仅可以指导整个施工的进程和次序，而且可以通过计划工期与实际进度的比较、研究和分析，找出影响工期的各种因素，分清各方责任，及时地向对方提出延长工期及相关费用的索赔，并为工期索赔值的计算提供依据和各种基础数据。

（3）成本管理　成本管理的主要内容有编制成本计划、控制和审核成本支出、进行计划成本与实际成本的动态比较分析等，它可以为费用索赔提供各种费用的计算数据和其他信息。

（4）信息管理　索赔文件的提出、准备和编制需要工程施工中的各种信息，这些信息要在索赔时限内高质量地准备好，这要求当事人平时就重视信息管理工作，而且应采用计算机进行信息管理。

**（二）索赔应遵循的原则**

（1）客观性原则　合同当事人提出的任何索赔要求，首先必须是真实的。合同当事人必须认真、及时、全面地收集有关证据，实事求是地提出索赔要求。

（2）合法性原则　当事人的任何索赔要求，都应当限定在法律和合同许可的范围内。

没有法律上或合同上的依据不要盲目索赔，或者当事人所提出的索赔要求至少应不为法律所禁止。

（3）合理性原则　索赔要求应合情合理，一方面要采取科学合理的计算方法和计算基础，真实反映索赔事件所造成的实际损失，另一方面也要结合工程的实际情况，兼顾对方的利益，不要滥用索赔，多估冒算，漫天要价。

## 二、反索赔

索赔的双向性对合同双方都赋予合理地向对方索赔的权利，以维护经济利益受损害一方的正当经济利益。反索赔的概念是相对于索赔提出的。在工程实践中，一般把承包人向发包人提出的索赔叫做施工索赔或费用与工期索赔；而把发包人向承包人提出的索赔要求叫做反索赔。

反索赔与索赔一样，都必须依据合同条款和工程实际发生的情况，有理有据地进行。

### （一）反索赔的含义及作用

#### 1. 反索赔的含义

反索赔（Count Claim），顾名思义就是反驳、反击或防止对方提出的索赔，不让对方索赔成功或全部成功。对于反索赔的含义一般有两种理解：一是认为承包人向发包人提出补偿要求即为索赔，而发包人向承包人提出补偿要求则认为是反索赔；二是认为索赔是双向的，发包人和承包人都可以向对方提出索赔要求，任何一方对对方提出的索赔要求的反驳、反击则认为是反索赔。

#### 2. 反索赔的作用

反索赔与索赔具有同等重要的地位，其作用主要表现在：

1）减少或预防损失的发生。由于合同双方利益不一致，索赔与反索赔又是一对矛盾，如果不能进行有效的、合理的反索赔，就意味着对方索赔获得成功，则必须满足对方的索赔要求，支付赔偿费用或满足对方延长工期、免于承担误期违约责任等要求。因此，有效的反索赔可以预防损失的发生，即使不能全部反击对方的索赔要求，也可能减少对方的索赔值，保护自己正当的经济利益。

2）一次有效的反索赔不仅会鼓舞工程管理人员的信心和勇气，有利于整个工程的施工和管理，也会合理地影响到对方的索赔工作；相反地，如果不进行有效的反索赔，则是对对方索赔工作的默认，被索赔者会在心理上处于劣势，进而丧失工作中的主动权。

3）做好反索赔工作不仅可以全部或部分否定对方的索赔要求，使自己免于损失，而且可以从中重新发现索赔机会，找到向对方索赔的理由，有利于自己摆脱被动局面。

4）反索赔工作与索赔一样，也要进行合同分析、事态调查、责任分析、审查对方索赔报告等工作，既要有反击对方的合同依据，又要有事实证据，离开了企业的基础管理工作，反索赔是不能成功的。因此，有效的反索赔有赖于企业科学、严格的基础管理；反之，正确开展反索赔工作，也会促进和提高企业基础管理工作的水平。

### （二）反索赔内容

反索赔的工作内容可包括两个方面：一是防止对方提出索赔；二是反击或反驳对方的索赔要求。

**1. 防止对方提出索赔**

要成功地防止对方提出索赔，应采取积极防御的策略。

1）严格履行合同中规定的各项义务，防止自己违约，并通过加强合同管理，使对方找不到索赔的理由和根据，避免自己处于被索赔的地位。

2）如果在工程实施过程中发生了干扰事件，则应立即着手研究和分析合同依据，收集证据，为提出索赔或反击对方的索赔做好准备。

3）积极防御策略常常是采用先发制人的手段，即首先向对方提出索赔。

**2. 反击或反驳对方的索赔要求**

如果对方先提出了索赔要求或索赔报告，则应采取各种措施来反击或反驳对方的索赔要求。常用的措施有：

1）抓住对方的失误，直接向对方提出索赔，以对抗或平衡对方的索赔要求，达到最终解决索赔时互作让步或互不支付的目的。

2）反击或反驳对方的索赔报告。针对对方的索赔报告，进行仔细、认真的研究和分析，找出理由和证据，证明对方的索赔要求或索赔报告不符合实际情况和合同规定、没有合同依据或事实证据、索赔值计算不合理或不准确等，反击对方不合理的索赔要求或索赔要求中的不合理部分，推卸或减轻自己的赔偿责任，使自己不受或少受损失。

反击或反驳索赔报告要根据双方签订的合同及事实证据，找出对方索赔报告中的漏洞和薄弱环节，以全部或部分否定对方的索赔要求。一般来说，对于任何一份索赔报告，总会存在这样或那样的问题，因为索赔方总是从自己的利益和观点出发，所提出的索赔报告或多或少会存在诸如索赔理由不足、引用对自己有利的合同条款、推卸责任或转移风险、扩大事实根据甚至无中生有、索赔证据不足或没有证据及索赔值计算不合理、漫天要价等问题。如果对这样的索赔要求予以认可，则自己会受到经济损失，也有失公正、公平、合理原则。因此，对对方提出的索赔报告必须进行全面、系统的研究、分析、评价，找出问题，反驳其中不合理的部分，为索赔及反索赔的合理解决提供依据。

对对方索赔报告的反驳或反击，一般可从以下几个方面进行：

（1）索赔意向或报告的时限性　审查对方在干扰事件发生后，是否在合同规定的索赔时限内提出了索赔意向或报告，如果对方未能及时提出书面的索赔意向和报告，则将失去索赔的机会和权利，提出的索赔则不能成立。

（2）索赔事件的真实性　索赔事件必须是真实可靠的，符合工程实际状况，不真实、不肯定或仅是猜测甚至无中生有的事件是不能提出索赔的，索赔当然也就不能成立。

（3）干扰事件原因、责任分析　如果干扰事件确实存在，则要通过对事件的调查，分析事件产生的原因和责任归属。如果事件责任是由于索赔者自己疏忽大意、管理不善、决策失误或因其自身应承担的风险等造成，则应由索赔者自己承担损失，索赔不能成立；如果合同双方都有责任，则应按各自的责任大小分担损失。只有确属是自己一方的责任时，对方的索赔才能成立。在工程承包合同中，发包人和承包人都承担着风险，甚至承包人的风险更大些。凡属于承包人合同风险的内容，如一般性干旱或多雨、一定范围内的物价上涨等，发包人一般不接受这些索赔要求。根据国际惯例，凡是遇到偶然事故影响工程施工时，承包人有责任采取力所能及的一切措施，防止事态扩大，尽力挽回损失。如确有事实证明承包人在当时未采取任何措施，发包人可拒绝承包人要求的损失补偿。

（4）索赔理由分析　索赔理由分析就是分析对方的索赔要求是否与合同条款或有关法规一致，所受损失是否属于不应由对方负责的原因所造成的。反索赔与索赔一样，要能找到对自己有利的法律条文或合同条款，才能推卸自己的合同责任，或找到对对方不利的法律条文或合同条款，使对方不能推卸或不能全部推卸其自身的合同责任，这样可从根本上否定对方的索赔要求。

（5）索赔证据分析　索赔证据分析就是分析对方所提供的证据是否真实、有效、合法，是否能证明索赔要求成立。证据不足、不全、不当，没有法律证明效力或没有证据，索赔是不能成立的。

（6）索赔值审核　如果经过上述的各种分析、评价，仍不能从根本上否定对方的索赔要求，须对索赔报告中的索赔值进行认真细致的审核，审核的重点是索赔值的计算方法是否合情合理，各种取费是否合理、适度，有无重复计算，计算结果是否准确等。值得注意的是，索赔值的计算方法多种多样且无统一的标准，选用一种对自己有利的计算方法，可能会使自己更多获利。因此，审核者应设法寻找一种既合理又对自己有利的计算方法，而不沿袭对方计算索赔的思路去验证其计算的正确与否，以反驳对方的索赔计算，剔除其中的不合理部分，减少损失。

## 案例11

　　某承包人投标获得一项工业厂房的施工合同，他是按招标文件中介绍的地质情况以及标书中的挖方余土可用做道路基础垫层用料而计算的标价。工程开工后，该承包人发现挖出的土方潮湿易碎，不符合路基垫层要求，承包人怕被指责施工质量低劣而造成返工，不得不将余土外运，并另外运进路基填方土料。为此，承包人提出了费用索赔。

　　但监理人经过审核认为：投标报价时，承包人承认考察过现场，并已了解现场情况，包括地表以下条件、水文条件等，因此认为换土纯属承包人责任，拒绝补偿任何费用。承包人则认为这是发包人提供的地质资料不实所造成。监理人则认为：地质资料是正确的，钻探是在干季进行的，而施工时却处于雨季期，承包人应当自己预计到这一情况和风险，仍坚持拒绝索赔，认为事件责任不在发包人，此项索赔不能成立。

### （三）反索赔的种类和具体内容

### 1. 工程质量缺陷反索赔

工程承包合同都严格规定了工程质量标准，有严格细致的技术规范和要求。工程质量的好坏与发包人的利益和工程的效益直接相关，发包人只承担因设计所造成的质量问题，监理人虽然对承包人的设计、施工方法、施工工艺工序以及对材料进行过批准、监督、检查，但并不能因此而免除或减轻承包人对工程质量应负的责任。在工程施工过程中，承包人所使用的材料或设备不符合合同规定或工程质量不符合施工技术规范和验收规范的要求，或出现缺陷而未在缺陷责任期满之前完成修复工作，发包人均有权追究承包人的责任，并提出因承包人所造成的工程质量缺陷所带来的经济损失的反索赔。

常见的工程质量缺陷表现为：

1）由承包人负责设计的部分永久工程和细部构造，虽然经过监理人的复核和审查批准，仍出现了质量缺陷或事故。

2）承包人的临时工程或模板支架设计安排不当，造成了施工后的永久工程的缺陷。

3）承包人使用的工程材料和机械设备等不符合合同规定和质量要求，从而使工程质量产生缺陷。

4）承包人施工的分项分部工程，由于施工工艺或方法问题，造成严重开裂、下挠、倾斜等缺陷。

5）承包人没有完成按照合同条件规定的工作或隐含的工作，如对工程的保护和照管、安全及环境保护等工作。

对于工程质量所出现的缺陷，若承包人没按监理人的要求进行修补或返工，监理人可以拒绝签发月工程进度付款证书，发包人可以暂停支付工程款。在缺陷责任期内，若承包人不修复由其造成的工程缺陷，发包人和监理人有权雇用其他承包人来修理缺陷，所需款项可从保留金中支出（并扣回承包人的款项）。另外，发包人向承包人提出工程质量缺陷的反索赔要求时，往往不仅仅包括工程缺陷所产生的直接经济损失，也包括该缺陷带来的间接经济损失。比如，承包人修建的桥梁工程，在交工验收时发现栏杆和照明灯具不符合合同的规定，发包人不仅提出修复和更换的直接费用的补偿，还可要求因更换栏杆和灯具而造成桥梁推迟开通运营而损失的过桥费收入的补偿。

**2. 拖延工期反索赔**

如果由承包人的原因造成不可原谅的完工日期拖延，影响到发包人对该工程的使用和运营生产计划，而给发包人带来了经济损失，发包人有权向承包人索取"延期损失赔偿金"。此项发包人的索赔，并不是发包人对承包人的违约罚款，而只是发包人要求承包人补偿延期完工给发包人造成的经济损失。对此，承包人则应按签订合同时双方约定的赔偿金额以及拖延时间长短向发包人支付赔偿金，而不需寻找和提供实际损失的证据去详细计算。对于大中型土木工程项目，延长工程的竣工期限是经常发生的事，一旦发生施工进度计划被打乱，施工的实施进度落后于计划进度，就应该分析原因，划清工程进度滞后的责任。若由于客观原因，如山洪暴发、地震或工人罢工等，则为可原谅的延期，监理人和发包人应给予承包人正当的延长工期，而不给予经济补偿；若由于发包人原因延误工期，如征地拆迁延误、供电不足等，承包人可向发包人索赔延长工期和费用补偿；若查明是由于承包人原因拖延工期，如开工迟缓、开工不足、人员组织搭配不善等，发包人和监理人有权警告承包人加快工程进度或提出索赔要求。有关对承包人拖期损失赔偿金的具体计算和规定数额，一般在各具体的工程合同中都有规定。在有些情况下，延期损失补偿金按工程项目合同价的一定比例计算，若在整个工程完工之前，监理人已经对一部分工程颁发了移交证书，则对整个工程所计算的延误补偿金数额应给予适当的减少。

**3. 经济担保的反索赔**

在工程项目承包施工活动中，常见的经济担保有预付款担保和履约担保等，下面分别予以阐述。

（1）预付款担保反索赔　预付款是指在合同规定开工前或工程价款支付之前，由发包人预付给承包人的款项。预付款通常包括调遣预付款、设备预付款和材料预付款。预付款实质上是发包人向承包人发放的无息贷款。对预付款的偿还，施工合同中都规定承包人必须对预付款提供等额的经济担保。若承包人不能按期归还预付款，发包人可以从相应的担保款额中取得补偿，这实际上是发包人向承包人的索赔。另外，由于承包人的过失给发包人的材料设备造成损失或人员伤亡，发包人也有权要求承包人给予补偿；若由于承包人严重违约，给发包人造成重大的经济损失，用预付款担保亦不足以补偿发包人的损失时，发包人还可行使留置权，留置承包人在工程现场的材料、设备、施工机械及临时工程等财产以作补偿。这些措施在保护发包人利益的同时也对承包人如期履约进行督促。

（2）履约担保反索赔　履约担保是承包人和担保方为了发包人的利益不受损害而作的一种承诺，担保承包人按施工合同所规定的条件进行工程施工。履约担保有银行担保和担保公司担保的方式，以银行担保较常见。担保金额一般为合同价的 10%～20%，担保期限为工程竣工期或缺陷责任期满。

当承包人违约或不能履行施工合同时，持有履约担保文件的发包人，可以在承包人担保人的银行取得经济补偿。一般发包人在向担保人索要金额之前应及时通知承包人，给予承包人改正错误的机会，并为促使履行合同及正常进展工程着想，而不是乱用履约担保金的权利威胁承包人，这对于工程的开展是不利的。

**4. 保留金的反索赔**

保留金的作用是对履约担保的补充。一般的工程合同中都规定有保留金的数额，约为合同价的 5%。保留金是从应支付给承包人的月工程进度款中扣出合同价一定百分比的基金，由发包人保留，以便在承包人违约时直接补偿发包人的损失。所以说保留金也是发包人向承包人索赔的手段之一。一般应在整个工程或规定的单项工程完工时退还保留金款额的 50%，最后在缺陷责任期满后再退还剩余的 50%。

**5. 发包人其他损失的反索赔**

依据合同规定，除了上述发包人的反索赔外，当发包人在受到其他由于承包人原因造成的经济损失时，发包人仍可提出反索赔要求。比如，由于承包人的原因，在运输施工设备或大型预制构件时损坏了旧有的道路或桥梁；承包人的工程保险失效给发包人造成损失等。总之，发包人的反索赔的范围也较广泛，发包人要运用反索赔的权利保护自身利益并促使工程三大目标的实现，承包人应努力尽量减少和避免发包人反索赔。

**（四）发包人的反索赔方法**

发包人向承包人索赔的合同条款，比承包人向发包人索赔的合同条款少得多。原因是发包人在工程承包合同中处于主动地位，只要由监理人认证承包人违约，发包人就可直接从应付给承包人的工程进度款中扣除，可通知承包人，亦可不通知承包人。因此，承包人一方面要踏踏实实干好工程，防止失误和违约造成发包人的反索赔；另一方面，要对合同条件中的发包人索赔条款予以了解。下面分别予以介绍。

1）承包人未按合同要求办理任何保险或办理保险失效，发包人可以直接去办理相关的保险并保持其有效，然后从应付给承包人的款项中扣回。

例如，某工程项目，依据合同规定，承包人办理了工程保险和第三方责任险，共支付了200 万元的保险金额。因所选择的保险公司不当，工程还在进展过程中，该保险公司因资不抵债而破产。之后，发包人又到其他的保险公司办理了保险，交付了保险金，这笔保险金则要从承包人的款项中扣回。

2）承包人应采取一切合理的措施，防止在运输工程材料、设备或临时工程设施的过程中损害原有的道路或桥梁。除非合同另有规定，为了便利承包人的设备或临时工程的运输，承包人应加固原有道路或桥梁，并负担此项费用。若在运输过程中对原有道路或桥梁造成不必要的损坏或破坏，承包人应负责赔偿，并不因此而伤害发包人的利益。有些合同规定，也可由监理人和发包人与承包人三方协商讨论，确属承包人失误造成的损失，可由发包人先提出原有道路与桥梁的损失补偿要求，然后再从应付或将付给承包人的款项中扣除。

3）当承包人没按合同规定时间、地点准备好供检查和检验的工程材料或设备，或检查检验不合格时，监理人有权拒收这些材料或设备。如果需要重复检查或检验时，所需的费用应由承包人支付。若承包人拒付，发包人可从应付或将付给承包人的款项中扣除，监理人应书面通知承包人。

4）如果承包人一方不遵守监理人的指示，将不合格的工程材料或设备从工程现场运走，以及对不合格的工程进行返工，发包人有权雇用其他人执行该项指示并向其支付有关费用。然后由监理人通知承包人，确定由此造成的或伴随产生的全部费用，由发包人从给付承包人处扣回。

5）由于承包人原因造成工程进度过慢，承包人应在监理人发出警告后，采取措施加快工程进度。由于承包人原因而采取加速施工的措施，导致发包人付出任何额外的监理费用等，发包人可以从承包人处扣款以得到补偿，有关款额可由监理人通知承包人。

6）由于承包人原因未能在合同规定的全部工程竣工期限完成整个工程，则承包人应向发包人支付投标书附件中写明的金额作为拖期违约损害赔偿金，此项金额可从工程结算款中由发包人扣回，并不需要通知承包人。

7）如果承包人未在合理的时间内执行监理人的指示，在缺陷责任期内及时修补工程缺陷，发包人有权雇用其他人从事该修补工作并给予报酬。若经过监理人认为该项工作按合同规定应由承包人自费进行，则发包人雇用他人产生的费用可由发包人向承包人索赔，或由发包人从其应支付或将要支付给承包人的款项中扣除，监理人应书面通知承包人，并将副本留给发包人。

8）当承包人严重违约时，经过发包人和监理人的一再警告而不能继续进展工程时，发包人有权终止对承包人的雇佣，进驻工程现场并尽快查清施工、竣工及修补任何缺陷的费用，进行清算。若承包人应得款额还不足以偿还发包人已支付给他的款额，则应视为承包人对发包人负有应付债务，发包人有权进行索赔，讨要款项。

9）在施工期或缺陷责任期内，当发生与工程相关的紧急维修或抢救工作时，若承包人无能力或不愿意立即进行此类工作时，发包人有权雇用其他人员从事该项工作并付出有关费用。如果监理人认为该项工作本应由承包人自费进行，可由发包人将该抢救或维修工程的费用向承包人索赔，或从应付或将付给承包人的款项中扣回。

10）当发生特殊风险而导致合同终止时，在发包人按监理人的认证，已向承包人支付了应支付的任何费用后，亦有权要求承包人偿还任何有关承包人的设备、材料和工程设备的预付款未结算款项，以及其他承包人应偿还发包人的款项，并由监理人向承包人发出通知。

**（五）发包人防止和减少索赔的措施**

发包人是工程承包合同的主导方，关键问题的决策要由发包人掌握。监理人受发包人的信任和委托，代表发包人管理工程。因此，若发包人和监理人都积极主动地采取预防措施，防止和避免一些不必要事件发生，将会大大减少索赔争端。依据工程承包合同实际情况发包人和监理人能采取的措施如下。

**1. 发包人和监理人预防索赔的措施**

1）由于意外风险和不可预见的地下条件发生的索赔事件，发包人和监理人要加强工程的风险意识，及早了解自然界和社会的风险来源的可能性，尽早采取措施，防患于未然。及早采取措施，搞好地下管线拆迁工作，以免延误工程。勘察设计工作要做得细致，资料要齐全，尽量避免因设计出错而影响工程施工。

2）因工程变更引起索赔时，若监理人本身不是设计者，应尽量避免设计变更；若发包人提出变更，尽可能由监理人发出变更指令，向承包人说明支付方式，取得协商一致意见，并在申报月进度工程款时予以支付，避免工程变更的价格调整款变成索赔款。

3）不要随意下达工程停工令干扰施工。有的发包人随意要求增减工程或改变作业顺序，或不及时提供工程材料及必要的施工条件，从而引起工程进度延误。发包人应该采取措施，保证和加强良好施工环境与条件的创造，尽量避免工程延期而引起索赔。

4）避免由于发包人违约引起的索赔。监理人要为发包人做好参谋，及时提醒发包人，搞好征地拆迁，督促设计单位按合同规定准时交图，及时支付工程进度款，以免给承包人造成工程流动资金不足的困难。若长期大量拖付工程款，势必迫使承包人投入新的流动资金或向银行贷款，引起工程成本增加，从而导致承包人的费用索赔。

5）严格控制工程范围。因为工程范围的变化，可能会引起工程投资失控，也会引起施工图、技术规范、施工工期等一系列的变化，都会引发索赔事件发生。为了避免索赔事件发生，就要求监理人的工作认真、细致和准确，基本上做到按投标文件施工；同时也要求发包人不要轻易发出改变施工的指令，以免形成"可推定的工程变更"，导致承包人的索赔。

6）应迅速及时处理好合同争端。出现发包人和承包人双方的合同争端时，发包人首先要和监理人一起，与承包人协商解决。争端的及时处理和解决，有助于工程的顺利进展，也避免了许多不必要的索赔事件发生。

7）避免由于监理人失误和其他原因出现的索赔。如果因监理人的指令错误而使工程受阻或损失，会非常严重地影响监理人的威信。因此，监理人必须严守职业道德，加强自身业务能力，严谨工作，尽量避免使发包人的利益受到影响，并在预防和减少索赔事件发生方面起积极作用。

**2. 发包人和监理人减少索赔的措施**

在大型的土木工程施工过程中，如公路工程或独立大桥、隧道工程、水利工程等，发生索赔事件是不可避免的。索赔事件一旦发生，发包人和监理人应公正对待并妥善处理索赔事件，并尽可能减少索赔所发生的款额。

1）当承包人认为监理人就变更或增加工作所认定的费用数额不合理时，就提出索赔要求。这种索赔要求往往是对费用多少发生争执，几乎不可避免。这要求监理人在认定价格时，要从多方面予以慎重考虑，不应偏高或偏低，并应与发包人和承包人反复协商再决定。

2）若监理人下令承包人做合同中未列明的事项额外检验，或要求对已覆盖的工程进行重新检查时，检验合格，承包人会提出补偿相应费用的要求。但一般情况下，若承包人的工作情况都令人满意，则应尽量减少这种命令的次数。

3）工程的中断或这种索赔往往数额很大，监理人应慎重处理由于发包人的延误而引起费用的索赔。如果因发包人原因引起的工程中断可以预见，监理人应调整计划来加以避免。若这种原因不可预知且已发生时，监理人便应采取以下适当措施以减少因发包人延误而引起的支出：①尽可能缩短延误的时间；②设法尽快把闲置的机具和人员转移进行其他工作；③若有可能，监理人还可立即发出变更令。

综上所述，若要避免或减少索赔，监理人应尽早准备监理工作（最好在合同谈判前就能着手准备），并应尽可能使自己熟悉有关施工现场及其环境、工程进度计划、合同文件及招标投标等事务。发包人也应多方发挥积极和主导作用，尽量避免和减少索赔。

## 复习思考题

1. 什么是工程索赔？索赔有哪些特征？索赔管理有哪些特点？
2. 索赔的分类有哪些？
3. 索赔的原因与依据有哪些？
4. 开展索赔工作有哪些作用？
5. 在施工合同履行过程中，承包人可以提出的索赔事件有哪些？
6. 索赔的证据包括哪些内容？索赔证据有哪些基本要求？
7. 可索赔费用的组成有哪些？不允许索赔的费用有哪些？
8. 造成工程延期的非承包人原因有哪些？
9. 索赔管理有哪些特点？
10. 什么是反索赔？它的作用是什么？
11. 监理人如何预防和减少索赔事件的发生？

# 工程合同的争议管理 | 第九章

 **本章概要**

　　在工程建设的过程中，纠纷是普遍存在的，因此在工程建设过程中我们需要通过一定的途径及时处理纠纷，以维护当事人的权益，建设工程合同纠纷的处理方式主要有五种：分别是和解、调解、争议评审、仲裁、诉讼。这些解决纠纷的方式各有特点，正确把握其特点，才能根据具体纠纷的情况，选择合适的处理方式，有助于解决争议纠纷。争议评审是近年来针对工程纠纷的特点而采用的一种解决争议方法。

## 第一节　工程合同争议产生的原因

　　工程合同争议，也称工程合同纠纷，是指工程合同自订立至履行完毕之前，承包合同的双方当事人因对合同的条款理解产生歧义或因当事人未按合同的约定履行合同，或不履行合同中应承担的义务等原因所产生的纠纷。产生工程合同纠纷的原因十分复杂，但一般归纳为合同订立引起的纠纷、在合同履行中发生的纠纷、变更合同而产生的纠纷、解除合同而发生的纠纷等几个方面。

### 一、草率签订

　　合同一经签订，合同双方就产生了权利和义务关系，这种关系是法律关系，合同双方的权利受法律保护，义务受法律约束。但是当前一些合同当事人，还不能正确认识这种法律关系，或因其他原因，签订合同不认真，履行合同不严肃，导致合同纠纷不断发生。例如，签订建设工程施工合同的发包人尚未充分了解承包人的资质、业绩、信用、信誉等时，就匆忙将工程发包，并予签订合同；或者是承包人尚未确认对工程发包人的建设资金是否完全落实时，就草率地承接工程与发包人签订合同。

### 二、选择订立形式不当

　　《合同法》规定：当事人订立合同，有书面形式、口头形式和其他形式。

　　口头合同虽然具有简便、迅速和易行等优点，但缺点是不易分清是非和责任，容易产生纠纷。

书面合同虽然比口头合同具有形式复杂和繁琐的所谓缺点，但有凭有据，举证方便，不易发生纠纷。

因此，在订立合同时要根据合同标的及权利义务内容选择合同订立形式，才可以避免发生纠纷。不同行为的合同具有不同形式，如建设工程施工合同就有固定价格合同、可调价格合同和成本加酬金价格合同，订立此类合同时要注意选择不同的形式。

对于订立建设施工合同，要根据工程大小、工期长短、造价的高低以及涉及其他各种因素的多少，选择适当的合同形式。如对工期长、造价高、涉及其他各种因素多的工程选择固定价格合同，往往会因在履行过程产生多种变化，而这些变化又是承包人难以承受的，会造成合同纠纷。

### 三、主体不合法

《合同法》规定合同当事人可以是公民（自然人）、法人和其他组织。这些当事人订立合同，应当具有相应的民事权利能力和民事行为能力。这是订立合同最基本的主体资格。

除了基本主体资格外，一些法律法规对不同的合同当事人的主体资格，有着不同的规定。如《建筑法》规定，从事建筑活动的施工企业、勘察单位、设计单位和工程监理单位除具备企业法人条件外，还特别强调这些企业和单位必须按照其拥有的注册资本、专业技术人员、技术装备和已完成的建筑工程业绩等资质条件，划分为不同的资质等级，经资质审查合格，取得相应等级的资质等级，方可在其资质等级许可的范围内从事建筑活动。但是，当前一些从事建筑活动的企业或单位，超越资质等级或无资质等级承包工程，造成主体资格不合法，这种无效合同如果履行，就会产生严重的纠纷和不良后果。因此，在工程招标或非招标工程发包前，一定要对承包商进行严格的资格预审或后审，以预防订立合同主体不合法。

### 四、合同条款不全，约定不明确

当前，一些缺乏合同意识和不会用法律保护自己权益的人或单位，在谈判或签订合同时，经常发生合同缺款少项；一些合同虽然条款比较齐全，但内容只作原则约定，不具体、不明确。在合同履行过程中，合同条款不全，约定不明确，是造成合同纠纷最常见、最大量、最主要的原因。例如，在建设施工合同签订时，选择了固定价格形式，在相应价格条款内，只约定了合同价格采取固定价格，即通常所谓的合同价格"一次包死"，但不约定"包死"范围，也就是承包方承担风险的范围，也不约定按合同报价的一定比例给予承包人风险费用，这就是只有原则约定，缺乏具体内容，属于约定不明确的合同，一旦发生承包人难以承受的变化情况，就会产生纠纷。为了防止这类纠纷，就需要签订合同的双方或多方当事人，对合同条款仔细推敲，认真约定具体内容。

### 五、缺乏违约具体责任

《合同法》对合同违约责任作了具体规定。当事人订立合同时，应尽可能详细、全面地对各种可能出现的违约情形明确约定违约责任。如签订建设工程施工合同时，只约定承包人不能按约定日期竣工应该承担违约责任，但没有约定每延误一天应支付给对方多少违约金，一旦发生这种延误，就可能造成双方产生纠纷。因此，在双方或多方强调合同违约条件时，不仅要求对方承担违约责任，还要对违约责任作出具体约定。

综上所述，合同订立或履行过程中，绝大多数纠纷是合同当事人主观原因所造成的。为了预防或避免合同纠纷，就要求当事人不断提高合同意识，即用法律手段保护自己权益的意识，克服签订合同时容易产生纠纷的因素，把合同纠纷控制在最低范围内。但是，一旦发生合同纠纷，要采取积极有效的方法加以解决。

# 第二节　工程合同争议的解决方式

## 一、和解

### 1. 和解的概念

和解是指在发生合同纠纷后，合同当事人在自愿、友好、互谅的基础上，依照法律法规的规定和合同的约定，自行协商解决合同争议的一种方式。

工程合同争议的和解，是由工程合同当事人双方自己或由当事人双方委托的律师出面进行的。在协商解决合同争议的过程中，当事人双方依照平等自愿原则，可以自由、充分进行意思表示，弄清争议的内容、要求和焦点所在，分清责任是非，在互谅互让的基础上，使合同争议得到及时、圆满的解决。

### 2. 工程合同争议采用和解方式解决的优点

1）简便易行，能经济、及时地解决纠纷。工程合同争议的和解解决不受法律程序约束，没有仲裁程序或诉讼程序那样有一套较为严格的法律规定，当事人可以随时发现问题，随时要求解决，不受时间、地点的限制，从而防止矛盾的激化、纠纷的逐步升级，同时又可以节省仲裁费或诉讼费。

2）有利于维护双方当事人的友好合作关系，使合同更好地履行。和解是合同双方当事人在平等自愿、互谅互让的基础上就工程合同争议的事项进行协商，气氛比较融洽，有利于缓解矛盾，加强团结协作；同时，由于协议是在双方当事人统一认识的基础上自愿达成的，所以可以使纠纷得到比较彻底的解决，协议的内容也比较容易顺利执行。

3）针对性强，便于抓住主要矛盾。由于工程合同双方当事人亲身经历合同纠纷的事态发展，了解合同纠纷的起因、发展以及结果的全过程，便于双方当事人抓住纠纷产生的关键原因，有针对性地加以解决。

4）可以避免当事人把大量的精力投入诉讼活动。工程合同发生纠纷后，诉讼或仲裁解决需投入巨大的精力，如果通过和解解决就可避免过多的精力耗费，对双方当事人都有好处。

## 二、调解

### 1. 调解的概念

调解是指在合同发生纠纷后，在第三人的参加和主持下，对双方当事人进行说服、协调和疏导工作，使双方当事人互相谅解并按照法律的规定及合同的有关约定达成解决合同纠纷协议的一种争议解决方式。

合同纠纷的调解往往是当事人经过和解仍不能解决纠纷后采取的方式。通过调解的方式

解决合同争议与和解解决一样，也具有方法灵活，程序简便，节省时间和费用，不伤争议双方的感情等特点，因而既可以及时、友好地解决争议，又可以保护当事人的合法权益。同时，由于调解是在第三人主持下进行的，这就决定了它所独有的特点。

**2. 调解的特征**

1）有第三人介入，看问题可能客观、全面一些，有利于争议的公正解决。

2）有第三人参加，可以缓解双方当事人的对立情绪，便于当事人双方较为冷静、理智地考虑问题。

3）有利于当事人抓住时机，便于寻找适当的突破口，公正合理地解决争议。

工程合同争议的调解，是解决合同争议的一种重要方式，也是我国解决建设工程合同争议的一种传统方法。它是在第三人的参加与主持下，通过查明事实，分清是非，说服教育，促使当事人双方作出适当让步，平息争端，促使双方在互谅互让的基础上自愿达成调解协议，消除纷争。第三人进行调解必须实事求是、公正合理，不能压制双方当事人，而应促使他们自愿达成协议。

《合同法》规定了当事人之间首先可以通过自行和解来解决合同的纠纷，同时也规定了当事人还可以通过调解的方式来解决合同的纠纷，当事人可以自愿选择其中一种或两种。调解与和解的主要区别在于：前者有第三人参加，并主要是通过第三人的说服教育和协调来达成解决纠纷的协议；而后者则完全是通过当事人自行协商来达成解决合同纠纷的协议。两者的相同之处在于：它们都是在诉讼或仲裁程序之外所进行的解决合同纠纷的活动，达成的协议都是靠当事人自觉履行来实现的。

## 三、仲裁

### （一）仲裁的概念

仲裁亦称"公断"，是当事人双方在争议发生前或争议发生后达成协议，自愿将争议交给第三者作出裁决，并负有自动履行义务的一种解决争议的方式。它是仲裁机构根据当事人的申请，对其相互之间的合同争议，按照仲裁法律规范的要求进行仲裁并作出裁决，从而解决合同纠纷的法律制度。这种争议解决方式必须是自愿的，因此必须有仲裁协议。如果当事人之间有仲裁协议，争议发生后又无法通过和解和调解方式解决，则应及时将争议提交仲裁机构仲裁。

根据我国有关法律的规定，裁决当事人民事纠纷时，实行"或裁或审制"，即当事人在订立合同时，双方应当约定发生合同纠纷时，在"仲裁"或者"诉讼"两种方式中，只能选择一种方式，并形成书面文字形式。采用这种处理方式，可以避免仲裁机构和人民法院在案件受理上互相争办或推诿。

### （二）仲裁的原则

**1. 自愿原则**

当事人采用仲裁方式解决纠纷，应贯彻双方自愿原则，达成仲裁协议，对于是否要仲裁、对哪些事项仲裁、提交哪个仲裁委员会、仲裁庭如何组成、仲裁的审理方式，当事人都可以协议，体现了自愿原则。如有一方不同意进行仲裁的，仲裁机构即无权受理合同纠纷。

**2. 公平合理原则**

这一原则要求仲裁机构要充分收集证据，听取纠纷双方的意见。仲裁应当根据事实，同时，应当符合法律规定。

**3. 仲裁依法独立进行原则**

仲裁机构是独立的组织，相互间也无隶属关系。仲裁依法独立进行，不受行政机关、社会团体和个人的干涉。

**4. 一裁终局原则**

仲裁实行一裁终局的制度，仲裁裁决作出后即生效。由于仲裁是当事人基于对仲裁机构的信任作出的选择，因此其裁决是立即生效的。对同一案件，当事人不得向法院起诉，也不得再申请仲裁。

**（三）仲裁委员会**

仲裁委员会由主任 1 人、副主任 2 ~ 4 人和委员 7 ~ 11 人组成。仲裁委员会应当从公道正派的人员中聘任仲裁员。仲裁委员会的主任、副主任和委员由法律、经济贸易专家和有实际工作经验的人员担任。仲裁委员会的组成人员中，法律、经济贸易专家不得少于 2/3。

仲裁委员会独立于行政机关，与行政机关没有隶属关系。仲裁委员会之间也没有隶属关系。

**（四）仲裁协议**

**1. 仲裁协议的内容**

仲裁协议是纠纷当事人愿意将纠纷提交仲裁机构仲裁的协议。它包括以下内容：

1）请求仲裁的意思表示。

2）仲裁事项。

3）选定的仲裁委员会。

以上 3 项内容中，选定的仲裁委员会具有特别重要的意义。因为仲裁没有法定管辖，如果当事人不约定明确的仲裁委员会，仲裁将无法操作，仲裁协议将是无效的。

**2. 仲裁协议的作用**

1）合同当事人均受仲裁协议的约束。

2）是仲裁机构对纠纷进行仲裁的先决条件。

3）排除了法院对纠纷的管辖权。

4）仲裁机构应按仲裁协议进行仲裁。

如果当事人约定了仲裁协议，但又向法院起诉的，只要其不声明有仲裁协议，法院可以受理；但若另一方在首次开庭前提交仲裁协议的，人民法院应当驳回起诉，除非仲裁协议是无效的；若另一方在首次开庭前未对人民法院受理该案提出异议，则视为放弃仲裁协议，人民法院应当继续审理。

**（五）仲裁庭的组成**

仲裁庭的组成有两种方式。

**1. 当事人约定由 3 名仲裁员组成仲裁庭**

当事人如约定由 3 名仲裁员组成仲裁庭，应当各自选定或者各自委托仲裁委员会主任指定 1 名仲裁员，第 3 名仲裁员由当事人共同选定或者共同委托仲裁委员会主任指定。第 3 名仲裁员是首席仲裁员。

**2. 当事人约定由 1 名仲裁员组成仲裁庭**

当事人如约定由 1 名仲裁员组成仲裁庭的，应当由当事人共同选定或者共同委托仲裁委员会主任指定仲裁员。

**（六）申请撤销裁决**

当事人提出证据证明裁决有下列情形之一的，可以向仲裁委员会所在地的中级人民法院申请撤销裁决：

1）没有仲裁协议的。

2）裁决的事项不属于仲裁协议的范围或者仲裁委员会无权仲裁的。

3）仲裁庭的组成或者仲裁的程序违反法定程序的。

4）裁决所根据的证据是伪造的。

5）对方当事人隐瞒了足以影响公正裁决的证据的。

6）仲裁员在仲裁该案时有索贿受贿、徇私舞弊、枉法裁决行为的。

人民法院经组成合议庭审查核实裁决有前款规定情形之一的，应当裁定撤销。当事人申请撤销裁决的，应当自收到裁决书之日起 6 个月内提出。人民法院应当在受理撤销裁决申请之日起 2 个月内作出撤销裁决或者驳回申请的裁定。

**（七）执行**

仲裁委员会的裁决作出后，当事人应当履行。由于仲裁委员会本身并无强制执行的权力，因此，当一方当事人不履行仲裁裁决时，另一方当事人可以依照我国《民事诉讼法》的有关规定向人民法院申请执行。

## 四、诉讼

**（一）诉讼的概念**

诉讼是合同纠纷的一方当事人将纠纷诉诸国家审判机关，由人民法院对合同纠纷案件行使审判权，按照《民事诉讼法》规定的程序进行审理，查清事实，分清是非，明确责任，认定双方当事人的权利义务关系，从而解决争议双方的合同纠纷。

**（二）诉讼参加人**

诉讼参加人包括当事人和诉讼代理人。

**1. 当事人**

当事人是指因民事上的权利义务关系发生纠纷，以自己的名义进行诉讼，并受人民法院裁判约束，与案件审理结果有直接利害关系的人。

当事人有以下特点：

1）以自己的名义进行诉讼。如果以他人的名义进行诉讼，则只能是诉讼代理人，而不是当事人。

2）与案件有直接利害关系。

3）受人民法院裁判的约束。

**2. 诉讼代理人**

诉讼代理人是指根据法律规定或者当事人的委托，代理当事人进行诉讼的人。诉讼代理人有以下特点：

诉讼代理人只能以被代理人的名义进行诉讼，而不是自己的名义。

诉讼代理人在代理权限内所为的诉讼行为，其法律后果对被代理人发生法律效力。

诉讼代理人只能代理当事人一方，不能在同一诉讼中代理双方当事人。

诉讼代理人有以下两种类型：

（1）法定代理人  法定代理人是指根据法律规定行使代理权的人。根据《民事诉讼法》的规定，没有诉讼行为能力的未成年人和精神病患者，由其法定代理人代为诉讼。所以法定代理制是保护无行为能力人和社会利益的一种代理制度。

（2）委托代理人  委托代理人，是指受当事人、法定代理人、法定代表人、诉讼中的第三人的委托代为诉讼的人。

在实际生活中，一些当事人或者由于某些原因难以亲自进行诉讼，或者因缺乏法律知识和诉讼经验而希望在诉讼中获得他人的法律帮助。这就需要设立委托代理制度，使当事人能够委托诉讼代理人代其进行诉讼，充分地行使其诉讼权利和履行诉讼义务。

委托代理人在当事人授权范围内代理当事人行使诉讼权利，承担诉讼义务，代为诉讼行为。委托代理人在代理的权限范围内，为诉讼行为和接受诉讼，视为当事人的诉讼行为，在法律上对当事人发生效力。

### （三）诉讼中的证据

证据有下列几种：①书证；②物证；③视听资料；④证人证言；⑤当事人的陈述；⑥鉴定结论；⑦勘验笔录。

当事人对自己提出的主张，有责任提供证据。当事人及其诉讼代理人因客观原因不能自行收集的证据，或者人民法院认为审理案件需要的证据，人民法院应当调查收集。人民法院应当按照法定程序，全面地、客观地审查核实证据。

人民法院对视听资料，应当辨别真伪，并结合案件的其他证据，审查确定能否作为认定事实的根据。

人民法院对专门性问题认为需要鉴定的，应当交由法定鉴定部门鉴定；没有法定鉴定部门的，由人民法院指定的鉴定部门鉴定。工程合同纠纷往往涉及工程质量、工程造价等专业的问题，在诉讼中一般也需要进行鉴定。

### （四）合同争议诉讼、仲裁的时效

诉讼时效是指权利人于一定期间内不行使权利即丧失请求人民法院予以保护的权利。民事权利人在其权利受到侵害时，有权请求人民法院通过诉讼程序予以法律保护，人民法院应当依法满足权利人的诉讼请求，然而权利人只有在法定期间内请求保护，法院才予以支持。权利人请求人民法院保护其民事权利的法定期间就是诉讼时效期间。

因此，合同争议当事人只有在法律规定的时效内提起诉讼或者申请仲裁，其权益才能受到法律保护；过期起诉或申请仲裁的，其权益得不到法律保护。

除法律另有规定的以外，当事人向人民法院请求保护民事权利的诉讼时效期间为2年。

《合同法》规定："国际货物买卖合同和技术进出口合同提起诉讼或者申请仲裁的期限为4年，自当事人知道或者应当知道其权利受到侵害之日起计算。其他合同提起诉讼或者申请仲裁的期限，依照有关法律的规定。"

**案例1** 第六建筑工程公司诉中天开发公司工程款结算纠纷案

**案情摘要**

原告：第六建筑工程公司

被告：中天开发公司

1999 年 3 月 20 日至 2001 年 11 月末，原告第六建筑工程公司与被告中天开发公司签订了"芳水园小区工程"建筑工程承包合同，工程于 2001 年末全部竣工，并经市质监部门验收全部合格后交付使用。虽然原、被告双方按合同进行了工程结算，但原告认为原材料涨价属于情势变更，仍按合同约定价格进行结算不合理，故而自行委托进行了鉴定，要求被告按鉴定价格结算工程款，为此成诉。被告答辩：由于工程中未发生增项，原告所诉应以鉴定价格结算支付其工程款的请求没有依据；合同规定工程造价由原告先行做出预算，以被告方审定为准，并未规定结算由鉴定价格来审定；并且合同的结算是在双方平等、协商一致的基础上完成的，所以原告之诉讼请求既无事实根据，也无法律依据。

**审裁结果**

法院认为：1999 年 3 月 20 日至 2001 年 11 月末，原告与被告签订的建筑工程承包合同，规定实行责任承包，包工包料，工程造价以中天开发公司审定的预算为准。上述事实有双方签订的工程责任承包合同及工程承包管理实施办法，双方所作的工程预、结算书及双方当事人陈述笔录为证。原告与被告签订的上述合同是合法、有效的，应受法律的保护，现双方基本上履行了合同之内容，工程已全部竣工并交付使用；双方按合同的规定作了工程预、决算；双方的结算方式是根据合同的规定完成的，上述诸合同合法、有效，结算方式合法，并得到双方的认可。原告自行委托鉴定价格与发包人和承包人按合同规定进行的预、结算，属于两个不同的法律关系，并无因果关系。至于原告在诉讼中提出由于原材料涨价，双方所做的结算不合理，要求重新做结算的请求，法院认为，因原告按照被告制定的工程承包管理实施办法的规定，根据设计施工图及预算定额等有关规定编制施工预算，经被告对工程调整变更价款和材料价差等进行审核，并得到双方认可后签字和盖章，应认定为合法有效；原告在订立合同之前应当预见到原材料涨价的风险，在起诉之后又不能对结算中存在不合理的主张举出证据，其要求重新结算的诉讼请求既没有法律依据，又没有事实依据，不能成立。据此，法院裁定驳回原告的起诉。

**案例2** 拖欠工程款纠纷庭内和解及垫资承包案例

上诉人：合肥某有限公司

被上诉人：某建筑公司

合肥某有限公司与某建筑公司拖欠工程款纠纷一案，不服安徽省高级人民法院民事判决，向最高人民法院提起上诉。

经审理查明：

1996 年 6 月 18 日合肥某有限公司（以下称"发包人"）与某建筑公司（以下称"承

包人"）签订《中外合资 BOPP 工程施工合同》约定：承包人承包发包人中外合资 BOPP 工程土建、安装工程（不包括设备安装），即生产厂房、仓库、附房及附属工程；1996 年 7 月 2 日开工，1996 年 12 月 6 日竣工，总工期 150 天，工程质量等级优良；生产厂房、仓库、附房，土建工程中标价 898 万元（不包括安装附属工程）；发包人于 1996 年 6 月 20 日提供施工图并完成开工前水、电、通信、道路、办理证件、施工图会审和设计交底等准备工作；工程经验收如达不到优良，按工程造价 1% 罚款；发包人代表确认工程量增减及设计变更或工程洽商；合同签订 7 天内，发包人按合同价款 40% 预付承包人，如不能按时付款，因材料供应不及时而影响工期，责任由其负责；工程款支付金额和时间按发包人审定的 97% 工程量在 7 天内支付；工程完工后预留 3% 保修金，在保修期满后一次付清，如因发包人不能按进度付款，延误工期由发包人负责，并承担由此承包人造成的经济损失；双方还约定了工程款结算方式、保修期限等事宜。

同日，双方又签订《协议》约定：BOPP 工程，由承包人带资施工，发包人不预付备料款，累计工程量达到 400 万元，发包人开始向承包人预付工程进度款，每月支付 100 万元（4 个月内付完），如发包人不能在 4 个月内支付，应承担承包人银行贷款利息；发包人代表不能及时给出必要指令，确认、批准，不按合同约定履行各项义务、支付款项及发生其他使合同无法履行的行为，应承担违约责任，工期相应顺延；按协议条款约定支付违约金和赔偿因其违约给承包人造成的窝工损失等。如承包人不能按合同工期竣工，施工质量达不到设计和施工规范的要求或发生合同无法履行的行为，应按协议条款约定支付违约金，赔偿因其违约给发包人造成的损失；双方还明确了保修范围和保修期限。

《中外合资 BOPP 工程施工合同》及《协议》签订后，发包人于同年 8 月 13 日提供部分施工图给承包人，同年 8 月 31 日，承包人进场施工。

1997 年 3 月 7 日，双方就该工程中的行车、轨道安装签订《协议书》约定：承包人承包 2 台行车的安装调试及轨道安装，承包费用 20 万元。工期自 1997 年 1 月 14～25 日。如工期延误，属发包人原因，工期顺延；属承包人原因，每天按安装总费用的 1% 罚款。

1997 年 4 月 4 日，双方就附属工程承包范围签订《补充协议》约定：原合同中承包附属工程范围包括：锅炉房、水池、油库、围墙、大门、门卫室、护栏等，该附属工程承包预算造价 400 万元。

1997 年 12 月 30 日，双方又签订《BOPP 项目土建未完工程协议书》约定：本协议签订 3 日内，承包人全面复工，发包人分二期支付工程进度款 300 万元，一期 200 万元于本协议签订后 3 日内支付，二期 100 万元在承包人按期完成剩余工程第一类项目，施工人员、器具全部撤出后 3 日内支付；剩余工程应在 1998 年 3 月底前完工；竣工验收移交后，承包人报出全部工程决算书和全部签证材料，建设方收到决算书后 60 天内审核完，并在审核决算后 30 天内付给施工方全部工程款的 90%，余下 10% 工程款作为维修保证金，在保修期满后 2 个月内结算；如发包人不能按上述条件付款或完成审核决算，每推迟一天给付承包人 1000 元违约金，承包人不能按时完工，每推迟一天给付发包人 1000 元违约金。

该《BOPP项目土建未完工程协议书》签订后，承包人依约复工，发包人亦依约支付了一期200万元工程款。1998年3月4日，承包人函告发包人，已完成剩余工程第一类项目及其他义务，要求发包人依约支付第二期100万元工程款，发包人未依约支付。同年5月26日，承包人申请竣工验收，发包人同意验收。同年6月26日，该工程经合肥市高新技术开发区工程质量监督站验收，结论为：总体情况一般，质量合格。后双方为支付工程款的数额、工程质量、违约责任等事宜协商未成。

1999年1月6日，承包人提起诉讼，请求发包人支付尚欠的工程款、逾期付款违约金及因发包人迟延交付施工图造成的窝工损失，并承担本案诉讼费。

另查明：履行合同过程中，自1996年8月23日至1997年3月双方先后8次对施工图进行变更、会审。发包人共支付承包人工程款1210万元。

1997年8月8日，合肥市定额站根据双方提供的工程相关证据，依据1995年《安徽省建筑工程预算定额综合单位估价表》及《安徽省建筑工程材料市场价格信息》等文件，经现场勘察，作出《关于合肥某有限公司BOPP工程造价的审核意见》的结论为该工程总造价1726万元，发包人对此不予认可。一审期间，双方对该工程造价陈述不一，一审法院委托中国建设银行安徽省分行对承包人完成的工程造价进行鉴定，结论为该工程造价17399073.76元。

还查明：在施工过程中，承包人共使用发包人水电费104394.44元，电话费21306.83元，工程竣工后，依据发包人的要求，承包人对部分厂房渗漏等质量问题进行了维修。

一审法院审理认为：

双方签订的《中外合资BOPP工程施工合同》及相关协议，是当事人在平等自愿基础上订立的，除垫资400万元条款违反建设部、原国家计委、财政部《关于严禁带资承包工程和垫资施工的通知》的规定，应认定无效，其他内容不违反法律，应认定有效。协议、协议书、补充协议等相关协议，是对原合同的补充、延续和部分变更。该工程延误的主要原因是发包人未能如期交付施工图、未做好施工前准备和迟延支付工程进度款，对此，发包人应承担违约的民事责任。依据双方签订《中外合资BOPP工程施工合同》第31条及第三份协议的约定，发包人还应承担承包人增加的经济开支和从应支付3日起计算的应付工程款利息，支付违约金并赔偿因其违约给承包人造成的窝工损失。承包人要求发包人支付工程款、违约金及窝工损失的请求，应予支持。发包人反诉，依据《中外合资BOPP工程施工合同》的约定，扣罚承包人施工质量未达优良的罚金请求，应予支持。发包人要求承包人支付施工过程中使用的水电费、电话费的请求应当予以支持。因违约责任主要在发包人，因此，发包人要求承包人支付延误工期的违约金、窝工损失及设备折旧损失的主张不予支持，发包人要求扣除承包人的质保金、审计费、劳保资金、代交税费等主张无法律依据，不予支持。据此判决：

（1）发包人给付承包人拖欠的工程款人民币5299073.76元及前期违约金639600元（自1996年12月迟延给付开始至1997年12月30日第三份协议签订止，按每日万分之四计算）以及后期违约金，每日按1000元计算。

（2）发包人赔偿因其违约给承包人造成的窝工损失人民币257400元。

（3）承包人给付发包人水电费及电话费 125701.27 元。

（4）承包人给付发包人因工程质量未达合同约定优良罚金 173990.74 元。

（5）驳回本诉原告和反诉被告其他诉讼请求。

案件受理费 50443 元，由承包人承担 10443 元，发包人承担 40000 元；财产保全费 40520 元，由发包人承担；鉴定费 68000 元，由双方各承担 34000 元；反诉受理费 64160 元，由发包人负担 6 万元，由承包人承担 4160 元。

发包人不服一审判决，向最高人民法院提起上诉。二审期间，在最高人民法院主持下，双方当事人本着平等协商、互谅互让的原则，达成如下调解协议：

（1）发包人再支付 450 万元工程款给承包人。其中 370 万元，发包人应于本调解书生效后 10 个工作日内一次性支付给承包人，剩余 80 万元作为质量保证金予以暂扣。

（2）发包人支付 370 万元后 10 个工作日内，承包人将工程竣工图 2 份、工程合格证原件 1 份交付发包人，并为发包人开具付款发票。

（3）发包人支付 370 万元后 3 个月内，承包人对工程进行维修，并保证在此期限内完成，由合肥市高新技术开发区工程质量监督站进行维修评验。

（4）发包人在合肥市高新技术开发区工程质量监督站确认工程维修质量合格后 10 个工作日内将质量保证金 80 万元一次性支付给承包人。

（5）一审案件本诉受理费 50443 元、财产保全费 40520 元，共计 90963 元由承包人承担；鉴定费 68000 元，由双方各半承担；一审案件反诉受理费 64160 元、二审案件受理费 50443 元，计 114603 元，由发包人承担。

最高人民法院于 2000 年 4 月 13 日审查认为，以上调解协议是双方当事人真实意思的表示，符合有关法律规定，予以确认。

评析

（1）本案最终以承包人妥协，在一审判决的基础上少索取约 150 万元工程款而达成和解协议，如果再加上诉讼费用 12.5 万元以及聘请律师的费用，承包人的代价在 180 万元以上。如果双方当事人在 1997 年 8 月 8 日合肥市定额站确定的 1726 万元的基础上认真协商，承包人可能不必付出这样高的代价。

（2）用诉讼的方法解决当事人的纠纷并非最好的选择。因为诉讼需要大量的诉讼费用和律师费用，花费的时间也较长，更重要的是有很多不确定的因素影响诉讼结果，即便胜诉也往往损失惨重。因此，最好的解决纠纷的方式是当事人之间能够达成协议，这需要完善的合同条款。一般认为，完善的合同条款应当能够对纠纷有所预见，并设立解决纠纷的程序。由于建筑合同工期长，在履约过程中对双方当事人有比较复杂的要求，不发生纠纷是不现实的。FIDIC1988（旧红皮书）合同条款中规定由监理人对双方当事人的争议进行准仲裁，这样可以有效地避免双方争议影响工程进展，如果当事人对监理人的决定不满意可以提交仲裁；FIDIC1999（新红皮书）则设立争端裁决委员会解决工程施工过程中发生的纠纷，对争端裁决委员会的裁决不服可以进一步申请仲裁，这一争端解决机制值得借鉴。目前我国建筑工程合同中最严重的问题是合同中的价格条款规定不合理。在合同中明确约定工程款的确定方法并约定最终确定工程款的第三方当事人对解决目前普遍存在的工程款纠纷有所帮助。

本案当事人在 1996 年 6 月 18 日签订的合同中约定了工程款结算方式。一审判决委托鉴定人对工程款进行了鉴定，但没有说明合同约定的结算方式为什么不能作为最终确定工程款的依据。

(3) 本案诉争合同是承包人垫资 400 万元进行施工的合同。本案一审判决表明：对于垫资合同，法院只能认定垫资条款无效，而一般不能认定整个建筑工程合同无效。对于无效合同条款，一般的处理原则是返还。但对于建筑工程中的垫资条款如何处理才更合理是值得分析的。如果返还本金不计利息，显然发包人取得了不正当的好处；如果返还本金计取利息，则承包人取得了不正当的好处，因为承包人以垫资承包为条件取得了工程承包权。对于垫资承包工程的案件比较合理的解决办法就是判决返还本金计取利息，然后再向有关计划管理部门、建设管理部门和财政部门发出司法建议。

## 复习思考题

1. 工程合同争议有哪些常见类型？
2. 仲裁的概念和特点是什么？
3. 诉讼的概念和特征是什么？
4. 简述证据的基本类型。

# 国际工程招标投标与合同条件

# 第十章

 **本章概要**

通过本章教学，使学生了解国际工程的概念，熟悉国际工程招标投标与国内工程招标投标区别及注意问题，使学生初步了解国际工程合同。

随着我国改革开放的不断深入和国际交流的日益频繁，建筑企业开始走出国门参与国际承包市场的竞争，按照国际招投标惯例和程序承揽工程。国内也有许多工程咨询公司和承包企业参与国际工程的咨询和承包领域。许多大型项目开始尝试采用新的承发包模式，在国际建筑市场上进行招标。

国际工程就是指一个工程项目从咨询、投资、招标投标、承包、设备采购、培训到施工监理，各个阶段的参与者来自不同的国家，并且按国际通用的工程管理模式进行管理和实施的工程。国际工程包括在国内进行的涉外工程和在国外进行的海外工程。

## 第一节　国际工程招标

国际工程招标（Invitation to Tender）是指由发包人（业主）就拟建工程项目的内容、要求和预选投标人的资格等提出条件，通过公开或非公开的方式邀请投标人根据上述条件提出报价、施工方案和施工进度等，然后由发包人择优选定投标人的过程。择优一般是指选择具有最佳技术，可实现最佳质量，而花费最低价格和利用最短工期的投标人（承包人）。发包人要想在众多的投标人中选出在上述四个方面均具有优势的投标人是比较困难的，发包人应根据自己的资金能力、项目的具体要求、投标人的专长和所报的价格与条件来确定中标者。

### 一、招标方式

国际上通常采用两类招标方式，一类是竞争性招标，分为公开招标和选择性招标，也就是国内常提到的公开招标和邀请招标；另一类是非竞争性招标，主要指谈判招标，一般适用于专业技术较强、施工难度较大、多数投标人难以胜任的工程项目，在这种招标方式下，投标人能否中标的决定因素主要不是价格，而是投标人的技术能力、施工质量和工期等条件。

## 二、资格预审（Prequalification of Bidders）

国际工程的资格预审文件一般由设计单位或咨询公司来编制，其主要内容包括工程项目简介、对投标人的要求、各种附表等。招标人应事先组织业主代表、财务和技术专家、资金提供部门等有关人员组成资格预审评定委员会，本着完全性、有效性、正确性的原则对收到的资格预审文件从财务方面、施工经验、人员、设备等方面进行评审，具体做法与国内类似。

## 三、开标、评标与定标

在规定的日期、时间、地点当众宣布所有投标人递送的投标文件中的投标人名称及报价，使全体投标人了解各家标价和自己在其中的顺序。替代方案的报价也在开标时宣读。之后转入评标阶段。

开始评标之前，招标人要组织由招标人、咨询设计单位、资金提供者、有关方面专家（技术、经济合同）等人员成立评标委员会。就施工项目评标而言，评标主要包括两方面的工作，一方面是符合性检验，即审查投标文件的符合性和核对投标报价；另一方面是实质性响应，即检查投标文件是否符合招标文件的实质性要求。

定标即最后决定中标者并授予合同。定标前招标人要与中标者进行谈判，达成的协议应有书面记载，根据协议编写合同协议书备忘录或附录。谈判结束，双方各派一名高级代表审阅合同文件，每页均要签字。

招标人拒绝全部投标的情况就是废标。招标人废标多是基于以下三种情况：

1）最低投标报价超过标底20%以上。

2）投标书均不符合招标文件要求。

3）投标人过少（不超过3家），没有竞争性。

# 第二节　国际工程投标报价及应注意的问题

国际工程投标是以投标人为主体从事的活动。它是指投标人根据招标文件的要求，在规定的时间并以规定的方式，投报其拟承包工程的实施方案及所需的全部费用，争取中标的过程。国际工程投标要经过投标前的准备、询价、制定标价、制作标书、竞标等程序。

## 一、投标前的准备

### 1. 收集有关信息和资料

投标竞争，实质上是各个投标人之间实力、经验、信誉以及投标策略和技巧的竞争，特别是国际竞争性投标，不仅是一项经济活动，而且受到政治、法律、资金、商务、工程技术等多方面因素的影响，是一项复杂的综合经营活动，因此投标信息资料收集工作对于综合经营活动的顺利进行是十分重要的。投标前收集的有关信息可能直接影响中标率的大小，其准备工作应从以下三方面入手：

（1）政治、社会和法律方面　通过我国驻外使领馆了解和调查工程项目所在国的社会制度、政治制度以及法律法规范本，与投标人活动有关的经济法、工商企业法、建筑法、劳动法、税法、金融法、外汇管理法、经济合同法以及经济纠纷的仲裁程序等。此外还必须了解当地的民法、民事诉讼法以及移民法和外国人管理法。

（2）自然条件、市场情况　对自然条件的了解主要是调查工程所在国当地的地理条件、水文地质条件和气候条件。而市场情况的调查就必须深入了解工程所在国当地建筑材料、人工、机械等供应情况以及当地的物价指数和通货膨胀情况等。

（3）工程项目情况　主要是调查业主的声誉、资金支付能力等情况。

**2. 组成投标小组**

如果是一个投标人单独投标，当投标人决策要投标之后，最主要的工作是组成投标小组。投标班子应该由具备以下基本条件的人员组成：

1）熟悉了解有关外文招标文件，对投标、合同谈判和合同签约有丰富的经验。

2）对该国有关经济合同方面的法律和法规有一定的了解。

3）不仅需要有丰富的工程经验、熟悉施工的工程师，还要有具备设计经验的设计工程师参加，从设计或施工的角度，对招标文件的施工图提出改进方案或备选方案，以节省投资和加快工程进度。

4）最好还有熟悉物资采购的人员参加，因为一个工程的材料、设备开支往往占工程造价的一半以上。

5）有精通工程报价的经济师或会计师参加。

6）国际工程需要工程翻译，但参与投标的人员也应该有较高的外语水平，这样可以取长补短，避免工程翻译不懂技术和合同管理而出现失误。

总之，投标小组最好由多方面的人才组成。一个投标人应该有一个按专业或承包地区组成的稳定的投标小组，但应避免把投标人员和实施人员完全分开的做法，部分投标人员必须参加所投标的工程的实施，这样才能减少工程实施中的失误和损失，不断地总结经验，提高总体投标水平。

**3. 联营体**

联营体是在国际工程承包和咨询时经常采用的一种组织形式，是针对一个工程项目的招标，由一个国家或几个国家的投标人组成的一个临时合伙式的组织参与投标，并在中标后共同实施项目。一般如果不中标，则联营体解散。在以后其他项目投标和实施需要时再自由组织，不受上一个联营体的约束和影响。

（1）主要优点　可以优势互补，例如，可以弥补技术力量的不足，有助于通过资格预审和在项目实施时取长补短，可以加大融资能力，对大型项目而言，参加联营体可减轻每一个公司在周转资金方面的负担。参加联营体的另一个优点就是可以分散风险，在投标报价时合作提出备选方案，有助于工程的顺利实施。

（2）主要缺点　因为是临时性的合作，彼此不易搞好协作，有时难以迅速决策，解决这个问题需要在签订协议时明确各方的职责、权利和义务。

**4. 询价**

询价是投标人在投标前必做的一项工作，因为投标人在承包活动中，不仅需要提供设备和原材料，还要关注生活物资和劳务的价格，询价的目的在于准确地核算工程成本，以做出既有竞争力又能获利的报价。

## 二、项目投标决策

项目投标决策时一般考虑以下几个方面的因素：

（1）投标人方面的因素　其包括主观条件因素，即有无完成此项目的实力以及对投标人目前和今后的影响，主要包括投标人的施工能力和特点、投标人的设备和机械，特别是临近地区有无可供调用的设备和机械、有无从事过类似工程的经验、有无垫付资金的来源、投标项目对投标人今后业务发展的影响。

（2）工程方面的因素　其包括工程性质、规模、复杂程度以及自然条件（水文、气象、地质等）、工程现场工作条件，特别是道路交通、电力和水源、工程的材料供应条件、工期的要求等。

（3）业主方面的因素　其包括业主信誉，特别是项目资金来源是否可靠，业主支付能力，是否要求投标人带资承包、延期支付等，工程所在国政治、经济形势，货币币值稳定性、机械、设备、人员进出该国有无困难，该国法律对外商的限制程度等。

在实际投标过程中，影响因素很多，投标人应该从战略角度全面地对各种因素进行权衡之后再进行决策。

## 三、确定标价

### 1. 成本核算

成本主要包括直接成本和间接成本。直接成本主要包括工程成本、产品的生产成本，包装费、运输费、运输保险费、口岸费和工资等；间接成本主要包括投标费、捐税、施工保险费、经营管理费和贷款利息等。此外，一些不可预见的费用也应考虑进去，如设备、原材料和劳务价格的上涨费、货币贬值费及无法预料或难以避免的经济损失费等。

### 2. 确定标价要考虑的因素

（1）成本　投标人在成本的基础上加一定比例的利润便可形成最后的标价。

（2）竞争对手的情况　如果竞争对手较多并具有一定的经济和技术实力，标价应定得低一些，如果本公司从事该工程的建造有一定的优势，竞争对手较少或没有竞争对手，那么标价可以定得高些。

（3）投标的目的　若是想通过工程的建设获取利润，那么标价必须高于成本并有一定比例的利润。在目前承包市场竞争如此激烈的情况下，很多投标人不指望通过工程的建造来取得收益，而是想通过承包工程带动本国设备和原材料的出口，进而从设备和原材料的出口中获取利润，出于这种目的的投标人所制定的标价往往与工程项目的建造成本持平或低于成本。当然，标价定得越低，中标率则越高。

## 四、标书制作与递交

标书是投标书的简称，也称投标文件。标书的具体内容依据项目的不同而有所区别，主要包括：投标书及附件、投标保证、工程量清单和单价表、有关的技术文件等，投标人的报价、技术状况和施工质量也要体现在标书中。编制的标书一定要符合招标文件的要求，否则投标无效。

投标书编制完成以后，投标人应按招标人的要求装订密封，并在规定的时间内（投标截止日期前）送达指定的地点。投递标书不宜过早，一般应在投标截止日期前几天为宜，但若超过投标截止日期则为废标。

## 五、竞标

开标后投标人为中标而与其他投标人的竞争叫竞标。投标人参加竞标的前提条件是成为中标的候选人。在一般情况下，招标人在开标后先将投标人按报价的高低排出名次，经过初步审查选定2~3个候选人，如果参加投标的人数较多并且实力接近，也可选择5~7名候选人，招标人通过对候选人的综合评价，确定最后的中标人。有时候也会出现2~3个候选人条件相当、招标人难以取舍的情况，在这种情况下招标人便会向候选人重发通知，再次竞标。

## 六、国际工程项目投标中应该注意的事项

### 1. 投标人的基本条件

根据自身特点，扬长避短，才能提高利润，创造效益，主要是考虑投标人本身完成任务的能力。

### 2. 业主的条件和心理分析

首先要了解业主的资金来源是本国自筹、外国或国际组织贷款，还是兼而有之，或是要求投标人垫资。因为资金来源牵涉业主的支付条件，是现金支付、延期付款，还是实物支付，这和投标人利益密切相关，资金来源可靠、支付条件好的项目可投低价标。此外还要进行业主心理分析，了解业主的主要着眼点。

### 3. 咨询的技巧与策略

在投标有效期内，投标人找业主澄清问题时要注意质询的策略和技巧，注意既不要让业主为难，也不要让对手摸底。

1）招标文件中对投标人有利之处或含糊不清的条款，不要轻易提请澄清。

2）不要让其他竞争对手从投标人提出的问题中了解投标人的各种设想和施工方案。

3）对含糊不清的重要合同条款、工程范围不清楚、招标文件和施工图相互矛盾、技术规范中明显不合理等问题，均可要求业主澄清解释，但不要提出修改合同条件或修改技术标准，以防引起误会。

4）请业主或咨询工程师对问题所作的答复发出书面文件，并宣布与招标文件具有同样的效力，或是由投标人整理一份谈话记录送交业主，由业主确认签字盖章送回。切忌以口头答复为依据来修改投标报价。

### 4. 宏观审核指标的应用

投标价编好后，要采用某一两种宏观审核指标方法来审核，如果发现相差较远则需重新全面检查，看是否存在漏投或重投的部分并及时纠正。

### 5. 施工进度表

投标文件的施工进度表，实质上是向业主明确竣工时间。在安排施工进度表时要考虑施工准备工作、复杂的收尾工作、竣工验收时间等。

### 6. 工程量表中的说明

投标时，对招标文件工程量表中各项目的含义要弄清楚，以避免工程开始后在每月结账

时产生麻烦，特别在国外承包工程时，更要注意工程量表中各个项目的外文含义，如有含糊不清处可找业主澄清。

**7. 分包人的选择**

在投标过程中选择分包人通常有两种做法。

1）一种是要求分包人就某一工程部位进行报价，双方就价格、实施要求等达成一致意见后，签订一个协议书。投标人承诺在中标后不再找其他分包人承担这部分工程，分包人承诺不再抬价等。这种方式对双方均有约束性。

2）另一种即是投标人找几个分包人询价后，投标时自己确定这部分工程的价格，中标后再最后确定由哪一家承包，签订分包协议。这样双方均不受约束，但也都承担着风险，如分包人很少时，投标人可能要遇到分包人提高报价的风险；反之，如分包人很多，分包人面临投标人进一步压低价格的风险。

## 七、国际工程投标策略

国际工程投标是一场紧张而又特殊的国际商业竞争。目前，国际工程招标多半是针对大型、复杂的工程项目进行的，投标竞争的风险也比较大。投标策略的制定就是使投标人更好地运用自己的实力，在影响投标成功的各项因素上发挥相对优势，从而取得投标的成功。

### （一）深入腹地策略

所谓深入腹地策略是指外国投标人利用各种手段，进入工程所在国和地区，使自己尽可能地接近或演化为当地企业，以谋取国际投标的有利条件。深入腹地主要通过在工程所在国注册、登记和聘请工程所在国代理人等方法。

**1. 在工程所在国注册登记**

许多国家在国际招标的问题上，采取对当地投标人与外国投标人的差别性政策，给本国投标人更多的优惠，这一点在发展中国家最为明显。这些国家在招标文件中明文规定，本地企业享受一定的优惠，较大的报价差别削弱了外国投标人的报价竞争力。在有些发达国家，虽然从其招标法律或条文中找不到对投标人的差别待遇规定，但在实际操作时，以各式各样条例限制外国投标人与本国企业竞争。因此，各国的国际招标都有所偏向，只不过有些采用公开手段，而有些实施隐蔽政策。

为保持自己的竞争优势，外国投标人应在条件允许的情况下，把自己演化为当地企业，以享受最惠国待遇。投标人参加某国国际工程招标之前，在该国贸易注册局或有关机构注册登记，是变为外国公司的有效途径。投标人在工程所在国注册后成为当地法人，就成为该国独立的法律主体，从事民事和贸易活动，接受当地国家法律管辖，并享受与当地投标人平等的权利和地位。

**2. 聘请工程所在国代理人**

外国投标人在工程所在国或地区聘请代理人，即外国企业作为委托人，授权工程所在国内某人或机构，代表委托人进行投标及有关活动。

1）通过在工程所在国聘请代理人，可以完善国际工程投标手续。有些国家把聘请当地代理人作为国际投标的法定手续。如菲律宾政府规定，投标人若没有在该国设立分支机构，须聘用经合法注册的当地代理人方能投标。其他国家，如日本、韩国、葡萄牙、印度、科威特等国家也这样规定。

2）通过在工程所在国聘请代理人，深入理解招标文件。外国投标人对一国招标文件的理解可能受两方面因素制约。其一是文字语言因素。招标文件条款翻译稍有差距，就会影响报价的准确。有些国家规定，招标必须使用本国语言，而当地代理可起到详细准确解释招标文件的作用。其二为背景资料因素。国际招标文件各项条款不可能每项都十分具体，而且表达那些在本国已形成的惯例和规则条件就更为简单笼统。外国投标人要想深入理解招标文件，必须借助各种背景材料了解工程所在国的招标程序和惯例等。

3）在没有设立分支机构或办事处的情况下，通过在工程所在国聘请代理人，了解该国关于招标的信息等，掌握当地国际招标的习惯做法，咨询关于该国国际招标的法律规章等问题，还可以由当地代理出面联系处理有关事宜，利用代理人提高企业投标竞争力。例如，不少国家法律规定，本国已能生产的原料或产品不能进口，即使允许进口，也要在投标总量中包含一定比例的本国产品。在参加这类国家的国际工程招标时，外国投标人必须通过代理人了解工程所在国已能生产的与投标有关的原料，在投标书中排除这类项目或留出一定比例由当地制造商或投标人分包。

4）要聘请具有法人资格、保有相当的注册资本和有一定的代理投标经验或在本国国际工程招标市场上具有权势和影响的人做当地投标代理人。这样，外国企业才可利用其优势打开国际投标局面，并可采取一些特殊手段对招标机构施加影响，为自己争得合同。外国企业在这些国家进行商业活动，如不聘请当地代理，恐怕难以立足。

5）聘请当地代理人需要契约安排。外国投标人要与代理人订立代理合同或代理协议，明确委托人和代理人各自的权利义务，说明代理人进行投标及其他活动的权限范围，委托人向代理人支付报酬的方式和数量。签订合同和协议时要认真考虑确定代理人聘用的时间和详尽规定代理人的权限范围。代理合同的时间根据外国投标人从事投标的需要，可长可短。一般来说，在开展承包业务投标时，为了保证投标活动和中标后经营活动的连续性，可长期聘用当地代理人。另外，在国际工程招标市场前景良好、招标活动频繁的国家或地区，可以与当地有能力的代理人建立长久的合同关系。代理人的权限范围是代理合同或协议的重要内容。若该部分条款空洞笼统，代理人职责不明，很可能起不到代理人应有的作用，且易被代理人滥用，给委托人带来不良后果。

## （二）联合策略

联合策略是指投标人使用联合投标的方法，改变外国投标人不利的竞争地位，提高竞争水平。即有两家以上投标人根据投标项目组成单项合营，注册成立合伙企业或结成松散的联合集团，共同投标报价。联合投标成员要签订协议，规定各自的义务、分担的资金、分别提供的设备和劳动力等，由其中一成员作为合同执行的代表，作为负责人（称主办人或责任人），其他成员（称合伙人）则受到协议条款的约束。联合投标的作用十分明显，具体介绍如下。

### 1. 扩大投标人的实力

中小企业只有用联合的方法扩大实力，才能与资金雄厚、专业和技术水平高的大企业匹敌。我国参加国际工程投标的时间相对较短，技术管理水平短时间内难以赶上世界一流的跨国公司。所以，与技术方面或管理方面实力较强的公司联合投标，是取长补短的有效办法。

### 2. 符合国际招标的要求

为了扶持本国企业，发展民族经济，一些国家要求外国企业必须与当地企业合伙联合投标。有些国家甚至对联合予以鼓励，如规定若外国公司与本国公司联营，且本国联营的股份占50%以上，可以在评标时享受7.5%或更多的优惠。

**3. 分散风险减少损失**

国际投标一旦得中，未来利润十分可观。但同时存在着巨大的风险。国际工程承包经历时间较长，一旦遇到风险，单个企业难以承受。在联合投标时，企业可以通过签订联合协议，共享利润、共担风险，将风险分散到各联合成员企业中。

**（三）最佳时机策略**

最佳时机策略是指投标人在接到投标邀请至截止投标这段时间内选择于己最有利的机会投出标书。投标时间的选择十分重要。选择最佳时机，投标人应掌握的原则是反应迅速、战术多变、情报准确。即使投标人有了较为准确的报价，仍然要等待时机，在重要竞争对手之后采取行动。竞争对手的人数多少，竞争对手的报价高低，严重干扰投标人中标的可能性。所以，在了解了竞争对手数量及其报价之后，按照实际中标的可能性修改原报价，才能使标价更合理。

在国际招标进行过程中，招标人在公开开标之前，难以得知投标人的确切数量。并且，所有投标人都要采取保密措施，避免对方了解自己的根底。因此，一个投标人不可能掌握全部竞争对手的详细资料。这时投标人应瞄准一两个主要的竞争对手，在竞争对手投标之后报价，投标人可以利用这段时间，迷惑对手，再随机投标。

**（四）公共关系策略**

公共关系策略是指投标人在投标前后加强同外界的联系，宣传扩大本企业的影响，沟通与招标人的感情，以争取更多的中标机会。目前，在国际工程招标中这种场外活动比较普遍，采用的手段也多种多样。常用家访、会谈、宴会等比较亲切的交际方式与当地投标机构人员建立联系，与当地政府官员、社会名流联络感情，或寻找机会宣传、介绍企业等。公共关系策略运用得当才会对中标产生积极的效果。因此，在使用时要特别注意不同工程所在国家地区的文化习俗差异，见机行事，有的放矢。其宗旨在于，培植外界对本企业的信任与感情。

## 八、国际工程常用报价技巧

投标策略从总体上对投标报价进行指导，但具体报价时还应运用一定技巧，两者必须相辅相成，互相补充。报价时，哪类工程应定高价，哪类工程应定低价，或在一个工程中，在总价基本确定的情况下，哪些单价宜高，哪些单价宜低，都有一定的技巧。下面介绍几种常用的报价方法。

**1. 扩大单价法**

扩大单价法是在按正常的已知条件编制价格外，对工程中变化比较大或没把握的工作采用扩大单价，增加不可预见费的方法来减少风险。这种方法较常用，但会使总价提高，降低了中标概率。

**2. 开口升级报价法**

开口升级报价法是将报价看成协商的开始。首先对施工图和说明书进行分析，把工程中的一些难题，如特殊的建筑工程基础等占工程总造价比例高的部分抛开作为活口，将标价降至其他人无法与之竞争的数额（在报价单中应加以说明）。利用这种"最低标价"吸引业主，从而取得与业主协商的机会，再将预留的活口部分进行升级加价，以达到最终中标工程并可盈利的目的。

### 3. 多方案报价法

多方案报价法是利用工程说明书或合同条款不够明确之处，以争取修改工程说明书和合同为目的的一种报价方法。当工程说明书或合同条款不够明确时，往往会增加投标人所承担的风险，导致投标人增加不可预见费，使得报价过高，降低中标的概率。多方案报价的具体做法是在标书上报两个单价，一个是按原工程说明书合同条款报价；另一个是在第一个报价的基础上加以注解，"如工程说明书或合同条款可作某些改变时，则可降低部分费用"，这样使报价降低，以吸引业主修改工程说明书和合同条款。

### 4. 先亏后盈法

采用这种方法报价必须具有十分雄厚的实力，一般是有国家或大财团作后盾，为了占领某一市场或想在某一地区打开局面，而不惜代价，只求中标。使用这种方法即使中标，承包的结果也必然是亏本，而以后能否通过工程所在的市场或地区的其他工程再盈利还是未知数，因此这种方法具有很大的冒险性。

### 5. 突然袭击法

运用这种方法是在投标报价时，故意对外透露对工程中标毫无兴趣（或志在必得）的信息，待投标即将截止时，突然降价（或加价），使竞争对手措手不及。在国际工程投标竞争中，竞争对手间都力求掌握更多对方的信息，投标人的报价很可能被竞争对手所了解，而丧失主动权，对此可采用突然袭击法报价。

### 6. 不平衡报价法

不平衡报价是指在一个工程项目投标报价的总价基本确定后，保持工程总价不变，适当调整各项目的工程单价，在不影响中标的前提下，使得结算时得到更理想的经济效益的一种报价策略。不平衡报价按追求最终的经济效果可分为两类，第一类是"早收钱"，第二类是"多收钱"。

第一类不平衡报价称为"早收钱"，就是投标人在认真研究报价与支付之间关系的基础上，发挥资金的时间价值的一种报价策略。具体做法是在报价单中适当调高能够早日结账收款的项目报价，如开办费、基础工程、土方开挖、桩基等；适当调低后期施工项目的报价，如机电设备安装、装修装饰工程、施工现场清理、零散附属工程等。这样即使后期项目有可能亏损，但由于前期项目已增收了工程价款，因此从整体来看，仍可增加盈利。这种方法的核心是力争减少企业内部流动资金的占用和贷款利息的支出，提高财务应变能力。另外在收入大于支出的"顺差"状态下，工程的主动权就掌握在投标人自己的手中，从而提高索赔的成功率和风险的防范能力。

第二类不平衡报价称为"多收钱"，是按工程量变化趋势调整工程单价的一种报价策略。以 FIDIC 施工合同条件为例，由于报价单中给出的工程量是估计工程量，它与实际施工时的工程量之间多少会产生差异，有时甚至差异很大。而 FIDIC 条件下的单价合同是按实际完成的工程量计算工程价款的，因此，投标人可参照各报价项目未来工程量的变化趋势，通过调整各项目的单价来实现"多收钱"。如果投标人在报价过程中判断出标书中某些项目的工程量明显不合理或将会发生某些变化，这就是盈利的机会，此时，投标人适当提高今后工程量可能会增加的项目的单价，同时降低今后工程量可能会减少的项目单价，并保持工程总价不变。如果工程实际发生的状况与投标人预期的相同，投标人就会在将来结算时增加额外收入。

采用不平衡报价虽然可以带来额外收益，但要承担一定的风险。如果工程内部条件与外部环境发生的变化与投标人的预计相反，将会导致投标人的亏损。因此，投标人采用不平衡报价技术时，要详细分析来自各方面的影响因素，审慎行事，正确确定施工组织计划中各项目的开始工作时间与持续工作时间和正确估计各项目未来工程量变化趋势及其可能性，这直接关系到各项目不平衡报价的价格调整方向和大小，最终影响到项目的盈亏。

## 第三节 国际工程通用合同条件

在国际工程承包项目中，普遍采用 FIDIC 合同条件、英国 NEC 合同条件和美国 AIA 合同条件。

### 一、FIDIC 合同条件

FIDIC 就是国际咨询工程师联合会的缩写，该组织于 1913 年成立，目前已有超过 90 个国家和地区成为其会员。FIDIC 是世界上多数独立的咨询工程师的代表，是最具有权威的咨询工程师组织。FIDIC 组织编制了一系列合同条件，被 FIDIC 成员国在世界范围内广泛使用，也被世界银行、亚洲开发银行、非洲开发银行等世界金融组织指定在招标文件中使用。

FIDIC 合同条件包括《土木工程施工合同条件》（红皮书）、《电气和机械工程合同条件》（黄皮书）、《业主/咨询工程师标准服务协议书》（白皮书）、《设计—建造与交钥匙工程合同条件》（橘皮书）等。以上合同文本在国际工程承包中得到广泛应用，尤其是红皮书，被誉为"土木工程合同的圣经"。

1999 年，FIDIC 组织重新对以上合同作了修订。新版的合同如下：《施工合同条件》（新红皮书）、《永久设备和设计—建造合同》（新黄皮书）、《PEC 交钥匙项目合同条件》（银皮书）、《简短合同格式》（绿皮书）。新红皮书用于业主（发包人）设计的或由咨询工程师设计的房屋建筑工程和土木工程；新黄皮书用于永久设备的设计、制造和安装；银皮书用于工厂建设之类的开发项目，包含了项目策划、可行性研究、具体设计、采购、建造、安装、试运行等在内的全过程承包；绿皮书用于价值较低（50 万美金以下）的或形式简单、或重复性的、或工期较短的房屋建筑和土木工程。

### 二、英国 NEC 合同条件

NEC 合同条件是由英国土木工程师协会 ICE 制定的工程合同体系，NEC 系列工程施工合同体系包括 6 种工程款的支付方式（业主可以从中选择适合自己的方式）、9 项核心条款。6 种工程款的支付方式为：固定总价合同、固定单价合同、目标总价合同、目标单价合同、成本加酬金合同、工程管理合同等。NEC 合同条件灵活实用，且主要条款通俗易懂，规定设计责任不固定由业主或承包商承担，而是可根据具体情况由业主或承包商按一定比例承担。就我国的工程承包现状来看，NEC 合同条件具有一定的借鉴意义。

### 三、美国 AIA 合同条件

美国建筑师学会（AIA）制定并发布的合同主要用于私营的房屋建筑工程，针对不同的工程管理模式出版了多种形式的合同条件，因此在美国得到广泛应用。AIA 合同比较复杂，包括了建设项目中的各类合同。AIA 合同条件包括以下几种：

A 系列，用于业主和承包商的标准合同文件。

B 系列，用于业主与建筑师之间的标准合同文件，包括建筑设计、室内装修工程等特定情况下的标准合同条件。

C 系列，用于建筑师与专业咨询人员之间的标准合同文件。

D 系列，建筑师行业内部使用的文件。

F 系列，财务管理报表。

G 系列，建筑师企业及项目管理中使用的文件。

## 复习思考题

1. 国际工程投标要从哪些方面进行调查？
2. 新 FIDIC 合同条件有哪些优点？
3. 什么原因导致国际工程招标出现废标？
4. 国际工程投标前应做好哪些准备工作？
5. 国际工程投标经常采取哪些策略？常用的技巧有哪些？
6. 新 FIDIC 施工合同条件与旧红皮书相比有哪些特点？

# 参 考 文 献

[1] 刘伊生. 建设工程招投标与合同管理 [M]. 北京：北京交通大学出版社，2011.

[2] 李启明. 土木工程合同管理 [M]. 南京：东南大学出版社，2008.

[3] 雷俊卿，杨平. 土木工程合同管理与索赔 [M]. 武汉：武汉理工大学出版社，2011.

[4] 朱宏亮. 建设法规 [M]. 2 版. 武汉：武汉理工大学出版社，2010.

[5] 全国项目经理培训教材编写委员会. 工程招投标与合同管理 [M]. 北京：中国建筑工业出版社，2013.

[6] 全国监理工程师培训教材编写委员会. 工程建设合同管理 [M]. 北京：知识产权出版社，2012.

[7] 佘立中. 建设工程合同管理 [M]. 广州：华南理工大学出版社，2010.

[8] 周学军. 工程项目投标招标策略与案例 [M]. 济南：山东科学技术出版社，2010.

[9] 孙加保，孙滨. 工程招标投标与实例 [M]. 哈尔滨：黑龙江科学技术出版社，2011.

[10] 杨晓林，冉立平. 工程招标与投标实例 [M]. 哈尔滨：黑龙江科学技术出版社，2012.

[11] 黄文杰. 建设工程合同管理 [M]. 北京：高等教育出版社，2004.

[12] 成虎. 建筑工程合同管理与索赔 [M]. 南京：东南大学出版社，2009.

[13] 全国建设工程招标投标从业人员培训教材编写委员会. 建设工程招标实务 [M]. 北京：中国计划出版社，2010.

[14] 何伯洲. 工程合同法律基础 [M]. 北京：中国建筑工业出版社，2003.

[15] 全国招标师职业水平考试辅导教材指导委员会. 招标采购专业实务 [M]. 北京：中国计划出版社，2014.

[16] 谷学良，等. 建设工程招标投标与合同管理 [M]. 北京：中国建材工业出版社，2013.

[17] 蔡伟庆. 建设工程招投标与合同管理 [M]. 北京：机械工业出版社，2011.